城镇住宅太阳辐射利用设计导则研究
——以西部五城市为例

Green Design Code Researching for Utilization of Solar Radiation in Urban Residential Buildings

陈景衡　武玉艳　著

中国建筑工业出版社

图书在版编目（CIP）数据

城镇住宅太阳辐射利用设计导则研究：以西部五城市为例＝ Green design code researching for utilization of solar radiation in urban residential buildings / 陈景衡，武玉艳著. —北京：中国建筑工业出版社，2022.10

ISBN 978-7-112-27966-1

Ⅰ.①城… Ⅱ.①陈… ②武… Ⅲ.①太阳辐射－应用－城镇－住宅－建筑设计－研究－西北地区 ②太阳辐射－应用－城镇－住宅－建筑设计－研究－西南地区 Ⅳ.①TU241

中国版本图书馆CIP数据核字（2022）第174365号

本书基于对太阳能资源富集的西部五城市城镇住宅的实地调研、测试与模拟数据分析，从设计要素与太阳辐射热空间实态关联规律入手，分设计阶段、分操作步骤、分应用情况、分形体类型对住宅建筑设计中太阳辐射热利用目标、形态比选、构造设计等设计环节展开全链条技术方法的系统梳理，通过典型案例设计应用反馈，优化地域城镇住宅绿色设计中太阳辐射热利用技术导则要点。旨在建筑设计工作中落实科学高效转化利用太阳辐射资源的地域绿色设计技术思路，为太阳能富集条件下绿色建筑设计创新提供参考。

责任编辑：许顺法
责任校对：王　烨

城镇住宅太阳辐射利用设计导则研究
——以西部五城市为例
Green Design Code Researching for Utilization of
Solar Radiation in Urban Residential Buildings
陈景衡　武玉艳　著
*
中国建筑工业出版社出版、发行（北京海淀三里河路9号）
各地新华书店、建筑书店经销
北京建筑工业印刷厂制版
北京建筑工业印刷厂印刷
*
开本：787毫米×1092毫米　1/16　印张：$16^{3}/_{4}$　字数：318千字
2023年3月第一版　2023年3月第一次印刷
定价：**75.00**元
ISBN 978-7-112-27966-1
（39817）

版权所有　翻印必究
如有印装质量问题，可寄本社图书出版中心退换
（邮政编码 100037）

前　言

贯彻绿色建筑方针是保障高质量可持续发展的国家战略举措，建造更高效、更节能、更舒适、环境友好的绿色建筑是当前建筑行业面临的技术挑战。我国城镇居住建筑经过前两代节能标准的普及实施，目前正处在全面推行75%节能目标和低能耗低碳建筑材料、部品、装备全面产业化技术转型阶段。

根据2016执行的《民用建筑能耗标准》，我国采暖住宅的年平均采暖能耗指标引导值要达到0.12～0.34GJ/（m^2·a）[①]。欧盟节能建筑、绿色建筑研究水平先发的德国，其住宅能耗从1977年220kWh/（m^2·a）下降到2014年30kWh/（m^2·a）的水平，经历了六个节能阶段，在围护结构保温隔热、建筑气密性与新风系统热回收三方面完成了住宅部品产业化升级与设计技术标准下沉，其技术路径基于其制造强国完备的工业标准化加工制造技术条件，发展出气密标准高、高性能部品装配建造、少人工操作、高造价的低能耗住宅产业技术模式。现执行的标准中，采暖能耗（一次能源）执行限值为40kWh/（m^2·a）[②]，围护结构设计标准以高气密绝热工艺为高性能导向，且需新风及热回收设备支撑。

我国城镇住宅建筑现有建设标准、施工技术储备、管控逻辑仍主要基于砌体及钢筋混凝土人工湿作业，外围护结构工艺做法、标准尚难支撑全面产业化高精度装配，且建造工艺模式还受市场价格较强约束，转型升级受多个环节相互掣肘，挑战众多。

具体从“性能”提升角度来看：① 以当前西部住宅通用构造做法，严寒地区住宅建筑围护结构保温层计算厚度达20～30cm，已临近现有材料部品构造模式的工艺技术极限，“披衣加挂”已难以持续推动住宅进一步节能，“限制采暖热损失”技术思路对建筑提出较高气密性要求；② 围护结构原有标准大部分允许误差较大[③]，建筑整体气密性提升中牵涉的材料、施工装备、部品生产等技术门槛较高；③ 高性能门窗部品产业较为成熟，但仅此单项增量造价可达500～1000元/m^2[④]，普及仍存

① 根据民用建筑能耗标准（2016）折算后为33.36～94.540kWh/（m^2·a）。

② 根据欧洲超低能耗建筑和被动房标准体系标准。

③ 根据《砌体工程施工质量验收规范》GB 50203—2003、《混凝土结构工程施工质量验收规范》（GB 50204—2002）8.3.2，外墙误差在5～20mm。

④ 按照1扇（1.5m×1.8m）/房间（15～20m^2）的一般规律，高性能门窗造价按市场3000元/m^2计，常规塑钢中空窗以市场300元/m^2计。

在明显地区执行条件差异；④ 与高气密、高保温必须配套对应的新风空调系统是我国上一代住宅标准中的“高级”标准[①]，其相应的机电部品、设备配置、实施标准仍难迅速普及，且深入影响一般居民生活模式。在我国大面积短周期一刀切地实施高气密性装配、高标准部品、高性能机电系统的高造价住宅仍面临较多经济、技术制约。因此通过建筑前端设计环节提高气候响应，激活气候资源复合利用潜力，采用综合设计手法降低建筑热舒适能耗需求，发挥多样地域气候条件下“开源节流”的综合效应，是我国绿色建筑因地制宜发展中重要的能耗控制技术路径。其中，科学系统地转化传统地域建筑生态经验，主动利用与转化自然地域气候资源优势，以更精细化的气候条件响应方式，尽可能降低建筑本体维护热舒适水平需求的新一代被动式设计已成为研究热点——既能补偿当前建造工业转型期建筑部品次第升级换代造成的技术短板，也能拓展适合国情、地情、对应各种建筑类型的绿色设计技术，为未来持续开展地域绿色建筑新模式创新，开发易普及的多种低能耗、零能耗建筑关键部品，推动行业整体产业进步发展夯实技术基础。

本书所开展的城镇住宅太阳辐射利用设计导则研究，面向住宅产业升级发展约束因素多、但太阳辐射资源独特突出的西部五个城市的城镇住宅。力求发挥建筑师能动性推动建筑绿色设计创新，重点围绕绿色住宅设计新方法展开试点分析与技术探索，结论落位于建筑设计阶段的设计技巧与方法上。本书汇总了城镇住宅太阳辐射利用设计导则研究主要的工作进展与技术要点。其中导则研究基于如下背景：

1. 按照国家行政辖区划，中国西部包括12个省市及自治区，即陕西、甘肃、青海、新疆、宁夏、四川、云南、贵州、西藏、重庆和内蒙古、广西。西部国土面积约680万平方公里，占全国总面积的70.8%。西部地区大部分城镇经济产业较为单一，人居自然气候环境特点鲜明突出。根据当前执行的《民用建筑设计统一标准》GB 50352—2019西部地区，虽然南北纬度跨越大，覆盖有五类热工设计区，但由于海拔高等综合地理条件等因素，除西南局地外，大部分为严寒和寒冷地区。其中严寒地区面积占比约52%，寒冷地区面积占比约30%，明确的建筑采暖地区面积占比约为79.7%，对应的住宅采暖能耗占建筑运行能耗超过60%。同时这些地区大部分冬季太阳辐射资源富集，根据我国《太阳能资源等级总辐射》（GB/T 31155—2014）标准评价，太阳能全年辐射量大于6300MJ/m^2为A级最丰富地区，5400～6300MJ/m^2之间为B级很丰富地区，大部分分布于我国西部，在本导则研究中称为西部太阳能富集区。

① 据原《高层民用建筑防火规范》2.0.11条，高级住宅名词解释。

2. 西部太阳能富集区城镇人口总体密度较全国平均水平低，但人口集聚特征及趋势在城镇地区表现较强烈。以西藏自治区、青海省、新疆维吾尔自治区为例来看，根据2021年西藏自治区公布的第七次全国人口普查数据核算，全区45.6%的人口集中在面积占全区6%的拉萨市与日喀则市。据第六次人口普查结果显示，在土地面积占全省总面积2.89%的西宁和海东市，集中了全省64.1%的人口。截至2018年，乌鲁木齐城镇化率达到74.61%，建成区平均每平方公里2.4万人，局部地区甚至达到4万人左右，已和上海虹口区人口密度相当。总体上而言，西部太阳能富集地区城镇住宅建设发展条件两极分化明显，一方面，少量区域重点城市人口密集，基础服务及设施条件突出，经济、文化、吸引力不断强化，而城市土地供应量受城市总体经济水平及川谷等地理条件限制，大都并不充裕，高层、中高层等高密度住宅发展需求已经十分强烈。另一方面，西部一般城镇、城市边缘地区、远郊及县镇居住建筑则用地相对充裕，土地开发强度小，低层、多层住宅的仍有较大发展空间。具体来讲，拉萨、西宁、银川、乌鲁木齐四个城市是西部太阳能富集区主要省份的省会城市，经济发展等综合发展条件相对突出，人口占比大，人口集聚特征突出，总体城镇住宅建筑建设增量趋势仍较为明显，集约化发展条件下的城镇住宅建筑样本典型性突出；同时，考虑四个城市与吐鲁番市基本覆盖了西部太阳能富集区主要气候类型亚区，冬季（采暖期）太阳辐射资源富集度也存有较大差异，城镇居住住宅建筑类型、用能需求与太阳辐射利用模式代表性突出。因此，本导则主要以这五个城市为代表，展开城镇住宅太阳辐射利用设计导则研究。

3. 除吐鲁番几乎没有高层、主要以多层住宅为主体类型以外，其他四城市中心城区内均为高层、小高层、多层单元式集合住宅混建，市郊及周边县、镇则多以多层单元式住宅和院落式住宅为主。导则中对城镇住宅建筑分类考虑，以高层集合住宅、多层住宅公寓楼、低层独立住宅为基本原型，对应西部太阳能富集区城镇常规的住宅建筑类型与规模。

4. 导则研究面向西部太阳能富集区未来新建及增建城镇居住建筑的绿色性能提升目标，具体围绕城镇住宅采暖季直接利用太阳辐射得热，减少采暖用能需求的绿色设计技术设定目标，针对城镇住宅户型选型阶段可优化提升的绿色建筑性能指标，展开与户型及围护结构形态密切关联的优化流程及设计要点引导。覆盖了西部大部分冬季太阳辐射条件较为充裕且采暖需求明确的城镇，结论可供西藏自治区、青海省、新疆维吾尔自治区、宁夏回族自治区、甘肃省西部和内蒙古自治区西部62个城镇参考。

目　　录

1 西部城镇住宅太阳辐射利用设计导则研究概述

1.1 西部城镇住宅太阳辐射热利用优先的绿色设计方法研究技术路线设定

（1）面向建筑与环境交互作用的“节流”绿色设计目标

从建筑物室内环境热舒适提升、节能、减碳的总体绿色目标来看，建筑对太阳能利用有两个技术路径，一是作为可再生能源替代现有化石能源来“开源”；二是通过建筑物本体设计提高建筑物利用太阳能的效率，达到提高建筑性能效果的方式来减需“节流”。即：以合适的方式提高建筑物太阳辐射直接利用效率与效果都能实现节能减碳的总体建筑绿色设计目标。

（2）顺应建筑师设计思维习惯

从暖通专业技术角度来讲，直接改变建筑物本体设计参数所实现的能耗降低带来的节能效益不依靠设备控制系统本身，为了与系统节能效能区分而称其为“被动式”建筑节能技术，但从建筑设计师的视角来讲，这些与设计过程伴随，为提高建筑物物理性能、提高太阳能贡献，而进行的空间布局调整、形态优化及围护结构技术等方法措施与建筑设计过程高度重叠，反而是名副其实的“主动顺应气候式”绿色设计途径，于建筑设计而言并无“被动”之感，且有利于建筑前后期设计各种措施整合协同，共同实现节能减碳总体绿色目标。绿色建筑设计概念内涵也指向一个整体统筹工作链条，需要建筑设计工作者在复杂的设计决策判断流程中有效展开大量绿色效能预判，才能有效嵌入既有建筑设计逻辑，与“非绿目标”的建筑设计工作一体协同，真正实现建筑设计师主动设计。

（3）以住宅类型空间实态应变规律呈现为主

传统地域建筑的绿色经验与方法，经过了大量的实践试错、反馈与验证，在技术可行性、经济性、艺术性上综合成熟度很高。生态效益甚至直接对应在工程做法等具体技术细节当中，材料、形式逻辑规律稳定，且地域气候适应性突出。各要素间系统关联性强，绿色生态效果主要基于各层级设计因素的高度整合与协同。

现代建筑设计技术研究出于“尽可能少限制设计师创新”的开放性初衷，在技术导则方面多采用底线逻辑，如对建筑日照管控的技术参数为可行的环境卫生经验值下限。但由于设计导则默认的基本概念模型往往基于通用技术框架，类型高度简化，设计要素高度抽象，在绿色设计具体执行中，差异化环境条件应对宏观思路的生态效应、能耗影响往往无法单独精准预测；具体材料、构造、工程做法各层级共同形成的地域针对性创新技术做法不易直接要求，地域针对性的工业化部品研发与建造仍处于开发前期。因而执行性较强的绿色设计前期的技术导则研究成果目前仍较多集中在设计策略及原则层面。

为落实强化“利用地域气候条件补短”的绿色设计策略，针对城镇住宅工业化程度提升的类型特点，在绿色设计技术逻辑普及推广阶段，导则研究力求上溯太阳辐射可利用潜力，以住宅类型设计特征规律为主要研究内容，并下沉至工程做法及示范。采用半开放技术研究路线，辅助建筑师展开更丰富的地域绿色建筑设计创新。

（4）在设计中落实辐射补偿的层级引导与估算辅助伴随

以建筑直接利用太阳能辐射资源的角度来分析，我国西部大都属于严寒和寒冷地区，明确划入采暖地区的城镇覆盖面积的接近西部总面积超过 80%。我国西部总体太阳能辐射资源富集，西部 A、B 级太阳辐射资源区（即西部太阳能富集区，后文同）（表 1-1-1）基本覆盖现有执行采暖标准的区域及西部严寒、寒冷区（即西部有明确采暖需求的区域）。

全国太阳辐射总量等级和区域分布表　　表 1-1-1

太阳能资源等级名称	年总量（MJ/m^2）	年总量（kWh/m^2）	年平均辐照度（W/m^2）	占国土面积（%）	主要地区
最丰富带（A）	≥ 6300	≥ 1750	约≥ 200	约 22.8	内蒙古额济纳旗以西、甘肃酒泉以西、青海 100°E 以西大部分地区、西藏 94°E 以西大部分地区、新疆东部边缘地区、四川甘孜部分地区
很丰富带（B）	5040～6300	1400～1750	约 160～200	约 44.0	新疆大部、内蒙古额济纳旗以东大部、黑龙江西部、吉林西部、辽宁西部、河北大部、北京、天津、山东东部、山西大部、陕西北部、宁夏、甘肃酒泉以东大部、青海东部边缘、西藏 94°E 以东、四川中西部、云南大部、海南
较丰富带（C）	3780～5040	1050～1400	约 120～160	约 29.8	内蒙古 50°N 以北、黑龙江大部、吉林中东部、辽宁中东部、山东中西部、山西南部、陕西中南部、甘肃东部边缘、四川中部、云南东部边缘、贵州南部、湖南大部、湖北大部、广西、广东、福建、江西、浙江、安徽、江苏、河南
一般带（D）	＜ 3780	＜ 1050	约＜ 120	约 3.3	四川东部、重庆大部、贵州中北部、湖北 110°E 以西、湖南西北部

来源：国家能源局．我国太阳能资源是如何分布的？2014-08-03.

根据现有气象数据库资料计算显示：在当年十一月至次年三月共计 5 个月住宅采暖季中，西部太阳能富集区典型代表城市拉萨市太阳辐射总量约为 1133kW・h，大约是同期哈尔滨（518.68kW・h）、北京（641.648kW・h）和上海（509.36kW・h）2 倍；与被动房发展应用较为成熟的欧洲国家相比，是德国柏林（153.563kW・h）7 倍，挪威卑尔根 6～10（121.734kW・h）9 倍[①]。目前城镇居住建筑采暖用能仍是西部城镇居住建筑能耗主体，在采暖区住宅总能耗占比一般超过 60%，而西部太阳能资源与城镇住宅用能需求互补性强。因此，在西部太阳能富集住宅设计前期中如能通过建筑设计落实太阳能利用，提高冬季室内环境热舒适度，降低建筑采暖能耗，是一种减需、低投入的高效节耗减碳途径，可减轻建筑对环境的侵扰、保护环境。与提高建筑物围护结构性能协同，发展高标准被动房，这种综合的节能模式对西部城镇居住建筑更为现实可行。

既往研究已表明，在太阳能富集条件下，太阳能对城镇住宅节能贡献的潜力相对明确。以利用太阳能减少常规能源消耗为导向的全链条设计过程来看，可以分为两个阶段：前端是建筑直接利用太阳辐射提升室内热舒适以减少采暖用能需求，大致能节约 70% 采暖能耗；后端是通过主动太阳能采暖系统削减建筑对常规能源的消耗，包括主动系统效率的提升和供暖散热末端的精准投放，约能降低 30% 采暖能耗[②]。

综上，因地制宜地发展西部城镇住宅直接辐射热利用绿色建筑设计技术，能极为高效地支撑节能减排的绿色建筑设计目标。西部城镇住宅太阳辐射利用设计导则研究即以建筑前期方案对采暖需求降低、采暖补偿设定为开展技术引导的核心目标，将其作为目前西部城镇住宅未来绿色设计增量内容。为了提高建筑设计阶段直接利用辐射效果，考虑与建筑设计高度伴随，导则研究基于目前住宅前期设计“选型、改型、技术落实”三阶段工作习惯框架，采用了先定性规律呈现梳理，后措施或定量回应建议的研究技术路线，确定了通过引导住宅设计选型、改型阶段太阳辐射利用绩效提升、技术落实阶段构造组合及性能指标计算优化，通过提高城镇住宅太阳辐射热利用效果以提升建筑综合绿色性能。

---

① 根据 CSWD 及 IWEC 逐月数据分别统计计算，均于 EnergyPlus 官网下载，挪威卑尔根仅有 IWEC 数据。

② 刘艳峰．高原及西北地区可再生能源采暖空调全链条节能优化技术［R］．西安：西安建筑科技大学建筑学院 2020 年度团队学术报告会，2021.

1.2 西部太阳能富集区城镇住宅绿色设计导则技术点研究定位

在我国，第一轮绿色建筑设计技术推动主要以“已验证有效的节能技术措施清单”的模式展开。以2008年立法为标志逐渐形成了行政法律、国务院法规、民用建筑节能标准、不同气候区地域从民用住宅到公共建筑到工业建筑节能标准全覆盖标准的基本完整的技术体系。2014年绿色建筑评价标准正式颁布执行，标志着第二轮绿色建筑技术整体跨越推动，绿色建筑评价逻辑既包含节能、节水、节地、节材设计措施，又约束用能、环境友好等措施效果。

我国居住建筑先于公共建筑，通过不同气候区系列节能标准作为设计措施导则强制执行推动了整体建筑产业升级换代，目前已基本实现了以围护结构部品性能升级为核心的节能技术推广应用，总体效果明显。2019年1月开始执行《严寒和寒冷地区居住建筑节能设计标准》（JGJ 26—2018）推动严寒寒冷地区居住建筑执行75%的节能标准，按照现有强控围护结构的技术路线，执行《严寒和寒冷地区居住建筑节能设计标准》（JGJ 26—2018）的西宁住宅外围护结构保温层厚度计算可达250～300mm，安全耐久可行性已接近产业化材料合理使用极限。因此针对建筑采暖能耗控制设计标准进入第三轮迭代进程，同时也对既有的单纯依赖现有通行围护结构材料技术逻辑提出了挑战。

同年推出的《近零能耗建筑技术标准》（GB/T 51350—2019）代表以节能目标为主要内涵的绿色建筑性能继续深化，但在执行环节上，不仅对建筑运营使用、对使用者开窗等使用模式及行为都有较为明确的提升预设前提，还对于建筑建造更为强调其加工建造的工业产品特性，也对建筑选用的材料、部品、建造模式都有明确前置要求，更为重要的是标准已明确要求建筑性能化采取协同设计的建筑组织形式。同期我国新颁执行《绿色建筑评价标准》（GB/T 50378—2019），则采用更为开放的技术引导逻辑，将耐久、适用等建筑基本逻辑与绿色概念呼应衔接，对绿色建筑内涵外延提出了更综合的引导评价逻辑，对建造过程、能耗碳排放控制则提出了技术更深、链条更长的综合控制设计引导要求。

总体上来看，我国绿色建筑的内涵、外延、建造标准与品质要求均已有大幅度整体提升。但面对基本经济成本投入、产业建造条件均有落差的西部地区，要保障实现新的建筑节能标准、绿色建筑设计综合质量标准快速大面积推行，必然需要技术系统与技术模式同步突破提升。

对照太阳能辐射资源热利用匹配适用的绿色设计技术思路，目前的西部城镇住宅设计，地域技术系统开发条件尚不完备，住宅产品模式大量移植其他气候条件下的成熟技术原型，不仅缺少对西部地域气候及住宅用能条件针对性强的成熟技术原型，也缺乏与前端设计要素相关联的太阳辐射热利用设计方法与设计基础参数，制约了建筑师开展地域户型研发工作的创新针对性，尚难以直接支撑实现住宅产品研发与太阳辐射热利用综合考量。

在太阳能辐射资源热利用匹配适用技术目标需求下，根据户型优化的住宅设计流程初步研究总结，对每一种类型均需要从住宅排布、体量户型选择，房间布局组织、围护结构、门窗部品选用优化及构造设计处理5个方面展开设计要点回应。

同时具体来看，前两轮居住建筑节能设计及绿色建筑评价标准所瞄准的“居住建筑”与西部今天的“居住建筑”相比有一些变化。主要表现在：人均居住指标高，比20世纪80年代普遍提高3～5倍，西部除大城市外的城镇，有的居住建筑受限于地区人居基础格局，有的受限于服务人群如周转房、值守用宿舍等，人均指标偏高的情况更突出；住宅面对的家庭结构情况及使用模式更多样、空间布局也更加多元。在住宅商品化政策环境下，住宅产品迅速迭代的过程中，原有标准研究中所依托的建筑设计原型——“房间－围护结构－室外环境”抽象形态假设面临以下方面变化：

（1）在使用房间这一要素端，所采用的不再是第一代节能标准对标的通用多层砖混住宅主流模式，高层、多层、低层等都占有一定比例，剪力墙、装配式、短肢剪力墙、小框架、组合结构等结构形式更为多样。户内房间有了更明确复杂的功能分化，户内生活模式、热舒适要求与使用习惯等在不同区域的差异表现有进一步表达，未来十年急剧城镇化进程预期着一个量增质变的发展态势，还将面临更为多元的需求。

（2）新建住宅围护结构性能普遍已经大幅度提升，材料及部品的设计节能潜力与权重表现更充分，但由于市场开发对建造成本高度敏感，不同地区执行情况及执行条件差异很大。单纯采用对严寒寒冷地区住宅设计通用的技术思路——加强外墙保温、气密性、限制透明围护结构比例为核心技术控制逻辑作为节能设计的主导措施，与辐射热利用的具体应用条件有较多矛盾。尤其表现在对辐射敏感的窗户及透明围护结构的部品研发、生产、设计技术体系发展更为多样普及，气凝胶等新一代保温结构材料、太阳墙等新型集热构造等建造基质也在不断突破。等热流等更为精细化的技术原理在部品、建造操作上产业、技术标准的应用一旦突破，建筑本体如体形、窗墙比等对能耗的影响逻辑及权重会有较大变化。

（3）围护结构热过程控制对地域气候条件“响应 / 利用”的应用技术落实完成度要求更高，围护结构差异化设计逻辑及性能表现成为更为重要的设计决策要素。在整体国家发展布局引导下，西部对地域风格、风貌提升强化、生态保护等方面有更高层次的要求。

（4）在我国土地开发制度下，需要发挥建筑群体组合的气候调节作用及效应，理解其对建筑环境品质局部修正与影响机理，以便合理量化修正室外的环境参数，科学分级预期控制建筑单体能耗。

综上，导则研究针对以提高住宅太阳辐射热利用综合效益为目标，面向建筑师主要负责的西部城镇绿色住宅设计方案成型环节，将主要研究技术点研究布局在建筑单体与户型调整的绿色住宅设计步骤与方法上。具体的导则技术要点研究包含住宅设计四个技术尺度层面：

（1）在住宅建筑项目实施整体层面，建筑师需要理解建筑所在环境资源特征与建筑能耗控制的互补策略判定。在西部太阳能富集区即需要理解新建住宅类型对应的所在城市太阳辐射热利用的总体方向与利用效能潜力级别。

（2）在建筑单体层面，对住宅方案成型的初步构想环节，建筑师需要理解一栋住宅建筑与环境交互热过程逻辑、主要控制参数类型及其与建筑本体要素关联规律。在西部太阳能富集区即需要理解考虑辐射影响的住宅热分区空间分布规律及其变化规律，需要大量简单图表工具或对建筑构思友好的即时分级排序判定工具，以帮助建筑师理解主动适配、补偿修正的途径与设计因素控制要点。

（3）在具体形态细化设计层面，建筑师工作思维主要是以户型、围护结构、交通核、建筑顶部、建筑底部等组件方式推进设计的，需要理解建筑组件的绿色性能薄弱的形成逻辑及其控制补偿措施。在西部太阳能富集区一方面需要帮助设计者理解形态手段的环境控制效果，另一方面需要让建筑师主动理解不同热控制空间分区中易出现集中、无谓能耗损失及工程控制隐患的薄弱环节。

（4）在工程设计文件编制环节，建筑师需要明确选用的结构体系、部品构件、完成具体的工程构造做法细节，建筑绿色设计工作重点主要是针对部品工艺的修正及工程应用途径与方法。在西部太阳能富集区需要帮助设计者寻找在西部城市的建设技术经济条件下，结构建造技术前提合理、经济可行、材料部品可供的具体措施。这部分内容与前三个层面工作一脉相承，是设计工作落实的重要环节，因此导则研究也开展研究，但是这部分工作牵涉诸多技术预设前提，设计技术约束庞杂，应纳入数据库、图集这类设计工具研究工作序列，因此仅将通用类型化、原理性工作呈现，完整完备系统的具体内容不作为导则本体的研究重点。

1.3 导则研究框架

1.3.1 研究总体内容构架

即使在太阳能富集地区，太阳能资源的能源单位密度远低于供热、电力等能源密集度，且在热利用链条中与建筑要素关联量化影响错综广泛，推动建筑本体太阳能高效利用的难点在于，需要设计者完整系统地理解环境太阳能条件与建筑决策各种层面、不同程度的关联影响体系。因此导则针对建筑师对太阳辐射热利用总体思路较为集中的理解偏差（如窗墙比是一个动态的相对关系而不是单纯的措施）与难以直观理解的技术逻辑（如直接受影响的空间范围及其贡献量），采用分层逐级分解引导的技术引导思路。要实现现有技术思路的直观简洁量化呈现，主要技术工作拓展还包括两方面重点内容：

（1）地域太阳辐射资源和具体的热利用建筑关联后，会产生较大的效用差异。另外，从区域冬季太阳总辐射量空间分布来看[①]，较全年太阳总辐射量而言，西部高纬度地区受影响很大。基于此，导则在建筑整体层面直接以典型控制城市具体的辐射利用条件与具体的应用住宅类型关联，覆盖西部主要的住宅应用条件类型，整理多种太阳能辐射资源数据集，汇总西部太阳能富集区主要城镇建筑直接太阳辐射热利用潜力表，研究太阳能资源对不同城市不同类型住宅用能需求适配程度排序，提出“住宅太阳辐射利用潜力分级”概念，确定对不同类型住宅进行利用目标参考分级。落实分级分类利用导控思路，帮助住宅产品研发者、建筑设计者宏观校准太阳辐射资源与住宅绿色目标的分级定量关联。

（2）西部城镇居住建筑量大、面广，类型标准不同，风格多样、技术细节繁杂，导则采用典型住宅产品类型化的方式抽象其技术设计原型，并分类简化关键控制技术要点，从五个城市建设量占比突出的住宅类型化模型类型化着手，分三大类住宅类型，从户型平面空间布局、体块组件组织、外立面形态细节建筑设计习惯的三个阶段，通过模拟、实测及实验，细化总结地域太阳能利用补偿效果的关联规律，分级拆解提高利用效率的设计技术要点。

围绕居住建筑方案前期形态定型设计阶段，直接利用太阳辐射提升建筑绿色性能的目标，展开了建筑直接利用太阳辐射的基本原理及应用方式的探索，梳理了

---

① 周勇. 逐日太阳辐射估算模型及室外计算辐射参数研究［D］. 西安建筑科技大学，2019.

指向太阳辐射补偿采暖能耗的关联影响规律，从顺应方案前期建筑形态操作逻辑角度，梳理了住宅辐射热利用分类分级、住宅户型选型、住宅建筑造型三阶段太阳辐射利用敏感的形态设计要素，核心研究内容按照建筑设计四个工作层面展开：

① 前置住宅太阳辐射热利用目标，总结不同住宅类型及使用条件与太阳辐射热利用潜力的关联性。

包括住宅所处的气候区位辐射热可利用极限、不同住宅类型的形态约束规律、住区布局模式限制等住宅设计上位边界条件对太阳辐射热利用潜力影响规律判定。

② 西部五城市住宅典型户型空间太阳辐射热利用空间规律及户型空间配型要点。

针对现有住宅设计常规流程（图 1-3-1），对具体的城市及常用户型空间，通过热工技术循环，在典型户型上展开定量细化规律总结，创新设计布局、空间组合操作思路，提出配型、补短的设计方法。

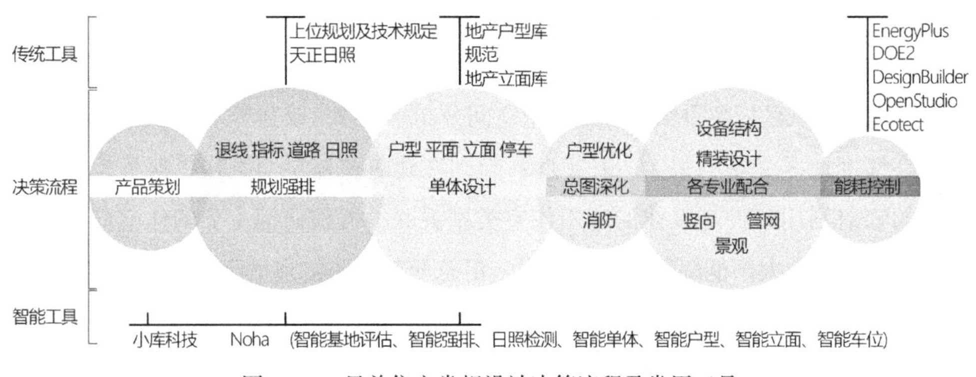

图 1-3-1 目前住宅常规设计决策流程及常用工具

③ 西部五城市住宅建筑立面太阳辐射热利用分级及其设计要点。

针对建筑师设计主导可控的围护结构细化工作环节，对辐射热利用重点关注的南立面，结合设计造型驱动构建优化流程方法，针对关键要素直观量化开发简单的决策工具。

④ 加强太阳辐射热利用的构造设计原理及设计要点。

对辐射热利用影响敏感的南侧透明围护结构、高层住宅顶部等环境能耗敏感部位展开专项要点分析。对因辐射热利用增强的住宅分区保温、分朝向设计、围护结构部品选用与组合、集热蓄热构造等关键或薄弱环节技术要点补充研究。

1.3.2 导则研究技术要点与导控目标框架

总体上，导则以我国西部五个代表城市城镇住宅为研究载体，针对通用住宅绿色设计流程三阶段——① 太阳辐射热利用资源目标级别预判；② 户型布局类型对照修正及其设计措施；③ 围护结构分部优化——初步架构了五步骤的西部太阳能富集区居住建筑户型绿色性能优化设计流程思路（图 1-3-2）：① 定位——建筑类型的确定及其绿色设计重点方向；② 定级——太能辐射资源采暖利定级；③ 选型——理解地域热辐射直接利用理想模式；④ 变形——协调建筑其他约束条件有效补偿辐射利用效果；⑤ 构造优化——辐射热敏感薄弱环节优化。

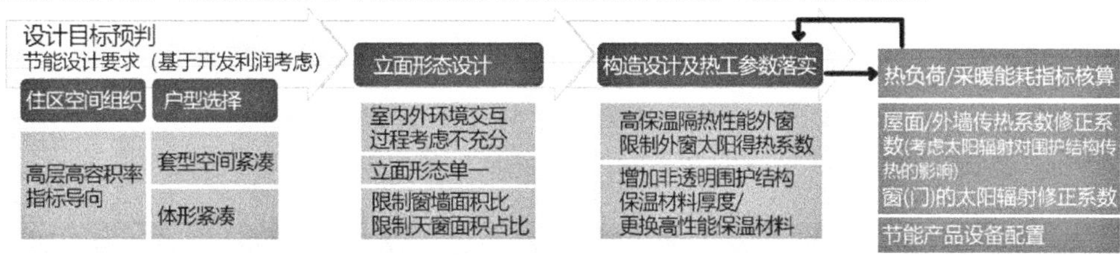

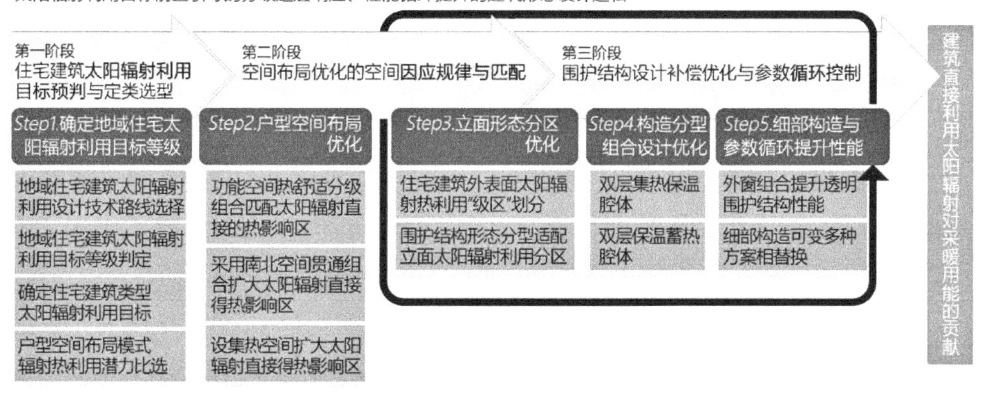

图 1-3-2　目前通用城镇住宅常规绿色设计流程与
西部城镇住宅“三阶五步”太阳辐射分级利用设计流程示意图

1.4　西部太阳能富集区的城镇住宅正向设计流程控制要点

（1）区域太阳辐射利用条件分级预判

区域太阳辐射利用条件是指居住建筑利用太阳辐射减少采暖用能需求的潜力，是供与给的匹配程度，是居住建筑利用太阳辐射节能的先决条件，包括区域用能需求类型及用能程度、典型季节太阳辐射强度、区域城镇住宅建造技术等条件。

（2）住区规划布局模式辐射折减控制

住区作为居住建筑规划设计及用能系统的基本空间单元，其规划布局模式对住宅整体用能有重要影响。日渐攀升的高容积率、高密度指标导向下形成的住区规划布局形式、建筑间距、建筑朝向等，使建筑间相互遮挡日益加重，与太阳辐射热利用的矛盾突出。

根据住区中住宅单体的布置方式，将常见的住区规划布局形式分为行列式、围合式、散点式和混合式，其中以行列式住区布局形式对太阳辐射热利用的潜力最大[①]。容积率与太阳辐射热利用潜力呈负相关，既有研究表明：西宁地区住宅，当容积率大于 1.08 时，太阳辐射利用潜力下降显著；容积率大于 2.16 时，太阳辐射热利用潜力较前者下降缓慢；容积率大于 3.24 后，住宅建筑单位表面积年平均太阳辐射照度变化较前两者趋于平缓，太阳辐射热利用潜力变化不大。另外，建筑朝向、间距与建筑壁面太阳辐射照度存在折减关系，不同地区，适宜太阳辐射利用的朝向角度区间不同，建筑间距与其壁面太阳辐射照度的折减程度不同。拉萨地区利于太阳辐射利用的住宅朝向为南到南偏东 15°，兰州地区则以朝向为南到南偏西 10° 范围区间为宜。随着建筑间距的扩大，日照遮挡减少，但当间距扩大到一定程度时，壁面太阳辐射照度增加甚微或不再变化。

（3）住宅建筑类型确定与户型选择

根据常规住宅类型的设计，考虑防火、经济性等因素，依照《住宅建筑设计规范》，通常将其分为低层住宅、多层住宅、小高层（7～11 层）住宅、中高层（12～18 层）住宅和高层住宅以及超高层住宅。从“需与供”的角度来分析，住宅建筑类型不同，单位面积的采暖、制冷负荷不同，单位面积可直接获得太阳辐射热的表面积不同。再加上规划布局中不同的住宅建筑类型其相互间的日照遮挡规律不同，导致住宅类型间利用太阳辐射节能的潜力不同。

（4）住宅立面太阳辐射利用条件分异

典型气候季，建筑各朝向壁面太阳辐射照度不同，太阳辐射利用条件不同。拉萨地区，冬至日南向的垂直壁面太阳辐射照度日辐照量是东、西向的 3 倍。西宁地区，冬至日南向的垂直壁面太阳辐射照度日辐照量是东、西向的 2 倍。银川冬至日南向的垂直壁面太阳辐射照度日辐照量是东、西向的 1.5 倍，夏季典型气象日西向垂直壁面太阳辐射照度日辐照量是南向、东向的 2 倍左右。吐鲁番地区，冬至日南向的垂直壁面太阳辐射照度日辐照量是东、西向的 2 倍，夏季典型气象日三者垂

① 袁永东．不同建筑布局对室外热环境的影响及节能效果分析［D］．东华大学，2011．

直壁面太阳辐射照度日辐照量相近。乌鲁木齐冬至日南向的垂直壁面太阳辐射照度日辐照量是东、西向的2倍，夏季典型气象日则以西向垂直壁面太阳辐射照度最高，日辐照量是南向、东向的1.5倍。

由于建筑间的相互遮挡，南向立面日照时数分布不均匀，导致南向立面太阳辐射得热有所差异，再加上不同楼层户型室内与室外热交换过程的不同，如底层、中间层和顶层，因此住宅单体南向立面太阳辐射热利用条件存在差异。另外，同样的住宅单体由于在住区中位置不同，建筑间日照遮挡不同，两栋住宅单体的南立面日照时数分布不同，其南立面太阳辐射热利用条件存在差异。

（5）户型空间布局与房间组织

空间形态为建筑利用气候资源、调节室内环境形成符合人体热舒适需求、又与自然形成良性关系的气候调节机制奠定了基础。住宅功能空间热舒适需求、户型空间组合方式和空间尺度，与室内外环境热交换过程直接相关，从基本格局上建立了建筑与地域气候环境的调控关系。户型空间组合方式对各空间室内温度存在差异化影响[①]；住宅单元门厅入口空间的合理设计能够使室内温度提升1～3℃，减少采暖能源的10%[②]；为保证直接利用太阳辐射热的房间能够达到较高的太阳能供暖率，空间进深一般不宜大于层高的1.5倍[③]；既有研究的实测数据显示，拉萨地区南向房间进深3米范围内为太阳辐射直射得热[④]。

（6）围护结构形态优化及其构造设计

围护结构是形成空间的必要物质手段，不仅影响空间功能使用、安全耐久和形态美观，同时也是室内空间与室外环境进行热交换的载体，其对室外气候环境的应对方式，是室内空间利用地域气候资源改善热环境性能的关键，对建筑利用太阳辐射的水平起到决定作用。作为建筑内部与外部的中间过渡要素，围护结构在侧重点不同的领域中被称为建筑表皮、建筑立面等，涵盖外墙、门窗、屋顶、地面等与外部环境直接接触的部件[⑤]。

以北京“基础建筑”[⑥]为例，通过外窗的传热损失与空气渗透热损失占全部热损

① 桑国臣，韩艳，朱轶韵等. 空间划分对太阳能建筑室内温度差异化影响［J］. 太阳能学报，2016，37（11）：2902-2908.

② 中国建筑业协会建筑节能专业委员会，北京市建筑节能与墙体材料革新办公室. 建筑节能：怎么办. 北京：中国计划出版社，1997.

③ 刘加平，谭良斌，何泉. 建筑创作中的节能设计［M］. 北京：中国建筑工业出版社，2009.

④ 桑国臣. 西藏高原低能耗居住建筑构造体系研究［D］. 西安建筑科技大学，2009.

⑤ 宋晔皓，王嘉亮，［美］露西亚·卡尔达斯，朱宁，林正豪. 节能与舒适——表皮材料的建筑性能表现及其设计应用［J］. 时代建筑，2014（3）：77-81.

⑥ 20世纪80年代初期的通用居住建筑，四单元六层。

失的46.9%，外墙、屋顶的热损失分别占全部热损失的25.7%和8.6%[①]。在太阳能富集地区，南向外窗、屋顶有条件成为净得热部件。以外窗得热与失热关系为例，玉树地区南向窗前面积比大于0.4，西宁地区南向窗墙面积比大于0.69，银川地区南向窗前面积比大于0.56时，南向外窗得热量大于失热量[②]。

住宅建筑采用“空间化”的双层表皮构造，以济南地区为例，其对冷、热负荷需求的贡献约为20%[③]。以青海刚察县低层住宅项目为例，南侧外围护结构采用集热蓄热复合墙与外窗组合的构造设计策略对采暖用能的贡献可达86%[④]。

---

① 郎四维．我国建筑节能设计标准的现况与进展［J］．制冷空调与电力机械，2002，23（87）：1-6.

② 杜玲霞．西北居住建筑窗墙面积比研究［D］．西安建筑科技大学，2013.

③ 张军杰．寒冷地区住宅建筑动态适应性表皮设计研究［J］．新建筑，2018（5）：72-75.

④ 王登甲，刘艳峰，刘加平．青藏高原被动太阳能建筑供暖性能实验研究［J］．四川建筑科学研究，2015（2）：269-274.

2 西部五城市住宅空间模式分型及太阳辐射热利用实况

住宅建筑的建设与发展受到当地居民需求与经济条件的强烈约束，根据中国西部五城市住宅建设现状，从住宅建筑形态的角度，综合考虑建筑防火设计要求、采暖计算工况、住宅户均可利用太阳能辐射总量差异和经济性约束等，参照住宅设计规范和建筑防火设计规范对住宅空间形态的约束规定，按照地上自然层数将住宅分为五类：低层院落式住宅、多层集合住宅、7～11 层小高层住宅、12～18 层中高层住宅和大于 18 层的百米以下高层住宅。本章基于上述住宅建筑分类原则，通过实地调研和对五城市目前常见住宅典型季节室内温度的现场测试，摸清了五城市住宅建筑的主体类型、户型空间布局特点及围护结构构造现实，以及太阳辐射热利用的实际情况，是后续研究五城市住宅太阳辐射热利用空间规律和优化设计措施的基础。

2.1 拉萨住宅建造情况及其太阳辐射热利用实况

2.1.1 城镇住宅发展现状

拉萨市于 1960 年正式设立，截至 2020 年，其行政辖区范围包括城关区、堆龙德庆区、达孜县、墨竹工卡县、曲水县、尼木县、林周县等 2 区 6 县，总面积 29518 平方公里①。中心城区由城关区和堆龙德庆区组成，土地面积 140 平方公里，其范围的扩展经历了四个阶段②，如图 2-1-1 所示，住宅建筑类型伴随中心城区范围的变化呈现明显的差异。第一阶段（1951 年前）中心城区范围内，居住建筑围绕大昭寺、布达拉宫建设，以传统的藏式碉房为主，现为文化遗产保护区，居住建筑以保护、修缮为主。第二阶段（1951～1978 年）中心城区范围较上一阶段扩大了近 10 倍左右，当时由于居住建筑紧缺，国家投资建设了大量的职工周转房，多为低层院落式住宅和 2～3 层的集合住宅，该区域南部大部分为文化遗产保护区，区域内

① 拉萨市城市总体规划（2009-2020 年）（2017 年修订）[G]. 拉萨市人民政府，2017.8.

② 李侃桢主编. 拉萨城市演变与城市规划 [M]. 西藏人民出版社，2010.

建筑高度限高为 12～24m，新建住宅极少。第三阶段（1979～2008 年）中心城区的范围沿拉萨河北侧河谷地带向东、西和北部扩张。1987 年后，居住建筑猛增，以 4 层左右的集合住宅为主。该区域内大部分建筑限高为 35m，新建住宅较少，以 4～6 层为主，个别 9～11 层。第四阶段（2009～2020 年）中心城区范围跨拉萨河向南扩展，同时向东、西方向继续延展，居住建筑的建设开始出现商品房，以多层和小高层为主，也有少部分中高层住宅，主要集中在柳梧新区，还有部分由政府投资建设的居民原地安置、牧民搬迁安置等低层院落式住宅。根据中国乡镇（街道）人口密度数据统计，截至 2010 年，拉萨中心城区人口密度分布情况如图 2-1-2 所示。

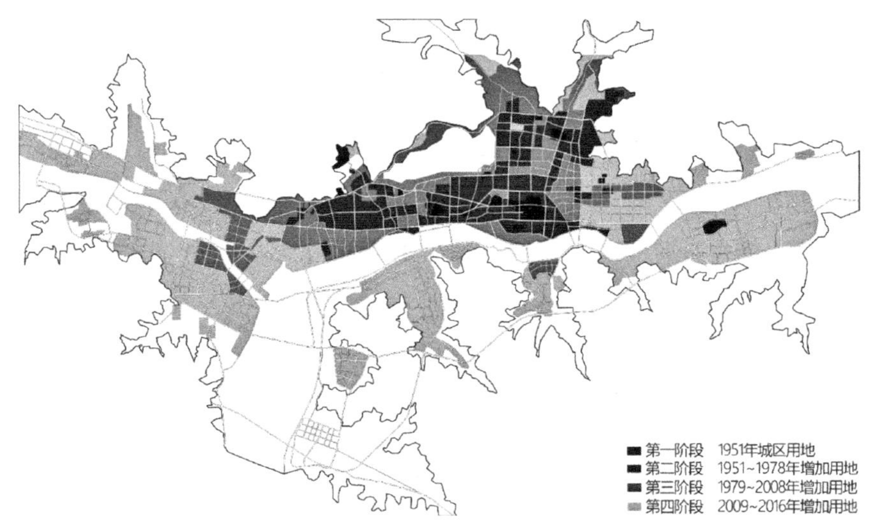

图 2-1-1　拉萨中心城区范围的四个扩展阶段示意图

来源：结合《拉萨市城市总体规划（2009-2020 年）》与李侃桢. 拉萨城市演变与城市规划［M］. 西藏人民出版社，2010. 绘制

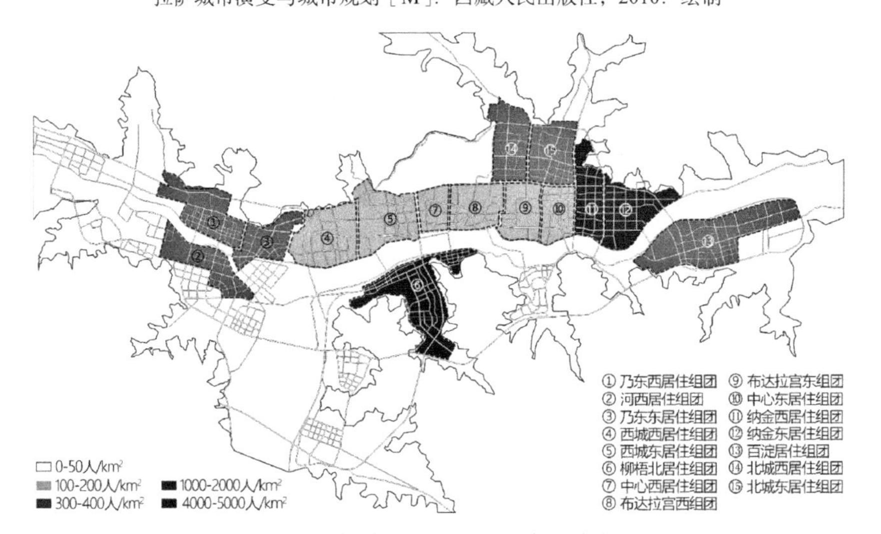

图 2-1-2　拉萨中心城区人口密度分布图

来源：中国乡镇（街道）人口密度数据集（2010 年）

根据拉萨市设计院提供的近四年（2016～2019年）所完成的拉萨地区住宅项目资料的数据统计，新建住宅以小高层（7～11层）为主体，建设规模占比为57%，其次为多层，占比21%，12～18层的高层集合住宅占比14%，低层院落式住宅占比8%，如图2-1-3所示。拉萨周边县、集镇的新建住宅则大部分为低层院落式住宅和3层左右集合住宅。

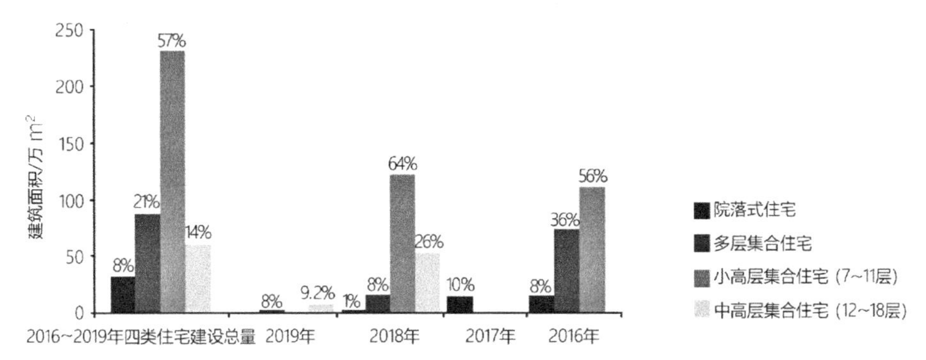

图2-1-3 拉萨市近四年新建住宅建筑类型及其面积规模占比

来源：根据拉萨市设计院2016～2019年完成的拉萨市中心城区住宅项目施工图统计

拉萨市处于我国建筑气候区划的Ⅵc建筑气候区，所属气候区为寒冷（B）区，该地区冬无严寒、夏无酷暑，最冷月平均气温-1.6℃，最热月平均气温15.5℃，日平均气温偏低，昼夜温差较大，气温年较差较小。拉萨处于我国太阳总辐射资源最富集带（A），冬季晴天日照时间达10h左右，最冷月（1月）垂直南向面总日射月平均日辐照量为23.93MJ/（m^2·d），位居全国主要城市之首；夏季太阳辐射照度与北京、哈尔滨接近，无需制冷设备。

2003年《采暖通风与空气调节设计规范GB 50019—2003》首次将拉萨划入采暖地区。拉萨市法定供暖期通常为11月15日到次年3月15日，时长120天，由于能源、地理条件限制，当地尚无市政供暖，部分住区采取小区集中供暖的方式，低层住宅住户则多以煤炉采暖的方式根据热舒适需求自行采暖。根据《民用建筑能耗标准GB/T 51161—2016》测算，以当地小区集中供暖方式计算，拉萨城镇居住建筑供暖能耗位居我国供暖地区主要城市供暖能耗首位①。受到能源资源、地形地貌条件约束，燃气、燃煤、电等供暖能源依靠外援，且由于低压、缺氧，能源燃烧不充分，额外增加了环境负担。

2007年首部《西藏自治区居住建筑节能设计标准》（DB54/0016—2007），对标国家50%节能目标，此前西藏地区建筑热工设计按照非采暖区执行西南地区设

① 中华人民共和国住房和城乡建设部. 民用建筑能耗标准GB/T 51161—2016［S］. 北京：中国建筑工业出版社，2016.

计标准，大部分城镇居住建筑外围护结构保温性能较低。标准针对西藏地区太阳能资源丰富的特点，提出了以被动式太阳能供暖为主、主动式供暖和其他供暖方式为辅的供暖方式提高室内热环境质量，以“建筑物辅助耗热量指标”① 衡量建筑热工性能；同时基于当地建筑密度低、层数低的建设特点，将日照时数提高为冬至日正午前后2h②。可见优先利用太阳辐射资源在西藏自治区绿色建筑设计应用中政策导向鲜明、地区适应性要求强烈。

2018 年颁布了首部西藏自治区绿色建筑评价标准和设计标准，根据当地土地资源、化石能源结构、地域气候资源以及城市建设特征，评价标准加大了节能与能源利用的权重，明确提出优先被动式利用太阳辐射节能的设计目标。

2.1.2 院落式住宅建造情况及其太阳辐射热利用实况

（1）群体布局模式及其住宅日照时数分布情况

根据拉萨市设计院提供的施工图资料以及实地调查，共统计院落式住宅居住区样本 15 个，其中 9 个位于拉萨市中心城区（图 2-1-4），6 个位于城市边缘地带（图 2-1-5）。共同之处是两者均注重朝向，坐北朝南，即使在地形不规则等约束条件下，朝向依然以南向为主，户型空间布局、建设模式、构造做法相类似。不同之处是由于土地开发强度的不同使得中心城区的院落式住宅每户占地面积比位于市郊边缘地带、县镇的院落式住宅每户的占地面积小，前者通常为 160m^2 左右，宽 11m，后者通常是 180m^2，面宽 12m，进深均集中在 15m 左右，庭院进深 5.5m，同时两者在院落单元的组合方式和间距控制两个方面也呈现明显的不同。

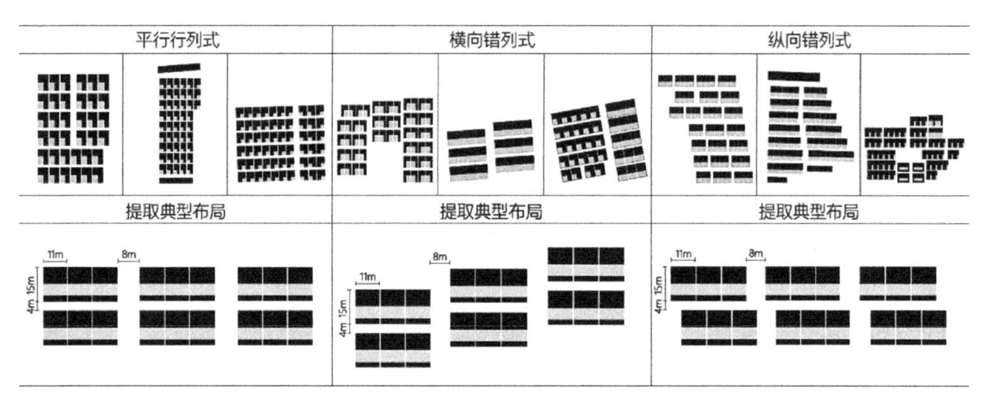

图 2-1-4 拉萨中心城区院落式住宅典型群体布局模式

来源：结合百度地图，根据实地调研案例绘制

① 建筑物辅助耗热量指标：每单位建筑面积除被动式太阳能采暖系统提供热量外，由其他辅助供暖设备提供给建筑的热量，单位为 W/m^2。

② 西藏自治区建设厅．居住建筑节能设计标准 DB54/0016—2007［S］．拉萨：西藏人民出版社，2007.

位于拉萨中心城区的院落式住宅以多户联拼为主，6～8 户组合为一组，呈现平行行列式、横向错列式和纵向错列式三种布局模式，院落间南北间距大多为 4m，组与组之间的东西间距 8m 左右，如图 2-1-4 所示。位于市郊、县镇的院落式住宅则以 2～3 户为一组，同样以平行行列式、横向错列式和纵向错列式三种布局模式为主，如图 2-1-5 所示，但市郊其周边集镇的院落式住宅间南北间距多为 8m，组与组之间的东西向间距为 10m。6 种群体布局模式中，以密度最大的行列式布局为例，选取日照最不利的位于中心的住宅组，采用 SketchUp-SunHours 模拟其日照时数分布情况，如图 2-1-6 所示，模拟结果显示拉萨院落式住宅，现行常规间距控制条件下，住宅间无日照遮挡。南立面中部区域日照时数为 6h，即冬至日满窗日照，局部受到庭院围墙遮挡，但距地面 1m 以上区域日照时数为 4h 及以上。

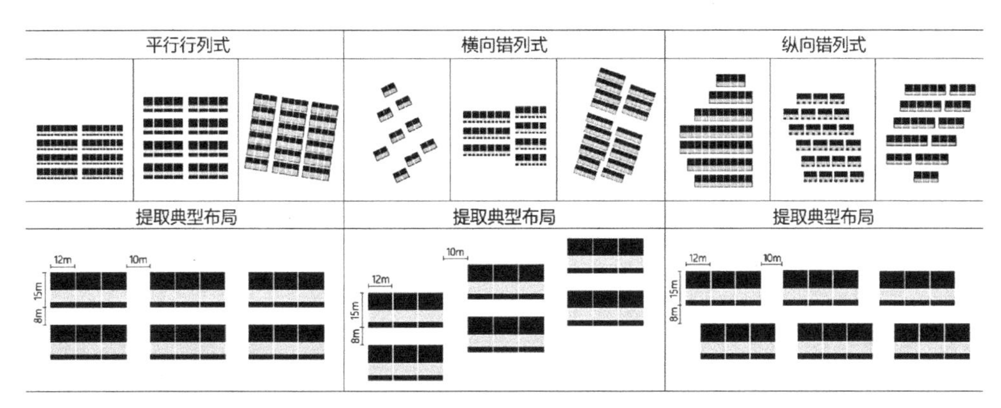

图 2-1-5　拉萨城市边缘地带院落式住宅典型群体布局模式
来源：拉萨市设计院提供的西藏自治区高海拔移民安置项目施工图

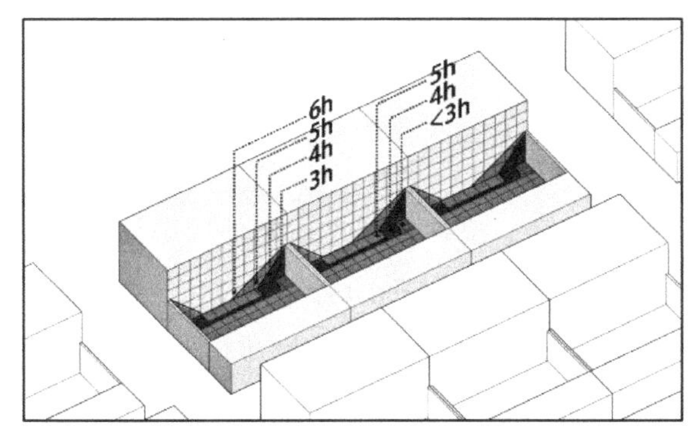

图 2-1-6　拉萨院落式住宅典型群体布局中心住宅日照时数分布模拟结果
（网格尺度为 1m，采用 SketchUp-SunHours 插件模拟计算，模拟日期为冬至日）

（2）户型空间布局特征及其尺度规律

拉萨传统院落式住宅主体建筑以一字形、凹字形和 L 形居多，为争取室内大部分空间被太阳照射，主体建筑总体上呈“大面宽，小进深”的形体特征。由政府或开发商统建的院落式住宅常见户型空间结构如图 2-1-7 所示，呈现南向入“三开间一进院”的空间格局。户型空间布局围绕中心庭院展开，庭院进深尺度为 5～6m，主体建筑东西向“一”字排开。卧室、起居室位于庭院北侧面向庭院直接获得太阳辐射，起居室与餐厅合用，储藏室、楼梯间设于卧室或起居室的北侧，总进深多为 7m 左右。厨房、卫生间设于庭院南侧，卫生间常供客人独立使用，设置为单层，避免对庭院北侧房间形成日照遮挡，进深 3m 左右。住宅通常为两层，层高为 3m。

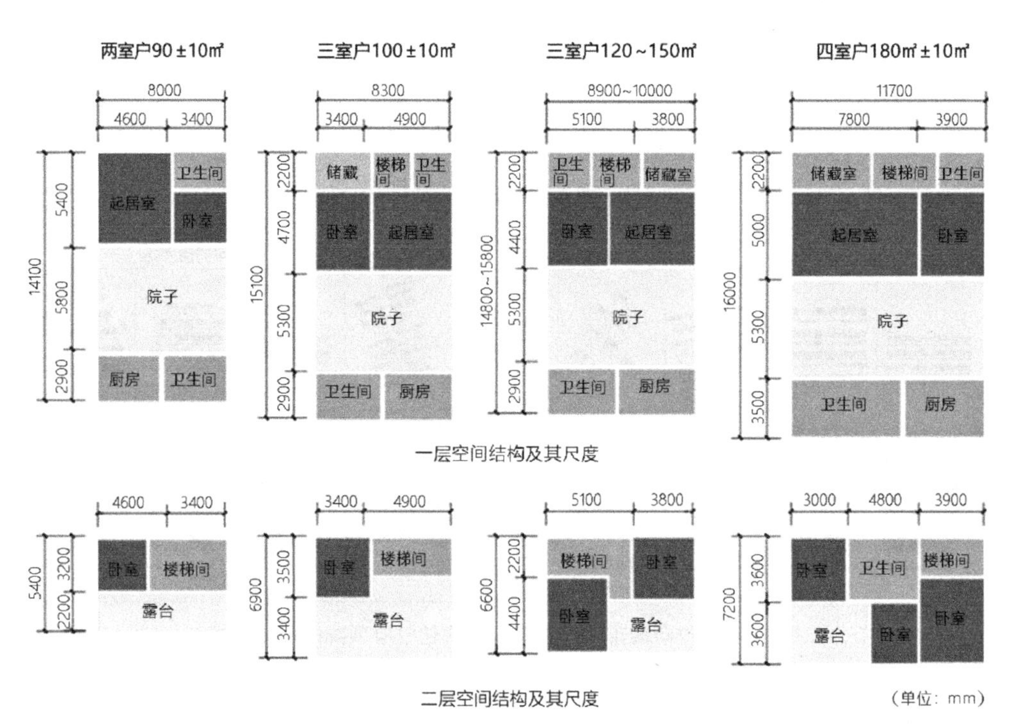

图 2-1-7　拉萨地区院落式住宅户型空间布局及尺度

来源：根据拉萨市设计院提供的拉萨地区院落式住宅施工图整理绘制

（3）外围护结构构造现实

通过调研样本数据统计，拉萨院落式住宅外围护结构常用构造现实情况见表 2-1-1。院落式住宅南向窗墙比大于 0.45，接近 0.5，北向窗墙比小于 0.1，东西向不开窗。主体结构材料为钢筋混凝土，外墙采用混凝土砌块，保温材料大部分使用保温砂浆。外窗普遍使用铝合金单层玻璃窗，部分采用断桥铝合金单框双玻窗户，根据当地建材市场外窗销售情况的调查反馈，断桥铝合金单框双玻窗户近两年增长趋势明显，可见后续建设中会大量采用此类外窗。屋面采用 120mm 厚钢筋混凝土板，保温材料常采用 150mm 厚挤塑聚苯板。

（4）太阳辐射热利用实况

1）采用“冷热分区”的空间布局利用太阳辐射热

拉萨院落式住宅外围护结构构造　　表 2-1-1

窗墙面积比	南向	东、西向	北向
	> 0.45，接近 0.5	一般不开窗	≤ 0.1
外窗	建成院落式住宅以铝合金单层或中空玻璃为主；但断桥铝合金单框双玻外窗（4 + 12A + 4，透明玻璃）已在大力推广，未来几年会普及		
外墙	200mm 厚混凝土砌块＋ 30mm 厚保温砂浆		
屋面	120mm 厚钢筋混凝土板＋ 150mm 厚挤塑聚苯板		

来源：根据拉萨市设计院提供的拉萨地区院落式住宅施工图以及当地建材市场外窗销售情况整理。

如图 2-1-7 所示，拉萨院落式住宅主屋呈“两进式”空间格局，起居室和卧室布置在南向直接获取太阳辐射，并采用大面积开窗，以便保持日间室内大量得热，北向布置热环境要求较低的储藏间、卫生间和楼梯间，并采取小窗甚至不开窗的方式，形成起居室和卧室的热缓冲空间，减少热量流失，以保证主要使用房间的温度和热稳定。

2）加建“阳光间”是当地居民利用太阳辐射取暖的常用手段

由于当地常规能源极为匮乏，当地传统民居通常将燃烧牛粪炉的灶台作为室内中心，围绕中间火炉布置藏榻等家具，兼具就餐、休息等使用功能，是日间使用频率最高的功能空间。实地调查发现，尽管能源结构的改变使当地居民不再如传统民居中“围火而居”，但传统的生活习惯被沉淀保留下来，就餐空间依然是家庭聚会、接待亲友的主要使用空间，也常用作餐后休息空间，与厨房相邻或直接连通。就餐空间与起居空间功能复合，面积需求比常规住宅中餐厅面积大，空间内常围绕餐几摆放藏床，藏床尺寸通常为 1.1m 宽 2m 长。而目前新建院落式住宅的厨房、就餐空间与主要使用空间分离，使当地居民日常生活不便，大部分住户结合就餐空间使用习惯，将庭院空间全部或部分封闭，加建连接厨房与起居室、卧室等主要使用空间的就餐、会客等多功能空间，日间活动主要在该空间中进行，屋顶大多采用玻璃顶，形成“阳光间”，利用太阳辐射得热基本能够满足采暖季日间热需求，夜间需要暖炉辅热。图 2-1-8 为住户利用太阳辐射热自行加建“阳光间”的实例。

3）采暖季太阳辐射热利用现实效果

结合资料调研及课题组实测的拉萨地区院落式住宅，共计 5 个具有代表性的实测样本。测试对象户型空间布局、围护结构构造均与拉萨地区多数新建院落式住宅户型空间布局及围护结构构造相似。因此，实测样本采暖季自然运行状态下室内温度的分布情况能够代表拉萨院落式住宅太阳辐射作用下室内热环境的普遍情况。

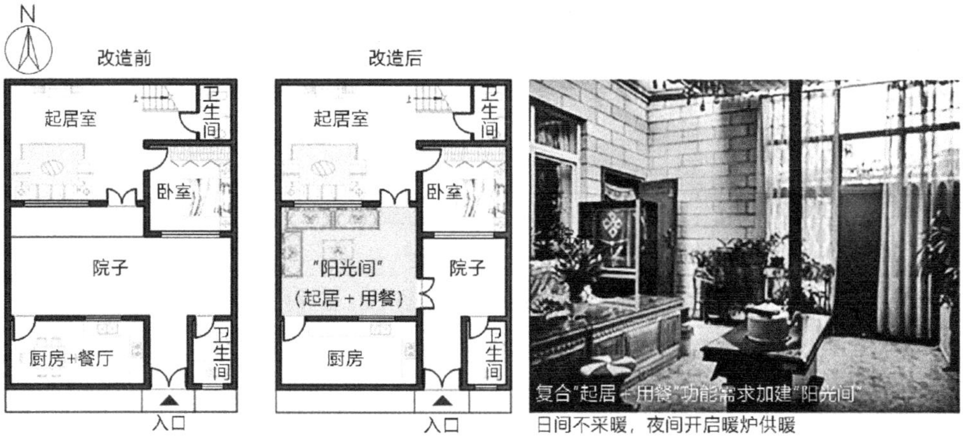

图 2-1-8　拉萨院落式住宅居民自建“阳光间”直接利用太阳辐射热采暖

样本 1（图 2-1-9）测试时间为 2017 年 2 月，测试期间日照时长 10h、太阳辐射峰值 776W/m^2、平均太阳总辐射强度 492W/m^2，测试期间室外气温 −10.9～3.4℃、平均气温 −3.7℃。室内温度测试结果见图 2-1-10，二楼南向次卧温度最高，较只南向开窗得热的起居室温度峰值高约 3℃；且由于二楼南向次卧西山墙设开窗，延长了太阳辐射得热时间，室内最高温度出现在晚上 8 时，较起居室温度峰值出现时间延时 5 小时，同时两者最低温度相近。可见，拉萨地区住宅合理的西向开窗能够增加室内太阳辐射得热，并延长了太阳辐射得热时间，利于提高夜间室内环境热舒适程度。

拉萨地区院落式住宅室内温度实测样本 2～4 户型空间布局及其围护结构构造见图 2-1-11。测试时间为 2020 年 1 月份 7～9 日，持续测试 36h，测试结果见图 2-1-12。

测试对象：拉萨市林周县卡孜乡白朗新村新建院落式住宅，层数：2层

围护结构构造信息

外窗类型	铝合金双层窗，玻璃厚度5mm，窗户间距100mm
外墙构造	20mm水泥砂浆+30mm无机保温砂浆+300mm混凝土空心砌块+30mm无机保温砂浆+20mm水泥砂浆
内墙构造	20mm水泥砂浆+200mm混凝土空心砌块+20mm水泥砂浆
屋面构造	40mm碎石混凝土+20mm水泥砂浆+50mm膨胀珍珠岩+20mm水泥砂浆+4mmAPP改性沥青防水卷材+20mm水泥砂浆+50mm膨胀珍珠岩+120mm钢筋混凝土楼板+20mm水泥砂浆

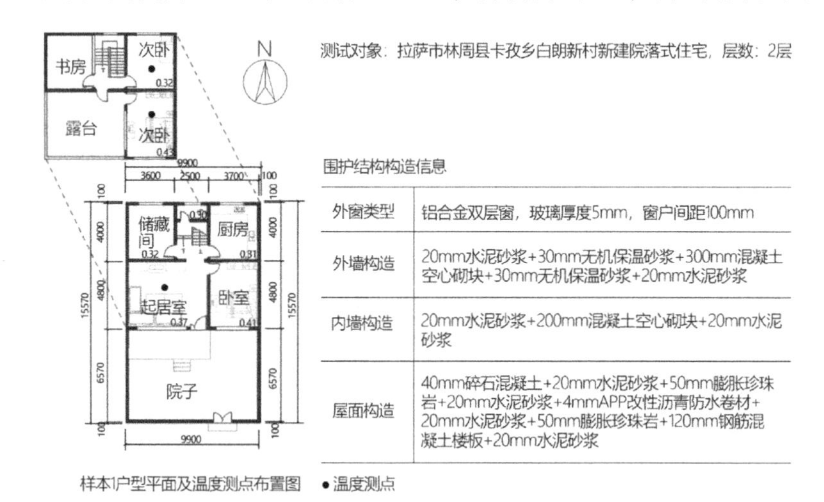

图 2-1-9　拉萨院落式住宅测试样本 1 户型平面、温度测点布置图及围护结构构造

来源：根据胡晓雪等. 拉萨新民居建筑冬季室内热环境影响因素分析［J］. 西安建筑科技大学学报（自然科学版），2019. 绘制 .

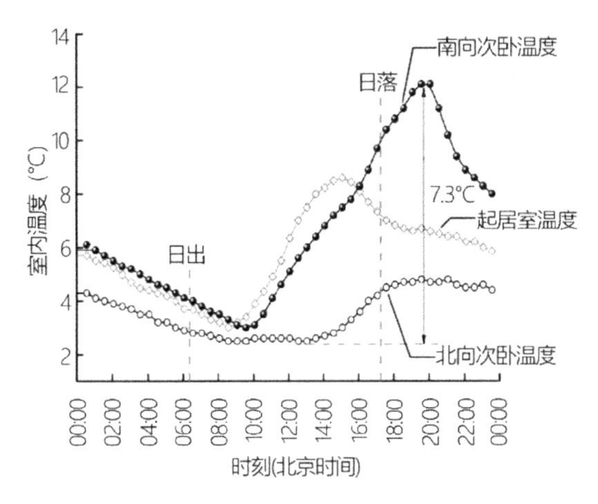

图 2-1-10　拉萨院落式住宅实测样本 1 采暖季自然运行状态下室内温度测试结果
来源：胡晓雪等. 拉萨新民居建筑冬季室内热环境影响因素分析［J］. 西安建筑科技大学学报（自然科学版），2019.

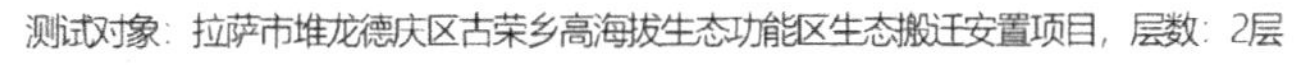

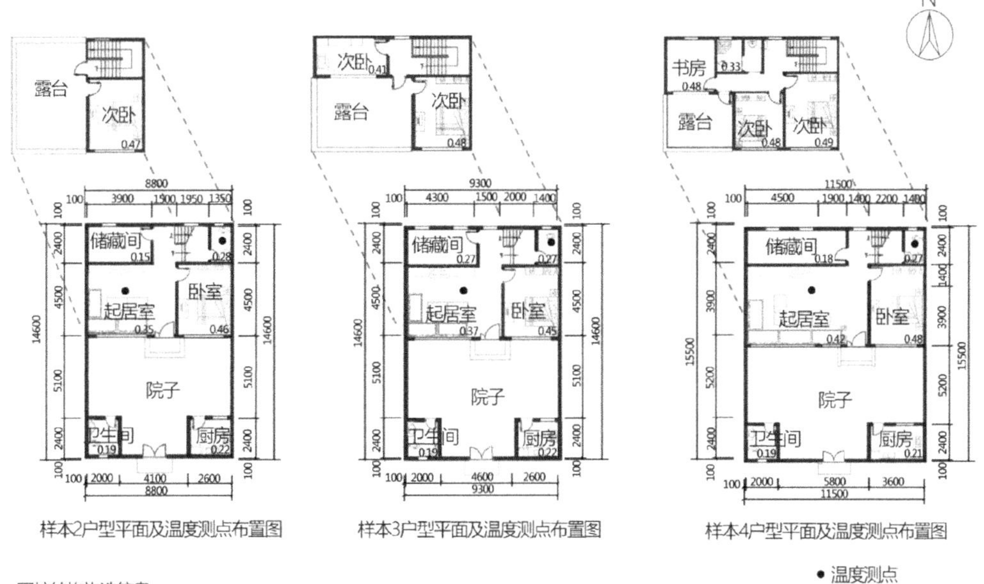

围护结构构造信息

外窗类型	断桥铝合金单框双玻外窗（4+12A+4）
外墙构造	20mm水泥砂浆+100mm聚氨酯硬包沫塑料+20mm水泥砂浆+200mm混凝土双排孔砌块+20mm石灰水泥砂浆
内墙构造	水泥砂浆15mm+有筋扩张网10mm+轻钢龙骨墙体100mm+有筋扩张网10mm+水泥砂浆15mm
屋面构造	20mm水泥砂浆+70mmJMS轻质砂浆+150mm挤塑聚苯板+20mm水泥砂浆+100mm钢筋混凝土+20mm石灰水泥砂浆

图 2-1-11　拉萨院落式住宅测试样本 2～4 户型平面、温度测点布置图及围护结构构造
来源：根据拉萨市设计院提供的施工图及现场调研结果绘制

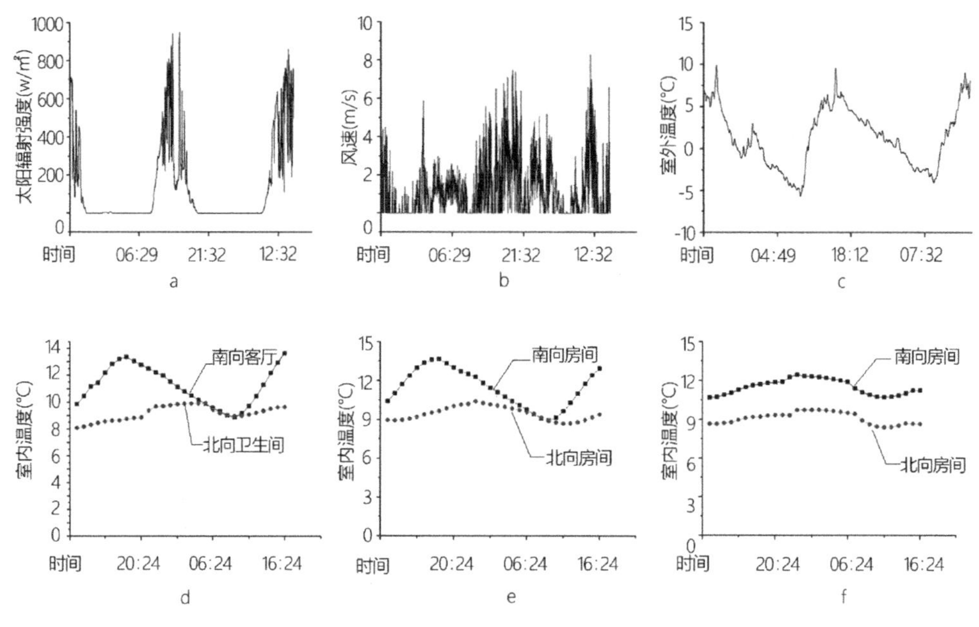

图 2-1-12　拉萨院落式住宅测试样本 2-4 测试结果
（图 a～c 为测试期间太阳总辐射强度、风速和室外气温；
图 d～f 分别为测试样本 2～5 的室内温度测试结果）

测试期间室外最低温度为 −6℃，最高 10℃，日照时长 10h，太阳辐射强度最高时达到 950W/m^2，最大风速 8m/s，大部分时间是 1～4m/s，如图 2-1-12a～c 所示。南向直接太阳辐射得热房间室内温度峰值 13.5℃左右，最低温度与北向测试房间室内温度接近，为 8℃左右；北向房间温度波动较小，基本维持在 9℃上下，如图 2-1-12d～f 所示。2020 年 12 月 11～15 日，课题组对实测样本 2-4 所在住区相似院落式住宅再次进行自然运行状态下室内温度测试及住户环境满意度调查。访问时段为 11 : 00～17 : 00，访问时段内测试住宅卧室、起居室的室内温度分布在 13℃～18℃，卫生间、储藏室、厨房等间歇性使用房间温度在 6～10℃，住户反馈通常在 19 : 00～20 : 00 需开启局部加热设备。

4）小结

通过前文对拉萨地区院落式住宅太阳辐射热利用实况的调查和室内温度测试发现：拉萨地区院落式住宅注重朝向，通过“冷热分区”的户型空间布局和“阳光间”的方式直接利用太阳辐射；采暖季自然运行状态下主要使用空间昼间温度可达到 16℃，能够满足冬季热需求，但夜间温度较低，需设备供暖，采暖时间集中在 19～22 点；户内房间室内温度分布差异明显，南、北向房间室内温度温差 6℃～8℃，但当地居民能够接受户内空间温度分布不均匀、昼夜温度波动较大的室内热环境，整体满意度为 90%。

2.1.3 集合住宅建造情况及其太阳辐射热利用实况

（1）户型类型及其建筑面积区间

根据拉萨市设计院、西藏自治区建筑勘察设计院提供的拉萨市住宅建筑施工图以及文献资料，共调查2009年之后建成的集合住宅居住区20个，分布在乃东片区、纳金片区、百淀片区和柳梧新区，共计住宅323栋，10500户，套型样本120例，见图2-1-13。

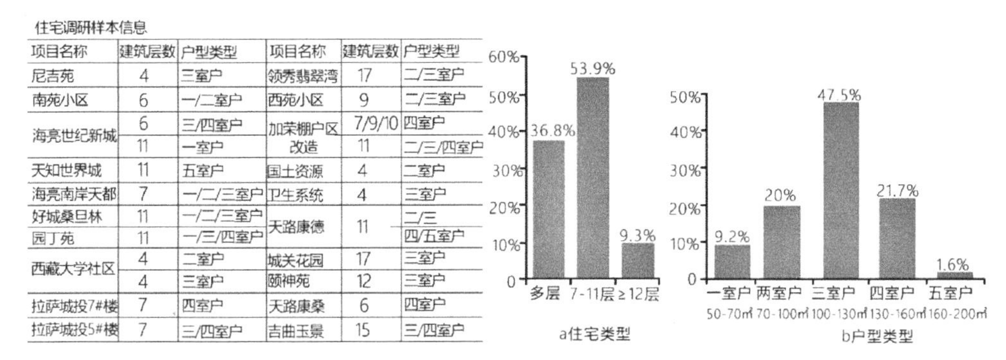
住宅调研样本信息

项目名称	建筑层数	户型类型	项目名称	建筑层数	户型类型
尼吉苑	4	三室户	领秀翡翠湾	17	二/三室户
南苑小区	6	一/二室户	西苑小区	9	二/三室户
海亮世纪新城	6	三/四室户	加荣棚户区改造	7/9/10	四室户
	11	一室户		11	二/三/四室户
天知世界城	11	五室户	国土资源	4	二室户
海亮南岸天都	7	一/二/三室户	卫生系统	4	三室户
好城桑旦林	11	一/二/三室户	天路康德	11	二/三
园丁苑	11	一/三/四室户			四/五室户
西藏大学社区	4	二室户	城关花园	17	三室户
	4	三室户	颐神苑	12	三室户
拉萨城投7#楼	7	四室户	天路康桑	6	四室户
拉萨城投5#楼	7	三/四室户	吉曲玉景	15	三/四室户

图2-1-13 拉萨中心城区集合住宅调查案例中住宅类型和户型类型占比

来源：根据调研案例数据统计

经统计，7～11层小高层住宅占比53.9%，高层占比9.3%，其余为多层集合住宅，占比36.8%，见图2-1-14，与拉萨市城镇住宅建筑类型发展趋势一致，可见集合住宅调查样本的类型具有代表性。户型以三室户为主，占比47.5%，面积区间100～130m^2，两室户占比20%，面积70～100m^2，四室户占比21.73%，面积130～160m^2，见图2-1-15。

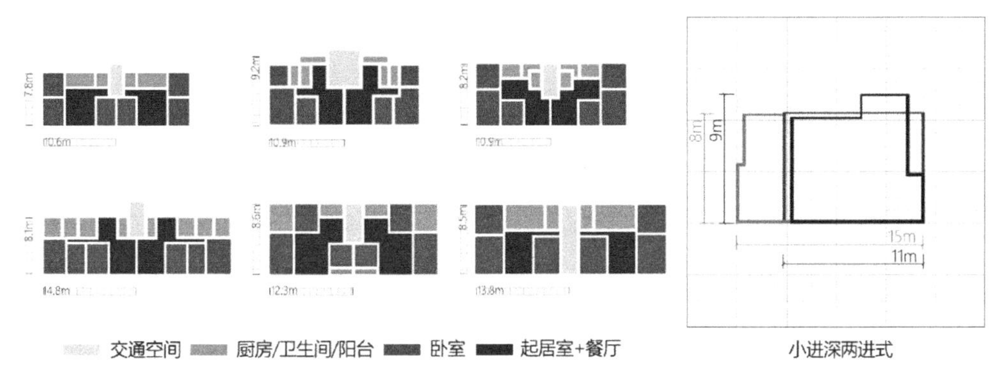

图2-1-14 拉萨多层集合住宅“小进深两进式”三室户空间结构及尺度

（户型进深以8m左右居多）

来源：根据调研样本绘制

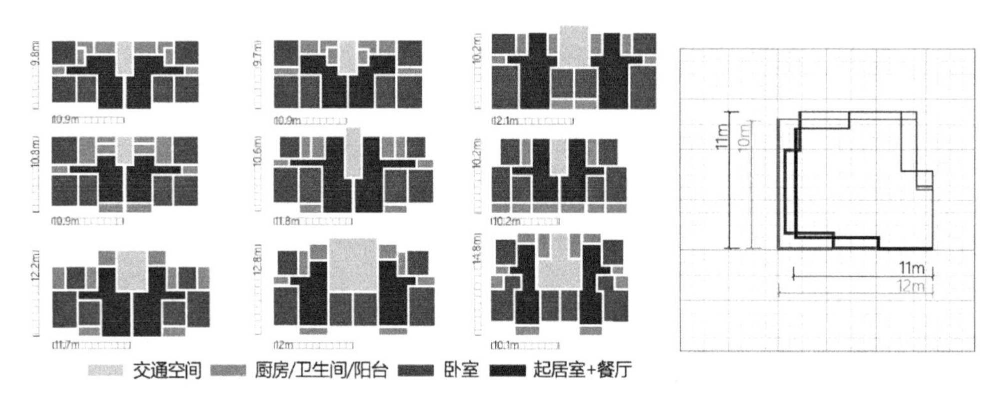

图 2-1-15　拉萨集合住宅“大进深多进式”三室户空间结构及尺度
（户型进深集中在 10～13m 之间，以 10m 左右最为集中）
来源：根据调研样本绘制

（2）户型空间布局特征及其尺度规律

1）三室户

三室户调研样本中，根据户型进深的不同，其空间布局呈现两种模式，分别为“小进深两进式”和“大进深多进式”。“小进深两进式”户型进深范围在7～9m之间，以 8m 左右为主，进深方向只设“两进”房间，南向房间均为卧室、起居室，此类户型大部分北向房间设为储藏室、厨房、卫生间等间歇性使用房间，北向房间不设或最多设一个卧室，套型面宽 11～15m 之间，空间结构及其尺度如图 2-1-14 所示。此类户型大多分布在拉萨中心城区范围扩展的二、三阶段以及市郊和集镇，在职工周转房和当地开发商建设的商品住宅中较为常见，通常为多层。“大进深多进式”户型进深范围为 10～15m，户型空间结构及尺度如图 2-1-15 所示，以 10m 左右的最为集中，套型大部分为南向三开间，面宽尺度范围在 11～12m 之间，在多层、小高层中较为普遍。

2）两室户

两室户的户型空间布局以两开间朝南为主，占比 90%，部分户型为三开间朝南。前者进深尺度范围为 9～13m，其中 10m 左右占比 90%，户型空间结构及其尺度如图 2-1-16 所示，呈现“大进深多进式”空间布局模式。三开间朝南的两室户，户型进深尺度为7.5～8.5m，如图2-1-17所示，呈现“小进深两进式”空间布局模式，此类户型在职工周转房中较为常见，多为 4 层。

3）四室户

四室户多为四开间朝南，三个卧室和起居室朝南或两个卧室和由起居室与餐厅组合形成的“横厅”位于南侧，如图 2-1-18 所示，面宽尺度为 14～15m，进深尺度范围为 9～13m 之间，以 10m 左右较为集中。

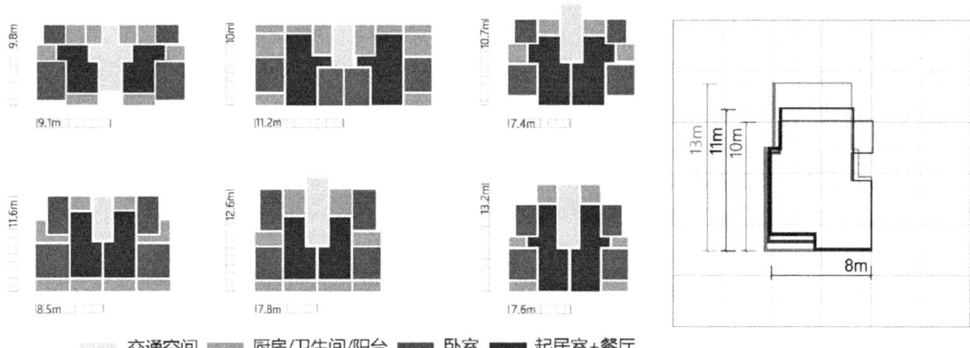

图 2-1-16 拉萨集合住宅“大进深多进式”两室户空间结构及尺度

（户型进深范围 10～13m 之间，多层住宅户型进深以 10m 左右较为集中，小高层以 11m 左右较为集中）

来源：根据调研样本绘制

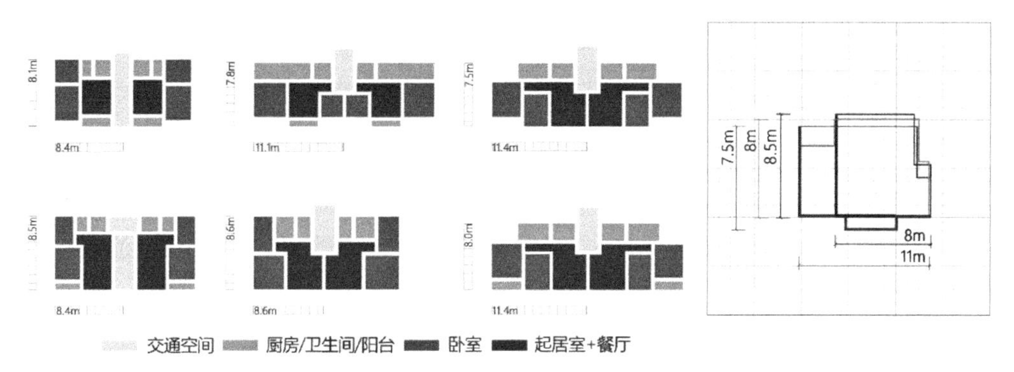

图 2-1-17 拉萨集合住宅“小进深两进式”两室户空间结构及尺度

（户型进深在 7.5～8.5m 之间）

来源：根据调研样本绘制

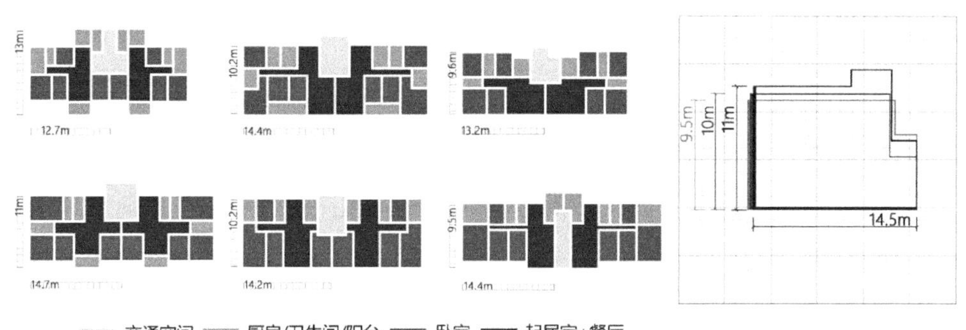

图 2-1-18 拉萨集合住宅四室户的户型空间结构及尺度

（户型进深范围在 9～13m 之间，以 10m 左右较为集中）

来源：根据调研样本绘制

4）小结

通过对拉萨中心城区 2010 年后建成的集合住宅调查样本户型空间结构及其尺度的分类统计，发现其户型空间布局呈现两种模式：一种为“大进深多进式”户型，进深尺度范围集中在 10～13m，多层、小高层户型以 10m 左右为主，高层以 12m 为主；另一种为“小进深两进式”户型，进深尺度集中在 8m 左右，在职工周转房中较为常见，大多出现在多层集合住宅中，少量小高层住宅中也有使用。

（3）围护结构构造

拉萨目前常见集合住宅围护结构材料构造如表 2-1-2 所示。主体结构材料均采用钢筋混凝土。外墙采用混凝土砌块，200mm 或局部 300mm 厚，40% 设保温层，其中 30% 采用保温砂浆、10% 采用岩棉。屋顶均采用平屋顶形式，屋面构造为钢筋混凝土楼板，上附水泥膨胀珍珠岩保温层、防水层等，部分住宅屋面保温材料采用聚苯板，占比较小。外窗 80% 采用金属窗框单层玻璃窗，玻璃多为 4mm 厚透明玻璃，其余为断桥铝合金双层中空玻璃窗。伴随拉萨市建筑节能工作的推进，根据当地门窗组装厂家（由于本地没有资源无生产厂家，均依靠外运型材，在本地组装后销售）的反馈，大约从 2018 年起，拉萨市门窗市场以断桥铝合金双层中空玻璃门窗销售量领先，金属门窗和塑钢门窗也有销售，但市场占比很小，大多用于自建房或房屋改造，被淘汰退出市场的趋势显著，双腔三玻外窗及保温性能更高的外窗属于定制产品，价格是断桥铝合金双层中空透明玻璃窗的 4～5 倍，在当地建材市场并不常见。

拉萨新建集合住宅围护结构构造　　表 2-1-2

围护结构名称	材料构造
外墙	200mm 厚混凝土砌块；40% 设有保温层，其中 30% 采用膨胀珍珠岩抹面，10% 采用 50mm 厚岩棉保温
屋面	120mm 厚钢筋混凝土板＋ 80mm 厚膨胀珍珠岩
外窗	80% 外窗为单层透明玻璃金属窗框，玻璃厚度 4mm

来源：根据调研案例和对当地建材市场、建筑设计院反馈信息汇总。

根据拉萨市集合住宅调研案例各朝向窗墙面积比统计显示：南向窗墙比以 0.4～0.5 居多，起居室南向窗墙比普遍大于 0.7；多层集合住宅，南立面除建筑结构外，其余均为透明围护结构，窗墙面积比接近 0.8，如西藏民族大学教师公寓、西藏公路局安居小区等。大部分住宅南向设有封闭阳台，常与起居室相邻，进深 1.2～1.5m，阳台与起居室隔墙窗墙比大于 0.6。

（4）太阳辐射热利用实况

1）太阳辐射热利用方式

① 南立面大面积开窗，形成“阳光间”

当地住宅普遍采用南向大面积开窗的方式直接利用太阳辐射，南向窗墙面积比突破了我国居住建筑节能标准中限值的强制性规定，形成“阳光间”。居民将开敞阳台改建为封闭阳台，采用大面积透明围护结构，形成“附加阳光间”，增加日间得热和提升夜间保温性能。

② 通过集热蓄热墙利用太阳辐射采暖

少数集合住宅示范性使用集热蓄热墙利用太阳辐射改善室内热环境，如纳金小学教师周转房、西藏自治区自然资源局职工周转房，见图 2-1-19。据住户反馈，采用集热蓄热墙的房间，室内温度满足冬季热需求，晴天的情况下，即使夜间也无需开启采暖设备。

图 2-1-19 拉萨市多层集合住宅使用集热蓄热墙采暖实例

③ 外墙厚度朝向差异化设计

通过资料调研发现，拉萨市较早建设的集合住宅，根据太阳辐射朝向差异化分布特点，南向外墙厚度采用 240mm 厚灰砂砖，东、西、北向的外墙厚度采用 370mm 厚灰砂砖[①②]，住宅分朝向采取不同的保温措施，是当地早期城镇住宅围护结构朝向差异化响应太阳辐射利用的经验。

2）采暖季太阳辐射热作用下室内温度分布情况调查

根据课题组及所在承担单位对拉萨集合住宅冬季晴天非供暖工况下室内温度分布情况的现场测试，并参考同样工况下实测文献，共形成 6 个拉萨市集合住宅自然运行状态下室内温度分布情况研究样本。实测案例与拉萨集合住宅常见户型空间布局及尺度相似，个别案例外围护结构构造保温性能低于当地现行构造，详见下文。

① 南向太阳辐射直接得热房间室内温度基本能够满足冬季热需求

获得太阳直接照射的南向房间室内温度明显高于北向房间，两者温度峰值温差为 7～20℃。实测样本中，南向太阳辐射直接得热的房间室内温度峰值均超过 16℃

① 刘艳峰，等. 拉萨多层被动太阳能住宅热环境测试研究［J］. 暖通空调，2007（12）：122-124.

② 桑国臣. 西藏高原低能耗居住建筑构造体系研究［J］. 西安建筑科技大学，2009.

且持续时长最少 6 小时，数据统计见表 2-1-3。

拉萨集合住宅实测案例南向房间室内温度数值统计列表　　表 2-1-3

案例[①]编号	南向房间	最高温度（℃）	室温大于 16℃左右时间段	最低温度（℃）	昼夜温差（℃）
1	起居室	20	13：00—21：00	14.5	5.5
	卧室	17	15：00—19：00	14	3
2	阳台	33	12：00—22：00	12	21
	卧室（南向设阳台）	18	几乎全天	15	3
3	卧室	24	13：00—21：00	13	12
4	阳台	26	11：00—17：00	11	15
5	起居室	24.95	11：30—18：30	5	19.95
6[②]	阳台	21.7	—	9.3	—

实测案例 1 为 3 单元 5 层集合住宅，南向无遮挡，外墙采用灰砂砖，南向墙体 240mm 厚，其余为 370mm 厚，外窗为铝合金单框双层玻璃外窗。测试结果显示，南向起居室最高温度为 20℃，室内温度高于 18℃时段为 7 小时左右，最低温度 14.5℃，位于起居室西侧的南向卧室最高温度 17℃，最低温度为 14℃，即采暖季平均气温 0℃条件下，测试对象南向房间室内温度最低可达 14℃，如图 2-1-20 所示。位于起居室东侧的南向卧室，设有封闭阳台，其夜间温度与西侧未设阳台的卧室接近，但日间室内温度比西侧直接获得太阳辐射热的卧室低 2℃左右。北侧厨房、书房独立，无直接太阳辐射得热影响，室内温度维持在 9～13℃。从室内温度整体分布情况来看，拉萨集合住宅在南向无遮挡时，外墙不设保温材料、外窗采用铝合金单框双层普通玻璃窗的情况下，自然运行状态下“中间户”南向房间室内温度基本能够维持在 14℃上下。

② 室内温度在空间进深方向呈“三段式”分布，温度值随进深增大分段衰减

图 2-1-21 为拉萨集合住宅测试对象户型平面图及其围护结构构造信息。测试时间为 2019 年 1 月 30 日～2 月 1 日。测试期间室外平均空气温度 0.14℃，低于当地

① 案例 1 来源：刘艳峰，等．拉萨多层被动太阳能住宅热环境测试研究［J］．暖通空调，2007（12）：122-124。案例 2 来源：桑国臣．西藏高原低能耗居住建筑构造体系研究［J］．西安建筑科技大学．2009。案例 3 来源：王登甲，刘艳峰，王怡，刘加平．拉萨市住宅建筑冬季室内热环境测试评价［J］．建筑科学，2011（12）：20-24。案例 4 来源：方倩．太阳能建筑相变储能墙体适宜性分析及优化设计［D］．西安理工大学，2019。案例 5 为作者自测。案例 6 来源：李孝陶．多元文化背景下的拉萨城市住居现状研究［D］．西南交通大学，2009。

② 案例 6 测试时间为霜降—冬至（10 月 23 日—11 月 7 日），其他案例测试时间为 11 月底—次年 1 月初，均处于采暖期内。

供暖期室外平均温度 0.5℃，日照时长 10 时，太阳总辐射照度 804.42W/m^2，平均照度 480W/m^2 左右，室外温度及太阳总辐射照度测试结果如图 2-1-22 所示。

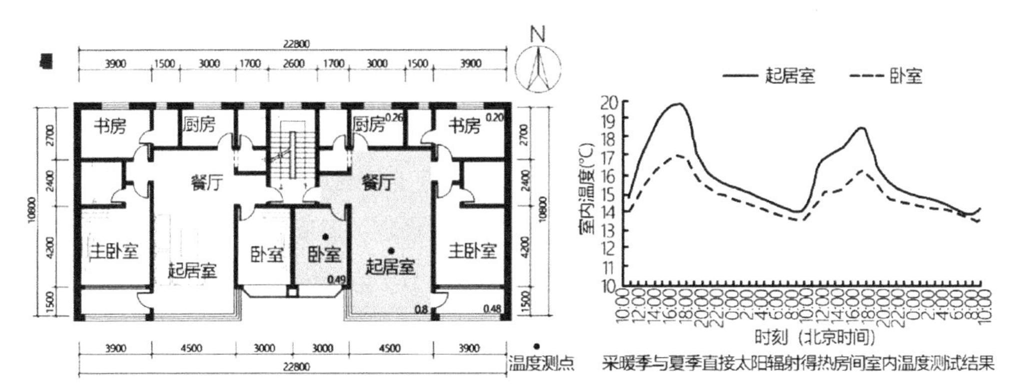

图 2-1-20　拉萨集合住宅测试案例 1 南向直接太阳辐射得热房间采暖季室内温度测试结果
来源：刘艳峰，等. 拉萨多层被动太阳能住宅热环境测试研究［J］. 暖通空调，2007（12）：122-124.

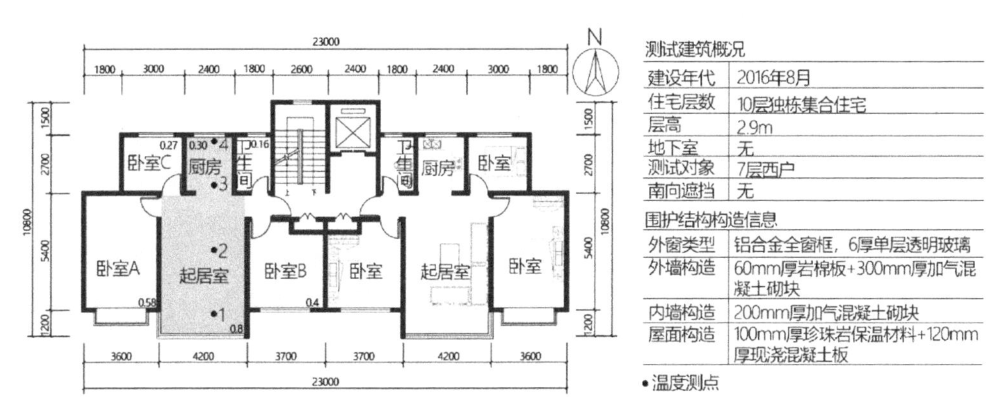

图 2-1-21　拉萨集合住宅测试案例 5 户型平面图及其围护结构构造信息
来源：根据拉萨住宅采暖季室内温度现场测试样本 5 现场测量数值及施工图绘制

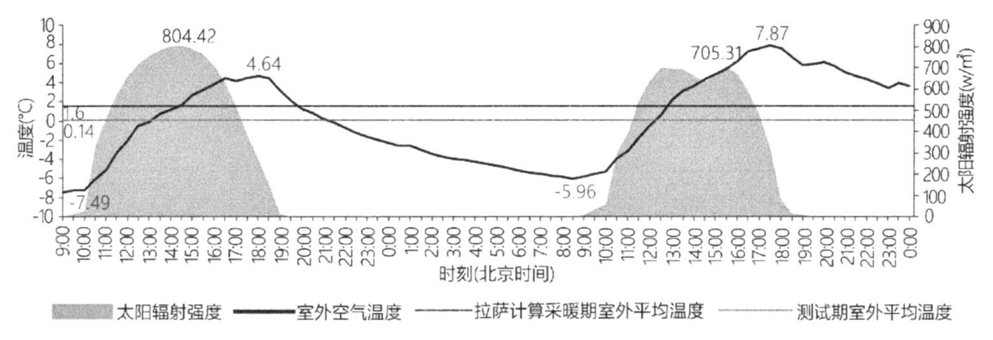

图 2-1-22　拉萨集合住宅测试案例 5 测试期间太阳总辐射强度与室外空气温度测试结果
来源：根据现场测试结果绘制

直接太阳辐射得热房间进深方向室内温度分布情况见图 2-1-23，上午 10 : 00 左右，室内温度随着太阳辐射强度的增大而迅速、持续升温，16 : 30 达到峰值后随太阳辐射强度的降低缓慢下降，于18:30后随太阳辐射强度的骤跌迅速下降。日间，由南向北，贯通空间室内温度呈"三段式"分布且温度值在进深方向递减，见图2-1-24，同一时间南北最大温差近16℃。南向最高温度为24.95℃，超过采暖期室内设计温度18℃的时段持续近5小时。测点2最高温度13℃左右，测点3最高温度13℃左右，测点4位于测试空间最北侧，最高温度9℃左右。进深方向空气温度平均以2℃/m的梯度衰减，其中测点1到测点2，温度衰减最为明显，温度梯度为4℃/m，测点2到测点3温度场相对稳定，温度梯度约为0.8℃/m，测点4受室外气温影响较大而太阳辐射得热影响较小，温度梯度为1℃/m。可见，拉萨住宅冬季太阳辐射对室内温度的影响在空间进深方向较为敏感。

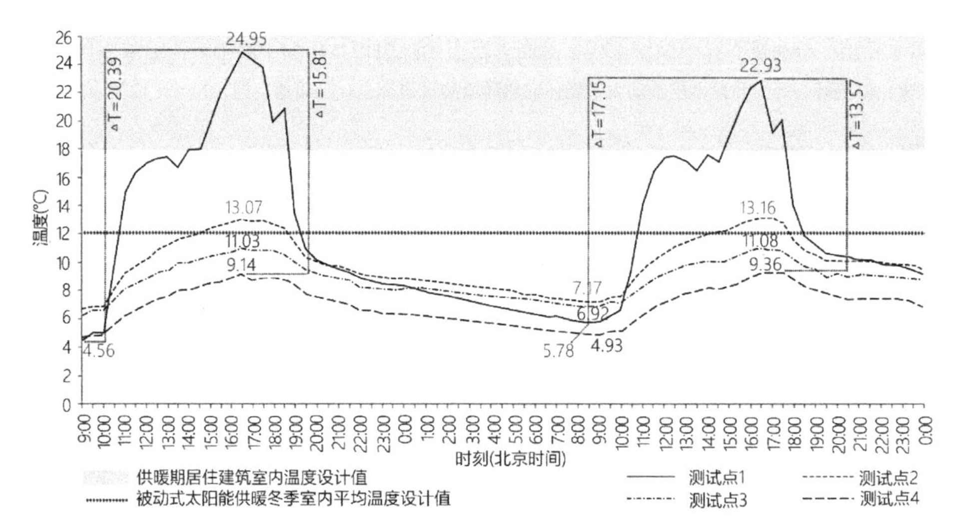

图2-1-23　拉萨集合住宅采暖期自然运行状态下室内温度实测案例5室内空气温度测试结果

来源：根据现场测试结果绘制

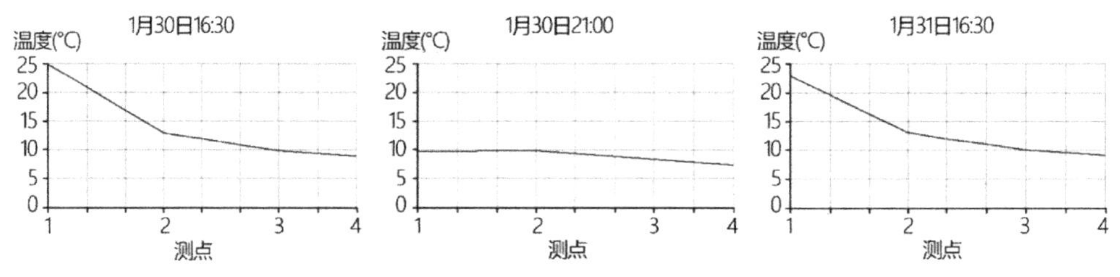

图2-1-24　拉萨集合住宅案例5采暖期自然运行状态下
室内空气温度在进深方向的变化曲线

③北侧房间与南向太阳辐射直接得热空间贯通，能够提升北侧房间温度，利于提高太阳辐射热利用效益。

实测案例6户型平面及室内温度测点布置及书房与卫生间室内温度测试结果如图2-1-25所示，起居室—餐厅—书房南北贯通，书房窗墙比为0.22，卫生间窗墙比为 0.2，书房测点距离南向外窗 9m 左右。尽管书房窗墙比大于卫生间，但由于空间南北贯通，书房测点空气温度比卫生间测点空气温度高 1℃左右，说明拉萨地区集合住宅空间南北贯通能够提高太阳辐射热利用效率。

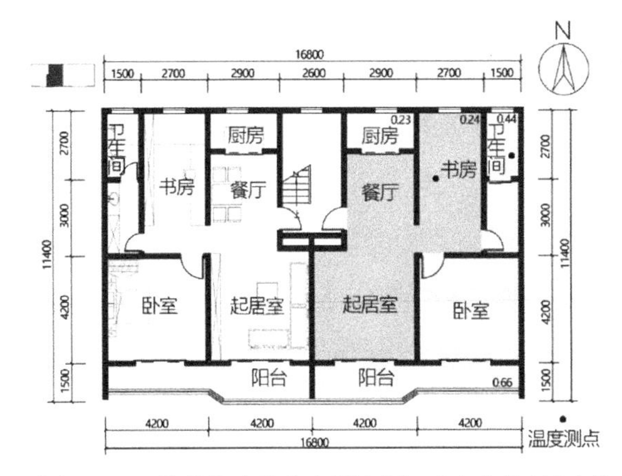

测试时间		书房温度	卫生间温度	温度差值
11月1日	8:00	10.9℃	11℃	-0.1℃
	13:00	11.7℃	11.5℃	0.2℃
	19:00	11.5℃	10.4℃	1.1℃
	24:00	10.9℃	10.3℃	0.6℃
11月3日	8:00	11.1℃	10.2℃	0.9℃
	13:00	11.2℃	10.4℃	0.8℃
	19:00	10.8℃	10.2℃	0.6℃
	24:00	11.6℃	10.3℃	1.3℃

备注：测试时间为2008年10月23日到11月7日，每两天人工记录一次室内温度，本研究取11月1、3日测试数据，当天晴。

图 2-1-25　拉萨集合住宅实测案例 6“南北贯通空间”北侧书房温度与卫生间室内温度测试结果

来源：李孝陶．多元文化背景下的拉萨城市住居现状研究［D］．西南交通大学，2009.

3）小结

拉萨集合住宅普遍采用南向立面大面积开窗的方式直接利用太阳辐射采暖，少数职工周转房等由政府主导投资建设的住宅建筑，采用集热蓄热墙和外墙厚度朝向差异化设计提升太阳辐射直接利用效率，处于实验阶段。户内太阳辐射直接得热房间（南向房间）与无辐射得热房间（北向房间）最大温差可达 20℃，无辐射得热房间热舒适差；由于缺乏适应太阳辐射昼夜周期性变化的构造措施，大面积开窗造成夜间失热严重，夜间热舒适差。

采暖季室内温度现场测试发现：由于太阳辐射热效应影响，户型室内温度呈“三段式”分布，温度值随进深增大分段衰减。南北贯通空间能够促进太阳辐射得热向北侧空间传递，加强热对流，提高北侧空间温度。

2.1.4　本节小结

拉萨中心城区新建住宅以小高层集合住宅为主体，住区大部分配多层集合住宅，少量中高层集合住宅散布于拉萨河南部，如柳梧新区和城东百淀组团等区域；拉萨市郊和县镇还有大量低层院落式住宅的建设需求。拉萨市集合住宅户型类型及其规模与内地相似，但住宅户型空间分为两种模式：1）“小进深两进式”空间模式，面宽较大，呈“扁户型”，进深尺度集中在 8m 左右，起居室、卧室主要使用房间均朝南；2）“大进深多进式”，该种空间模式与内地常见户型类似，进深尺度集中在10m左右。院落式住宅基本上全部坐北朝南，主体建组呈“三开间两进式”的空间模式，起居室、卧室主要使用房间均朝南。

受地理条件和矿产资源等限制，拉萨目前住宅工业化发展相对缓慢，常见集合住宅外墙采用保温砂浆，外窗大部分使用金属单层透明玻璃窗，围护结构保温性能较低；随政策引导，近一两年新建住宅开始使用铝合金中空玻璃窗，外墙采用强度相对较高的石墨聚苯板，围护结构高性能部品普及趋势显露，但目前处于示范先导阶段，较多受制于经济、运输等支撑环节。装配式建造方面，拉萨目前尚无已建成的装配式住宅。

拉萨地区冬季寒冷，夏季不会出现过热现象，城镇住宅主要用能需求为单一热需求。当地住宅普遍采用“冷热分区”的空间布局和南向立面大面积开窗的方式直接利用太阳辐射得热，少数职工周转房采用集热蓄热墙和外墙厚度朝向差异化设计提升太阳辐射直接利用效率，处于经验式利用阶段。采暖期南向太阳辐射直接得热房间室内温度5～24.95℃，温度昼夜波动大（范围为5.5～19.95℃）；由于缺乏适应太阳辐射昼夜周期性变化的构造措施，大面积开窗造成夜间失热严重，夜间热舒适差。南向直接得热房间与北向不得热房间室内温度差异明显，两者温度峰值相差7～20℃，无辐射得热房间冬季热舒适性差。根据实测和对当地居民冬季室内热舒适调研及既有研究估算①，拉萨地区住宅通过太阳能的主、被动式利用，有条件实现采暖用能的太阳辐射全替代。

2.2 西宁住宅建造情况及其太阳辐射热利用实况

2.2.1 城镇住宅发展现状

西宁是青海省的省会城市，地处青藏高原东部，处在黄河支流湟水中游河谷盆地上，市区平均海拔2275m，东经101.77°，北纬36.62°。西宁市是典型的河谷型城市，呈东西带状发展，四周群山怀抱。西宁是青海省人口最集中的地区。根据第六次人口普查结果显示：在西宁这片面积仅占全省2%的土地上，集中了全省60%的人口。

通过开源数据，统计西宁市2013年至2020年新建住宅项目，共计住区19个，住宅建筑673栋。按照住宅建筑地上自然层数分类，西宁市新建住宅主要为18层及以上的高层集合住宅，栋数占比64%，其次为多层集合住宅和12～18层集合住宅，两者占比相近，分别为16%和14%，7～11层集合住宅占比6%，如图2-2-1

① 冯雅，杨旭东，钟辉智．拉萨被动式太阳能建筑供暖潜力分析［J］．暖通空调，2013，43（6）：31-34.

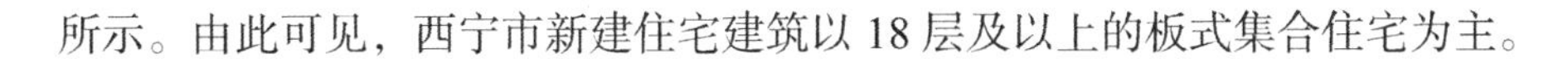

所示。由此可见，西宁市新建住宅建筑以 18 层及以上的板式集合住宅为主。

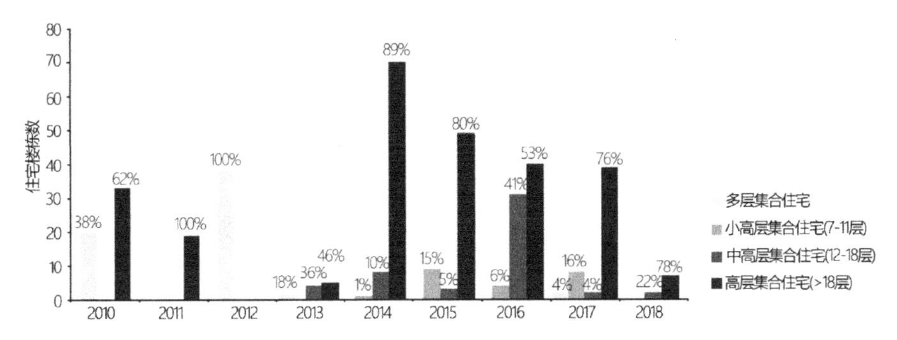

图 2-2-1 西宁市 2010～2020 年新建集合住宅建筑类型比例

来源：根据西宁市住宅调查样本数据统计绘制

西宁市处于我国建筑气候区划的第 VI_A 建筑气候区，所属气候区为严寒 C 区，冬季严寒漫长，最冷月平均气温 -7.9℃，法定供暖期通常为 10 月 15 日～次年 4 月 15 日，时长达半年。夏季凉爽，最热月平均气温 17.2℃，家庭制冷设备保有率基本为零。同时该地区处于我国太阳总辐射年辐照量很丰富区，采暖期晴天日照时间达 10h 左右，最冷月为 1 月，西宁市住宅垂直南向面平均日辐照量为 16.74MJ/（m^2·d），仅次于拉萨，居全国前列[①]。目前该地区居住建筑供暖方式主要为区域集中供暖，供暖能源采用天然气，根据《民用建筑能耗标准》GB/T 51161—2016 计算，采暖能耗占家庭总能耗的一半。

西宁市居住建筑节能工作起步较晚，但发展速度较快。2007 年，青海省全面推广实施居住建筑 50% 节能设计标准，根据各市、县地区经济条件差异分地区逐步提高，同年 9 月，西宁市率先执行居住建筑 65% 节能设计标准。2018 年 2 月 2 日发布《青海省居住建筑节能设计标准》DB63/T1626—2018，试行 75% 节能设计目标，西宁市、海东市、格尔木市以试点方式于当年 3 月 1 日率先执行。2017 年 8 月初，青海省政府办公厅印发《关于推进装配式建筑发展的实施意见》，标志着当地装配式建筑的正式起航。目前该地区装配式建筑处于起步阶段，以钢结构为主，建成装配式建筑多为公共建筑，鲜有装配式住宅。

2.2.2 集合住宅建造情况及其太阳辐射热利用实况

（1）户型类型及其空间布局特征

通过对西宁市住宅实例调研和施工图调查，共调查住区 19 个，集合住宅 673

① 中华人民共和国住房和城乡建设部. 被动式太阳能建筑技术规范 JGJ/T 267—2012［S］. 北京：中国建筑工业出版社，2012.

栋，调研样本数据信息见表 2-2-1。其中一个单元为四户的单元类型出现频率最高，占比为 49%，其次为一个单元两户的单元类型，占比 30%。共计户型样本 111 个，18 层以上的集合住宅户型样本占比 70%，12～18 层集合住宅户型样本占比 23.63%，7～11 层集合住宅占比 6.36%，如图 2-2-2 所示，与目前西宁城镇住宅的建筑类型发展趋势相一致。其中三室户占比 65%，户型建筑面积区间为 100～150m^2，两室户占比 23%，面积区间为 70～100m^2，四室户占比 10%，面积区间为 100～200m^2，五室户较少，占比 3%，见图 2-2-2。

西宁市住宅调研样本信息统计表 **表 2-2-1**

项目名称	住宅类型及户型类型	项目名称	住宅类型及户型类型	项目名称	住宅类型及户型类型
金座昕艺园	小高层、高层；三室户	碧桂园	高层；三／四室户	广汇九锦园	高层；二／三室户
	高层；二／三室户		高层；三／五室户		高层；三室户
盛达国际新城	高层；三室户	中海河山郡	高层；五室户	西宁万科城	小高层；四室户
	高层；二／三室户		高层；三／四室户		高层；三／四室户
红星天柏	高层；三室户	紫御兰庭	高层；三／四／五室户	荣府第一城	高层；二／三室户
	高层；四室户		高层；二／三室户		高层；三／四室户
景岳公寓	高层；二／三室户	城馨丽锦	小高层；二／三室户	锦绣家园住宅小区	高层；三／四室户
世通格林兰郡	高层；二／三室户	景悦·湟水湾	高层；二／三室户		
恒大名都	高层；二／三／四室户	世通格林兰郡	高层；二／三室户	荣盛绿洲住宅区	高层；三室户
新城吾悦广场	高层；二／三室户	益景佳苑住宅小区	高层；三室户	舒裕华府综合小区	小高层；三室户 高层；三室户

来源：根据住宅调研样本整理绘制。

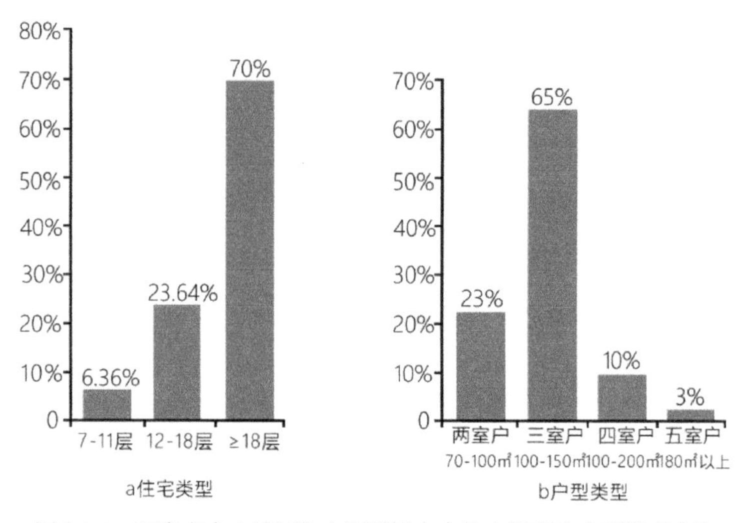

图 2-2-2 西宁市中心城区住宅调研样本中住宅类型和户型类型占比

来源：根据调研样本数据统计绘制

对西宁集合住宅样本中占比最大的18层以上集合住宅进行户型空间结构及其尺度规律的分析：① 两室户空间结构及其尺度如图2-2-3所示，通常位于住宅单元的“中间户”，以两开间朝南为主，进深区间为9～11m，以11m上下最为集中；② 三室户通常位于住宅单元的“边户”，分为“大进深”和“小进深”两种，分别如图2-2-4、图2-2-5所示，“大进深”户型的进深尺度区间为12.5～14m，以13m上下较为集中；“小进深”户型的进深尺度区间为9～11.5m，大多集中在10m上下；③ 四室户的户型为三开间朝南和四开间朝南两种空间结构类型，四开间朝南的户型通常出现在一个单元两户的住宅单元类型中，户型总进深以12m上下的居多，三开间朝南的四室户常出现在一个单元三户或四户的住宅单元类型中，户型总进深以14m为主，如图2-2-6所示。

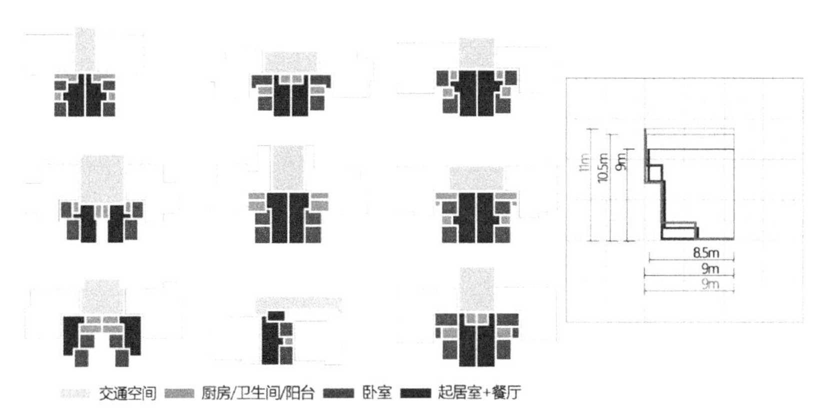

图2-2-3 西宁市18层以上高层住宅两室户户型空间结构及尺度

来源：根据住宅调研样本整理绘制

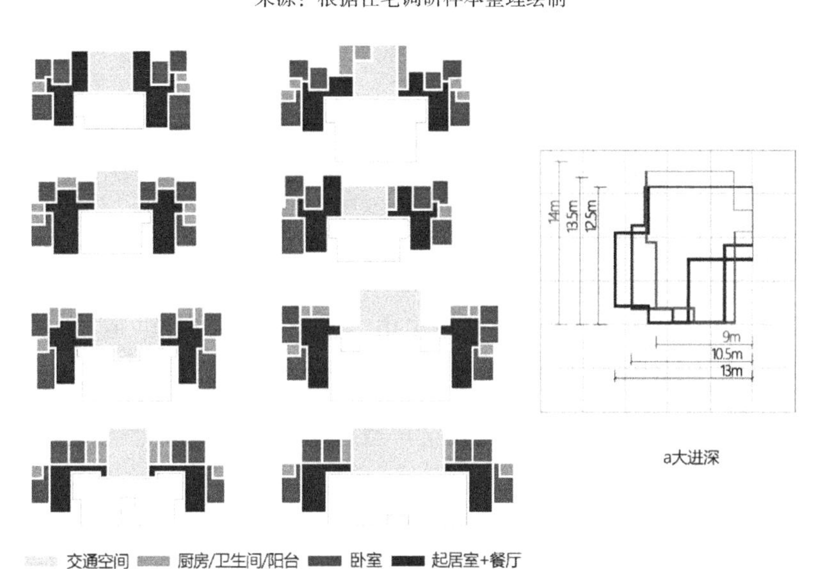

图2-2-4 西宁市18层以上高层住宅三室户“大进深”户型空间结构及尺度

来源：根据调研案例整理绘制

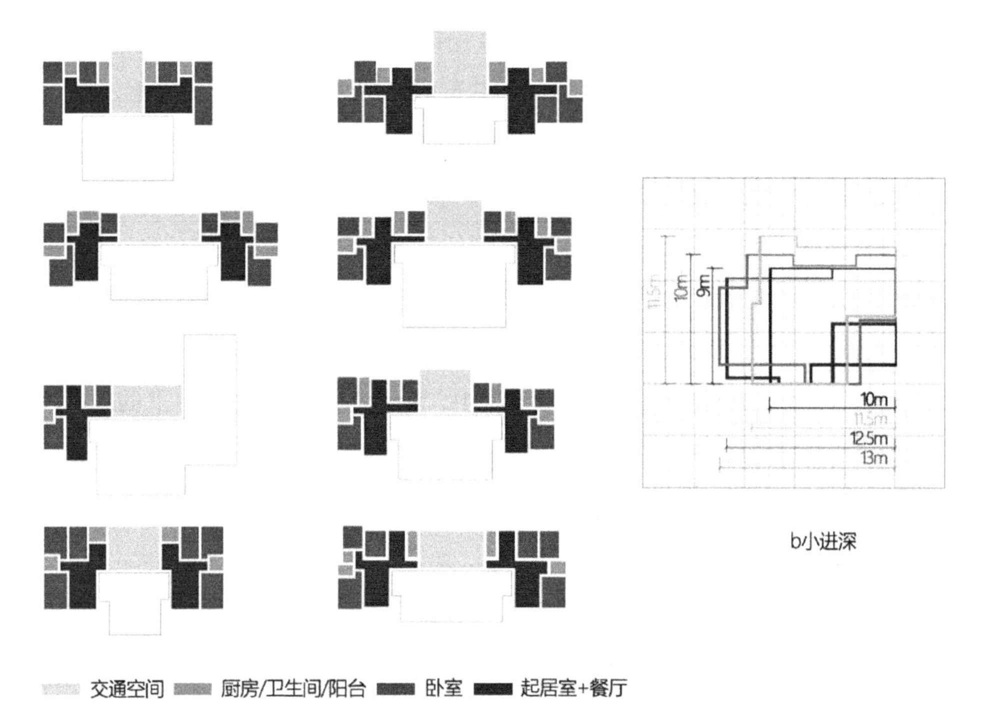

图 2-2-5　西宁市 18 层以上高层住宅三室户“小进深”户型空间结构及尺度

来源：根据调研案例整理绘制

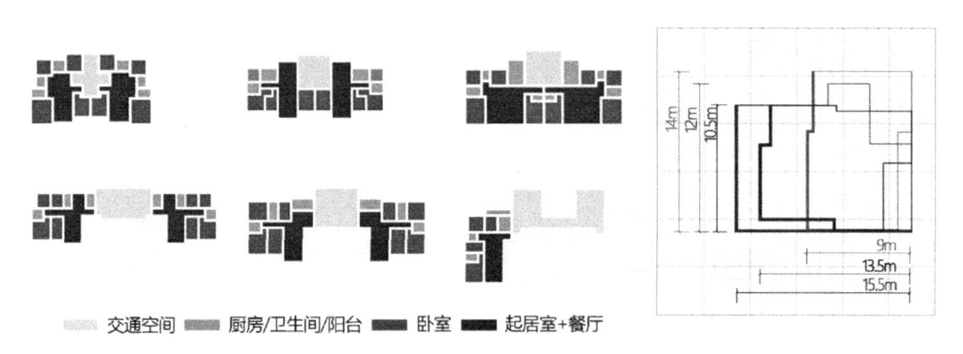

图 2-2-6　西宁市 18 层以上高层住宅四室户的户型空间结构及尺度

来源：根据调研案例整理绘制

综上所述，从西宁市 2010～2020 年建成住宅样本调查情况来看，西宁市住宅以 18 层以上的高层住宅为主，通常采用一栋四户的“宽扁”单元形式，三室户为“边户”，户型空间结构分为两种：三开间，户型进深 10m，两开间，户型进深 13m；两室户为“中间户”，两开间，户型进深 11m。中高层、小高层共占比约 1/3。

（2）围护结构构造

如表 2-2-2 所示，调研样本中外墙采用 200mm 厚混凝土砌块，全部设保温层，其中 60% 采用纤维复合保温材料，40% 采用岩棉保温板。屋顶形式，60% 采用坡屋顶，其余 40% 为平屋顶，屋面构造自下而上为混凝土楼板，上附 100mm 厚纤维复合保温材料或 EPS 保温板、防水层、找平层等。外窗多采用铝合金双层 Low-E 中空玻璃平开窗，占比 80%。南向窗墙比 0.45～0.6，其中南向客厅窗墙比 0.6～0.7 之间。

西宁市住宅调查样本中常见集合住宅围护结构形式及其材料构造　　　表 2-2-2

分类	小高层（7-11 层）			中高层（12-18 层）			高层（＞18 层）		
窗墙比	南向	东、西向	北向	南向	东、西向	北向	南向	东、西向	北向
	0.42	一般不开窗	0.15	0.41	一般不开窗	0.16	0.45	一般不开窗	0.19
外窗类型	断桥铝合金单框双玻中空窗（6＋12A＋6）			断桥铝合金单框双玻中空窗（6＋12A＋6Low-E）					
外墙构造	200mm 厚混凝土砌块＋50mm 厚石墨聚苯板			200mm 厚混凝土砌块＋100mm 厚岩棉板			200mm 厚混凝土砌块＋80mm 厚岩棉板		
屋面构造	120mm 厚钢筋混凝土板＋30mm 厚水泥＋80mm 厚石墨聚苯板			120mm 厚钢筋混凝土板＋40mm 厚陶粒混凝土＋120mm 厚聚氨酯板					

（3）太阳辐射热利用实况

1）测试对象及测试内容

选取西宁市代表性城镇住宅，于 2019 年 11 月 1 日～5 日进行自然运行状态下室内温度分布情况的现场测试，共计 3 个实测案例。测试建筑是碧桂园住宅小区 18 号和 19 号楼，位于西宁城北区，2019 年 10 月前已完成精装修交付业主使用。18 号楼为 18 层两单元一梯两户式集合住宅，测试对象分别是 15 层中间户、东山墙户；19 号楼为 34 层一梯四户式单栋集合住宅，测试对象是位于 28 层的东山墙户，存在形体自遮挡。测试对象层高均为 2.9m，户型平面如图 2-2-7、图 2-2-8 所示，主体结构材料采用钢筋混凝土，外墙采用 200mm 厚加气混凝土，外附 50mm 厚纤维保温材料，外窗采用断桥铝合金双层中空低辐射玻璃（6Low-E ＋ 12A ＋ 6）窗，与当地住宅建筑现行构造相符。

测试内容包括室内外空气温度、太阳辐射照度。室内空气温度测试点均布置在距地面 1.1m 处。测试仪器及方法与前文所述拉萨住宅测试时相同。测试期间，测试对象南向无遮挡，室内无人员使用，无设备干扰，阳台门启闭时间见各测试对象室内温度测试结果分析图，建筑内外其他门窗均关闭。

2）测试结果分析

① 室外气象参数

测试期间全天晴，夜间无雨雪，日照时长 9 小时（8：30-17：30），太阳总辐射照度从 9 : 30 开始迅速增加，于 13 : 00 左右达到峰值，峰值为 433～505W/m^2，15 : 00 后快速下降，太阳总辐射平均照度为 275W/m^2；室外最低气温为 −0.95℃，最高 8.62℃，出现在 14 : 30 前后，平均温度为 3℃，如图 2-2-9 所示。

② 太阳辐射对室内温度分布情况的影响

a. 南向太阳辐射直接得热房间室内温度与北向无辐射得热房间温度日间最大温差 10℃。

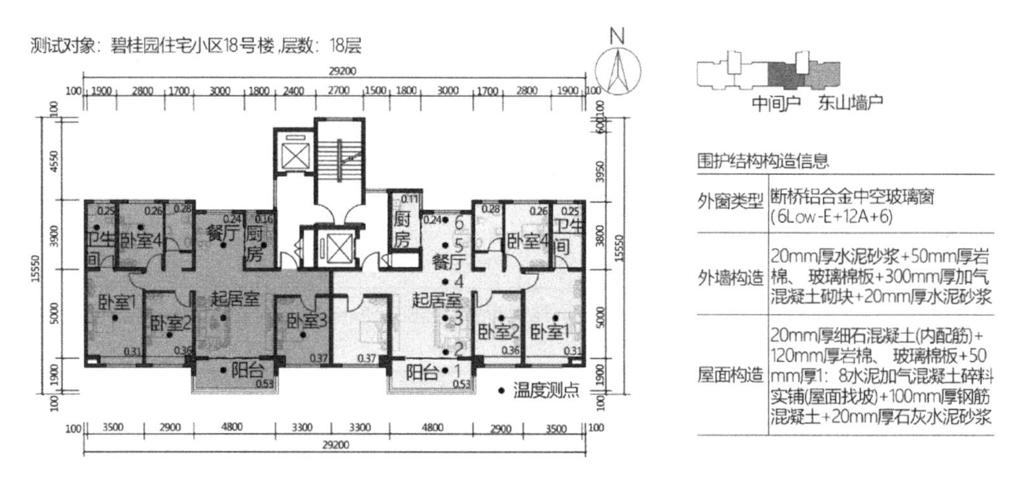

图 2-2-7 西宁集合住宅测试对象 18 号楼户型平面、测点布置及围护结构构造信息

（图中位于窗口位置的数字为房间的窗墙面积比）

来源：根据西宁集合住宅采暖期室内温度现场测试对象施工图和测量情况绘制

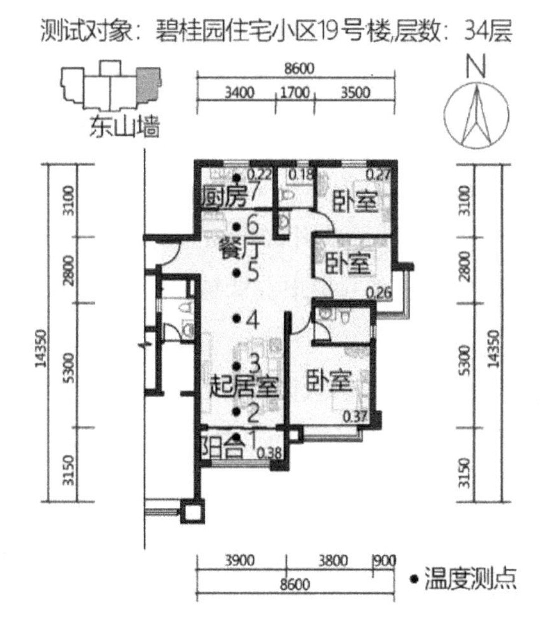

图 2-2-8 西宁集合住宅测试对象 19 号楼户型平面及测点布置图

（图中位于窗口位置的数字为房间的窗墙面积比）

来源：根据西宁集合住宅采暖期室内温度现场测试对象施工图和测量情况绘制

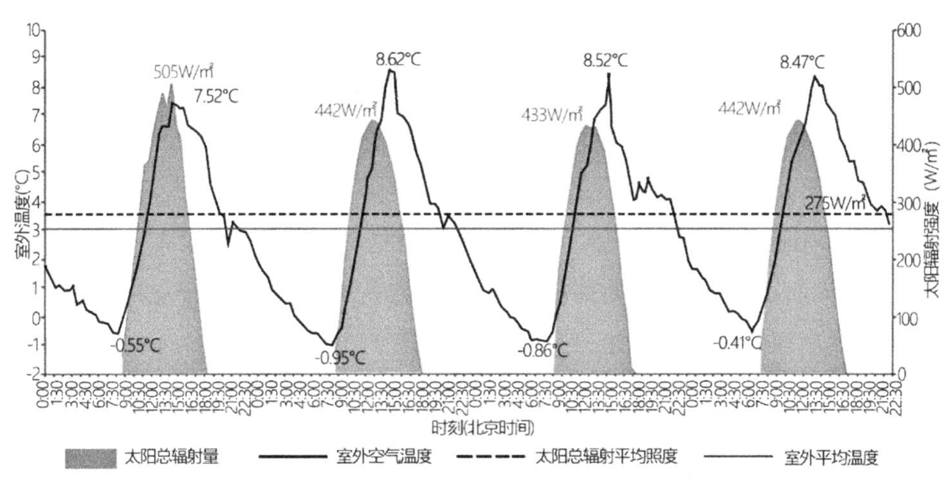

图 2-2-9　测试期间室外太阳辐射强度计空气温度测试结果

来源：根据实测结果绘制

18 号楼 15 层中间户测试时间为 2019 年 11 月 1～2 日，室内空气温度测试结果如图 2-2-10 所示，南、北向房间由于受太阳辐射差异化影响，南向房间全天室内温度明显高于北向房间。日间阳台空气温度最高，峰值为 20.15℃，室内温度超过 16℃的时长为 3～5 小时，同时由于外窗面积较大，伴随着太阳辐射夜间失热明显，最低温度为 10.27℃；其次是 3 个南向卧室，卧室 3、2、1 的温度峰值分别为 16.04℃、14.71℃、13.69℃，卧室 3 和 2 最低温度 12℃左右，卧室 1 最低温度为 10.83℃；起居室温度峰值为 12.87℃，最低温度约 12℃；与起居室贯通的北向餐厅温度峰值为 12.14℃，最低温度与卧室 1 最低温度接近；北向其他 3 个无太阳辐射直接得热的测试房间室内空气温度基本相同且稳定，温度维持在 10℃左右，同一时间南、北向房间室内温差最高达到 10℃。

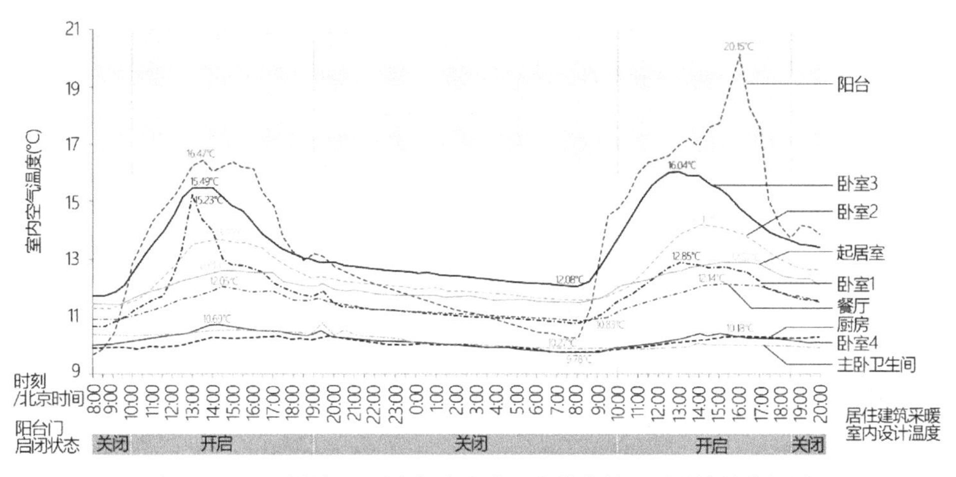

图 2-2-10　18 号楼 15 层中间户室内温度分布情况测试结果分析图

来源：由实测数据整理绘制

对比分析北向餐厅与其他三个北向测试房间的室内温度分布情况可知，当北向房间与南向太阳辐射直接得热空间贯通时，室内温度可提高 1～2℃。起居室日间室内温度低于卧室 2，温度峰值相差 1.5℃左右，夜间两者室内温度接近，这是由于夜间阳台门关闭，阳台起到热缓冲作用，起居室失热少于卧室 2。

b. 受太阳辐射热效应影响，室内温度在南北进深方向呈“三段式”分布特征。

“阳台 - 起居室 - 餐厅”南北贯通空间室内温度测点布置及测试结果如图 2-2-11 所示，受太阳辐射热效应影响，由南向北，温度递减趋势明显，温度分布不均匀现象显著。根据温度场的梯度变化，温度呈“三段式”分布特征，如图 2-2-12 所示，测点 1～4 之间较为敏感，室内空气温度随太阳辐射强度的增、减快速升、降，测点 1 位置处昼夜温度波动最大，最大温差为 10℃；测点 4～5 之间，温度变化较为平缓，且该区域内温度基本相同，昼夜温度波动较小，温差为 0.5℃左右；测点 5 之后，室内空气温度随进深的增长基本上以 0.2℃/m 均匀递减，昼夜温差为 1℃。

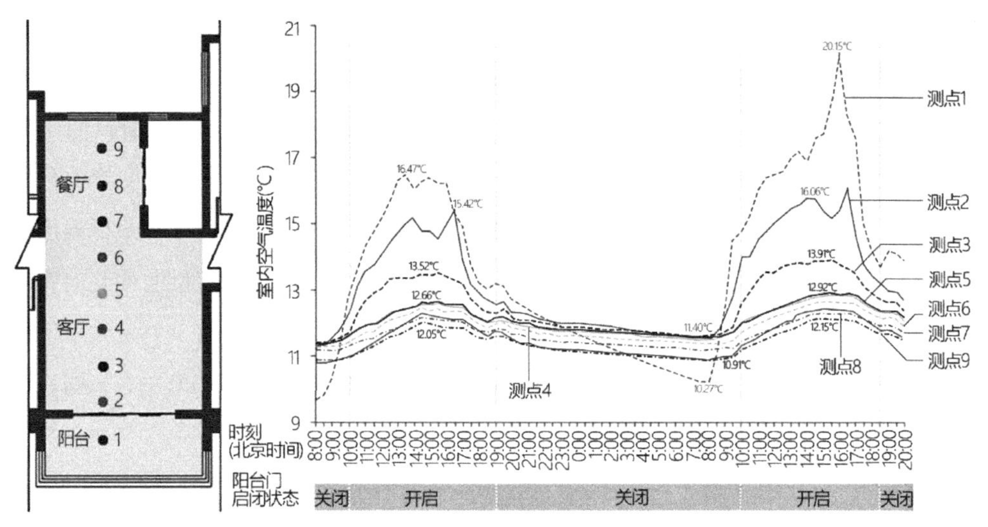

图 2-2-11 18 号 15 层中间户阳台 - 起居室 - 餐厅南北贯通空间室内温度测点布置图及测试结果分析图

来源：由实测数据整理绘制

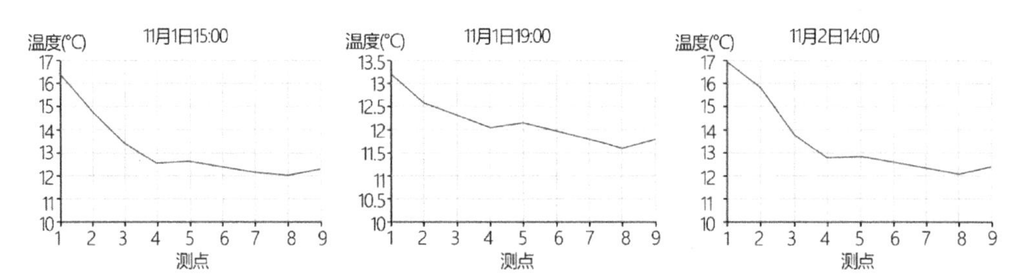

图 2-2-12 18 号楼 15 层中间户阳台 - 起居室 - 餐厅的空气温度在进深方向的变化曲线

来源：由实测数据整理绘制

18 号楼 15 层东山墙户测试时间为 2019 年 11 月 3～5 日，温度测点布置如图 2-2-7 所示，“阳台 – 起居室 – 餐厅”南北贯通空间的温度在空间进深方向的变化同样呈“三段式”分布。以室内温度最高时段下午 15：00 的测试结果为例，如图 2-2-13 所示，测点 1～3 区域内空气温度受太阳辐射影响，温度变化最为敏感；测点 3～5 之间温度变化较为平缓，位于南北贯通空间末端的测点 6 空气温度由于自然对流换热，温度值较测点 5 稍有升高。

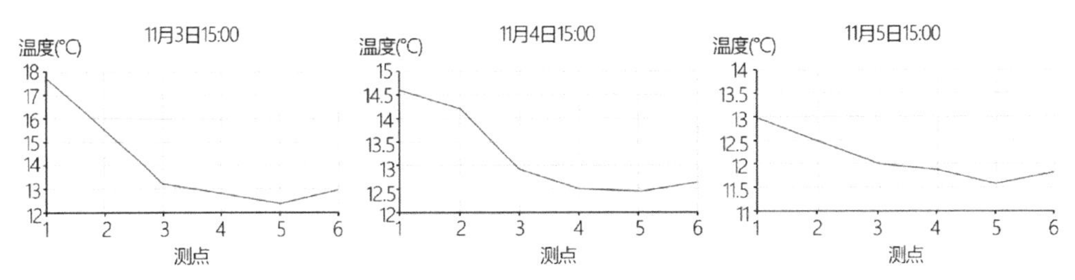

图 2-2-13　18 号楼 15 层东山墙户“阳台 – 起居室 – 餐厅”的空气温度在进深方向的变化曲线

来源：由实测数据整理绘制

19 号楼 28 层东山墙户受到建筑形体自遮挡的影响，日照时长较前两个实测样本短，但“阳台 – 起居室 – 餐厅”南北贯通空间内的温度场同样呈“三段式”分布特征，温度随空间进深方向递减明显，如图 2-2-14 所示。测试点 1～3 之间受太阳辐射影响，温度变化最为敏感，最高温度为 18.5℃，昼夜最大温差 8℃，测点 3～6 之间，温度分布趋于均匀，昼夜温差 1℃，温度维持在 10℃上下，测点 7 位于北侧厨房，测试期间厨房门关闭，最高温度 8.7℃，昼夜温差 2.2℃。

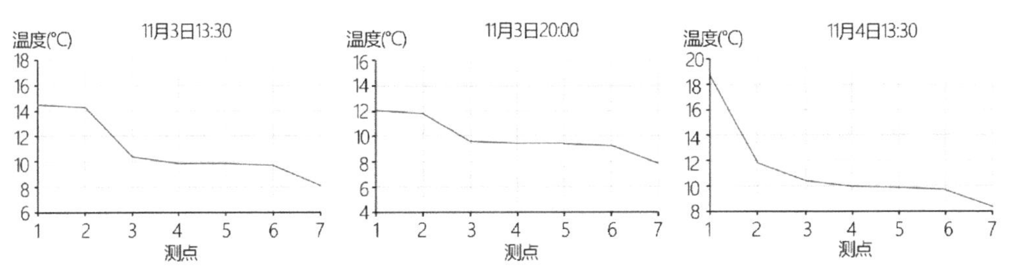

图 2-2-14　19 号楼 28 层东山墙户“阳台 – 起居室 – 餐厅 – 厨房”的空气温度在进深方向的变化曲线

来源：根据实测结果绘制

3）冬季太阳辐射对集合住宅采暖用能的补偿程度

以西宁高层集合住宅实测样本碧桂园住宅小区 18 号住宅 15 层中间户为例，采用 Designbuilder 模拟室内空气温度变化，与实测结果对比，如图 2-2-15 所示。模拟时采用测试期间的室外气温和太阳辐射照度，人员在室率为 0、设备关闭，与测试时情况保持一致。由图可知，温度模拟值与实测值变化趋势一致，但温度模拟值一直低于实测值约 1～2℃，即该模拟操作方法能够对本地区住宅冬季室内温度进行预测，但对该地区采暖期住宅采暖需求的预测留有一定余量更具代表性。

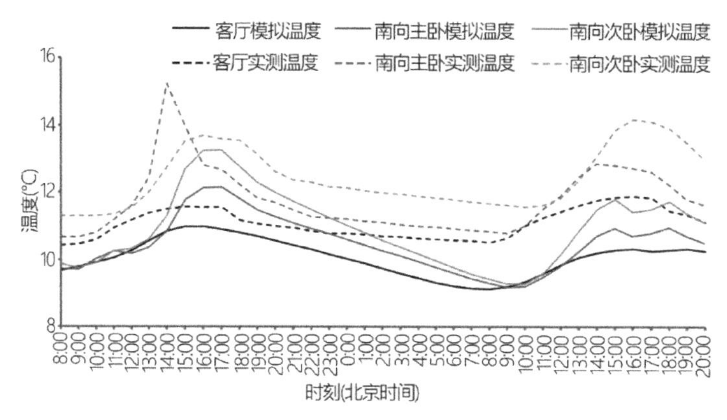

图 2-2-15　西宁高层住宅测试样本 18 号楼 15 层中间户模拟与实测温度对比

来源：根据实测数据和模拟数据绘制

模拟对比该住宅采暖期有、无太阳辐射情况下采暖需求分别为 107194.1kWh/a 和 68348.1kWh/a，由此估算太阳辐射对该住宅采暖需求的补偿为 36.24%。

2. 2. 3　本节小结

西宁为典型的河谷型城市，受地理地形的限制，和省会城市经济、资源、人口集聚效应的影响，中心城区高层住宅发展需求已充分强烈，新建住宅以大于 18 层的集合住宅为主体，散布少量中高层和小高层住宅。周边城市及其城市边缘地区、远郊及县镇居住建筑则用地相对充裕，对低层、多层、小高层住宅的需求仍有较大空间。集合住宅户型类型及其规模以及套型空间模式与全国通用户型类似，其户型进深尺度集中在 10～13m 之间。西宁目前常见集合住宅外围护结构，外窗大部分使用断桥铝合金低辐射中空玻璃，外墙、屋面均设外保温，满足 2010 版严寒与寒冷地区居住建筑节能设计规范对其热工性能的要求。西宁地区冬季严寒漫长，夏季不会出现过热现象，城镇住宅主要用能需求为单一热需求。住宅自然运行状态下，采暖期被太阳辐射直接照射的房间室内温度可达 20℃，其夜间温度也能维持在 12℃以上。采用模拟计算的方法，以测试住宅为例，匡算西宁地区冬季太阳辐射对其采暖用能的补偿约为 36.24%。

2.3　银川住宅建造情况及其太阳辐射热利用实况

2.3.1　城镇住宅发展现状

银川是宁夏回族自治区的首府城市，坐落在黄河上游、宁夏平原中部，东经105.51°北纬38.25°，海拔1112m。中心城区由西夏区、金凤区、兴庆区、德胜组团组成，包兰铁路南北贯穿银川中心城区，铁路西侧为西夏区，南侧为金凤区、兴庆区、德胜组团。截至2010年底，银川中心城区人口密度分布如图2-3-1所示。兴庆区为老城区，人口分布较为密集，尤其是兴庆区西北部，是银川中心城区人口最为密集的地区，住宅建筑以低、多层住宅为主；其余两片区、一组团的人口密度基本在5000人/km^{2}以下。

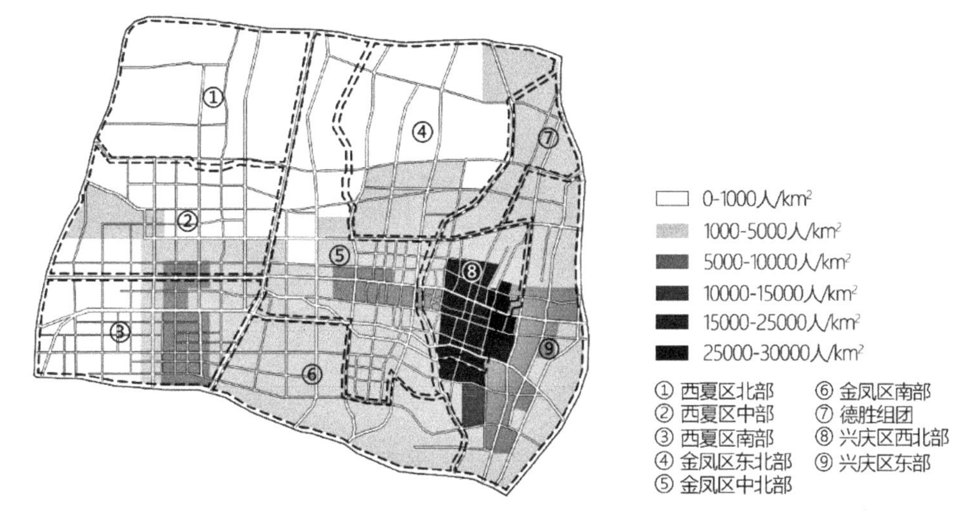

图2-3-1　银川中心城区人口密度分布示意图

来源：中心城区范围根据《银川市城市总体规划（2011-2020）》绘制；
人口密度数据来源于《中国乡镇（街道）人口密度数据集（2010年）》

银川市属于我国建筑热工设计分区寒冷A区。最热月平均温度23.9℃，最冷月平均温度为−7.8℃[①]。该地区冬季寒冷漫长但并不奇冷，夏季较短且无酷暑，春暖快，秋凉早；日照时间长，太阳辐射强烈。该地区居住建筑供暖方式为区域集中供暖，供暖能源为煤炭和天然气，法定供暖期通常为11月1日开始到次年3月31日止，供暖时长占全年时间41%。

① 杨柳. 建筑气候学［M］. 北京：中国建筑工业出版社，2004.

根据银川市自然资源局2018年到2020年6月16日的住区规划公示项目，共统计住区样本128个，住宅单元4866个。如图2-3-2所示，从近三年银川市新建住宅建筑数量来看，住宅建筑以12～18层、7～11层和多层为主，占比分别为36%、29%、25%，大于18层的集合住宅占比较少。从以上官方公布的新建住宅建筑类型数量统计结果来看，多层住宅建设量在减少，中高层住宅发展趋势相对稳定，12～18层集合住宅建设量增势明显。从居住区调研案例中住宅类型配置来看，主要采用7～11层住宅和12～18层住宅组合布局的形式，多层住宅的建设量虽然相对较小，但案例中，41%都配置了多层住宅。另外，根据调查，银川周边的县镇，如贺兰县、永宁县，仍以多层住宅建设为主。综上所述，银川新建住宅以12～18层为主，其次为7～11层，但多层集合住宅也有大量建设需求。

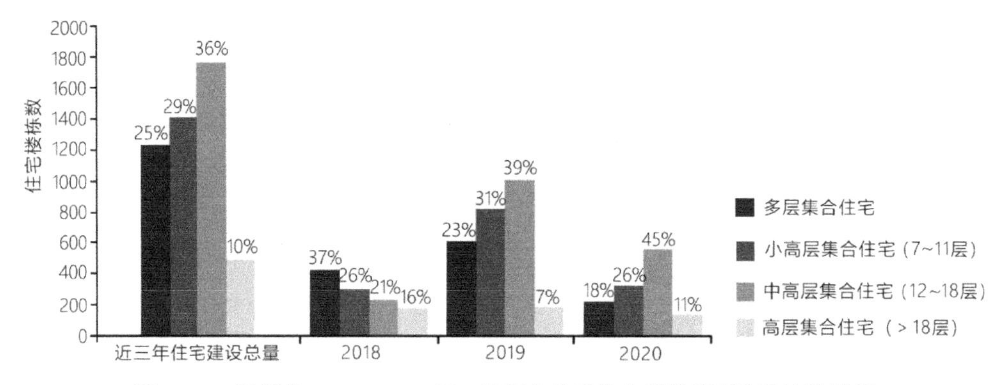

图2-3-2 银川市2018～2020年6月官方公示住宅建筑类型数量统计结果

数据来源：根据银川市自然资源局公示住宅项目统计

银川居住建筑节能工作与国家整体要求基本保持一致，装配式住宅发展较中、东部地区缓慢。2008年，宁夏回族自治区发布实施《居住建筑节能设计标准》DB64/521—2008，规定了居住建筑节能65%的目标和任务[①]，银川市率先在城市规划区域内实施。银川市装配式住宅处于实验示范阶段，银川市首个装配式住宅项目于2019年9月建设完成[②]；政策上要求和鼓励推进装配式建筑建造，根据银川市住房和城乡建设局［2020］333号文件，要求全市范围内由政府投资的新建保障性安居工程等项目率先采用装配式建造，新建小区明确要求装配式建造面积至少占总建筑面积20%且不少于1栋[③]。

① 宁夏回族自治区住房和城乡建设厅．居住建筑节能设计标准（DB64/521—2013）[S].

② 央广网，发布时间为2018-10-21，该装配式住宅项目位于西夏区兴泾镇，是棚户区异地安置项目。

③ 银川市人民政府办公室，2018-03-28，银川市人民政府办公厅关于印发《银川市关于大力推进装配式建筑发展的实施方案》的通知。

2.3.2 集合住宅建造情况及其太阳辐射热利用实况

（1）户型类型及其空间布局特征

根据开源数据、银川市当地设计院以及资料调查，共调研住区 11 个、住宅建筑 77 栋。根据前文所述银川市住宅建筑类型发展趋势，提取多层集合住宅、7～11 层小高层集合住宅和 12～18 层集合住宅的户型样本进行统计分析，共统计户型样本 34 个，住宅建筑类型及其户型类型占比如图 2-3-3 所示。户型以三室户为主，面积区间为 100～130m^2，占比 70%；两室户面积区间为 70～100m^2，四室户面积区间 130～160m^2，两者占比均为 12.5%。

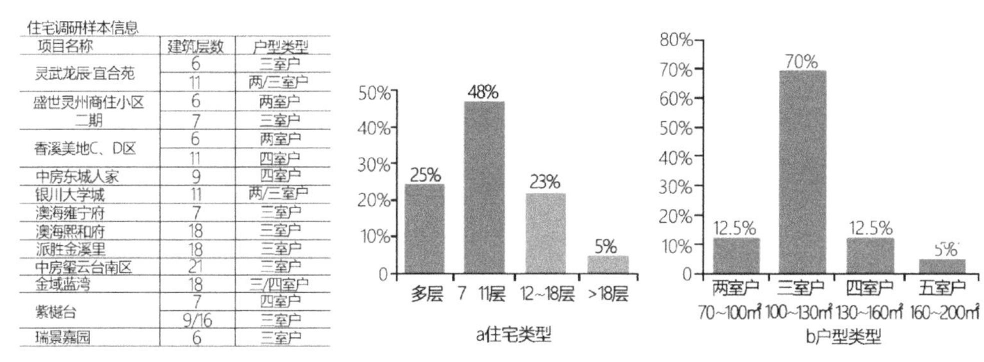
住宅调研样本信息

项目名称	建筑层数	户型类型
灵武龙辰宜合苑	6	三室户
	11	两/三室户
盛世灵州商住小区二期	6	两室户
	7	三室户
香溪美地C、D区	6	两室户
	11	四室户
中房东城人家	9	四室户
银川大学城	11	两/三室户
澳海雍宁府	7	三室户
澳海熙和府	18	三室户
派胜金溪里	18	三室户
中房玺云台南区	21	三室户
金域蓝湾	18	三/四室户
紫樾台	7	四室户
	9/16	三室户
瑞景嘉园	6	三室户

图 2-3-3 银川住宅调研样本中住宅类型及户型类型百分比

来源：根据调研样本统计绘制

以三室户为代表，分析银川集合住宅户型空间结构及其尺度规律，如图 2-3-3 所示，多层、小高层三室户以两开间朝南为主，户型进深区间为 12～14.5m，以 14m 为主，高层住宅的三室户户型以三开间朝南为主，户型进深区间为 11.5～15.5m，但大多集中在 13m 上下。

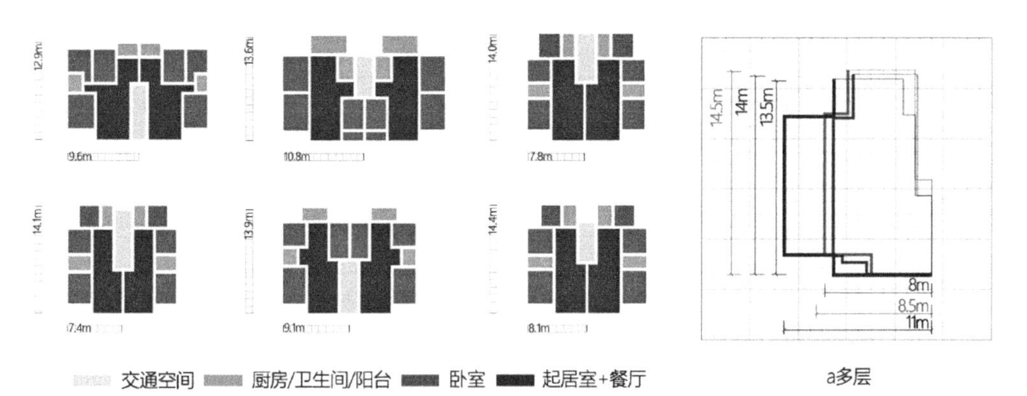

图 2-3-4 银川集合住宅三室户的户型空间结构及其尺度（一）

来源：根据开源数据和当地建筑设计研究院提供的施工图整理绘制

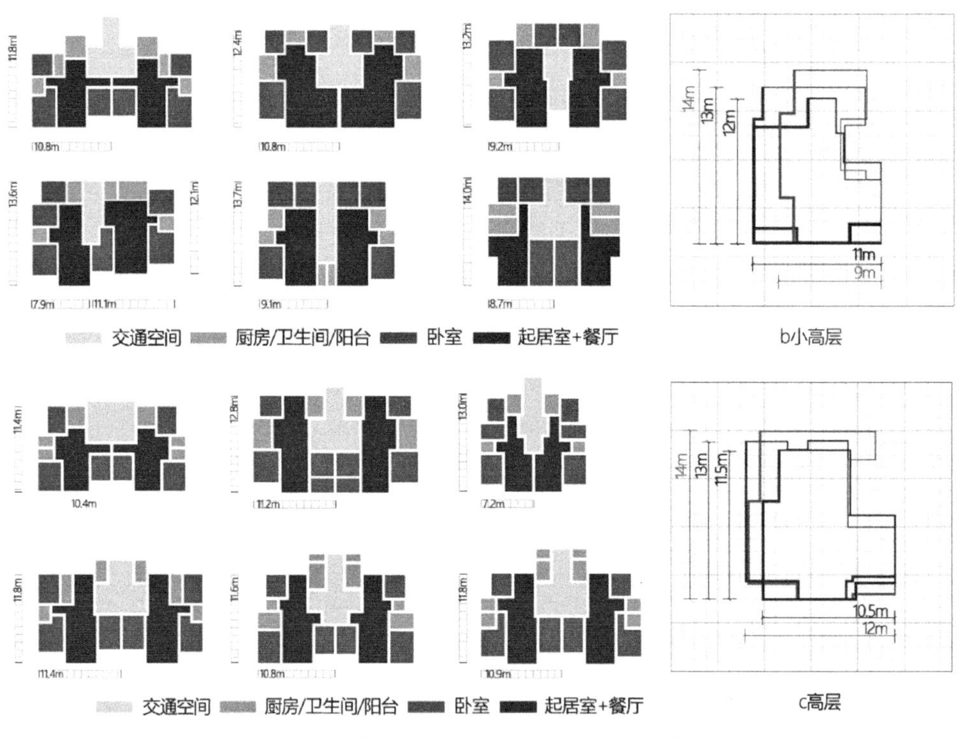

图 2-3-4 银川集合住宅三室户的户型空间结构及其尺度（二）

来源：根据开源数据和当地建筑设计研究院提供的施工图整理绘制

（2）围护结构构造

通过银川市住宅调研样本数据统计，其外围护结构常用构造现实情况见表 2-3-1。多层和小高层外窗常采用塑钢中空普通玻璃外窗，高层住宅中则以塑钢低辐射中空玻璃外窗较为常见。银川住宅南向窗墙面积比集中在 0.4 上下，北向窗墙比 0.24，东、西向 开窗较小。外墙采用外保温形式，常用保温材料为聚苯板。

银川集合住宅调查样本现行外围护结构构造情况　　　表 2-3-1

	多层			小高层			12～18 层		
窗墙比	南向	东 / 西向	北向	南向	东 / 西向	北向	南向	东 / 西向	北向
	0.42	0.02	0.24	0.37	0.03	0.24	0.40	0.03	0.21
外窗类型	塑钢中空玻璃窗（6 + 12A + 6）						塑钢中空玻璃窗（6Low-E + 12A + 6）		
外墙构造	200mm 厚混凝土空心砌块 + 75mm 厚聚苯板			200mm 厚混凝土空心砌块 + 70mm 厚聚苯板			200mm 厚混凝土空心砌块 + 80mm 厚聚苯板		
屋面构造	120mm 厚钢筋混凝土楼板 + 100mm 厚聚苯板						100mm 厚钢筋混凝土楼板 + 120mm 厚聚苯板		

来源：根据当地设计院提供的施工图统计。

（3）太阳辐射热利用实况

1）夏季室内温度及降温措施

根据课题承担单位 2010 年 7 月开展的银川住宅室内热环境调查数据显示[①]，银川市住宅建筑夏季有降温用能需求。调查期间，室内空气温度 21.7～35℃。根据对调研样本降温措施使用频率数据统计显示，夏季风扇、空调等降温设备使用频率为 33.4%，开窗或开门通风占比 66.6%，见图 2-3-5；降温设备家庭保有率占调研样本 85.9%，以电风扇为主，占比 60.9%，见图 2-3-6。可见，银川住宅夏季以自然通风降温为主，少数情况或住宅建筑不能满足自然通风时需开启降温设备。

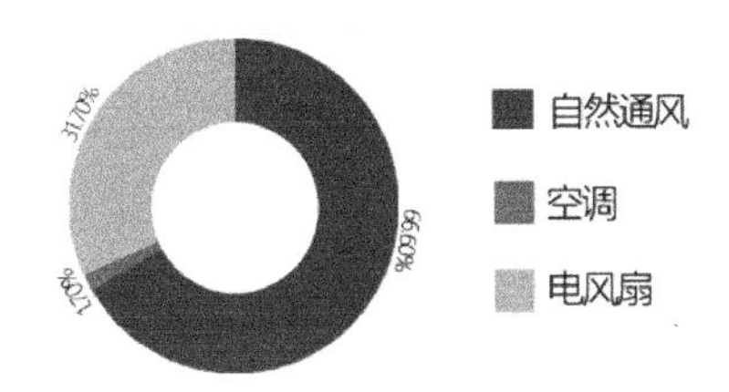

图 2-3-5　银川住宅建筑夏季降温措施使用频率

数据来源：闫海燕．银川住宅建筑夏季室内热环境与热舒适调查研究［J］．建筑科学，2015.31（12）：20-27，40.

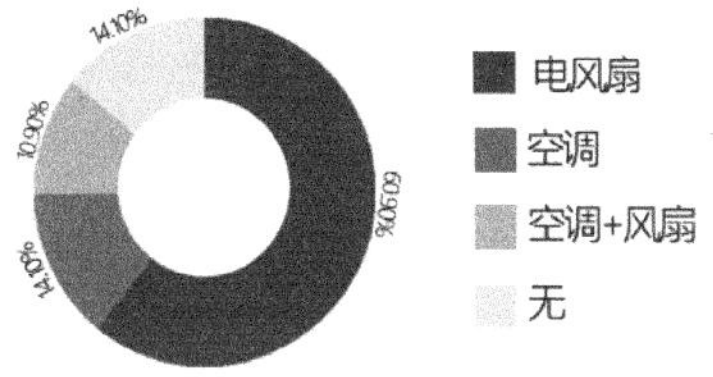

图 2-3-6　银川住宅建筑夏季降温措施

数据来源：同左图

2）冬季太阳辐射热作用下室内温度分布情况

采用 Designbuilder 对银川集合住宅两个实例冬季自然运行状态下室内平均温度进行模拟。人员在室率、设备工况设置参考《严寒与寒冷地区居住建筑节能标准》JGJ 26—2018。

① 多层住宅冬季自然运行工况下室内温度模拟分析

在调研实例中选取户型空间布局、尺度及外围护结构构造具有代表性的住宅案例，如图 2-3-7 所示，进行冬季采暖设备关闭工况下室内温度分布情况的模拟，以 3 层西户冬至日前后一周的各房间室内温度为例，模拟结果如图 2-3-8 所示，日间最高温度均出现在 13：00～17：00 之间，最低温度均在 1：00～5：00 之间。南向太阳辐射直接得热的主卧室最高温度为 12.59℃，最低温度 7.28℃，平均温度为 9.7℃；起居室最高温度为 10.7℃，最低温度 6.54℃，平均温度为 8.3℃；餐厅最高温度为 2.98℃，最低温度 0.21℃，平均温度为 1.5℃；位于北侧的卧室 2 最高温度为 −0.07℃，最低温度 −2.94℃，平均温度为 −1.53℃。南、北向房间因受太阳辐射影响的不同，日间最大温差为 12.66℃。该住宅采暖期有、无太阳辐射情况下采暖需求分别为 42770.51kWh/a 和 69754.89kWh/a，由此估算太阳辐射对该住宅采暖

① 闫海燕．银川住宅建筑夏季室内热环境与热舒适调查研究［J］．建筑科学，2015.31（12）：20-27，40.

需求的补偿为 38.68%。

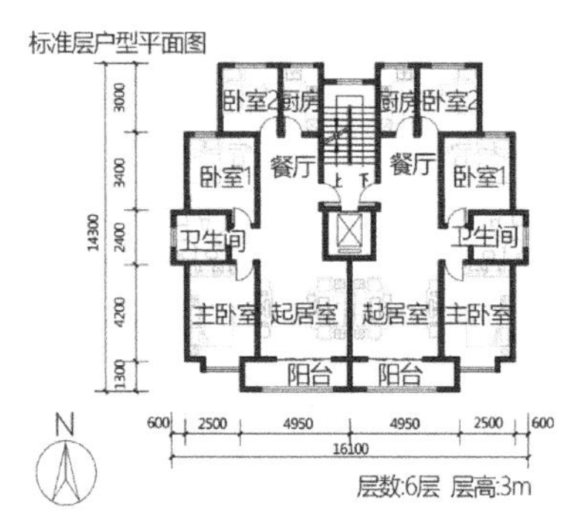

围护结构构造信息

项目	南向	东向	西向	北向
窗墙面积比	0.48	0.02	0.02	0.28
外窗类型	塑钢中空玻璃窗（6+12A+6）			
外墙构造	75mm厚聚苯板+200mm厚混凝土空心砌块			
内墙构造	200mm厚钢筋混凝土墙			
区分采暖与非采暖区域墙体构造	80mm厚水泥发泡无机保温板+200mm厚钢筋混凝土墙			
屋面构造	100mm厚聚苯板+100mm厚钢筋混凝土楼板			

图 2-3-7　模拟案例—多层住宅标准层户型平面图及其围护结构构造信息

资料来源：根据由当地住宅开发商提供的银川住宅调研样本施工图绘制

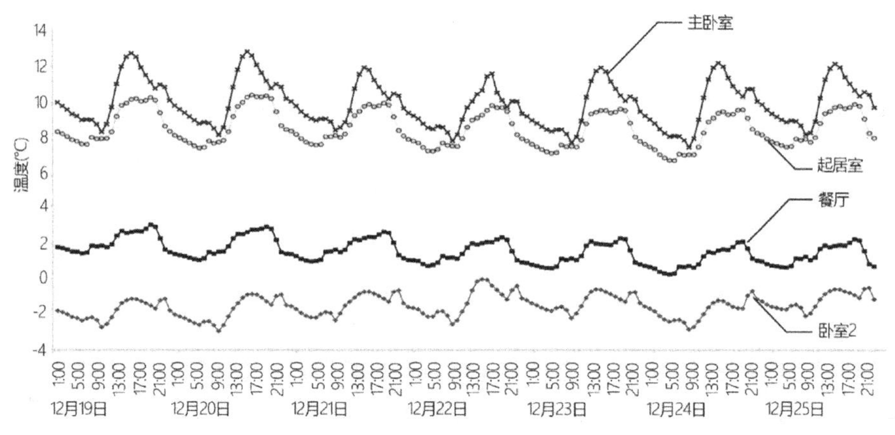

图 2-3-8　模拟案例—多层住宅冬至日前后一周内全天无遮挡情况下
3 层西边户室内温度变化曲线

数据来源：Designbuilder 模拟结果导出

② 高层住宅冬季自然运行工况下室内温度模拟分析

在调研样本中选取户型布局、空间尺度及围护结构构造具有代表性的高层住宅实例，如图 2-3-9 所示。模拟分析冬季典型气象日住宅自然运行状态下室内温度分布情况，以 9 层西户各房间的室内温度模拟结果为例进行分析，模拟结果见图 2-3-10。南、北向房间室内温度模拟结果明显分成两组。南向房间以太阳辐射直接得热的主卧室温度最高，峰值为 17.9℃，最低温度 7.14℃，平均温度为 10.83℃；起居室最高温度为 11.57℃，最低温度 9.07℃，平均温度为 10.2℃；卧室 1 最高温度为 11.3℃，最低温度 8.18℃，平均温度为 10.5℃；位于北侧的卧室 2 最高温度为 −1.46℃，最低温度 −3.6℃，平均温度为 −2.51℃；餐厅最高温度为 0.05℃，最低温度 −1.81℃，平均温度为 −1.08℃。南、北向房间室内温差最大值为 19.36℃。模拟对比该住宅采暖期有、无太阳辐射情况下采暖需求分别为 157256.88kWh/a 和

282755.07kWh/a，由此估算太阳辐射对该住宅采暖需求的补偿为 44.38%。

标准层户型平面图

阳台　阳台　厨房　厨房　卧室2　餐厅　餐厅　卧室2　卫生间　卫生间　卫生间　卫生间　主卧室　起居室　卧室1　卧室1　起居室　主卧室　阳台　阳台

14900　1200　1600　3400　1600　2400　4700

3600　4600　2900　2900　4600　3600　22200

N

层数:18层 层高:3m

围护结构构造信息

窗墙面积比	南向	东向	西向	北向
	0.48	0.10	0.10	0.34
外窗类型	塑钢中空玻璃窗（6Low-E+12A+6）			
外墙构造	80mm厚聚苯板+200mm厚混凝土空心砌块			
内墙构造	200mm厚混凝土空心砌块			
区分采暖与非采暖区域墙体构造	40mm厚双面水泥发泡聚氨酯板+200mm厚混凝土空心砌块			
屋面构造	120mm厚聚苯板+100mm厚钢筋混凝土楼板			

图 2-3-9　模拟案例—高层住宅标准层户型平面图及其围护结构构造信息

资料来源：根据由当地住宅开发商提供的银川住宅调研样本施工图绘制

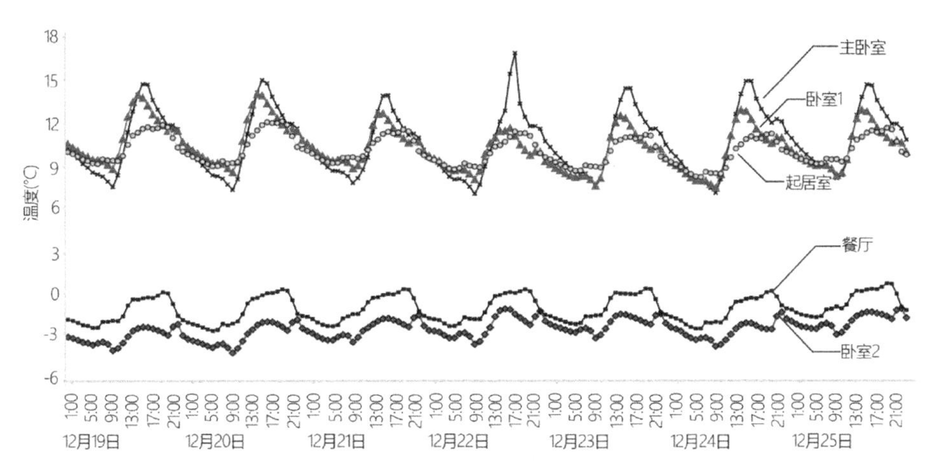

图 2-3-10　模拟案例—高层住宅冬至日前后一周内全天无遮挡情况下
3 层西边户室内温度变化曲线

数据来源：Designbuilder 模拟结果导出

2.3.3　本节小结

银川中心城区新建住宅以中高层和小高层集合住宅为主体，市郊和县镇新建住宅大部分为多层集合住宅。集合住宅户型类型及其规模以及套型空间模式与内地相似，户型进深尺度大多集中在 13～14m 之间。银川建筑工业化发展速度较拉萨、西宁快，截至 2019 年 9 月，建成装配式住宅 1 项，受国家政策引导，住宅装配式建造未来也将会铺开。目前常见集合住宅仍采用钢筋混凝土结构，外窗大部分使用塑钢中空玻璃，外墙、屋面设外保温，满足 2010 版严寒与寒冷地区居住建筑节能设计规范对其热工性能的约束。经能耗仿真软件模拟计算预估，银川目前常见集合住宅调查案例冬季室内太阳辐射得热对其采暖用能的补偿约为 38.68%～44.38%。

2.4 乌鲁木齐住宅建造情况及其太阳辐射热利用情况

2.4.1 城镇住宅发展现状

乌鲁木齐市位于新疆中部，地处天山北山脉中段北麓、准格尔盆地南缘，是新疆的政治、经济、文化、科教和交通中心。地处东经 86° 37′ ～88° 58′，北纬 42° 45′ ～45° 08′，平均海拔 800m。截至 2019 年，乌鲁木齐城镇化率 74.61%，市辖区人口占本市总人口数 62%，人均居住用地面积 58.06m^2。城镇住宅的分布以中心城区为主体，主要集中在老城区、新市区、水磨沟区和米东区。老城区主要指天山区、沙依巴克区以及水磨沟区和新市区小部分，约 70% 的人口聚居在老城区，尤以天山区、沙依巴克区两区人口最为密集[①]。天山区内建筑密度明显高于其他区域，新建住宅较少。从商品住宅开发建设量来看，新市区属于全市重点建设区域，聚集了大量的新建住宅。水磨沟区住宅则以低层别墅、多层和小高层为主。米东区为中心城区建设范围扩展储备空间，新建住宅以多层、小高层为主，近一两年出现了不少中高层和少量高层住宅。

根据乌鲁木齐市城乡规划管理局公示的 2019 年 1 月至 2020 年 6 月 30 日的住区规划项目（不包括别墅）进行住宅类型数量统计，共统计住宅区 80 个，住宅建筑单元 1535 个。住宅类型占比如图 2-4-1 所示，总体来讲，乌鲁木齐城镇住宅以 18 层以上的高层住宅为主，占比 41%，12～18 层集合住宅占比 25%，7～11 层集合住宅占比 20%，多层集合住宅建设量需求较小，占比为 14%。从居住区规划布局来看，7～11 层、12～18 层和 18 层以上集合住宅组合布局的模式较为常见。综上所述，乌鲁木齐市住宅主体类型为 18 层以上集合住宅，7～11 层和 12～18 层集合住宅也有大量建设需求。

乌鲁木齐市处于我国建筑气候区划的Ⅶ$_B$区，所属气候区为严寒 C 区，最冷月平均温度为 -12.2℃，最热月平均温度为 23.7℃，冬季严寒漫长，夏季干热，气温年较差和日较差均大；雨量稀少，气候干燥。乌鲁木齐夏季太阳总辐射照度低于吐鲁番地区，位居西部五城市第二位，处于 260～270W/m^2 照度带[②]，7 月南向垂直壁

---

① 李平光. 乌鲁木齐市住宅价格空间分布格局研究［D］. 新疆农业大学，2014.

② 中华人民共和国建设部，国家技术监督局联合发布. 建筑气候区划标准 GB 50178—93［S］. 北京：中国计划出版社，1994.2.

面平均日辐照量为10.16W/m^2，位居全国前列①；1月垂直南向壁面月平均日辐照量为11.18W/m^2，不足拉萨地区的1/2，位居西部五城市之尾。乌鲁木齐住宅建筑法定供暖期为10月10日到次年4月10日，即全年一半时间处在供暖期内。

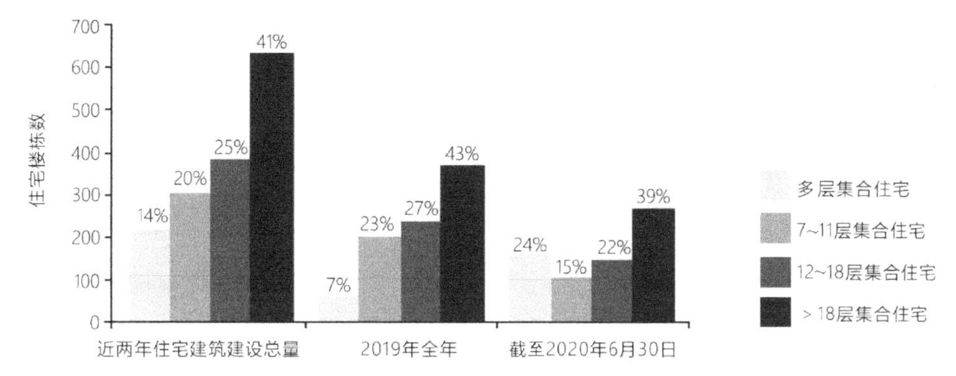

图 2-4-1 乌鲁木齐市 2019～2020 年新建住宅建筑类型数量占比

来源：根据乌鲁木齐市城乡规划管理局 2019 年 1 月至 2020 年 6 月公示住宅项目统计绘制

乌鲁木齐居住建筑节能工作推进快，住宅工业化较前文所述西部四城市发展较快。2014年5月，乌鲁木齐市新建居住建筑执行地标《严寒（C）区居住建筑节能设计标准 XJJ/T063—2014》，西部五城市中，乌鲁木齐居住建筑节能工作率先实施75%节能目标设计标准。乌鲁木齐住宅工业化发展速度较快，于2010年开始启动装配式建筑的研发和推广工作，以钢结构和混凝土结构为主，已应用于商品住宅、保障性住房、棚户区改造等多项工程项目中。截至2018年，新疆全区建成混凝土装配式建筑约15万m^2，钢结构装配式建筑240万m^{2}②。2020年9月4日《乌鲁木齐市人民政府办公厅印发关于加快推进乌鲁木齐市装配式建筑发展的通知》，要求政府投资的保障性住房等100%以装配式建造。

2.4.2 集合住宅建造情况及其太阳辐射热利用情况

（1）户型类型及其空间布局规律

1）户型类型及其面积区间

乌鲁木齐新建住宅建筑以12～18层和18层以上的高层住宅为主，对近五年建成的集合住宅展开施工图和开源数据调查，共调研住区10个，统计2453套户型，合并空间布局及尺度相似的户型，建立户型样本33套，户型面积及其类型分布、

---

① 中华人民共和国住房和城乡建设部. 被动式太阳能建筑技术规范 JGJ/T 267—2012［S］. 北京：中国建筑工业出版社，2012.5.

② 石建平. 装配式建筑发展现状及措施研究——以新疆维吾尔自治区为例［J］. 中国勘察设计，2019（09）：91-93.

占比如图 2-4-2 所示，100～130m^2 三室户占比 58%，80～100m^2 两室户占比 33%，130～160m^2 四室户占比 6%。

住宅调研样本信息

项目名称	建筑层数	户型类型
君豪·御园	18	两室户
华凌古树小镇商住楼	33	四室户
南湖品御	16	一/两室户
	22	两室户
坤元尚品	18/26	两室户
齐力城商住小区	17	三室户
恒大·珺睿府	33	三室户
领地天屿	18	三室户
融创玖玺台	6	三室户
	29	两/三室户
彩云名邸	33	两室户
中海云鼎大观	3/6	三室户

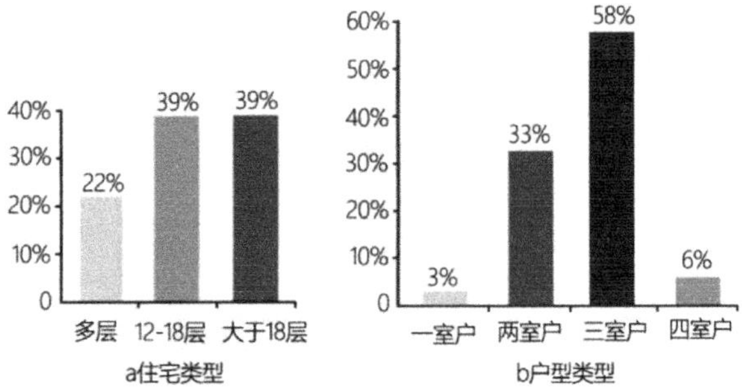

图 2-4-2　乌鲁木齐住宅调研样本中住宅类型、户型类型占比

来源：根据开源数据及当地住宅项目施工图统计绘制

2）户型空间结构及其尺度规律

以户型类型占比最大的三室户为例，图 2-4-3 为乌鲁木齐市多层、小高层和高层集合住宅三室户的户型空间结构及其尺度规律，三室户以三开间朝南为主，户型进深尺度区间为 10～12m。

（2）围护结构构造

住宅主体结构材料采用钢筋混凝土，外墙墙体均采用加气混凝土砌块，保温材料通常采用 100mm 厚挤塑聚苯板或 100mm 厚硬泡聚氨酯板。屋顶以平屋顶为主，局部采用坡屋顶，保温材料与墙体外保温相同，厚度为 120～200mm，外窗采用两腔三玻密封窗，见表 2-4-1。

（3）太阳辐射利用情况

乌鲁木齐住宅在满足室内自然通风情况下，夏季室内热环境舒适，无需制冷。为初步了解当地住宅冬季室内热环境情况，在乌鲁木齐集合住宅调查样本中，选取户型空间布局、户型尺度及其围护结构构造具有代表性的实例，采用 Designbuilder 能耗仿真模拟软件，对该住宅建筑进行冬季无采暖设备开启时的室内温度模拟计算并匡算太阳辐射对其采暖用能的贡献。人员在室率、照明使用率、设备使用率的设置参照《严寒与寒冷地区居住建筑节能设计标准》JGJ 26—2018。

1）12～18 层住宅采暖季自然运行工况下室内温度模拟分析

以 17 层住宅为例，户型及其围护结构构造详见图 2-4-4，模拟其整个采暖季室内温度分布情况，以中间层（13 层）西边户各房间室内逐时温度模拟结果为例，取冬至日前后一周的模拟数据进行分析，如图 2-4-5 所示，南、北向房间室内温度测试结果明显分成两组。南向封闭阳台室内温度最高，日间最高温度为 7.0℃，夜间最低温度为2℃；卧室2、起居室、卧室4室内温度相近，温度波动在2℃范围内，室内热环境较为稳定。北向房间室内温度在−3℃～−7℃之间，与南向房间最高温度差值为10℃左右。

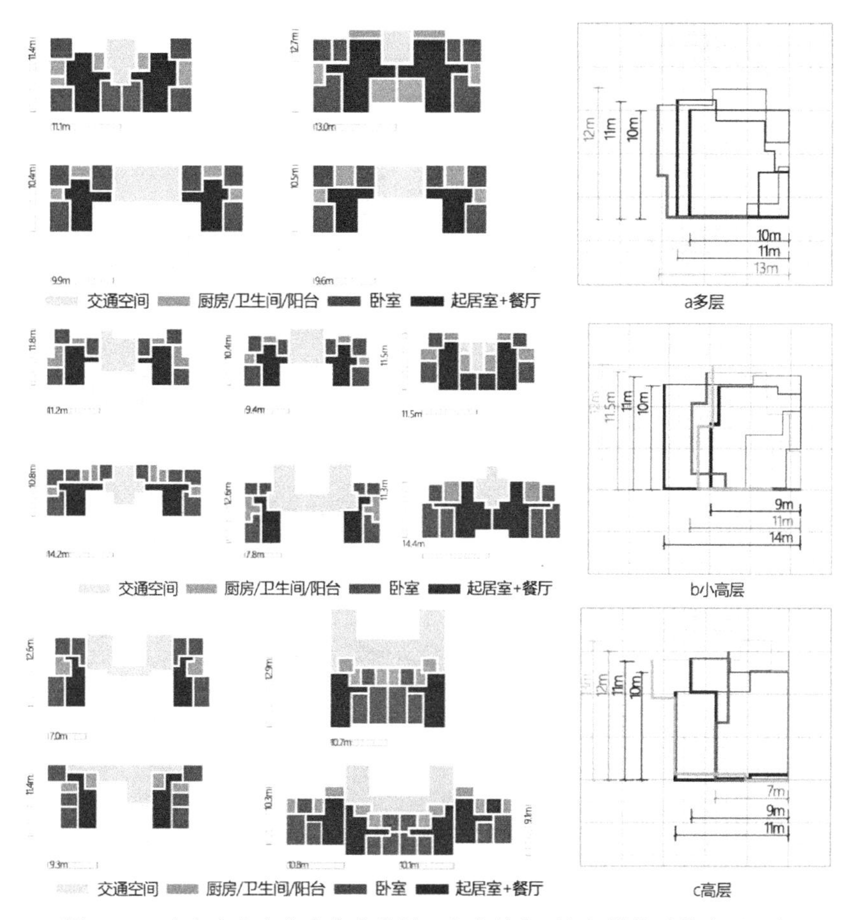

图2-4-3　乌鲁木齐市集合住宅常见三室户的户型空间结构及其户型尺度
来源：根据开源数据及当地设计院提供的住宅施工图绘制

乌鲁木齐市住宅调研样本中常见围护结构构造　　表2-4-1

住宅类型	中高层（12～18层）住宅				高层（18层以上）住宅			
窗墙面积比	南向	东向	西向	北向	南向	东向	西向	北向
	0.45	0.03	0.03	0.25	0.53	0.04	0.04	0.26
外窗类型	塑钢低辐射中空玻璃（两腔三玻）（5Low-E＋12A＋5＋12A＋5）				断桥铝合金低辐射中空玻璃窗（两腔三玻）（5＋9A＋5Low-E＋9A＋5）			
外墙构造	250mm厚加气混凝土空心砌块＋100mm厚硬泡聚氨酯板				200mm厚钢筋混凝土＋100mm厚石墨聚苯乙烯泡沫塑料板			
屋面构造	40mm厚C20细石混凝土＋6mm改性沥青防水卷材＋30mm厚C20细石混凝土＋120mm厚挤塑聚苯板＋120mm厚钢筋混凝土板				20mm厚水泥砂浆＋7mm厚改性沥青防水卷材＋30mm厚水泥砂浆＋180mm厚石墨聚苯乙烯泡沫塑板＋30mm厚发泡混凝土＋120mm钢筋混凝土板			

资料来源：根据当地设计院提供的施工图统计绘制。

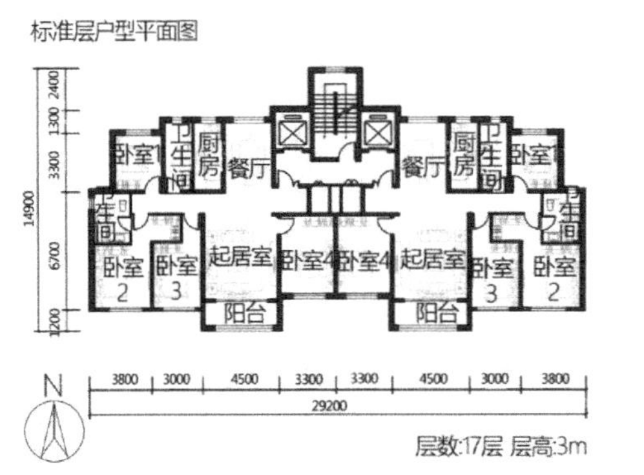

围护结构构造信息

窗墙面积比	南向	东向	西向	北向
	0.36	0	0.01	0.25
外窗类型	塑料中空玻璃窗(5Low-E+12A+5+12A+5)			
外墙构造	100mm厚XPS保温板+200mm厚钢筋混凝土砌块			
内墙构造	200mm厚加气混凝土砌块			
区分采暖与非采暖区域墙体构造	100m厚XPS保温板+200mm厚加气混凝土砌块			
屋面构造	150mm厚XPS保温板+100mm厚钢筋混凝土楼板			

图 2-4-4　乌鲁木齐 17 层住宅模拟对象标准层户型平面图及其围护结构构造信息

来源：根据当地住宅施工图整理绘制

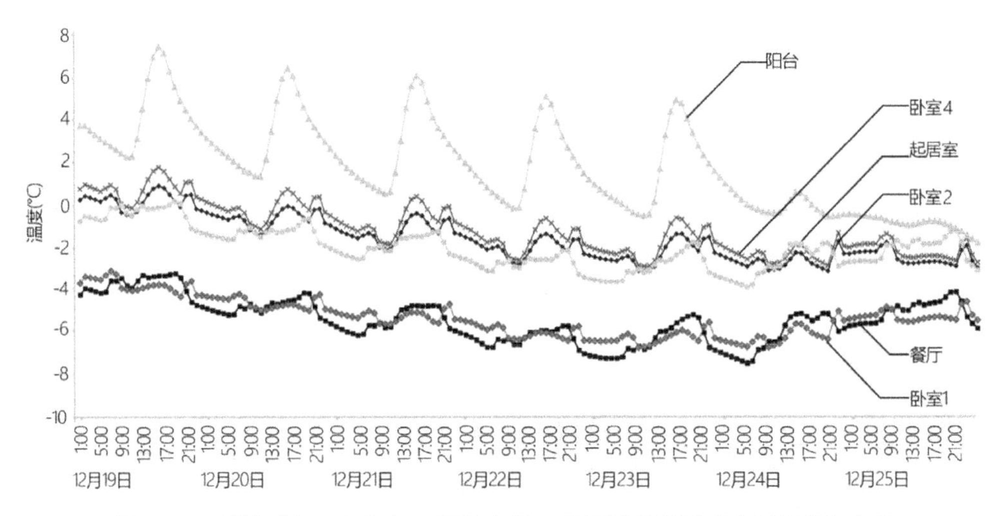

图 2-4-5　模拟对象乌鲁木齐 17 层住宅的 13 层西户采暖季室内温度变化曲线

来源：根据 Designbuilder 软件模拟结果绘制

模拟上述乌鲁木齐中高层集合住宅样本的全年采暖负荷为 262653.38kWh/a；调整模拟用气象数据中太阳辐射照度为 $0W/m^2$，采暖负荷为 394195.75kWh/a，即冬季太阳辐射对该住宅采暖用能的补偿约为 33.37%。

2）大于 18 层住宅采暖季自然运行工况下室内温度模拟分析

以 26 层住宅为例，户型及其围护结构构造详见图 2-4-6，模拟其整个采暖季室内温度分布情况，以中间层（20 层）西边户各房间室内逐时温度模拟结果为例，取冬至日前后一周的模拟数据进行分析，如图 2-4-7 所示，南、北向房间室内温度测试结果明显分成两组。南向卧室 2、卧室 3、起居室室内温度在 −5～0.5℃之间，北向房间餐厅、卧室 1、厨房室内温度分布在 −10～−4℃之间，南北房间相差 6℃左右。起居室由于窗墙面积比大，昼夜温度波动较大；卧室 2 和卧室 3 室内温度变化曲线几乎平行，但卧室 2 由于接触室外空气的表面积比卧室 3 大得多，热量散失较多，故室内温度比卧室3低2℃。卧室1室内温度变化平缓，温度波动范围为1℃；对比卧室1与餐厅的室内温度发现：餐厅日间空气温度高于卧室1，推测是由于餐厅与起居室贯通，其日间温度直接受到太阳辐射热效应影响，使空气温度升高，而卧室1与南向太阳辐射得热房间相分隔，太阳辐射热效应对其影响微弱。分别模拟采暖期有太阳辐射和无太阳辐射时该住宅的采暖负荷，无太阳辐射时该住宅采暖负荷为476060.6kWh/a，有太阳辐射时该住宅采暖负荷为361949.86kWh/a，即冬季太阳辐射对该住宅采暖负荷的贡献约为23.97%。

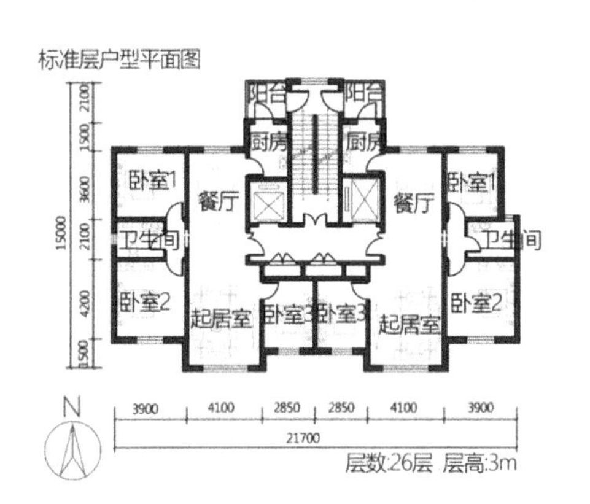

围护结构构造信息

	南向	东向	西向	北向
窗墙面积比	0.45	0	0.03	0.25
外窗类型	塑料中空玻璃窗(5Low-E+12A+5+12A+5)			
外墙构造	100mm厚热固型改性硬泡聚氨酯板+200mm厚加气混凝土空心砌块			
内墙构造	200mm厚加气混凝土空心砌块			
屋面构造	160mm厚XPS保温板 +100mm厚钢筋混凝土楼板			

图 2-4-6　乌鲁木齐26层住宅模拟对象标准层户型及其围护结构构造信息

来源：根据当地住宅施工图整理绘制

图 2-4-7　模拟对象乌鲁木齐26层住宅的20层西户采暖季室内温度变化曲线

来源：根据Designbuilder软件模拟结果绘制

2.4.3　本节小结

乌鲁木齐较拉萨、银川、西宁和吐鲁番住宅工业化水平较高，现行围护结构构件、部品较其他四城市发展水平快、性能高，装配式住宅发展处于西部五城市领先地位。城镇住宅以 18 层及以上高层集合住宅为主体，其次为中高层与小高层住宅，两者占统计样本的比例接近，多层住宅同样有建设需求，占统计住宅样本的 14%。户型类型及其规模以及套型空间模式与内地相似，户型进深尺度集中在 10～12m 之间。乌鲁木齐目前常见住宅建筑室内太阳辐射得热对其采暖用能的贡献约为 23.97%～33.37%。

2.5 吐鲁番住宅建造情况及其太阳辐射热利用实况

2.5.1 城镇住宅发展现状

吐鲁番于 2015 年 7 月撤地设市，辖 1 区、2 县，即高昌区和鄯善县、托克逊县，总面积 6.9713 万 km^2。截至 2017 年底，吐鲁番市城镇人口占其总人口数 36.4%，根据第七次人口普查数据显示，吐鲁番市常住人口 69.3988 万人[①]。吐鲁番中心城区由老城区、新城区和北站区三大功能板块组成，以老城区人口密度最大。老城区被西、南侧的坎儿井和交河故城保护区以及文物古迹保护带包围，密集分布着以保护为主的民居和多层集合住宅，少量小高层住宅散布在老城区东部和中部区域，鲜有高层住宅；北部区域目前密集分布着 1～2 层的院落式住宅，中部区域保留大面积农田。北站区依托火车站、飞机场，主要以物流业为主，该片区的居住建筑建设用地规划是《吐鲁番城市总体规划（2012—2030）》新增用地[②]，大部分住宅为原保留下来的院落式生土民居或砖砌院落式住宅，新建住宅极少。新城区位于老城区东侧，与老城区被纵贯南北的村镇居民点隔开，根据吐鲁番人民政府公示的《吐鲁番城市总体规划（调整）（2004—2020）》，新城区 1/2 为居住建筑用地，新建住宅大部分为多层集合住宅，结合太阳能主动设备采用坡屋顶形式。

根据我国热工设计规范的规定，吐鲁番所属气候区为寒冷 B 区。这一地区由于降雨量低、蒸发量高、海拔低，使得当地夏季酷热；又由于纬度较高，冬季寒冷漫长，法定供暖期通常为 10 月 25 日至次年 3 月 10 日，供暖天数 167 天；四季分明，年温差可达到 56℃，年仅 11.9% 的时间属于舒适时段[③]。夏季极端干燥炎热，全年有 117 天平均气温超过 26℃，其中有 97 天平均气温不低于 35℃，最热月平均气

① 新疆维吾尔自治区第七次全国人口普查公报（第二号）.

② 吐鲁番市人民政府. 吐鲁番市城市总体规划（调整）2004—2020.

③ 何泉，何文芳，杨柳，刘加平. 极端气候条件下的新型生土民居建筑探索［J］. 建筑学报，2016（11）：94-98.

温 32.7℃，CDD26 度日数位居全国第五，是我国除海南岛以外降温用能需求最高的地区；冬季最冷月室外平均气温为 −7.6℃，日均气温 −10～−3℃。吐鲁番处于冬季太阳总辐射照量 90～110W/m² 照度带，相当于拉萨地区的 1/2。夏季太阳总辐射照度处于 280W/m² 照度带，位居全国第二，高于广州、海南岛（190～220W/m²）等夏热冬暖地区，位居西部五城市之首。

吐鲁番地区住宅通常采用空调制冷设备降温以满足居住建筑夏季室内热舒适需求，日间制冷设备开启率为 100%，使用时段主要集中在 14：00～16：00 点，由于昼夜温差大，夜间只有部分家庭开启制冷设备，使用率占比为 14%①。

2.5.2　院落式住宅建造情况及其太阳辐射热利用实况

（1）院落式住宅类型

如前文所述，吐鲁番市中心城区还存在大量的院落式住宅建设需求，其周边集镇住宅几乎全部为院落式住宅②。根据开源数据共统计 152 套院落式住宅，如图 2-5-1 所示，密集排布，大多占地面积 200m² 左右，分为三种类型：1）方院，面宽与进深接近 1：1，主体建筑呈 L 形半围合式或东西向一字形组合。2）窄院，东西窄、南北长，面宽与进深比在 1：3～2：3 之间：① 院落基底比例 1：2～2：3，主体建筑呈 L 形组合，庭院空间为半包围式，面宽通常为 3 开间；② 院落基底比例接近 1：3，主体建筑面宽尺度大多为两开间，院落空间为半开敞式。3）宽扁形院落，大面宽、小进深，两者比例接近 3：2，主体建筑呈 L 形或东西向一字组合，庭院为半开敞式，主体建筑开间 6～7 开间，该类型通常占地面积较大，在吐鲁番院落式住宅抽样调查样本中占比最少，比例为 8%。调研样本中，以窄院最为常见，占比为 42%。

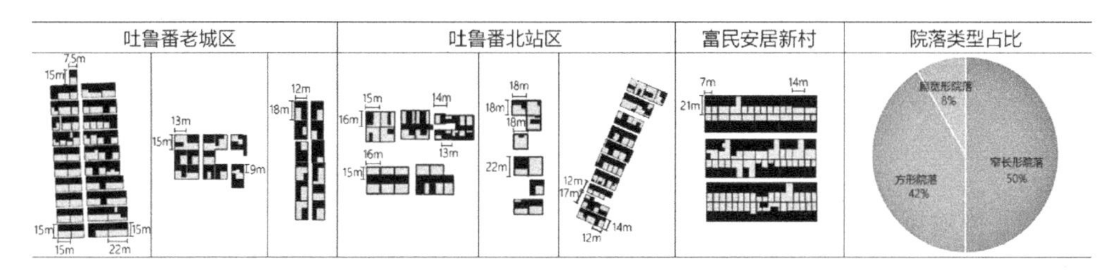

图 2-5-1　吐鲁番市中心城区及周边集镇院落式住宅常见类型

来源：根据地图等开源数据整理绘制

① 张英杰. 干旱荒漠气候下现代居住建筑适应性研究［D］. 新疆大学，2017.

② 李涛，梁瑞. 喀什传统民居与新式民居夏季热环境对比研究［J］. 干旱区资源与环境，2021，35（5）：56-62.

（2）夏季室内热环境

根据文献［61］对吐鲁番地区某两层院落式住宅夏季室内热环境的测试结果显示：住宅采用钢筋混凝土框架结构，外墙传热系数 0.6W/（m^2 • K），蓄热系数 5.6，室内空气温度 32.6～37.2℃，墙体内壁面温度由高到低依次为：南向墙体、东向墙体、西向墙体、北向墙体，北向墙体内壁面温度比南向墙体内壁面温度低 2℃。可见，夏季太阳辐射对围护结构的差异化影响明显，应优先考虑南向和东向墙体隔热、遮阳。

西安建筑科技大学绿色建筑研究中心 2014 年开展了“新疆吐鲁番市安居富民示范项目”研究工作，见图 2-5-2。该住宅借鉴传统民居气候适应性策略：1）采用内向封闭的庭院布局防热，结合高棚架绿荫遮阳，调节庭院内微环境，降低主体建筑周围环境空气温度；2）采用半地下式覆土设计策略，利用浅层低温地能兼顾冬、夏室内热环境需求；3）采用晾房、通风井设计策略，前者形成“缓冲空间”减少夏季太阳辐射对屋面的直射并通过孔洞带走热量，冬季起到保温作用；后者利用热压作用加强过渡季通风效果，延长舒适时段；4）围护结构采用机制土坯砖，利用厚重生土蓄热，减少日间高温对室内热环境的影响。在室外气温 28.6～46.8℃时，南向直接得热房间室内温度为 33～40℃，半地下房间室内温度稳定在 29～32℃①。

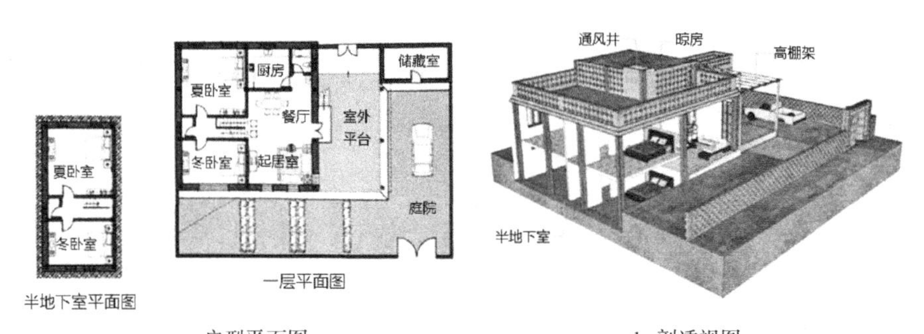

a 户型平面图　　　　b 剖透视图

图 2-5-2　吐鲁番市安居富民示范项目院落式住宅户型平面及剖透视图

来源：何泉，何文芳，杨柳等．极端气候条件下的新型生土民居建筑探索［J］．建筑学报，2016（11）：94-98.

2.5.3　集合住宅建造情况及其太阳辐射热利用实况

（1）户型类型及其空间布局特征

1）户型类型及其面积区间

依据新疆维吾尔自治区居住建筑节能设计地标，2011 年吐鲁番居住建筑开始实

① 何泉，何文芳，杨柳，刘加平．极端气候条件下的新型生土民居建筑探索［J］．建筑学报，2016（11）：94-98.

施 65% 节能设计标准。根据吐鲁番地区官方公布的统建住宅以及当地住宅开发公司提供的施工图，统计 2011 年以后建成住宅样本，多层占比 89%，其余为小高层，与吐鲁番市住宅发展趋势一致，具有代表性。户型类型以三室户和两室户为主，三室户占比 55%，户型建筑面积区间为 100～120m²，两室户占比 27%，建筑面积区间 80～100m²，四室户占比 18%，建筑面积区间 130～150m²，如图 2-5-3 所示。

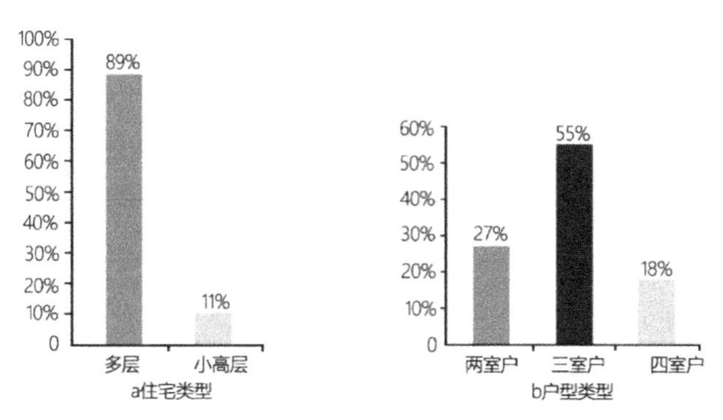

图 2-5-3　吐鲁番住宅调研样本中住宅类型、户型类型占比统计

来源：根据吐鲁番官方公布资料以及当地房地产开发商提供的资料整理绘制

2）空间结构及其尺度规律

根据户型类型，分类分析样本户型的空间布局及其尺度特征。如图 2-5-4 所示，三室户多为三开间朝南，设置卧室和起居室，面宽尺度尺度范围为 7～11m，户型空间进深尺度范围为 10～12m。

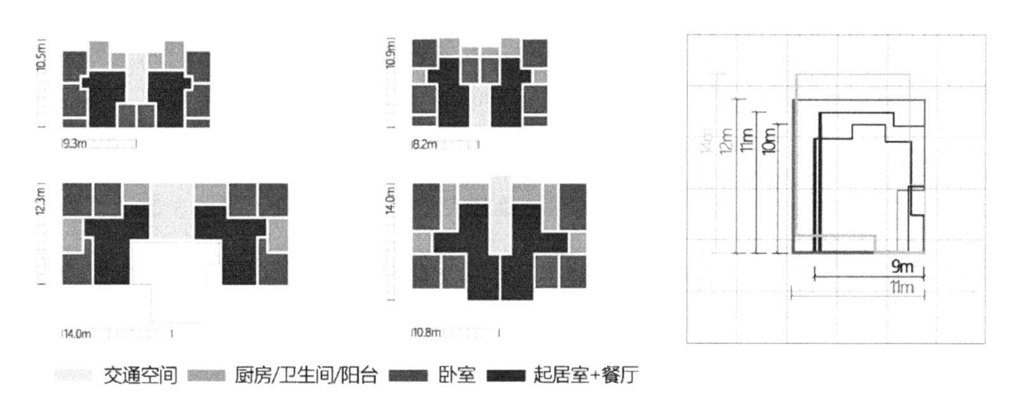

图 2-5-4　吐鲁番集合住宅调研样本中三室户户型空间结构及户型尺度

来源：根据吐鲁番官方公布资料以及当地房地产开发商提供的资料整理绘制

（2）围护结构构造

对吐鲁番集合住宅调研样本外围护结构构造情况进行统计，结果如表 2-5-1 所示。多层住宅外墙常采用 240mm 厚黏土多孔砖，保温材料 100mm 厚硬泡聚氨酯；小高层住宅外墙均采用 200mm 厚加气混凝土砌块墙体，墙体保温采用 100mm 厚

EPS 保温材料。屋顶通常采用平屋顶形式，120mm 厚钢筋混凝土板加 120mm 厚挤塑聚苯板（XPS）保温材料。南向外窗普遍开窗较大，窗墙面积比区间为 0.5 左右，且固定无遮阳设计，外窗多采用塑钢单框双层中空玻璃窗。根据现场调研发现，当地居民自行在住宅南向窗口安装活动遮阳棚较为普遍。

吐鲁番常见集合住宅围护结构构造　　　　表 2-5-1

住宅类型	多层住宅				小高层（7～11 层）住宅			
窗墙面积比	南向	东向	西向	北向	南向	东向	西向	北向
	0.51	0.01	0.01	0.31	0.49	0.07	0.07	0.25
外窗类型	塑钢双层中空透明玻璃窗（4 + 12A + 4）				塑钢三玻两腔窗（4 + 0.12V + 4 + 6A + 5Low-E）			
外墙构造	240mm 厚黏土多孔砖＋ 100mm 厚硬泡聚氨酯				200mm 厚加气混凝土砌块＋ 100mm 厚模塑聚苯板（EPS）			
屋面构造	120mm 厚钢筋混凝土板＋ 120mm 厚硬泡聚氨酯				120mm 厚钢筋混凝土板＋ 150mm 厚挤塑聚苯板（XPS）			

来源：根据当地住宅开发商提供的 2019 年建设住宅施工图整理绘制。

（3）太阳辐射热利用情况

1）夏季室内热环境

根据文献调研，整理绘制吐鲁番地区多层集合住宅夏季室内温度现场测试对象信息及其测试结果，见图 2-5-5。该实测案例① 测试时间为 2015 年 7 月 26 日，日间室外气温在 44～47℃，夜间 32～35℃，平均气温为 38.7℃，日均昼夜温差为 8.8℃。与另外两个测试房间温度相比，南向阳台日间室内温度最高，与室外气温接近，夜间温度高于室外气温 4～6℃，形成这一结果的原因是阳台空间进深较小，日间聚集大量太阳辐射热，而测试期间夜间门窗关闭，热量无法得到散失。起居室开间为 5.7m，进深为 6m，其测点位置温度基本维持在 42℃上下，温度波动平缓，可能是其进深相对阳台较大，温度测点位于起居室中心位置，对夏季强烈太阳辐射和室外高温反应相对迟缓。北侧无直接太阳辐射得热的卧室 2，室内温度维持在 41℃上下，稍低于起居室。整体来看，该吐鲁番住宅案例最热月室内温度高于 40℃。

2）采暖季太阳辐射热作用下室内温度分布模拟分析

在吐鲁番集合住宅调查样本中，选取户型空间布局、户型尺度及其围护结构构造具有代表性的实例，采用 Designbuilder 能耗仿真模拟软件，对该住宅建筑进行冬季无采暖设备开启时的室内温度模拟计算并匡算太阳辐射对其采暖用能的贡献。人员在室率、照明使用率、设备使用率的设置参照《严寒与寒冷地区居住建筑节能设

① 张英杰，干旱荒漠气候下现代居住建筑适应性研究［D］. 新疆大学，2017.

计标准》JGJ 26—2018。在吐鲁番实例住宅样本中选取具有代表性的多层和小高层住宅为模拟对象，本节以了解集合住宅中占比最大的“中间户”的室内温度情况和冬季太阳辐射对当地住宅采暖用能的补偿情况为目标，简化模拟工作，建立独栋住宅模拟模型，未考虑建筑间的日照遮挡。

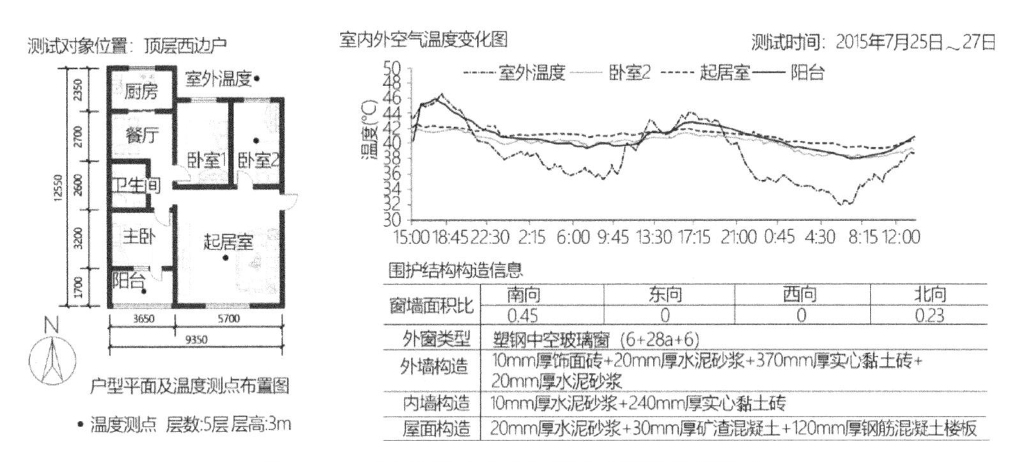

	南向	东向	西向	北向
窗墙面积比	0.45	0	0	0.23
外窗类型	塑钢中空玻璃窗（6+28a+6）			
外墙构造	10mm厚饰面砖+20mm厚水泥砂浆+370mm厚实心黏土砖+20mm厚水泥砂浆			
内墙构造	10mm厚水泥砂浆+240mm厚实心黏土砖			
屋面构造	20mm厚水泥砂浆+30mm厚矿渣混凝土+120mm厚钢筋混凝土楼板			

图 2-5-5　吐鲁番集合住宅夏季室内温度分布实况

数据来源：张英杰．干旱荒漠气候下现代居住建筑适应性研究［D］．新疆大学，2017.

① 多层住宅采暖冬季自然运行工况下室内温度模拟分析

图 2-5-6 为吐鲁番多层住宅采暖季室内温度模拟对象信息。采暖设备不开启状态下，模拟采暖季室内各房间逐时空气温度，以中间层（3 层）西户为例，取冬至日前后一周的模拟数据进行分析，如图 2-5-7 所示，南、北向房间室内温度呈现明显的差异：南向起居室日间温度最高，温度峰值为 8.68℃，北向房间以位于西北角的卧室 2 温度最低，南、北向房间最大温差为 9.84℃。南向房间受到太阳辐射影响，昼夜温度波动较大，以起居室最为典型，最大温差为 5.56℃。南向封闭阳台和北向卧室 2 对主卧室起到热缓冲作用，使得主卧室温度波动较小、室内热环境较为稳定。同处于北侧的餐厅和卧室 2，由于卧室 2 接触室外大气的外表面积较大，失热多，室内温度低于餐厅的空气温度，温差为 2℃上下。模拟对比该住宅采暖期有、无太阳辐射情况下采暖需求分别为 7409.89kWh 和 17395.97kWh，由此估算太阳辐射对该住宅采暖需求的补偿为 57.4%。

② 小高层住宅采暖季自然运行工况下室内温度模拟分析

图 2-5-8 为吐鲁番小高层住宅采暖季室内温度模拟对象信息。采暖设备不开启状态下，模拟其采暖季室内各房间逐时空气温度，以中间层（6 层）西户为例，取冬至日前后一周的模拟数据进行分析，如图 2-5-9 所示，南、北向房间室内温度呈现明显的差异：室内温度以南向卧室 1 温度最高，为 5.19℃，以北向卧室 2 温度

最低，为 −3.12℃，日间南北房间最大温差 7.38℃。模拟对比该住宅采暖期有、无太阳辐射情况下采暖需求分别为 70208.67kWh 和 125060.07kWh，由此估算太阳辐射对该住宅采暖需求的补偿为 43.9%。

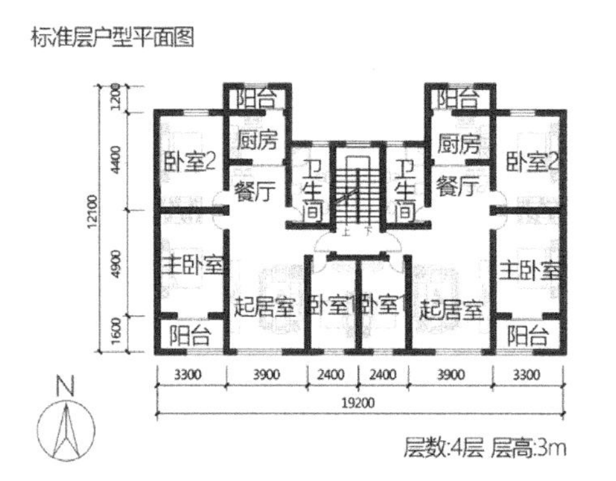

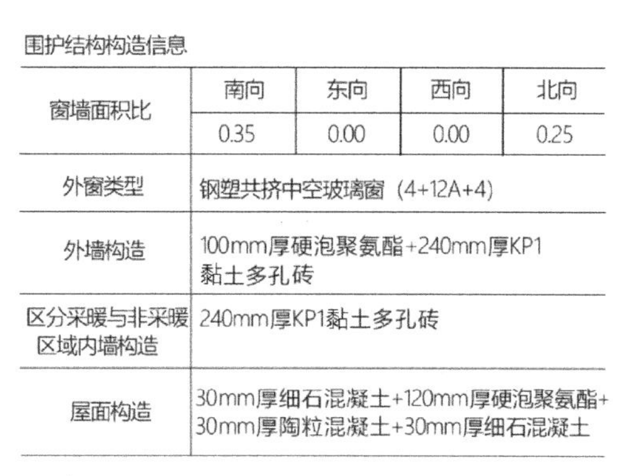
围护结构构造信息

窗墙面积比	南向	东向	西向	北向
	0.35	0.00	0.00	0.25
外窗类型	钢塑共挤中空玻璃窗（4+12A+4）			
外墙构造	100mm厚硬泡聚氨酯+240mm厚KP1黏土多孔砖			
区分采暖与非采暖区域内墙构造	240mm厚KP1黏土多孔砖			
屋面构造	30mm厚细石混凝土+120mm厚硬泡聚氨酯+30mm厚陶粒混凝土+30mm厚细石混凝土			

图 2-5-6　模拟案例—多层住宅标准层户型平面图及其围护结构构造信息

来源：根据当地住宅开发商提供的 2019 年建设住宅施工图绘制

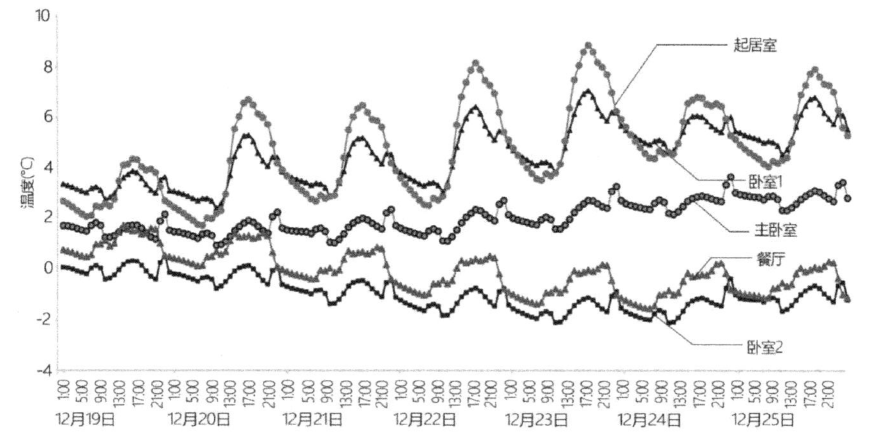

图 2-5-8　模拟案例—多层住宅冬季室内温度变化曲线，温度为三层西边户室内温度模拟结果

来源：根据 Designbuilder 模拟结果数据绘制

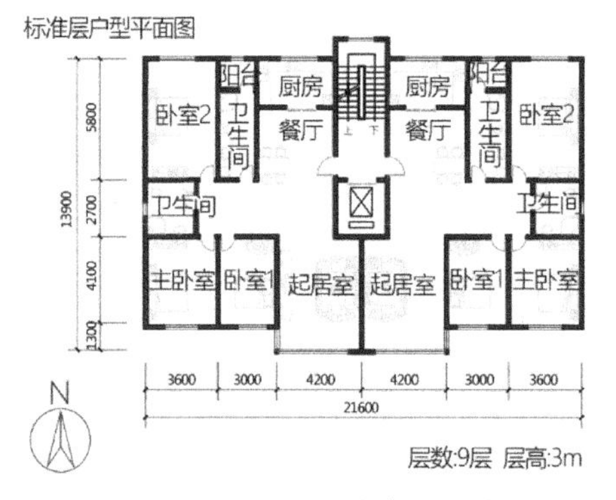

围护结构构造信息

窗墙面积比	南向	东向	西向	北向
	0.49	0.07	0.07	0.25
外窗类型	塑料中空玻璃窗（4+0.12V+4+6A+5Low-E）			
外墙构造	20mm厚水泥砂浆+100mm厚硬泡聚氨酯+200mm厚加气混凝土砌块+20mm厚水泥砂浆			
区分采暖与非采暖区域内墙构造	200mm厚加气混凝土砌块			
屋面构造	40mm厚碎石、卵石混凝土+40mm厚水泥砂浆+150mm厚挤塑聚苯板+120mm厚钢筋混凝土+20mm厚石灰水泥砂浆			

图 2-5-9　模拟案例—小高层住宅标准层户型平面图及其围护结构构造信息

来源：根据当地住宅开发商提供的 2019 年建设住宅施工图绘制

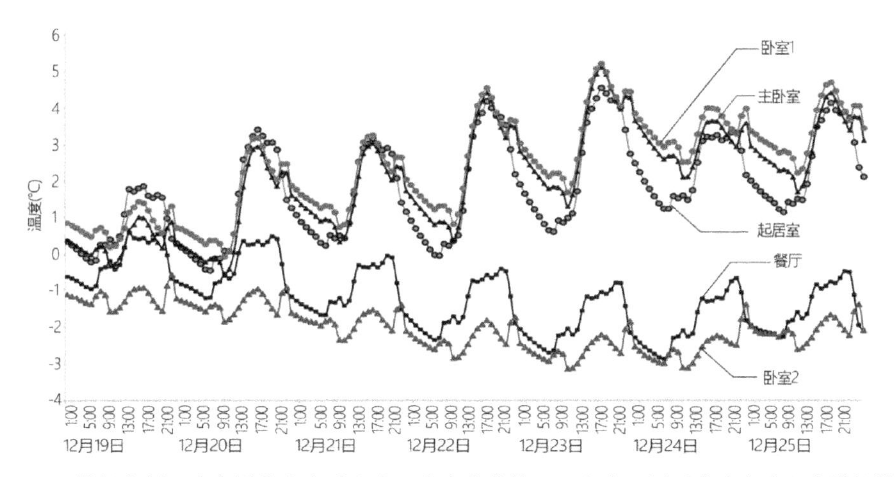

图 2-5-9　模拟案例—小高层住宅冬季室内温度变化曲线，温度为六层西边户室内温度模拟结果
来源：根据 Designbuilder 模拟结果数据绘制

2.5.4　本节小结

吐鲁番中心城区新建住宅以多层集合住宅为主体，散布少量小高层住宅，市郊和县镇还有大量低层院落式住宅的建设需求。集合住宅户型类型及其规模以及套型空间模式与内地相似，户型进深尺度集中在 10～12m 之间。吐鲁番目前常见集合住宅外围护结构，外窗大部分使用塑钢中空玻璃，部分使用塑钢三玻两腔外窗。吐鲁番地区夏季酷热冬季寒冷，城镇住宅用能需求为冷、热双向需求，当地常见住宅夏季室内温度高于 32.6℃，不同朝向的外墙内壁面温度差异明显。经 Designbuilder 模拟，匡算该地区目前住宅围护结构形式及构造条件下，冬季太阳辐射对其采暖用能的补偿约为 43.9%～57.4%。

2.6　五城市住宅太阳辐射热利用情况与典型住宅建筑原型

2.6.1　五城市住宅太阳辐射热利用情况

拉萨、西宁、银川、乌鲁木齐是西部太阳能富集区主要省份的省会城市，相对其周边城市，经济发展优势相对突出，人口聚集优势相对明显，城镇化率相对较高，总体城镇住宅建设量较高。根据数据统计[①]，上述四城市常住人口城镇化率

① 黑红人口库. 拉萨、西宁、银川常住人口城镇化率数据来源于西藏自治区统计局、青海省自治区统计局、宁夏回族自治区统计局，第七次人口普查；乌鲁木齐常住人口城镇化率数据来源于新疆维吾尔自治区统计局，第六次人口普查；吐鲁番常住人口城镇率数据来源于新疆维吾尔自治区统计局 2019 年末 2020 年初人口统计数据。

分别为 69.77%、78.63%、80.22%、92.06%，吐鲁番为地级市，常住人口城镇化率为 36.0%。与城镇化率接近 90% 的北京、上海、广州[①]等城市住宅整体高密度、高容积率建设的发展现状相比，五城市城镇住宅整体建设发展呈现两极分化的特征。受城市总体经济发展和川谷等地理条件差异的影响，西宁、乌鲁木齐城镇住宅以相对较密集的建设模式发展，新建住宅中，中高层、高层住宅占比基本稳定在 70% 左右；银川市城镇住宅主体为小高层和中高层住宅，其新建比例基本保持 60% 上下。拉萨新建城镇住宅以多层、小高层为主体，新建比例基本稳定在 80% 左右；中高层和高层住宅集中在新区建设；2016 年之后在国家推行精准扶贫的战略背景下，拉萨地区以政府为主导进行设计和建造的易地搬迁安置项目，大多为低层院落式住宅，年建设量占比保持在 8%。新疆维吾尔自治区自 2010 年起，大规模开展了富民安居工程建设，相应地，吐鲁番高昌区及其所辖两县由政府主导设计和建设了大量多层集合住宅和低层院落式住宅[②]；吐鲁番中心城区住宅建设是以多层为主体，小高层住宅建设较少，中高层住宅零星建设。

根据数据统计显示[③]，乌鲁木齐、西宁、银川集合住宅 2020 年上半年建安工程造价指标分别为 1910～2023 元 /m^2、1748～2263 元 /m^2、1823 元～1953 元 /m^2，较北京、上海、广州住宅建安工程造价指标（2739～3233 元 /m^2）低 1000 元左右。拉萨大部分建筑材料依靠内地输送，运费、人工费用相对较高，城镇住宅建安工程造价大约为 2196～2520 元 /m^2[④]。五城市相比，乌鲁木齐住宅装配式建造发展相对较快；银川住宅装配式建造处于实验示范阶段；西宁、拉萨、吐鲁番目前鲜有建成的装配式住宅，处于起步阶段。五城市城镇住宅保温材料与目前通用的常规保温材料基本一致，在拉萨和西宁，有少量新建住宅外墙保温系统采用保温砂浆或聚氨酯、纤维复合保温材料喷涂，保温性能相对较低；拉萨地区由于太阳辐射强烈，南向墙体受到较大的温度应力破坏作用[⑤]，通用保温材料在当地的应用还处于实验阶段，目前市场较广泛推广的是石墨聚苯板。五城市住宅建筑节能发展阶段产业发展条件不同，住宅外窗部品差异较为明显。乌鲁木齐住宅外窗保温性能相对较高，

---

① 黑红人口库．第七次人口普查．数据来源：北京市统计局、上海市统计局、广东省统计局。

② 杨福成．关于博州、吐鲁番地区安居富民工程建设情况调研报告［J］．新疆农垦经济，2013（10）：82-84.

③ 数据来源：建设工程造价信息网．综合新闻，2020-8-31．2020 年上半年省会城市住宅工程造价指标（单位：元 /m^2）。

④ 《住有所居保障民生》“十二五”西藏自治区城镇保障性安居工程回顾．西藏自治区住房和城乡建设厅，2016 年．拉萨市新建周转房，3～11 层，工程建安造价约 2520 元 /m^2；公共租赁住房，工程建安造价 2296 元 /m^2；廉租房，工程建安造价 2196 元 /m^2。

⑤ 桑国臣，刘加平．太阳能富集地区采暖居住建筑节能构造研究［J］．太阳能学报，2011，32（3）：416-422.

目前以断桥铝合金框低辐射三玻两腔窗为主流；受乌鲁木齐住宅产业发展影响，吐鲁番目前有少量住宅采用断桥铝合金框低辐射三玻两腔窗，其余大部分采用双层中空玻璃窗；银川和西宁市住宅外窗大多采用双层中空玻璃窗；拉萨外窗部品发展较迟缓，根据当地建材市场调查反馈，近两年，拉萨才开始大力推广断桥铝合金双层中空玻璃窗，三玻两腔、充惰性气体等性能相对较高的外窗在当地市场较罕见。

五城市集合住宅户型空间布局基本类似，由于居民空间使用需求趋同，户型大部分采用通用的成熟户型，南向普遍设有封闭阳台。拉萨院落式住宅延续当地传统民居大面宽小进深两进式的空间布局，保留传统居住就餐、聚会、休憩等一体化多功能复合空间；西宁院落式住宅延续传统庄阔民居四面围合、外封内敞的空间布局；在这两个地区，居民自建阳光间现象普遍，阳光间已成为当地院落式住宅重要的组成要素。吐鲁番院落式住宅，用地大部分为小面宽大进深，窄院空间布局案例在调研样本中占比 50%，延续传统民居采用半地下室平衡冬、夏两季气候环境的绿色经验。西部五城市住宅整体建设情况见表 2-6-1。

西部五城市住宅整体建设情况汇总　　　　表 2-6-1

西部五城市	拉萨	西宁	银川	乌鲁木齐	吐鲁番
城市级别	省会城市	省会城市	省会城市	省会城市	地级市
常住人口城镇化率（%）	69.77	78.63	80.22	92.06	36.0
城镇住宅主体类型发展情况	拉萨市住宅以小高层和多层住宅为主，中高层集中在新区建设，高层属于零星建设；在精准扶贫、乡村振兴大背景下，当地院落式住宅建设量占比近几年基本稳定在年均 8%，其周边县、集镇的住宅以院落式住宅或多层集合住宅为主。西宁市、乌鲁木齐市新建住宅以中高层、高层为主；银川市住宅则以小高层和中高层为发展主体。吐鲁番市住宅年增建设量较上述四个省会城市低，以多层为主；在新疆富民安居工程建设实施大背景下，在村、镇还有低层住宅的建设需求				
城镇住宅建安工程造价指标（元/m^2）	2196～2520	1748～2263	1823～1953	1910～2023	—
住宅围护结构材料与部品应用情况	五城市住宅非透明围护结构保温材料采用通用的常规保温材料，岩棉、EPS、XPS、石墨聚苯板；拉萨和西宁住宅调研样本中有少量外墙保温采用保温砂浆、聚氨酯或纤维复合保温材料喷涂				
	乌鲁木齐住宅外窗目前以三玻两腔窗为主流，外窗传热系数约 1.76W/（m^2·K）；其余四城市住宅外窗目前大多采用双层中空玻璃外窗，外窗传热系数约 3.2W/（m^2·K）；拉萨建筑节能工作起步较晚，近两年开始应用断桥铝合金双层中空玻璃窗，此前，大部分采用铝合金单层玻璃窗，外窗传热系数约为 5.5 W/（m^2·K）				
城镇住宅户型空间布局特点	五城市集合住宅户型选用通用的成熟户型，调查样本中，三室户占比最大，户型空间布局通常呈南向三开间、多进式的空间格局。多层、小高层住宅建筑基本均为板式，户型进深集中在 10m 左右，中高层住宅建筑大部分为板式，户型进深 12m 左右居多				
	拉萨院落式住宅保持大面宽、两进式小进深的空间布局，保留传统民居的多功能复合空间，其尺度较常规起居室空间尺度要大。西宁院落式住宅延续庄阔民居四面围合、外封内敞的空间布局。吐鲁番院落式住宅大部分采用小面宽、大进深、窄庭院的空间布局，设半地下室				

西部五城市城镇住宅太阳辐射利用现状汇总见表 2-6-2。五城市住宅自然运行状态下室内温度测算结果表明，冬季太阳辐射对住宅室内温度的提高影响明显，能够不同程度地补偿采暖用能。城镇住宅太阳辐射热利用受到当地冬季气温、夏季气温、太阳辐射条件的影响，存在冬季“增加”与夏季“减少”的差异化太阳辐射利用矛盾；还受到住宅建筑类型及其形体、空间布局、围护结构形态构造的影响。

西部五城市城镇住宅太阳辐射利用现状　　　　表 2-6-2

西部五城市	拉萨	西宁	银川	乌鲁木齐	吐鲁番
所属热工设计分区	寒冷（A）	严寒（C）	寒冷（A）	严寒（C）	寒冷（B）
1 月平均气温（℃）	−1.6	−7.9	−7.8	−12.2	−7.6
供暖能耗占建筑总能耗百分比（%）[1]	56	55	42	52	41[2]
1 月太阳总辐射[3]（MJ/m^2）	491.9	289.5	312.0	147.2	200.9
最热月 7 月平均气温（℃）	15.5	17.2	23.9	23.7	32.7
夏季降温用能需求	无	无	无	无	高于三亚[4]
城镇住宅主要用能类型	采暖用能	采暖用能	采暖用能	采暖用能	采暖用能与制冷用能
城镇住宅太阳辐射利用现状	居民自发加建阳光房、阳台，利用太阳辐射采暖； 部分住宅采用大面宽小进深户型空间布局，增大南向房间面积占比； 最冷月，太阳直接照射的房间，室内温度基本可维持在 12℃以上； 太阳辐射得热降低采暖能耗	居民自发加建阳光房现象普遍； 采暖季，西宁住宅被太阳持续直接照射的房间，室内气温能维持在 11℃；银川西宁住宅被太阳持续直接照射的房间，室内气温能够维持在 7℃以上；乌鲁木齐住宅被太阳持续直接照射的房间，室内气温能够维持在 −4℃以上； 太阳辐射得热降低采暖能耗			集合住宅南向窗墙面积比 0.5 左右，夏季室内温度 40℃以上； 居民自发在南向窗口加设活动遮阳构件； 采暖季住宅被太阳持续直接照射的房间室内气温能够维持在 0℃以上； 室内太阳辐射得热会额外增加夏季制冷能耗

注：1　根据《民用建筑能耗标准》GB/T 51161—2016 计算，采暖能耗值结合当地城镇住宅供暖方式选取。

2　《民用建筑能耗标准》GB/T 51161—2016 严寒与寒冷地区建筑供暖能耗指标列表中未直接给出吐鲁番建筑供暖能耗指标．此处数值为吐鲁番采暖度日数相近的天津的建筑供暖能耗指标。

3　数据来源：中国建筑热环境分析专用气象数据集。

4　根据《民用建筑热工设计规范》GB 50176—2016 附录 A 热工设计区属及室外气象参数表中吐鲁番（579℃·d）与三亚（498℃·d）的空调度日数估算。

拉萨夏季气温舒适，在能够保障室内基本通风条件时，室内太阳辐射得热不会造成严重的夏季过热；虽然住宅冬季采暖需求较大，供暖能耗占建筑总能耗 56%，但每日采暖需求并不高，且该地区冬季太阳辐射强烈、寒天日数少，城镇住宅日间室内温度可维持在 12℃以上，居民普遍加建阳光间利用太阳辐射热采暖，采用大面宽小进深户型空间布局，一定程度上考虑了太阳辐射利用；同时，该地区城镇住宅以院落式、多层、小高层为主，太阳辐射利用基础条件优，即便在最冷月，利用太阳辐射热可满足人体基本的热舒适需求①②。

西宁、银川、乌鲁木齐住宅由于当地夏季气温不高，在能够保障室内基本通风条件时，室内太阳辐射得热同样不会造成严重的夏季过热；冬季寒冷且漫长，住宅采暖需求大，用能占建筑总能耗50%左右，这些地区太阳辐射较强烈，住宅以中高层、高层住宅为主，太阳辐利用基础条件适中。

吐鲁番素有“火州”之称，夏季酷热，冬季寒冷，城镇住宅采暖和制冷用能需求大，夏季室内温度超过40℃，室内太阳辐射得热会额外增加夏季制冷能耗；虽该地区冬季太阳辐射较强烈，但太阳辐射热利用效率受到冬、夏两季太阳辐射利用矛盾的影响，冬季太阳辐射对住宅采暖用能补偿程度受到限制，因而该地区太阳辐射利用基础条件一般。

控制住宅体形系数与窗墙面积比的最大值，减少建筑室内热散失，是基于建筑围护结构均为失热构件考虑。但对于冬季太阳辐射强烈的地区，住宅南向、顶部围护结构有条件成为潜在的太阳辐射净得热构件，这与单一的“保温隔热”认知存在明显的错位。对南向、顶部透明围护结构表面积等设计参数的限制，抑制了室内获取大量太阳辐射热。另外，外窗面积大小还受到空间视觉舒适需求、地域建筑风貌等设计需求的影响，因此需辩证看待体形系数与窗墙面积比，对住宅形体、围护结构形态构造设计需综合增加辐射得热与减少室内热散失统筹考虑，吐鲁番城镇住宅还需兼顾考虑减少夏季太阳辐射、高温对室内热环境影响。

2.6.2　四类典型城镇住宅建筑原型

五城市院落式住宅以1～2层为主，整体来看，由于大部分功能空间需求趋同，五城市院落式住宅户型功能空间类型及尺度大体相似；居民生产、生活的转型，使庭院空间尺度需求较传统民居大幅缩减；个别功能空间存在地域性特征。拉萨院落式住宅延续传统民居大面宽小进深的平面形态特征（图2-6-1a），当地居民保留了传统民居“主室”的生活形态，集就餐、待客、聚会、休憩等功能需求形成多功能复合空间，其面积较常规起居室面积大。西宁院落式住宅延续了传统庄阔民居的空间布局特征，采用外封内敞、四面围合的空间布局；吐鲁番院落式住宅采用小面宽大进深的空间布局模式。

目前五城市多层、小高层、中高层集合住宅大多为板式，主要户型类型相似，

① 冯雅，杨旭东，钟辉智. 拉萨被动式太阳能建筑供暖潜力分析［J］. 暖通空调，2013，43（6）：31-34.

② 刘加平. 被动式太阳房评价指标［J］. 西安冶金建筑学院学报，1993.

以三室户、两室户为主，户型功能空间类型、空间布局与内地大体相似。三室户通常呈南向三开间、多进式空间格局，多层、小高层进深一般集中在 10m 左右，中高层则以 12m 为主。两室户多为两开间朝南，进深尺度与三室户接近。图 2-6-1b～d 为五城市三类典型集合住宅建筑单元空间平面布局图。从图中可以总结出如下功能空间面积比例特征：两室户与三室户相比，采暖用能需求较大的卧室、起居室面积占比相近，占比 60% 上下，交通空间占比相近；两室户中厨房、卫生间、阳台采暖用能需求较小的空间面积占比大于三室户。不同类型住宅建筑，交通空间主要由于安全疏散设计要求的不同，其面积占比不同，多层、小高层、中高层集合住宅交通空间占比分别为 6%、11%、17% 左右。从功能空间采暖用能需求的角度来看，三室户采暖用能需求大于两室户；从空间组合方式来看，两者相似。因而将两室户与三室户合并研究，以三室户为代表。三类集合住宅三室户室内空间布局相似，虽单元空间交通面积占比大小存在差异，但考虑交通空间较独立，采暖用能需求低，且通常会对交通空间与户内空间相邻墙体构造保温性能进行强化设计[①]，其面积占比大小的差异对住宅建筑整体采暖用能影响相对较小，因此将三类住宅合并研究，以五城市中最为常见的小高层为代表。

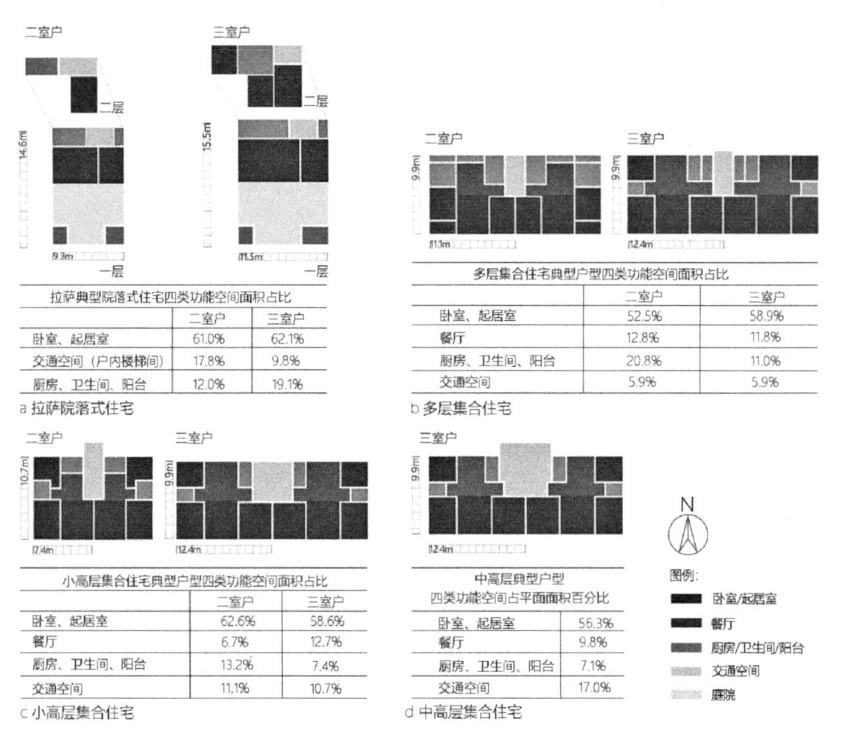

拉萨典型院落式住宅四类功能空间面积占比

	二室户	三室户
卧室、起居室	61.0%	62.1%
交通空间（户内楼梯间）	17.8%	9.8%
厨房、卫生间、阳台	12.0%	19.1%

a 拉萨院落式住宅

多层集合住宅典型户型四类功能空间面积占比

	二室户	三室户
卧室、起居室	52.5%	58.9%
餐厅	12.8%	11.8%
厨房、卫生间、阳台	20.8%	11.0%
交通空间	5.9%	5.9%

b 多层集合住宅

小高层集合住宅典型户型四类功能空间面积占比

	二室户	三室户
卧室、起居室	62.6%	58.6%
餐厅	6.7%	12.7%
厨房、卫生间、阳台	13.2%	7.4%
交通空间	11.1%	10.7%

c 小高层集合住宅

中高层典型户型
四类功能空间占平面面积百分比

卧室、起居室	56.3%
餐厅	9.8%
厨房、卫生间、阳台	7.1%
交通空间	17.0%

d 中高层集合住宅

图 2-6-1　西部五城市四类典型城镇住宅建筑单元空间平面布局图

① 《严寒与寒冷地区居住建筑节能设计标准》JGJ 26—2018 对建筑内供暖与非供暖空间隔墙、户门的传热系数进行严格控制。

基于五城市城镇住宅调查样本，分别建立五城市四类典型城镇住宅模拟模型，展开后续研究工作。鉴于院落式住宅调研情况和样本有限，建立拉萨典型院落式住宅的模拟模型，户型平面和围护结构构造信息见图 2-6-2。根据总结的五城市三类集合住宅典型户型空间布局特征，结合调研统计的五城市新建住宅围护结构构造现实情况，分别建立五城市多层、小高层、中高层集合住宅模拟模型，户型平面和围护结构构造信息如图 2-6-3 所示。

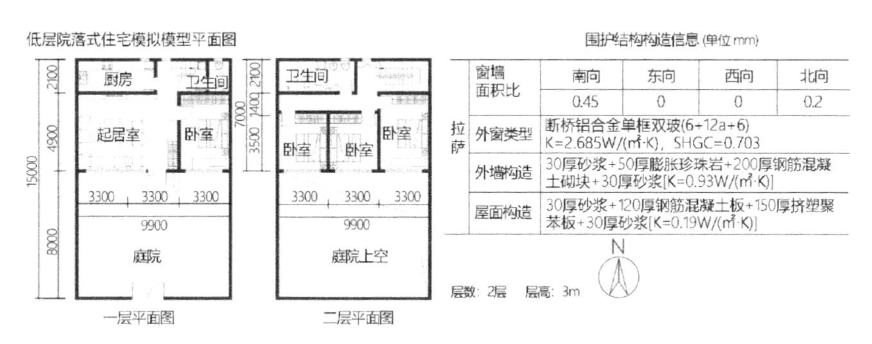

围护结构构造信息 (单位 mm)

城市		南向	东向	西向	北向
拉萨	窗墙面积比	0.45	0	0	0.2
	外窗类型	断桥铝合金单框双玻(6+12a+6) K=2.685W/(m^2·K)，SHGC=0.703			
	外墙构造	30厚砂浆+50厚膨胀珍珠岩+200厚钢筋混凝土砌块+30厚砂浆[K=0.93W/(m^2·K)]			
	屋面构造	30厚砂浆+120厚钢筋混凝土板+150厚挤塑聚苯板+30厚砂浆[K=0.19W/(m^2·K)]			

图 2-6-2　拉萨典型院落式住宅模拟模型空间参数和围护结构构造参数

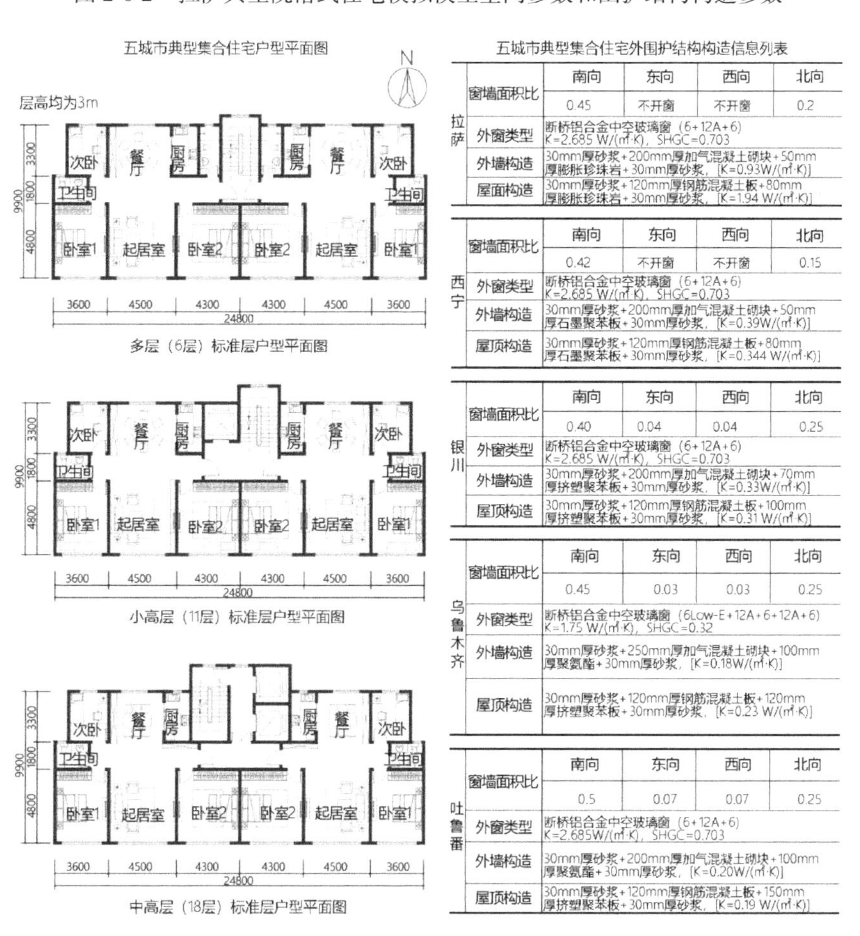

五城市典型集合住宅外围护结构构造信息列表

城市	项目	南向	东向	西向	北向
拉萨	窗墙面积比	0.45	不开窗	不开窗	0.2
	外窗类型	断桥铝合金中空玻璃窗（6+12A+6） K=2.685 W/(m^2·K)，SHGC=0.703			
	外墙构造	30mm厚砂浆+200mm厚加气混凝土砌块+50mm厚膨胀珍珠岩+30mm厚砂浆，[K=0.93W/(m^2·K)]			
	屋面构造	30mm厚砂浆+120mm厚钢筋混凝土板+80mm厚膨胀珍珠岩+30mm厚砂浆，[K=1.94 W/(m^2·K)]			
西宁	窗墙面积比	0.42	不开窗	不开窗	0.15
	外窗类型	断桥铝合金中空玻璃窗（6+12A+6） K=2.685 W/(m^2·K)，SHGC=0.703			
	外墙构造	30mm厚砂浆+200mm厚加气混凝土砌块+50mm厚石墨聚苯板+30mm厚砂浆，[K=0.39W/(m^2·K)]			
	屋顶构造	30mm厚砂浆+120mm厚钢筋混凝土板+80mm厚石墨聚苯板+30mm厚砂浆，[K=0.344 W/(m^2·K)]			
银川	窗墙面积比	0.40	0.04	0.04	0.25
	外窗类型	断桥铝合金中空玻璃窗（6+12A+6） K=2.685 W/(m^2·K)，SHGC=0.703			
	外墙构造	30mm厚砂浆+200mm厚加气混凝土砌块+70mm厚挤塑聚苯板+30mm厚砂浆，[K=0.33W/(m^2·K)]			
	屋顶构造	30mm厚砂浆+120mm厚钢筋混凝土板+100mm厚挤塑聚苯板+30mm厚砂浆，[K=0.31 W/(m^2·K)]			
乌鲁木齐	窗墙面积比	0.45	0.03	0.03	0.25
	外窗类型	断桥铝合金中空玻璃窗（6Low-E+12A+6+12A+6） K=1.75 W/(m^2·K)，SHGC=0.32			
	外墙构造	30mm厚砂浆+250mm厚加气混凝土砌块+100mm厚聚氨酯+30mm厚砂浆，[K=0.18W/(m^2·K)]			
	屋顶构造	30mm厚砂浆+120mm厚钢筋混凝土板+120mm厚挤塑聚苯板+30mm厚砂浆，[K=0.23 W/(m^2·K)]			
吐鲁番	窗墙面积比	0.5	0.07	0.07	0.25
	外窗类型	断桥铝合金中空玻璃窗（6+12A+6） K=2.685W/(m^2·K)，SHGC=0.703			
	外墙构造	30mm厚砂浆+200mm厚加气混凝土砌块+100mm厚聚氨酯+30mm厚砂浆，[K=0.20W/(m^2·K)]			
	屋顶构造	30mm厚砂浆+120mm厚钢筋混凝土板+150mm厚挤塑聚苯板+30mm厚砂浆，[K=0.19 W/(m^2·K)]			

图 2-6-3　西部五城市典型集合住宅模拟模型空间参数和围护结构构造参数

3 西部城镇住宅太阳辐射热利用目标分级

地域太阳辐射资源与城镇住宅采暖用能需求互补程度、可利用路径、可能产生的副作用都是建筑师在方案初期需要消化理解的核心设计条件，只有摸清这个大致的环境－建筑间的热物理过程，才有可能让建筑师在方案阶段优化整体构架，奠定实现热利用效果的基础，纳入建筑整体被动式设计中。对住宅建筑直接太阳辐射热利用来讲，首先得预判住宅中有哪些可利用的方式及要达到的效用，然后才能保证在设计技术层面展开有效的措施组织工作。

目前我国的严寒与寒冷居住建筑节能设计标准对“作用在建筑上的太阳辐射热”已明确纳入权衡，但是这主要在节能验算阶段，用来帮助建筑师理解其设计的建筑的围护结构的性能是否达标，对建筑师来讲就是主要指向约束保温层厚度、限制外墙的窗墙面积比两项围护结构设计。而对于建筑体形系数，则倾向于让建筑师理解为：越集中的空间堆积方式、越少凹凸变化的外墙立面对在采暖条件下降低围护结构总体热损失较为有利。但事实上，在太阳辐射量极为优异的条件下，建筑受辐射作用的围护结构热过程有可能不是单纯的失热构件，在透明围护结构保温（也与其隔热性能相关）性能非常突出的情况下或者昼夜不同使用方式条件下，建筑师可以通过主动考虑有效增加这部分的围护结构面积而提高建筑整体热舒适。在上一章五个城市热利用实况分析中，我们在拉萨、西宁、银川都发现大量的辐射热利用改造实例，采用在住宅南向增加阳光间、封闭阳台等方式改善了室内热舒适状况。也有较多文献对不同样本展开分析，证明了通过合适的空间使用布局上的适配、南向增效集热等具有较好的辐射增热效应，可以在寒冷的采暖季节改善建筑室内热舒适状况，从而降低采暖负荷。

但总体上与简单明确的“指标限值”相比，这是一个相对复杂的判断理解，为了帮助建筑师能简明理解具体设计的热利用可能性，鼓励在设计方案阶段综合考虑利用热效应。本章对我国西部太阳能富集且采暖地区的冬季太阳辐射强度与城镇住宅采暖用能互补及可利用程度展开分析，作为城镇住宅直接太阳辐射利用的目标依据，初步建立西部城镇住宅太阳辐射利用目标等级分区，辅助建筑师简明迅速判断西部采暖地区的地域城镇住宅太阳辐射利用目标。并尝试对应城镇住宅太阳辐射利用目标等级分区，研究城市的住宅建筑发展现状和建设需求，为建筑设计前期方案工作阶段提出不同地域城镇住宅太阳辐射利用可行的设计策略。

3.1 五城市住宅太阳辐射热利用目标分级

3.1.1 五城市住宅太阳辐射热利用设计技术路线

城镇住宅太阳辐射热利用不仅与当地冬季气温、夏季气温、太阳辐射条件相关，还与冬季“增加”与夏季“减少”太阳辐射的利用方式密切相关；还受到住宅建筑类型及其形体、空间布局、围护结构形态构造的影响。

拉萨夏季气温舒适，基本上无制冷用能需求，冬季最冷月平均气温并不算低，与上海、西安相差无几，供暖期长，但冬季每日采暖需求并不大①，冬季太阳辐射可利用条件优势突出。南向大面宽小进深建筑虽然体形系数较面宽进深比例相近的建筑大，但在该地区通过南向大面积开窗得热，可减少室内热负荷需求；透明围护结构在一定朝向范围内时（同时与透明围护结构面积大小、热工性能有关），在太阳辐射较强烈的时刻，外窗得热量远大于失热量，即该地区采暖季太阳辐射使建筑部分透明围护结构转化为净得热构件②。另外，该地区城镇住宅以多层、小高层住宅为发展主体，建筑形体、空间等太阳辐射利用基础条件较好。因此，该地区城镇住宅通过利用太阳辐射热降低采暖需求的潜力最大。既有研究表明③④，即便在最冷月，拉萨城镇住宅冬季通过太阳辐射得热也能够满足人体基本的热舒适要求。

西宁、银川、乌鲁木齐夏季气温不高，在保证室内基本的通风条件下，夏季不会出现严重的室内过热现象。这些地区冬季气温低，采暖用能需求时间长，城镇住宅采暖需求大，冬季太阳辐射可利用条件优势较为突出。既有研究表明⑤，这些地区采暖季太阳辐射有条件使住宅建筑透明围护结构在太阳辐射较强烈的时刻成为净得热构件（与外窗热工性能密切相关），如西宁住宅南向窗墙面积比大于 0.7、银川住宅南向窗墙面积比大于 0.55，外窗太阳辐射得热量大于外窗失热量。但较拉萨城镇住宅而言，上述三城市冬季太阳辐射热难以完全满足冬季室内人体基本的热舒适要求，城镇住宅太阳辐射热利用潜力较拉萨城镇住宅低。

---

① 杨柳，新荣，刘艳峰 等. 西藏自治区《居住建筑节能设计标准》编制说明［J］. 暖通空调，2010，40（9）：51-54.

② 石利军. 太阳能富集地区建筑的等效体形系数［J］. 暖通空调，2019.

③ 刘加平. 被动式太阳房评价指标［J］. 西安冶金建筑学院学报，1993.

④ 冯雅，杨旭东，钟辉智. 拉萨被动式太阳能建筑供暖潜力分析［J］. 暖通空调，2013，43（6）：31-34.

⑤ 杜玲霞. 西北居住建筑窗墙面积比研究［D］. 西安建筑科技大学，2013.

吐鲁番是全国夏季气温最高的地区[①]，从吐鲁番空调度日数来看，其城镇住宅夏季制冷用能需求高于海南三亚，采暖用能需求较小，冬季太阳辐射较丰富，采暖季太阳辐射热能够补偿冬季采暖需求，但通过大面积透明围护结构争取采暖季太阳辐射得热的同时，会造成夏季大量太阳辐射进入室内，存在制冷能耗增加的风险。因此，吐鲁番城镇住宅太阳辐射利用需慎重考虑，重点平衡冬、夏两季太阳辐射得热量，夏季尽量减少太阳辐射进入室内，采暖季通过太阳辐射得热仅能少量补偿城镇住宅采暖需求。或通过冬、夏两季可转换的组件发挥冬季集热、夏季遮蔽隔热的效用，动态差异化适应太阳辐射昼夜间、季节性周期变化。

"辐射度日比"（最冷月水平总辐射量与该月采暖度日数的比值）与当地住宅建筑辅助耗热相关性良好，整体呈现辐射度日比值越大，居住建筑辅助耗热量值越低的规律[②]。本研究引入"辐射度日比"的概念，初步判别五城市住宅采暖期太阳辐射资源的可利用程度。考虑地域冬季太阳辐射资源和城镇住宅采暖用能需求，"辐射度日比"计算时段，采用当地采暖期水平总辐射量与当地采暖度日数计算，用来辅助认知地域冬季太阳辐射资源对当地城镇住宅采暖用能的补偿程度。对应西部五城市的住宅采暖期，寒冷地区拉萨、银川、吐鲁番采用 11 月～次年 3 月的太阳总辐射照度与采暖度日数的比值，严寒地区西宁、乌鲁木齐住宅供暖时长达 6～8 个月，将采暖期太阳辐射照度计算时间范围确定为 10 月～次年 4 月（表 3-1-1）。

五城市住宅建筑太阳辐射可利用程度及设计权衡要点分析　　表 3-1-1

五城市名称	拉萨	西宁	银川	乌鲁木齐	吐鲁番
气候区属	寒冷（A）	严寒（C）	寒冷（A）	严寒（C）	寒冷（B）
最冷月平均气温（℃）	−1.6	−7.9	−7.8	−12.2	−7.6
采暖期太阳总辐射量 *（W/m^2）	29147.4	31341.2	20689.0	21087.9	15477.7
采暖度日数（℃·d）	2239	4478	3472	4329	2758
采暖期辐射度日比［W/（m^2·℃·d）］	13.02	7.00	5.97	4.87	5.61
最热月平均气温（℃）	15.5	17.2	23.9	23.7	32.7
太阳辐射可利用程度及设计权衡要点	冬季太阳辐射热能够满足室内人体基本的热舒适需求。重点权衡冬季昼夜间太阳辐射得热量与失热量	冬季太阳辐射热能够辅助采暖用能。需重点权衡日间得热量与失热量以及加强保温性能，减少夜间失热			太阳辐射热适量补偿采暖用能需求。需重点权衡冬季与夏季室内太阳辐射得热

* 数据来源于《中国建筑热环境分析专用气象数据集》太阳月总辐射。

① 何泉，何文芳，杨柳，刘加平. 极端气候条件下的新型生土民居建筑探索［J］. 建筑学报，2016（11）：94-98.

② 杨柳，新荣，刘艳峰 等. 西藏自治区《居住建筑节能设计标准》编制说明［J］. 暖通空调，2010，40（9）：51-54.

3.1.2 五城市住宅太阳辐射热利用潜力估算

（1）四类城镇住宅太阳辐射热利用潜力分级

根据五城市住宅样本调查情况，五城市目前城镇住宅建筑主要有：院落式住宅（1～3 层）、多层集合住宅（4～6 层）、小高层（7～11 层）集合住宅、中高层（12～18 层）集合住宅和高层集合住宅（＞ 18 层），未取样到超高层住宅。

院落式住宅体形系数较大，单位体积直接被太阳照射的表面面积较大，潜在的太阳辐射得热面面积较大，太阳辐射热利用的基础条件相对较好。多层集合住宅体形系数适中，建筑物表面积较大，潜在的可直接接收太阳辐射的表面积较大，对太阳辐射资源条件敏感。五城市小高层、中高层集合住宅，多为板式住宅，体形系数较优，可直接接收太阳辐射的表面积受到限制，对太阳辐射的利用较敏感。高层住宅体形系数优，有明确的设备系统配置，通常以塔式为主，潜在的太阳辐射得热面面积较小，对太阳辐射的利用相对不敏感。

建筑物屋面和南立面为主要直接接收太阳辐射表面。院落式住宅每户具有多个直接接收太阳辐射表面；集合住宅屋面面积占表面积比值较小，以南向表面为主要直接接收太阳辐射表面，户均直接接收太阳辐射表面面积较小，相同平面尺寸的多层住宅高于小高层住宅、小高层住宅高于中高层住宅。另外，院落式住宅建筑间大部分情况下无日照遮挡，集合住宅建筑间日照遮挡较为普遍，且遮挡程度与建筑高度呈正相关，其南立面单位面积太阳辐射照量较院落式住宅直接接收太阳辐射表面单位面积太阳辐射照量低。综上分析，城镇住宅太阳辐射热利用潜力由大到小依次排序为：院落式住宅、多层住宅、小高层住宅、中高层住宅。

以西部五城市四类典型住宅为例（图 2-6-2、图 2-6-3），从建筑物获取太阳辐射热表面积与热散失表面积的比值，即从主要直接接收太阳辐射表面面积与建筑物表面面积比值的角度，比较分析四类城镇住宅太阳辐射热利用潜力。如图 3-1-1 所示，院落式住宅、多层住宅、小高层住宅和中高层住宅的主要直接接收太阳辐射表面面积（A）与建筑物表面面积（S）比值分别为 0.474、0.464、0.420、0.384。比值越大，说明住宅建筑单位表面积潜在的太阳辐射得热量越大，对采暖用能补偿的程度越大。因此，按照城镇住宅太阳辐射热利用潜力的大小将四类典型城镇住宅分为四个等级，由大到小依次为：院落式住宅、多层住宅、小高层住宅、中高层住宅。

（2）五城市住宅太阳辐射热利用潜力估算

为初步估算五城市城镇住宅太阳辐射热利用潜力，分别模拟计算五城市住宅在有太阳辐射和无太阳辐射条件下的建筑全年采暖负荷，预估五城市城镇住宅利用太阳辐射得热大约能够承担的采暖用能百分比，以及吐鲁番住宅通过优化设计后潜在的制冷用能下降百分比。

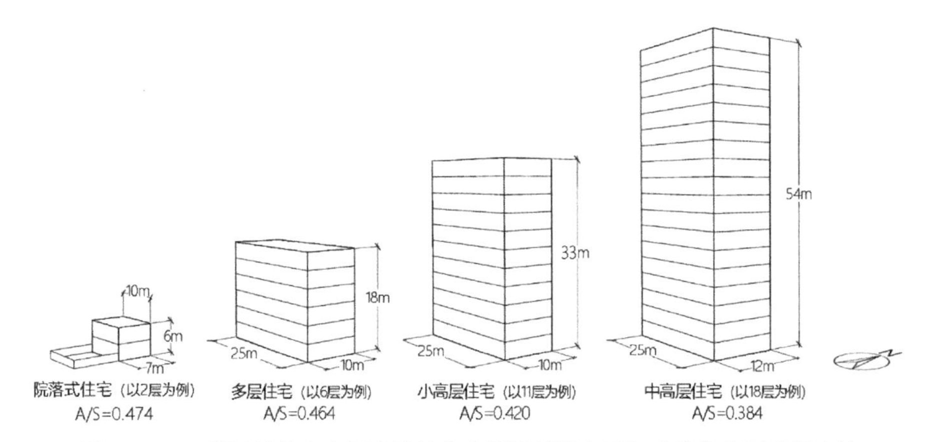

图 3-1-1　四类城镇住宅主要直接接收太阳辐射的表面与建筑物表面面积比较

以五城市典型城镇住宅为参照建筑（图 2-6-2、图 2-6-3），优化方案是在不改变建筑形体尺度的情况下，以目前城镇住宅现有材料部品为前提条件，采取调整户型功能空间布局、改变户内空间组合方式、增设阳光间、修改窗墙面积比、提升外围护结构热工性能等设计措施形成五城市典型住宅的优化模型。

为减少其他设备产热和人员使用对室内热环境的干扰，模拟中参照建筑设定除采暖设备外，其他设备均关闭，人员在室率为零，冬季室内采暖计算温度为 18℃，夏季卧室、起居室室内设计温度取 26℃，换气次数 0.5ac/h，供暖系统运行时间为采暖期。优化方案各功能空间室内采暖计算温度按照《住宅设计规范》GB 50096—2011 设置，卧室、起居室采暖计算温度为 18℃，餐厅、厨房、卫生间采暖计算温度为 15℃，储藏室、阳台、楼梯间不采暖；空调计算温度保持不变。

1）拉萨城镇住宅太阳辐射热利用潜力估算

① 院落式住宅

拉萨典型院落式住宅在无太阳辐射条件下的全年采暖负荷为 11653.20kWh/a；有太阳辐射、自然运行状态下，其全年采暖负荷为 3334.42kWh/a。在不改变建筑形体尺度的情况下，以目前城镇住宅现有材料部品为前提条件，调整功能空间布局、户内空间组合方式、窗墙面积比、外围护结构热工性能（表 3-1-2），优化后的院落式住宅自然运行状态下，全年采暖负荷为 48.66kWh/a。由此估算，拉萨典型院落式住宅利用太阳辐射减少采暖用能的潜力为 71.4%～99.6%。

② 多层集合住宅

拉萨典型多层集合住宅在无太阳辐射条件下的全年采暖负荷为 140483.78kWh/a；

有太阳辐射条件下，其全年采暖负荷为 44783.62kWh/a。在不改变建筑形体尺度的情况下，优化后的拉萨多层集合住宅户型平面、窗墙面积比、外围护结构热工性能见表 3-1-3，太阳辐射热作用下其全年采暖负荷为 1039.48kWh/a。由此估算，拉萨多层集合住宅利用太阳辐射减少采暖用能的潜力为 68.12%～99.26%。

优化后的拉萨院落式住宅户型平面与围护结构构造列表　　表 3-1-2

<table>
<tr><th>户型平面图</th><th colspan="4">窗墙面积比与围护结构构造及其热工性能参数</th></tr>
<tr><td rowspan="7">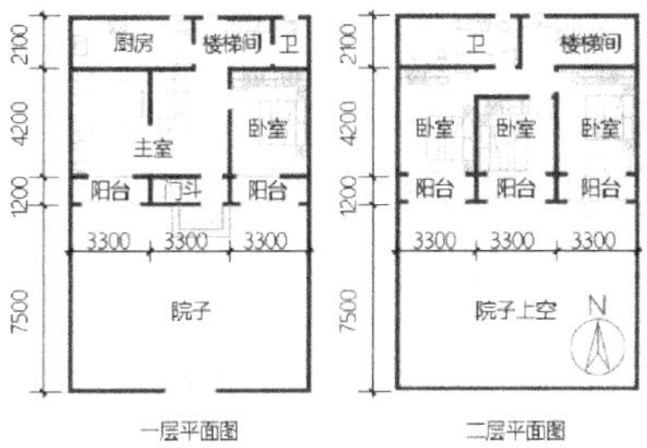
</td><td colspan="2">窗墙面积比</td><td>南向 0.85</td><td>东、西、北向不开窗</td></tr>
<tr><td colspan="2">外窗</td><td colspan="2">传热系数 K = 1.05W/（m^2 · K），SHGC = 0.703</td></tr>
<tr><td colspan="2">天窗</td><td colspan="2">玻璃传热系数 K = 0.9W/（m^2 · K）；玻璃太阳得热系数 SHGC = 0.74</td></tr>
<tr><td rowspan="3">外墙</td><td>北向</td><td colspan="2">200mm 加气混凝土砌块＋ 100mm 挤塑聚苯板＋ 30mm 砂浆，K = 0.22W/（m^2 · K）</td></tr>
<tr><td>东西向</td><td colspan="2">200mm 加气混凝土砌块＋ 50mm 挤塑聚苯板＋ 30mm 砂浆，K = 0.34W/（m^2 · K）</td></tr>
<tr><td>南向</td><td colspan="2">200mm 加气混凝土砌块＋ 30mm 砂浆，K = 0.7W/（m^2 · K）</td></tr>
<tr><td>屋面</td><td colspan="3">120mm 钢筋混凝土板＋ 150mm 挤塑聚苯板＋ 30mm 砂浆，K = 0.18W/（m^2 · K）</td></tr>
</table>

优化后的拉萨多层集合住宅户型平面图与围护结构热工性能参数列表　　表 3-1-3

<table>
<tr><th>户型平面图</th><th colspan="6">窗墙面积比与围护结构构造及其热工性能参数</th></tr>
<tr><td rowspan="6">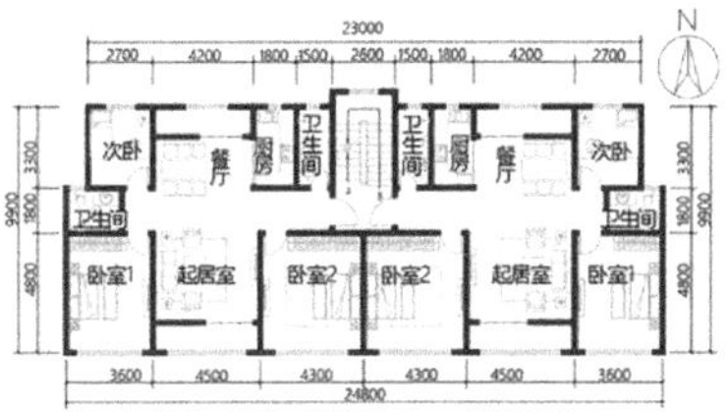
</td><td colspan="2">窗墙面积比</td><td>南向：0.85</td><td>东向：0.06</td><td>西向：0.06</td><td>北向：0.1</td></tr>
<tr><td rowspan="2">外窗</td><td>阳台</td><td colspan="4">外窗为断桥铝合金双层中空玻璃窗，K = 2.685W/（m^2 · K），SHGC = 0.703；与室内隔墙的门窗：断桥铝合金低辐射双层中空玻璃窗（6Low-E ＋ 12A ＋ 6），K = 1.637W/（m^2 · K），SHGC = 0.404</td></tr>
<tr><td colspan="5">传热系数 K = 1.05W/（m^2 · K），SHGC = 0.703</td></tr>
<tr><td colspan="2">外墙</td><td colspan="4">30mm 砂浆＋ 200mm 厚加气混凝土砌块＋ 60mm 厚石墨聚苯板＋30mm砂浆，K=0.347W/（m^2 · K）</td></tr>
<tr><td colspan="2">天窗</td><td colspan="4">窗地比为 0.2，传热系数 K = 1.05W/（m^2 · K），SHGC = 0.703</td></tr>
<tr><td colspan="2">屋面</td><td colspan="4">120mm 厚钢筋混凝土板＋ 100mm 厚挤塑聚苯板＋ 30mm 厚砂浆，K = 0.282W/（m^2 · K）</td></tr>
</table>

③ 小高层集合住宅

拉萨典型小高层集合住宅在无太阳辐射条件下的全年采暖负荷为 208488.98kWh/a；有太阳辐射条件下，其全年采暖负荷为 58350.56kWh/a。在不改变建筑形体尺度的情况下，以目前城镇住宅现有材料部品为前提条件，调整功能空间布局、户内空间组合方式、窗墙面积比、外围护结构热工性能（表 3-1-4），优化后的小高层集合在住宅太阳辐射热作用下，全年采暖负荷为 937.10kWh/a。由此估算，拉萨小高层集合住宅利用太阳辐射减少采暖用能的潜力为 72.0%～99.6%。

优化后的拉萨小高层集合住宅户型平面图与围护结构热工性能参数列表　表 3-1-4

户型平面图	窗墙面积比与围护结构构造及其热工性能参数				
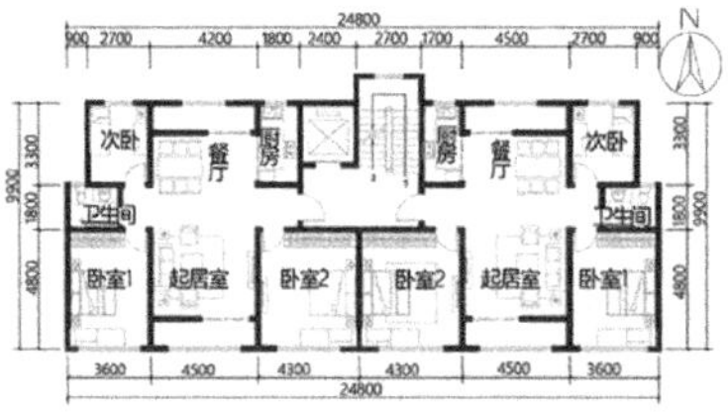	窗墙面积比	南向：0.85	东向：0.06	西向：0.06	北向：0.1
	外窗	阳台	外窗为断桥铝合金双层中空玻璃窗，K = 2.685W/（m^2·K），SHGC = 0.703；与室内隔墙的门窗：断桥铝合金低辐射双层中空玻璃窗（6Low-E + 12A + 6），K = 1.637W/（m^2·K），SHGC = 0.404		
	外窗	传热系数 K = 1.05W/（m^2·K），SHGC = 0.703			
	外墙	30mm 砂浆 + 200mm 厚加气混凝土砌块 + 60mm 厚石墨聚苯板 + 30mm 砂浆，K = 0.347W/（m^2·K）			
	天窗	窗地比为 0.2，传热系数 K = 1.05W/（m^2·K），SHGC = 0.703			
	屋面	120mm 厚钢筋混凝土板 + 100mm 厚挤塑聚苯板 + 30mm 厚砂浆，K = 0.282W/（m^2·K）			

2）西宁城镇住宅太阳辐射热利用潜力估算

① 院落式住宅

选取西宁地区具有代表性的院落式住宅为参照建筑，平面布局与围护结构构造见表 3-1-5，在无太阳辐射条件下，其全年采暖负荷为 17820.69kWh/a；有太阳辐射条件下，其全年采暖负荷为 12217.87kWh/a。保持该院落式住宅空间布局不变，以目前城镇住宅现有材料部品为前提条件，南向增设阳光间，进深尺度为 1.8m；增加外墙保温层厚度为 100mm、屋面保温层厚度为 160mm（传热系数分别为 0.234、0.200）；透明围护结构传热系数 K = 1.05W/（m^2·K），SHGC = 0.703；优化后的院落式住宅在太阳辐射热作用下，全年采暖负荷为 5104.05kWh/a。由此估算，上述空间布局与围护结构构造条件下，西宁院落式住宅利用太阳辐射减少采暖用能的潜力为 31.44%～71.36%。

② 小高层集合住宅

西宁典型小高层集合住宅在无太阳辐射条件下，其全年采暖负荷为 238785.28kWh/a；有太阳辐射条件下，全年采暖负荷为 107469.32kWh/a。在不改变建筑形体尺度的情况下，以目前城镇住宅现有材料部品为前提条件，调整功能空间布局、户内空间组合方式，修改窗墙面积比、提升外围护结构热工性能（表 3-1-6）。优化后的西宁小高层集合住宅在太阳辐射热作用下，全年采暖负荷为 31434.96kWh/a。由此估算，西宁小高层集合住宅利用太阳辐射减少采暖用能的潜力为 55.0%～86.8%。

西宁代表性院落式住宅户型平面及围护结构热工性能参数列表 表 3-1-5

户型平面图	窗墙面积比与围护结构构造及其热工性能参数				
	窗墙面积比	南向：0.2	东向：0.1	西向：0.11	北向：0.08
	外窗	传热系数 $K=1.637$W/（m^2·K），SHGC = 0.404			
	外墙	30mm 厚砂浆＋200mm 厚加气混凝土砌块＋60mm 厚石墨聚苯板＋30mm 砂浆，$K=0.340$W/（m^2·K）			
	屋面	30mm 厚砂浆＋120mm 厚钢筋混凝土板＋110mm 厚挤塑聚苯板＋30mm 厚砂浆，$K=0.285$W/（m^2·K）			

优化后的西宁小高层集合住宅围护结构热工性能参数列表 表 3-1-6

窗墙面积比与围护结构构造及其热工性能参数					
窗墙面积比	南向 0.80		东向 0.06	西向 0.06	北向 0.1
外窗	阳台	外窗为断桥铝合金双层中空玻璃窗，$K=2.685$W/（m^2·K），SHGC = 0.703；与室内隔墙的门窗：断桥铝合金低辐射双层中空玻璃窗（6Low-E＋12A＋6），$K=1.637$W/（m^2·K），SHGC = 0.404			
	传热系数 $K=1.05$W/（m^2·K），SHGC = 0.703				
天窗	窗地比 0.2，玻璃传热系数 $K=1.05$W/（m^2·K），SHGC = 0.703				
外墙	30mm 厚砂浆＋200mm 厚加气混凝土砌块＋70mm 厚石墨聚苯板＋30mm 厚砂浆，$K=0.311$W/（m^2·K）				
屋面	120mm 厚钢筋混凝土板＋100mm 厚石墨聚苯板＋30mm 厚砂浆，$K=0.28$W/（m^2·K）				

③ 中高层集合住宅

西宁典型中高层集合住宅在无太阳辐射条件下，其全年采暖负荷为 451139.39kWh/a；有太阳辐射条件下，全年采暖负荷为 206507.71kWh/a。在不改变建筑形体尺度的情况下，以目前城镇住宅现有材料部品为前提条件，调整功能空间布局、户内空间组合方式、窗墙面积比、外围护结构热工性能（表 3-1-7）。优化后的西宁中高层集合住宅在太阳辐射热作用下全年采暖负荷为 54763.10kWh/a。由此估算，西宁中高层集合住宅利用太阳辐射减少采暖用能的潜力为 54.23%～87.86%。

3）银川城镇住宅太阳辐射热利用潜力估算

银川典型小高层集合住宅在无太阳辐射条件下，其全年采暖负荷为 241434.66kWh/a；有太阳辐射条件下，全年采暖负荷为 93645.33kWh/a。调整功能空间布局、户内空间组合方式，修改窗墙面积比、提升外围护结构热工性能（表 3-1-8）。优化后的银川小高层集合住宅太阳辐射热作用下全年采暖负荷为 66603.98kWh/a。由此估算，银川小高层集合住宅利用太阳辐射减少采暖用能的潜力为 61.21%～72.41%。

优化后的西宁中高层集合住宅户型平面图与围护结构热工性能参数列表　表 3-1-7

<table>
<tr><th>户型平面图</th><th colspan="5">窗墙面积比与围护结构构造及其热工性能参数</th></tr>
<tr><td rowspan="6"> 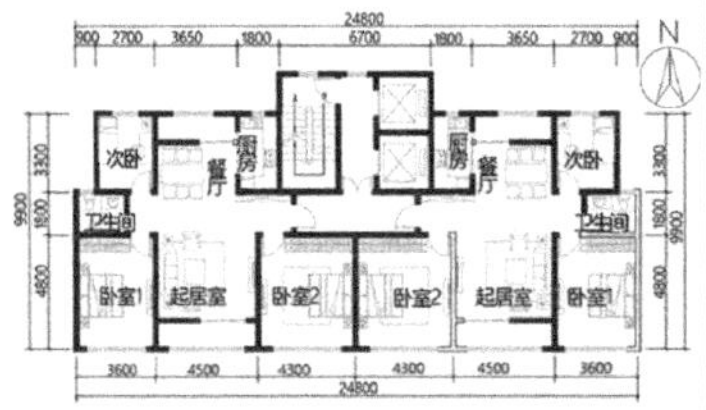</td><td colspan="2">窗墙面积比</td><td>南向：0.8</td><td>东、西向：0.06</td><td>北向：0.1</td></tr>
<tr><td rowspan="2">外窗</td><td>阳台</td><td colspan="3">外窗为断桥铝合金双层中空玻璃窗，K = 2.685W/（m^2・K），SHGC = 0.703；与室内隔墙的门窗：断桥铝合金低辐射双层中空玻璃窗（6Low-E + 12A + 6），K = 1.637W/（m^2・K），SHGC = 0.404</td></tr>
<tr><td colspan="4">传热系数 K = 1.05W/（m^2・K），SHGC = 0.703</td></tr>
<tr><td colspan="2">天窗</td><td colspan="3">窗地比 0.2，传热系数 K = 1.05W/（m^2・K），SHGC = 0.703</td></tr>
<tr><td colspan="2">外墙</td><td colspan="3">30mm 厚砂浆 + 200mm 厚加气混凝土砌块 + 70mm 厚石墨聚苯板 + 30mm 厚砂浆，K = 0.31W/（m^2・K）</td></tr>
<tr><td colspan="2">屋面</td><td colspan="3">120mm 厚钢筋混凝土板 + 30mm 厚水泥 + 100mm 厚石墨聚苯板，K = 0.28W/（m^2・K）</td></tr>
</table>

优化后的银川小高层集合住宅围护结构热工性能参数列表　表 3-1-8

<table>
<tr><th colspan="5">窗墙面积比与围护结构构造及其热工性能参数</th></tr>
<tr><td>窗墙面积比</td><td colspan="2">南向 0.6</td><td>东、西向不开窗</td><td>北向 0.2</td></tr>
<tr><td rowspan="2">外窗</td><td>阳台</td><td colspan="3">外窗为断桥铝合金双层中空玻璃窗，K = 2.685W/（m^2・K），SHGC = 0.703；与室内隔墙的门窗：断桥铝合金低辐射双层中空玻璃窗（6Low-E + 12A + 6），K = 1.637W/（m^2・K），SHGC = 0.404</td></tr>
<tr><td colspan="4">传热系数 K = 1.05W/（m^2・K），SHGC = 0.703</td></tr>
<tr><td>外墙</td><td colspan="4">30mm 厚砂浆 + 200mm 厚加气混凝土砌块 + 70mm 厚石墨聚苯板 + 30mm 厚砂浆，K = 0.31W/（m^2・K）</td></tr>
<tr><td>屋面</td><td colspan="4">120mm 厚钢筋混凝土板 + 30mm 厚水泥 + 150mm 厚挤塑聚苯板，K = 0.21W/（m^2・K）</td></tr>
</table>

4）乌鲁木齐城镇住宅太阳辐射热利用潜力估算

① 小高层集合住宅

乌鲁木齐典型小高层集合住宅在无太阳辐射条件下，其全年采暖负荷为 253881.35kWh/a；有太阳辐射条件下，全年采暖负荷为 193280.78kWh/a。调整功能空间布局、户内空间组合方式，调整窗墙面积比、提升外围护结构热工性能后（表 3-1-9），该住宅在太阳辐射热作用下全年采暖负荷为 114374.43kWh/a。由此估算，乌鲁木齐小高层集合住宅利用太阳辐射热可减少采暖用能 23.9%～54.9%。

优化后的乌鲁木齐小高层集合住宅围护结构热工性能参数列表 表 3-1-9

窗墙面积比与围护结构构造及其热工性能参数			
窗墙面积比	南向 0.55	东、西向不开窗	北向 0.1
外窗	阳台	外窗为断桥铝合金双层中空玻璃窗，K = 2.685W/（m^2 · K），SHGC = 0.703；与室内隔墙的门窗：断桥铝合金低辐射双层中空玻璃窗（6Low-E + 12A + 6），K = 1.637W/（m^2 · K），SHGC = 0.404	
	传热系数 K = 1.05W/（m^2 · K），SHGC = 0.703		
外墙	250mm 厚加气混凝土空心砌块 + 150mm 厚泡聚氨酯板；K = 0.159W/（m^2 · K）		
屋面	120mm 厚钢筋混凝土板 + 30mm 厚水泥 + 120mm 厚石墨聚苯板，K = 0.189W/（m^2 · K）		

② 中高层集合住宅

乌鲁木齐典型中高层集合住宅在无太阳辐射条件下，其全年采暖负荷为 408531.44kWh/a；有太阳辐射条件下，全年采暖负荷为 311486.86kWh/a。调整功能空间布局、户内空间组合方式，调整窗墙面积比、提升外围护结构热工性能后（参见表 3-1-9），该住宅在太阳辐射热作用下全年采暖负荷为 186108.56kWh/a。由此估算，乌鲁木齐中高层集合住宅利用太阳辐射热可减少采暖用能 23.8%～54.4%。

5）吐鲁番城镇住宅太阳辐射热利用潜力估算

吐鲁番典型多层集合住宅在无太阳辐射条件下，其全年采暖负荷为 108062.52kWh/a；有太阳辐射条件下，全年采暖负荷为 58098.14kWh/a。优化后的吐鲁番多层集合住宅窗墙面积比、外围护结构热工性能见表 3-1-10，在太阳辐射热作用下，其全年采暖负荷为 37217.79kWh/a。由此估算，吐鲁番多层集合住宅利用太阳辐射减少采暖用能的潜力为 46.24%～65.56%。优化后的小高层集合住宅较参照建筑制冷负荷降低 37.09%。

优化后的吐鲁番多层集合住宅围护结构热工性能参数列表 表 3-1-10

窗墙面积比与围护结构构造及其热工性能参数			
窗墙面积比	南向 0.6	东、西向不开窗	北向 0.2
外窗	北向阳台	外窗为断桥铝合金双层中空玻璃窗，K = 2.685W/（m^2 · K），SHGC = 0.703；与室内隔墙的门窗：断桥铝合金低辐射双层中空玻璃窗（6Low-E + 12A + 6），K = 1.637W/（m^2 · K），SHGC = 0.404	
	南向开敞阳台	进深 0.9m，传热系数 K = 1.05W/（m^2 · K），SHGC = 0.703	
	传热系数 K = 1.05W/（m^2 · K），SHGC = 0.703		
	南向外窗水平遮阳构件，出挑 0.9m		
外墙	30mm 厚砂浆 + 200mm 厚加气混凝土砌块 + 120mm 厚聚氨酯 + 30mm 厚砂浆，K = 0.17W/（m^2 · K）		
屋面	120mm 厚钢筋混凝土板 + 30mm 厚水泥 + 200mm 厚挤塑聚苯板，K = 0.14W/（m^2 · K）		

3.1.3 五城市住宅太阳辐射利用目标分级

根据五城市住宅太阳辐射可利用程度及设计权衡要点、城镇住宅主体类型及典型城镇住宅太阳辐射热利用潜力估算结果，将五城市住宅太阳辐射利用目标列序如表 3-1-11。

五城市住宅太阳辐射利用目标等级列表 **表 3-1-11**

五个代表城市	城镇住宅太阳辐射热利用设计技术路线	五城市采暖期太阳辐射度日比	城镇住宅太阳辐射得热大约能够承担的采暖用能百分比和制冷用能下降百分比（%）		太阳辐射利用目标等级
拉萨	有条件实现住宅利用太阳辐射替代采暖用能，重点平衡住宅冬季日间得热与夜间失热	13.020	院落式住宅	采暖用能：71.4%～99.6%	一级
			多层住宅	采暖用能：68.12%～99.26%	
			小高层住宅	采暖用能：72.0%～99.6%	
西宁	住宅利用太阳辐射辅助采暖用能，重点平衡住宅冬季日间得热与失热以及减少夜间失热	6.999	院落式住宅	采暖用能：31.44%～71.36%	二级
			小高层住宅	采暖用能：55.0%～86.8%	
			中高层住宅	采暖用能：54.23%～87.86%	
银川		5.969	小高层住宅	采暖用能：61.21%～72.14%	三级
乌鲁木齐		4.871	小高层住宅	采暖用能：23.9%～54.9%	四级
			中高层住宅	采暖用能：23.8%～54.4%	
吐鲁番	住宅利用太阳辐射辅助适量补偿采暖用能，重点平衡住宅冬、夏太阳辐射得热量	5.612	多层住宅	采暖用能：46.24%～65.56% 制冷用能：37.09%	五级

3.2 西部城镇住宅太阳辐射热利用目标分区

为便于建筑师开展西部城镇住宅设计时对项目所在地区进行太阳辐射热利用目标预判，通过“辐射度日比”，基于目前通用既有太阳辐射基础数据和采暖度日数的地区，初步筛选与五城市城镇住宅太阳辐利用设计相类似地区，以期对西部地区城镇住宅太阳辐射利用设计进行分区引导。鉴于调研样本有限以及统一来源气象基础数据对应直接引用的困难，该分区还有待于展开更为科学严谨的细化、修正研究。

根据《中国建筑热环境分析专用气象数据集》和《居住建筑节能设计标准》DB54/0016-2007，共选择西部采暖地区 62 个主要城镇作为西部城镇住宅太阳辐射热利用分区的代表城镇，涵盖了西部冬季太阳辐射资源对住宅建筑采暖用能具有一定补偿效果的严寒和寒冷地区。

代表城镇冬季水平面月均日总辐射量主要根据《中国建筑热环境分析专用气象数据集》月均日总辐射量计算，采暖度日数根据《严寒与寒冷地区居住建筑节能设计标准》选取。其中，西藏自治区主要城市的冬半年水平面月均日总辐射量根据西藏自治区《民用建筑节能设计标准》DB54/0016—2007（下文简称地标）计算，主要考虑地标提供的水平面月均日总辐射量覆盖了西藏大部分地区，且与《中国建筑热环境分析专用气象数据集》数值接近。以拉萨、林芝和昌都的最冷月 1 月水平面月均日总辐射量数值为例，地标提供数值与《中国建筑热环境分析专用气象数据集》计算值差值分别为：$-10.26W/m^2$、$-15.93W/m^2$、$11.6W/m^2$。西藏自治区主要城市的采暖度日数相应根据地标选取。

根据代表城镇住宅主要用能类型，结合空调度日数，先将哈密、若羌、克拉玛依与吐鲁番归为一类地区，再通过 SPSS 数据处理软件对其他代表城镇采暖期辐射度日比进行聚类分析，得到与五城市相类似地区如表 3-2-1 所示。

西部与五城市住宅太阳辐射热利用目标相类似地区列表　　表 3-2-1

三类城镇住宅太阳辐射利用设计技术路线	五个代表城市	五城市采暖期辐射度日比	太阳辐射利用目标等级	与五城市相类似地区	
				代表城镇	采暖期辐射度日比值范围
利用太阳辐射热有条件替代住宅采暖用能，重点平衡住宅冬季日间得热与夜间失热	拉萨	13.020	一级	日喀则、隆子、定日、聂拉木、尼木、拉孜、林芝、普兰、波密、江孜、昌都	16.320～9.546
利用太阳辐射热辅助住宅采暖，重点平衡住宅冬季日间得热与失热以及减少夜间失热	西宁	6.999	二级	帕里、格尔木、额济纳旗、吉兰泰、玉门镇、酒泉、改则、狮泉河、错那、申扎、当雄、囊谦、索县、东胜、鄂托克旗、丁青、洛隆、洛川、班戈、左贡、平凉、那曲、嘉黎、冷湖、达尔罕茂明安联合旗、西峰镇、阿巴嘎旗、东乌珠穆沁旗、西乌珠穆沁旗、巴林左旗	6.093～9.117

续表

三类城镇住宅太阳辐射利用设计技术路线	五个代表城市	五城市采暖期辐射度日比	太阳辐射利用目标等级	与五城市相类似地区	
				代表城镇	采暖期辐射度日比值范围
利用太阳辐射热辅助住宅采暖，重点平衡住宅冬季日间得热与失热以及减少夜间失热	银川	5.969	三级	安多、多伦、盐池、西峰镇、都兰、巴林左旗、开鲁、扎鲁特旗、通辽、喀什	5.230～5.856
	乌鲁木齐	4.871	四级	阿巴嘎旗、东乌珠穆沁旗、西乌珠穆沁旗、阿勒泰、和布克赛尔、焉耆、伊宁、岷县	4.328～5.145
利用太阳辐射热少量补偿住宅采暖用能，重点平衡住宅冬、夏太阳辐射得热	吐鲁番	5.612	五级	哈密、若羌、克拉玛依	5.681～6.156

3.3 西部城镇住宅太阳辐射热利用设计应对策略

为摸清西部城镇住宅太阳辐射利用设计策略对住宅采暖用能需求的补偿效果，引入宏观经济统计分析中用于增量分析的“贡献度”[①]表述太阳辐射利用设计策略潜在的对住宅采暖用能的贡献。

基于目前通用城镇住宅常规的设计流程，分住宅建筑类型，从（1）户型空间布局模式与功能空间组织、（2）立面形态构造设计、（3）材料部品构造细节设计三个阶段，依次列序太阳辐射利用设计策略，并通过能耗仿真模拟软件 Designbuilder 计算，从住宅采暖负荷、制冷负荷减少量的角度，对太阳辐射热利用设计策进行贡献度排序。模拟室内计算温度、设备设置、人员在室率、换气次数等主要计算参数同 3.1.2。

模拟模型以五城市典型城镇住宅为参照建筑（图 2-6-2、图 2-6-3）。朝向均为正南向。对比户型空间布局模式对太阳辐射热利用的影响时，根据此前总结的五城市住宅户型空间布局特点及其常见尺度，在建筑面积等同的条件下，将户型空间布局模式分为三种：（1）四开间朝南，进深 8m；（2）典型户型，三开间朝南，进深 10m；（3）三开间朝南，进深 12m。在进行户型空间模式太阳辐射采暖贡献度分析比较时，三者围护结构构造统一，同参照建筑。

① 杨为众. 明辨统计分析中的贡献、贡献度与贡献率概念［J］. 内蒙古统计，2007，000（001）：68-69.

3.3.1 拉萨住宅太阳辐射利用设计策略贡献度排序

（1）院落式住宅

拉萨院落式住宅太阳辐射热利用设计策略对住宅利用太阳辐射减少采暖用能潜在的贡献度如图 3-3-1 所示。从设计要素操作阶段来看，户型布局空间模式与功能空间组织对住宅利用太阳辐射降低采暖需求潜在的贡献最大，是住宅立面形态构造设计及对应材料部品细节设计贡献的 4.8 倍。

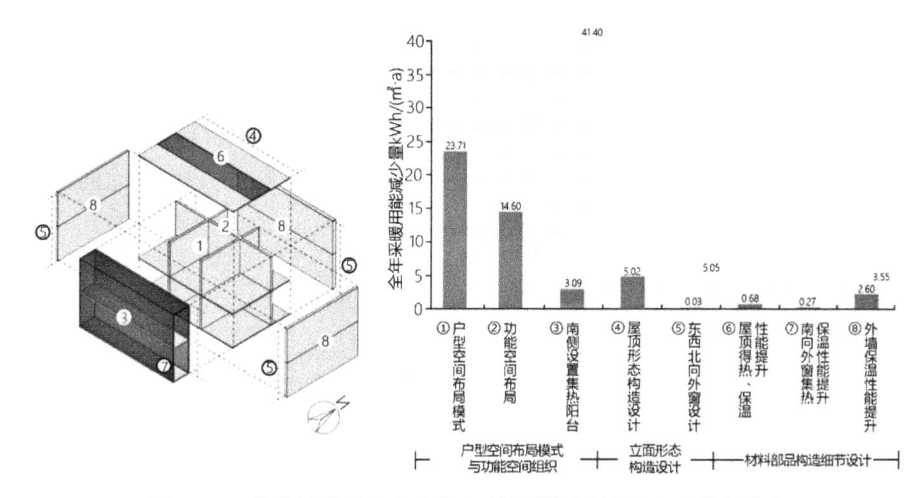

图 3-3-1 拉萨院落式住宅太阳辐射热利用设计策略贡献度排序

户型布局空间模式与功能空间组织设计阶段，户型空间布局模式对住宅利用太阳辐射热减少采暖用能的影响最为明显，其潜在的贡献是功能空间热舒适分区布局贡献的 1.6 倍，是南向设置封闭阳台等集热空间贡献的 7.7 倍。

从户型空间布局模式来看，图 3-3-1 中所示 4 种院落式住宅（均为 2 层，高 6m）空间布局模式对住宅利用太阳辐射热减少采暖用能的贡献度排序为：大面宽、小进深、一字形（10m×7.5m）、南立面无形体自遮挡的院落式住宅>面宽较大的四面围合型院落式住宅（中心庭院 6.9m×6.9m）>面宽较大 L 围合型（庭院宽 6.7m，长 7.5m）>小面宽、大进深（5.5m×18m）、中心庭院三面围合型。

立面形态构造设计要素对住宅利用太阳辐射热减少采暖用能的贡献度排序为：屋顶天窗集热>减小北向开窗。材料部品构造细节设计要素对住宅利用太阳辐射热减少采暖用能的贡献度排序为：外墙保温性能提升>屋顶天窗太阳得热、保温性能提升>南向封闭阳台内、外界面透明围护保温性能的提升。

（2）多层集合住宅

拉萨多层集合住宅太阳辐射热利用设计策略对住宅利用太阳辐射减少采暖用能

潜在的贡献度如图 3-3-2 所示。从设计要素操作阶段来看，拉萨多层集合住宅立面形态构造设计及相应材料部品构造细节设计阶段，太阳辐射利用设计策略对住宅利用太阳辐射，降低采暖需求潜在的贡献是户型空间布局模式与功能空间组织阶段的 1.5 倍。因此，拉萨多层集合住宅的设计更应关注立面形态构造及相应材料部品的细节设计。

户型布局空间模式与功能空间组织设计阶段，户型功能空间热舒适分区布局优化对住宅利用太阳辐射热，减少采暖用能的贡献影响最为明显，其后依次为户型空间布局模式＞采用南北贯通空间＞南向设置封闭阳台等集热空间＞北侧设生活阳台、储藏室等热缓冲空间。

对于户型空间布局模式来讲，图 3-3-2 中所示三种多层集合住宅建筑单元空间布局模式太阳辐热利用贡献度排序为：南向四开间、进深 8m 的户型＞南向三开间、进深 12m 的户型＞南向三开间、进深 10m 的户型。

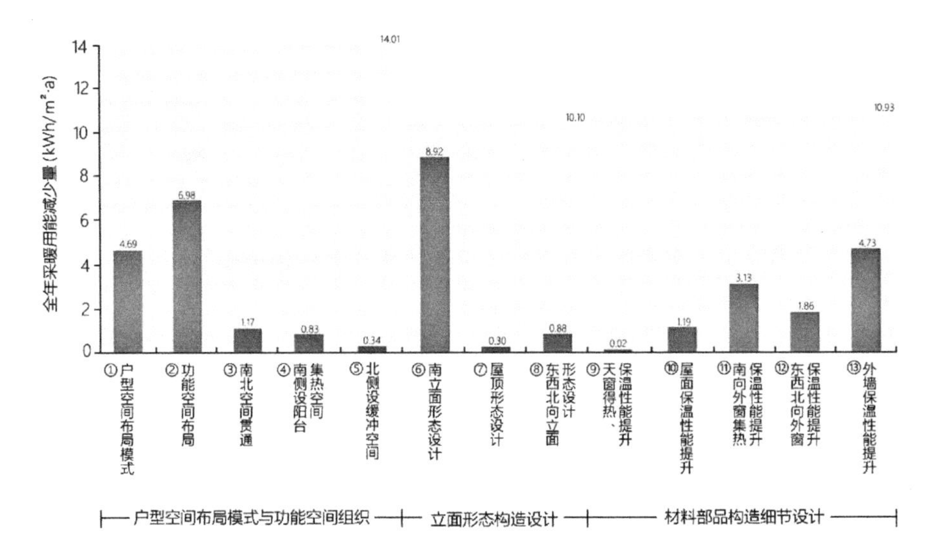

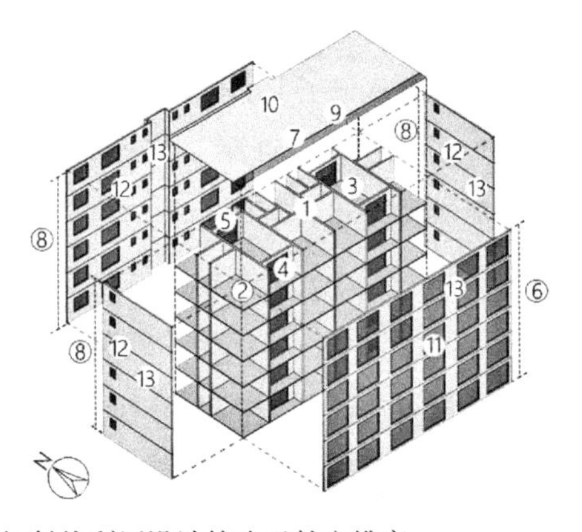

图 3-3-2　拉萨多层住宅太阳辐射热利用设计策略贡献度排序

立面形态构造设计要素对住宅利用太阳辐射热减少采暖用能的贡献度排序为：扩大南立面窗墙面积比＞减小东、西、北向窗墙面积比＞屋顶设天窗集热。材料部品构造细节设计要素对住宅利用太阳辐射热减少采暖用能的贡献度排序为：外墙保温性能提升＞南向外窗得热保温性能提升＞东、西、北向外窗保温性能的提升＞非透明屋面保温性能的提升＞屋顶天窗得热保温性能优化。

（3）小高层集合住宅

拉萨小高层集合住宅太阳辐射热利用设计策略对住宅利用太阳辐射，减少采暖用能潜在的贡献度如图 3-3-3 所示。从设计要素操作阶段来看，小高层集合住宅立面形态构造设计及相应材料部品构造细节设计阶段，太阳辐射利用设计策略对住宅采暖用能潜在的贡献是户型空间布局模式与功能空间组织阶段的 1.3 倍。因此，对拉萨小高层集合住宅而言，应重视立面形态构造及相应材料部品性能提升对住宅太阳辐射利用效率的影响。

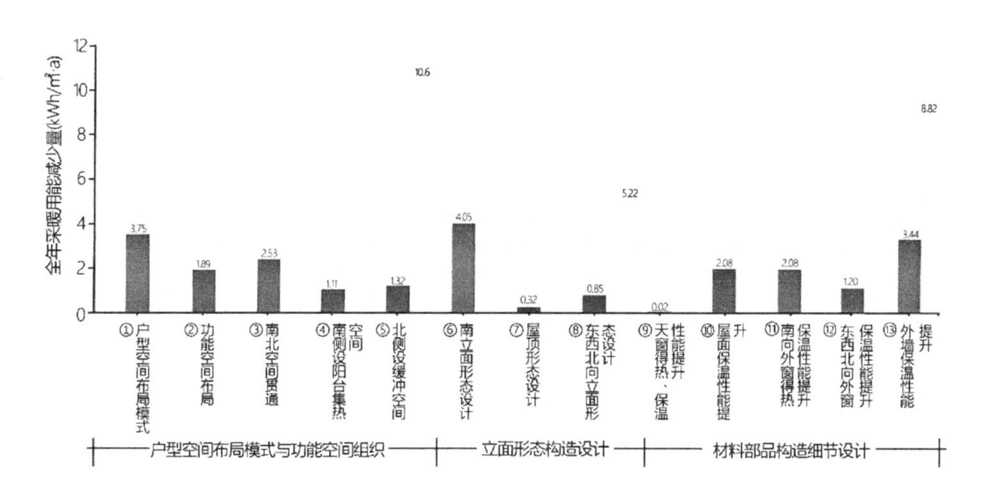

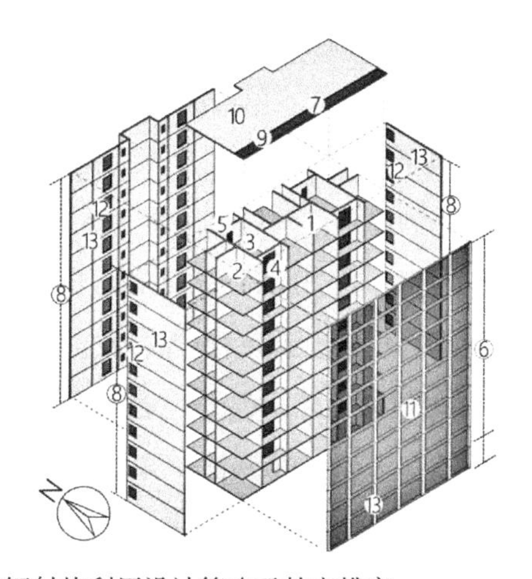

图 3-3-3　拉萨小高层住宅太阳辐射热利用设计策略贡献度排序

户型布局空间模式与功能空间组织设计阶段，户型空间布局模式对住宅利用太阳辐射热减少采暖用能的影响最为明显。以参照建筑为例，功能空间组织设计阶段的太阳辐射热利用设计策略对住宅利用太阳辐射，降低采暖用能潜在的贡献排序由高到低依次为：南北空间贯通组合设计、功能空间热舒适分区布局优化、北侧设储藏室等热缓冲空间、南侧设阳台集热空间。

对于户型空间布局模式来讲，图 3-3-3 中所示三种小高层集合住宅建筑单元空间布局模式对住宅利用太阳辐射热减少采暖用能的贡献度排序为：南向四开间、进深 8m 的户型＞南向三开间、进深 10m 的户型＞南向三开间、进深 12m 的户型。

立面形态构造设计要素对住宅利用太阳辐射热减少采暖用能的贡献度排序为：扩大南立面窗墙面积比＞减小东、西、北向窗墙面积比＞屋顶设天窗集热。材料部品构造细节设计要素对住宅利用太阳辐射热减少采暖用能的贡献度排序为：外墙保温性能提升＞非透明屋面保温性能的提升和南向外窗得热保温性能提升＞东、西、北向外窗保温性能的提升＞屋顶天窗得热保温性能优化。

3.3.2 西宁住宅太阳辐射利用设计策略贡献度排序

（1）多层集合住宅

西宁多层集合住宅太阳辐射热利用设计策略对住宅利用太阳辐射，减少采暖用能潜在的贡献度如图 3-3-4 所示。从设计要素操作阶段来看，西宁多层集合住宅户型空间布局模式与功能空间组织阶段，太阳辐射利用设计策略的贡献度与立面形态构造设计及相应材料部品构造细节设计阶段的贡献度相近。

户型选型阶段的空间布局模式和户型改型阶段的功能空间热舒适分区布局优化、南北空间贯通组合，这三项设计策略对住宅利用太阳辐射降低采暖用能潜在的贡献度相近，其贡献度是南侧设阳台等集热空间贡献度的 2 倍左右，是北侧设生活阳台等热缓冲空间贡献度的 4.5 倍。

对于西宁多层集合住宅户型空间布局模式来讲，图 3-3-4 中所示三种空间布局模式对住宅利用太阳辐射热减少采暖用能潜在的贡献度排序为：南向四开间、进深 8m 的户型＞南向三开间、进深 12m 的户型＞南向三开间、进深 10m 的户型。

立面形态构造设计及相应材料部品构造细节设计阶段，扩大南向外窗面积，同时提高南向外窗得热、保温性能对住宅降低采暖用能的潜在影响最为显著，其次为减小东、西、北向外窗面积并提高外窗的保温性能，再次是提升外墙保温性能，最后为设置天窗并提高屋顶天窗的得热保温性能以及提高屋顶非透明屋面的保温性能。

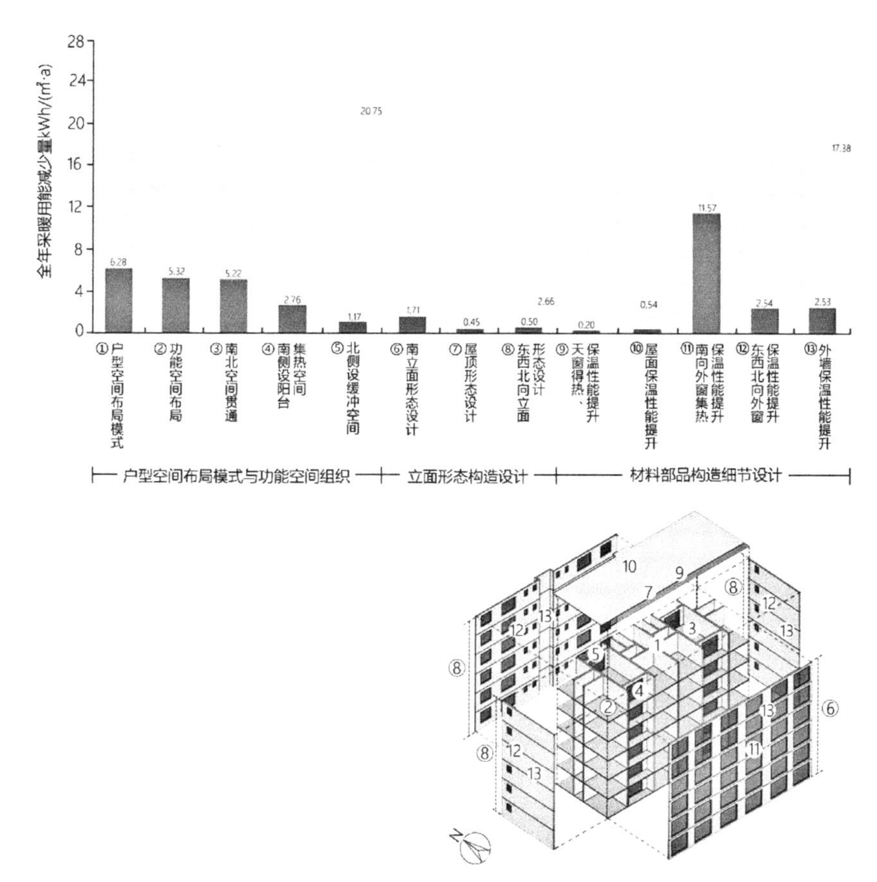

图 3-3-4　西宁多层住宅太阳辐射热利用设计策略贡献度排序

（2）小高层集合住宅

西宁小高层集合住宅太阳辐射热利用设计策略对住宅利用太阳辐射减少采暖用能潜在的贡献度如图 3-3-5 所示。从设计要素操作阶段来看，住宅立面形态构造设计及相应材料部品构造细节设计阶段的太阳辐射利用设计策略对住宅降低采暖用能潜在的贡献是户型空间布局模式与功能空间组织阶段的 1.65 倍。因此，对西宁小高层集合住宅而言，应重视立面形态构造设计及相应材料部品性能提升对住宅太阳辐射利用效率的影响。

户型布局空间模式与功能空间组织设计阶段，以户型空间布局模式对住宅利用太阳辐射热减少采暖用能的影响最为明显。以参照建筑为例，功能空间组织设计阶段的太阳辐射热利用设计策略对住宅降低采暖用能潜在的贡献度排序由高到低依次为：功能空间热舒适分区布局优化、南侧设阳台集热空间、北侧设储藏室等热缓冲空间、南北空间贯通组合设计。户型空间布局的太阳辐射热利用贡献度排序为：南向四开间、进深 8m 的户型＞南向三开间、进深 12m 的户型＞南向三开间、进深 10m 的户型。

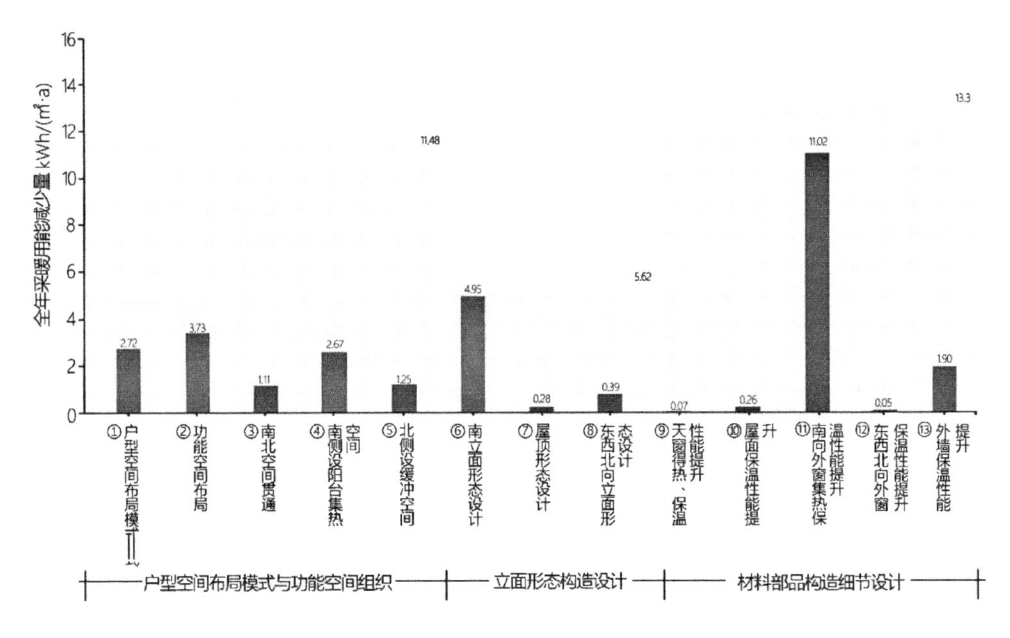

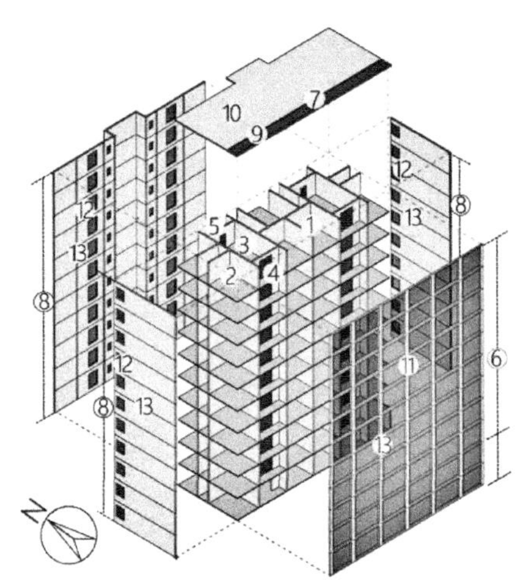

图 3-3-5 西宁小高层住宅太阳辐射设计策略贡献度排序

在立面形态构造设计及相应材料部品构造细节设计阶段，扩大南向外窗面积，同时提高南向外窗得热保温性能对住宅利用太阳辐射，降低采暖用能潜在的影响最为显著，其次为提升外墙保温性能，减小东、西、北向外窗面积，最后为设置天窗并提高屋顶天窗的得热保温性能。

（3）中高层集合住宅

西宁中高层集合住宅太阳辐射热利用设计策略对住宅利用太阳辐射减少采暖用能潜在的贡献度如图 3-3-6 所示。从设计要素操作阶段来看，立面形态构造设计及相应材料部品构造细节设计阶段的太阳辐射利用设计策略对住宅降低采暖用能潜在的贡献度稍高于户型空间布局模式与功能空间组织阶段。

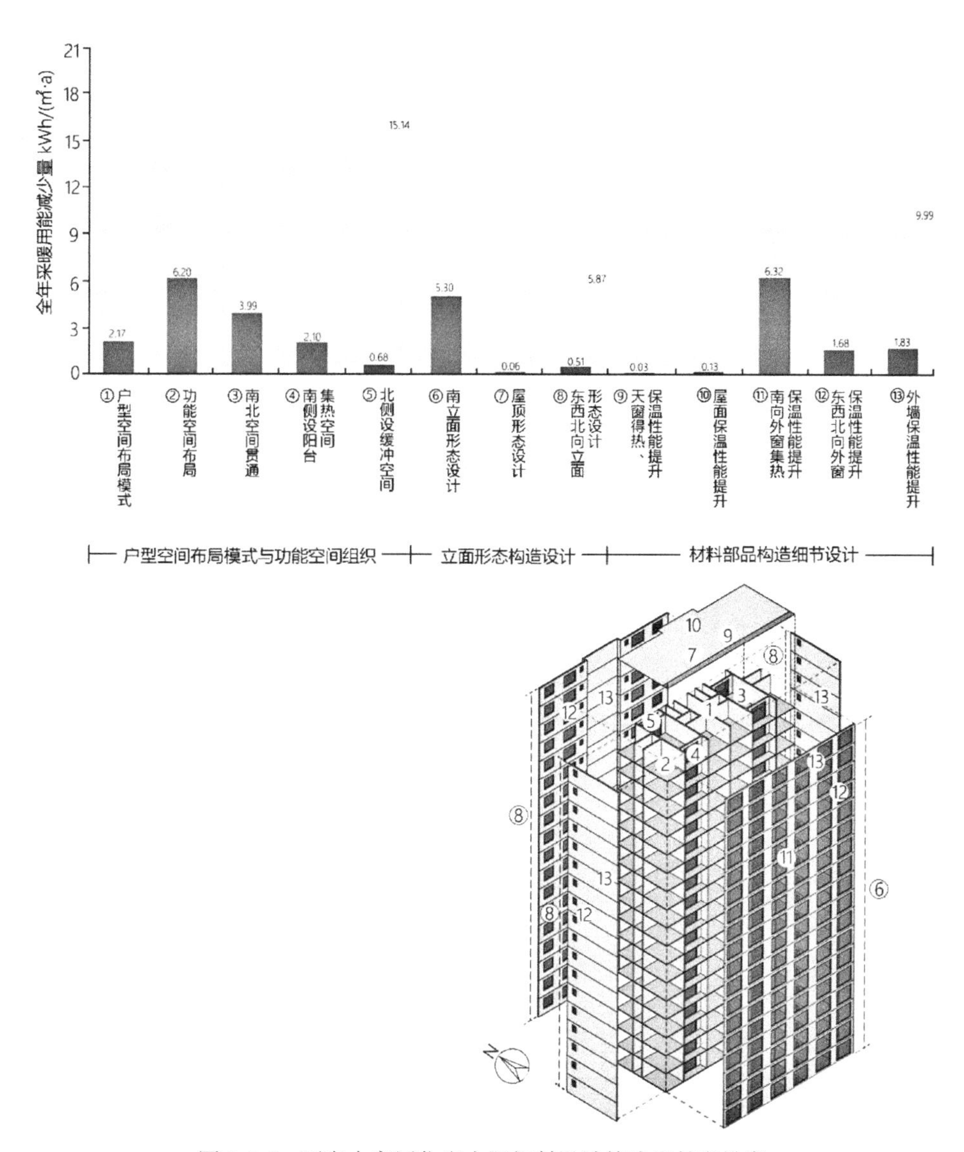

图 3-3-6 西宁中高层住宅太阳辐射设计策略贡献度排序

户型空间布局模式与功能空间组织阶段，以功能空间热舒适分区布局对住宅利用太阳辐射降低采暖用能潜在的影响最大，其后依次是南北空间贯通组合、空间布局模式、南侧设阳台等集热空间、北侧设生活阳台等热缓冲空间。

对西宁中高层集合住宅来讲，图 3-3-6 中所示三种布局模式对住宅利用太阳辐射热减少采暖用能潜在的贡献度排序为：南向三开间、进深 14m 的户型＞南向三开间、进深 12m 的户型＞南向三开间、进深 10m 的户型。

立面形态构造设计及相应材料部品构造细节设计阶段，扩大南向外窗面积，同时提高南向外窗得热保温性能对住宅利用太阳辐射降低采暖用能潜在的影响最为显著，其次为提升外墙保温性能，再次是减小东、西、北向外窗面积，最后为设置天窗并提高屋顶天窗的得热保温性能。

3.3.3 乌鲁木齐住宅太阳辐射利用设计策略贡献度排序

（1）多层集合住宅

乌鲁木齐多层集合住宅太阳辐射利用设计策略对住宅利用太阳辐射减少采暖用能潜在的贡献度如图 3-3-7 所示。从设计要素操作阶段来看，户型空间布局模式与功能空间组织阶段的太阳辐射利用设计策略对住宅降低采暖用能潜在的贡献是立面形态构造设计及相应材料部品构造细节设计阶段的 2.6 倍。由于乌鲁木齐冬季气温很低、太阳辐射可利用条件相对较弱，太阳辐射可补偿量占住宅采暖用能需求总量小，因此体形系数较小、大进深的住宅单元形体有利于减少热散失，强化围护结构保温性能，明显利于减少住宅建筑采暖用能需求。可见，乌鲁木齐多层集合住宅应先重视户型空间布局模式与功能空间组织对住宅太阳辐射热利用效率的影响，重点在立面形态构造及构造细节设计阶段加强部品的保温性能，并注意冬、夏季的得热平衡，采用遮阳等被动式设计措施避免由于太阳辐射利用造成夏季室内过热。

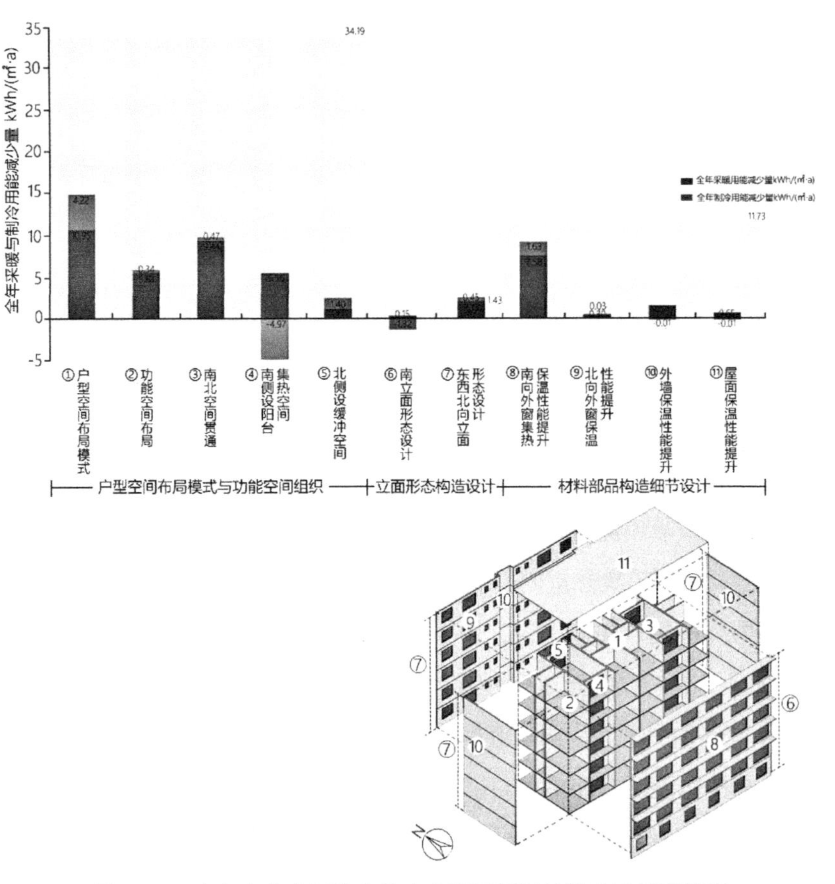

图 3-3-7 乌鲁木齐多层集合住宅太阳辐射设计策略贡献度排序

户型空间布局模式与功能空间组织阶段，以空间布局模式对住宅利用太阳辐射降低住宅采暖用能的影响最大。该阶段太阳辐利用设计策略贡献度排序为：户型空间布局模式＞南北空间贯通组合＞功能空间热舒适分区布局＞南侧设阳台等集热空间＞北侧设生活阳台等热缓冲空间。

图 3-3-7 所示三种住宅单元空间布局模式对住宅利用太阳辐射降低住宅采暖用能的贡献度排序为：南向三开间、进深 12m 的户型 ＞南向四开间、进深 8m 的户型＞南向三开间、进深 10m 的户型。

立面形态构造设计及相应材料部品构造细节设计阶段，扩大南向外窗面积，同时提高南向外窗得热保温性能对住宅利用太阳辐射降低采暖用能潜在的影响最大，其贡献是减小东西北向外窗并提升其保温隔热性能措施的 3 倍，是提升外墙保温性能措施的 5 倍，是提高屋面保温性能措施的 12 倍。可见，乌鲁木齐多层集合住宅立面形态构造设计及相应材料部品细节设计，应优先考虑扩大南向得热面积并提升其外窗的得热、保温性能。

（2）小高层集合住宅

乌鲁木齐小高层集合住宅太阳辐射热利用设计策略对住宅利用太阳辐射减少采暖用能潜在的贡献度如图 3-3-8 所示。户型空间布局模式与功能空间组织阶段，设计要素对住宅利用太阳辐射降低采暖需求潜在的贡献是立面形态构造设计及相应材料部品构造细节设计阶段的 1.65 倍。同多层集合住宅相类似，小高层集合住宅应首先重视户型空间布局模式与功能空间组织对住宅太阳辐射利用效率的影响，同时在立面形态构造及构造细节设计阶段强化材料部品的保温性能，并注意冬、夏季的得热平衡。

户型空间布模式与功能空间组织阶段，以户型空间布局模式对住宅利用太阳辐射减少采暖用能潜在的贡献最大，该阶段设计策略贡献度排序由大到小依次为：空间布局模式＞南侧设阳台等集热空间＞功能空间布局＞北侧设生活阳台等热缓冲空间＞空间南北贯通组合。

图 3-3-8 中所示三种小高层集合住宅建筑单元空间布局模式对住宅利用太阳辐射热减少采暖用能的贡献度排序为：南向三开间、进深 12m 的户型＞南向三开间、进深 10m 的户型＞南向四开间、进深 8m 的户型。

立面形态构造设计及相应材料部品构造细节设计阶段，扩大南向外窗面积，同时提高南向外窗得热保温性能对住宅利用太阳辐射，降低采暖用能潜在的贡献与减小东、西、北向外窗并提升其保温隔热性能措施基本相同，是提升外墙保温性能措施的 3.5 倍，是提高屋面保温性能措施的 17 倍。可见，乌鲁木齐小高层集合住宅立面形态构造设计及相应材料部品细节设计，应优先考虑提升透明围护结构的得热保温性能。

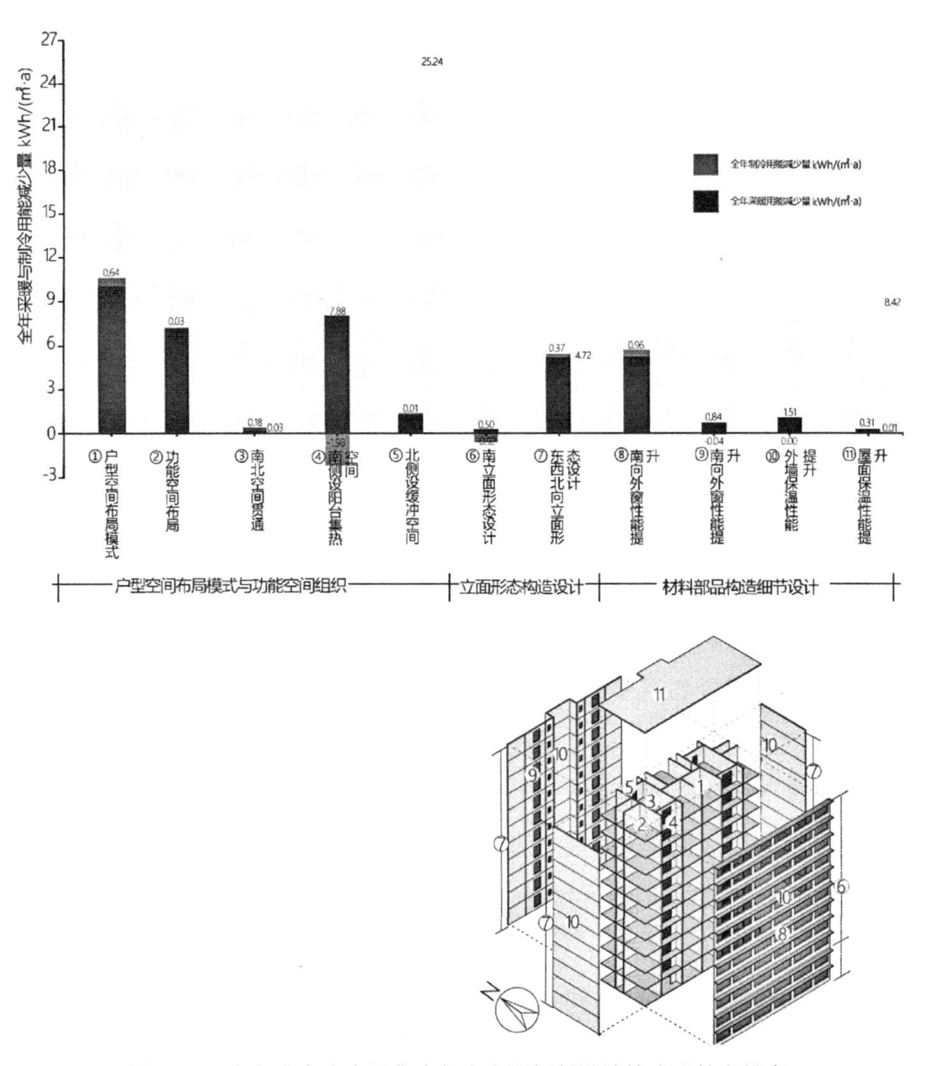

图 3-3-8　乌鲁木齐小高层集合住宅太阳辐射设计策略贡献度排序

（3）中高层集合住宅

乌鲁木齐中高层集合住宅太阳辐射热利用设计策略对住宅利用太阳辐射减少采暖用能潜在的贡献度排序如图 3-3-9 所示。户型空间布局模式与功能空间组织阶段，设计策略对住宅利用太阳辐射降低采暖用能潜在的贡献是立面形态构造设计及相应材料部品构造细节设计阶段 1.44 倍，较多层、小高层住宅而言，户型布局模式与功能空间组织对住宅利用太阳辐射减少采暖用能潜在的影响敏感性减弱。可见，乌鲁木齐中高层集合住宅需重视户型空间布局模式与功能空间组织对住宅太阳辐射利用效率的影响，但较多层及小高层而言，更要重视立面形态构造及其部品保温性能的提升，且应注意冬夏季节性、昼夜间的室内热平衡。

户型空间布局模式与功能空间组织阶段，以户型空间布局模式对住宅利用太阳辐射减少采暖用能潜在的贡献最大，占该阶段设计策略潜在贡献的 1/3。功能空间组织阶段设计策略贡献度排序由大到小依次为：功能空间热舒适分区布局＞南侧设阳台等集热空间＞空间南北贯通组合＞北侧设生活阳台等热缓冲空间。功能空间热舒适分区布局对住宅利用太阳辐射降低采暖用能潜在的影响占该阶段设计策略潜在贡献的 1/3。

图 3-3-9 中所示三种乌鲁木齐中高层集合住宅建筑单元空间布局模式对住宅利用太阳辐射热减少采暖用能的贡献度排序为：南向三开间、进深 14m 的户型＞南向三开间、进深 12m 的户型＞南向三开间、进深 10m 的户型。

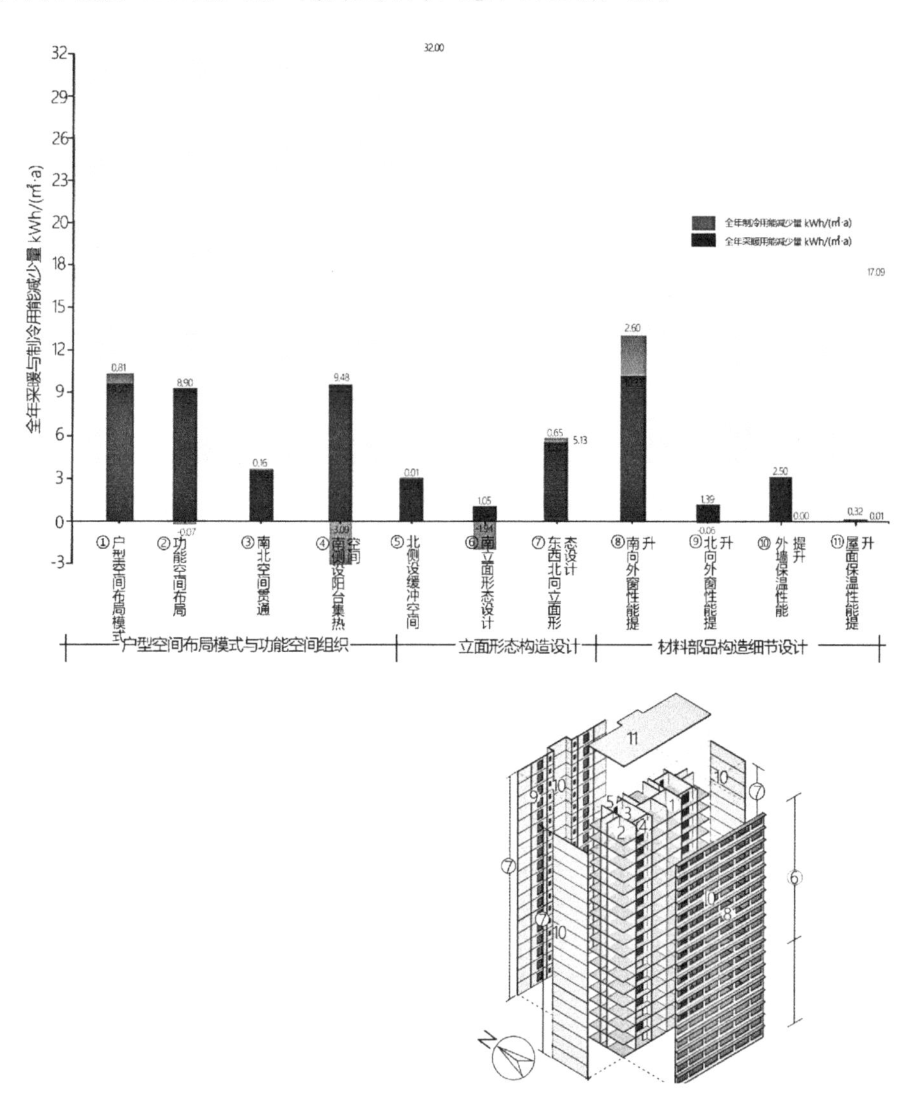

图 3-3-9　乌鲁木齐中高层集合住宅太阳辐射设计策略贡献度排序

立面形态构造设计及相应材料部品构造细节设计阶段，扩大南向外窗面积，同时提高南向外窗得热保温性能对住宅利用太阳辐射降低采暖用能潜在的贡献最大，该阶段设计策略贡献度排序由大到小依次为：扩大南向外窗并提升外窗的得热保温性能＞减小东、西、北向外窗面积并提升其保温隔热性能＞提升外墙保温性能＞提高屋面保温性能。可见，乌鲁木齐中高层集合住宅立面形态构造设计及相应材料部品细节设计，应优先强化南向围护结构的集热、保温性能。

3.3.4 吐鲁番住宅太阳辐射利用设计策略贡献度排序

吐鲁番多层集合住宅太阳辐射热利用设计策略对住宅利用太阳辐射减少采暖用能、制冷用能潜在的贡献度排序如图 3-3-10 所示。户型布局空间模式与功能空间组织对住宅利用太阳辐射降低采暖用能和降低制冷用能潜在的贡献最大，是住宅立面形态构造设计及对应材料部品细节设计的贡献 3.5 倍。可见，吐鲁番多层集合住宅应特别重视户型空间模式与功能空间组织阶段设计要素的节能潜力。

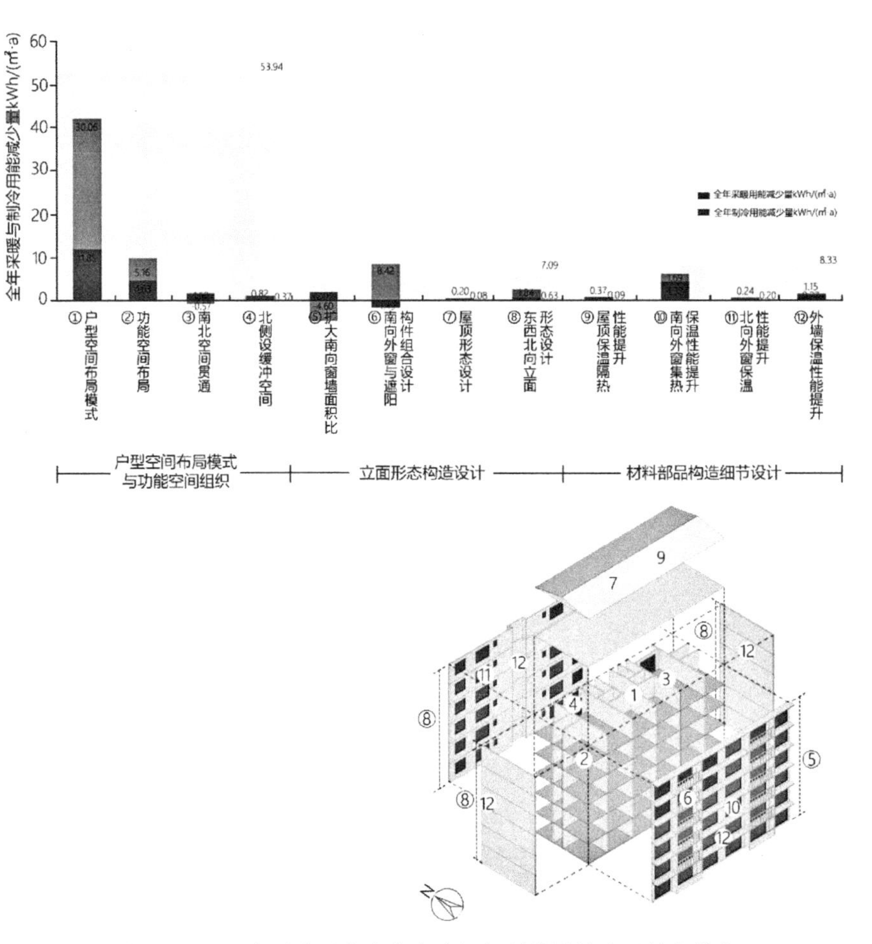

图 3-3-10　吐鲁番多层集合住宅太阳辐射设计策略贡献度排序

户型布局空间模式与功能空间组织设计阶段，户型空间布局模式对住宅利用太阳辐射热减少采暖用能、制冷用能的影响最为明显，其潜在的贡献是功能空间布局贡献的 4.3 倍，南北空间贯通组合和北侧设置生活阳台等热缓冲空间对住宅利用太阳辐射热减少采暖用能、制冷用能的影响相对较小。

图 3-3-10 中所示 3 种住宅单元空间布局模式对住宅利用太阳辐射热减少采暖用能和制冷用能的贡献度排序为：南向三开间、进深 10m 的户型＞南向三开间、进深 12m 的户型＞南向四开间、进深 8m 的户型。

立面形态构造设计及相应材料部品构造细节设计阶段，扩大南向外窗同时结合开敞阳台、遮阳构件设计并提高南向外窗得热保温性能对住宅降低采暖用能、制冷用能潜在的影响最为显著，其次为缩小东、西、北向外窗面积、提升外墙保温性能，再次是减小东、西、北向外窗面积并提高外窗的保温性能，最后为设置间层坡屋顶等提高屋顶保温隔热性能。

4　太阳辐射热与住宅用能需求匹配利用规律研究

4.1　住区布局模式与太阳辐射热利用潜力的关联性

住宅朝向、建筑高度、建筑密度、容积率是居住区规划设计的关键控制性指标。住宅朝向是决定建筑能否获得充足太阳辐射的关键要素，合理的建筑朝向是充分利用太阳辐射的前提；增加建筑高度能够提升土地利用效率，但会加剧建筑间日照遮挡程度，减少建筑立面的单位面积太阳辐射量，不利于太阳辐射热利用；建筑密度是表征用地范围内建筑分布特点的规划设计指标，建筑密度与太阳辐射获得量成反比，相同住区布局形式下，建筑密度越大，住区太阳辐射获得量越小；居住区容积率是住区开发建设的关键设计指标，基于日照最低时数的高容积率住区布局，通常情况下，建筑间的日照遮挡较为严重，不利于太阳辐射热利用。基于以上分析，本节以太阳辐射利用优势明显的拉萨市为例，从住区群体空间组织模式、建筑间距、容积率三个方面，探讨居住区布局模式与太阳辐射热利用潜力的关联规律。

4.1.1　典型住区空间组织模式

根据五城市中心城区范围扩展阶段及新建住宅区域集聚趋势，对居住区布局模式调研案例进行选点，如前文所述，共调研住区 242 个，调查发现五城市居住区空间组织模式规律大同小异，其建筑排布模式类型大体可以归纳为行列式、围合式和混合式三种。参考《拉萨市城市总体规划（2009—2020）》中划定的 15 个居住片区，共选取 50 个集合住宅住区，均分布在拉萨市中心城区第四阶段扩展范围内。通过对住区群体空间组织模式的统计显示，拉萨城市集合住区主要的群体空间组织模式有行列式布局、围合式布局和混合式布局三种，其中行列式布局根据其对辐射（日照）影响特征不同，又可以细分为平行行列式布局、横向错位行列式布局、纵向错位行列式布局以及混合错位行列式布局，平行行列式布局在调研样本中占比最大，占比为 36%[①]（图 4-1-1）。

① 张昊，陈景衡，武玉艳．拉萨地区住宅建筑群布局模式对建筑能耗的影响关系研究［J］．西安建筑科技大学学报（自然科学版），2021，4（2）53：134-139.

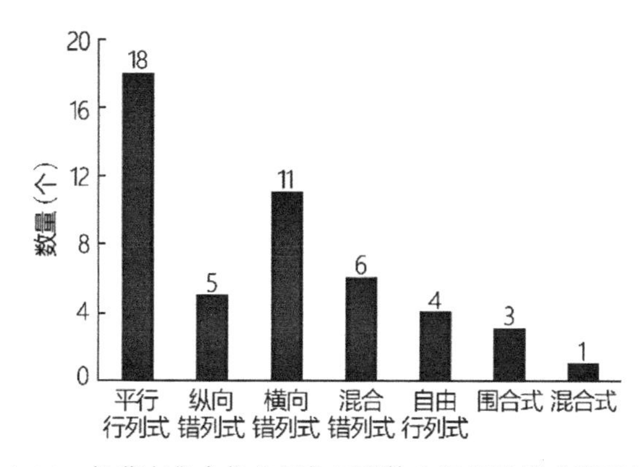

图 4-1-1 拉萨市集合住宅居住区群体空间组织模式类型占比

4.1.2 住区空间组织模式与太阳辐射热利用潜力的关系

根据样本情况，本节研究将拉萨典型居住区布局模式住宅单体设定为 4 层和 11 层，基于以下两方面考虑：1）拉萨中心城区对建筑高度的控制，多层住宅以 4 层为主；市郊等城市边缘地区集合住宅因考虑高原缺氧、4 层以上需设电梯，以及其他经济因素的综合考量，已建成多层住宅以 3～4 层为主；2）中心城区边缘区新建集合住宅大部分为 11 层。根据前文对拉萨市城镇住宅建造现实情况的调研，将住区模拟模型住宅进深确定为 10m，每栋住宅设两个单元，总面宽为 50m，层高 3m。住宅南北间距依据《拉萨市城市规划条例实施细则》第四十九条规定设定为建筑高度的 1.25 倍，即日照间距系数为 1.25H。住宅立面太阳辐射量采用 Ecotect 模拟，模拟时间段为采暖期（11 月 15 日到次年 3 月 15 日）。

（1）典型住区空间组织模式对住宅立面太阳辐射照度的影响

1）四种典型住区空间组织模式住宅采暖期立面太阳辐射照度差异

① 平行行列式

图 4-1-2 为拉萨市 4 层集合住宅典型平行行列式住区布局及住宅单体采暖季立面单位面积平均太阳辐射量模拟结果。由图可知，位于南侧的 3 栋（4、5、6）无日照遮挡住宅的南立面平均单位面积太阳辐射量为 408.8kWh；北侧的 3 栋住宅（1、2、3），南立面单位面积太阳辐射量均值为 390.9kWh，两者基本相近。

图 4-1-3 为拉萨市 11 层集合住宅典型平行行列式住区布局及住宅单体采暖季立面单位面积平均太阳辐射量模拟结果。如图所示，位于南侧的 3 栋无日照遮挡住宅（4、5、6），南立面单位面积太阳辐射量均值为 408.2kWh；其北侧的 3 栋住宅（1、2、3），南立面平均单位面积太阳辐射量为 394.6kWh，两者基本相近。

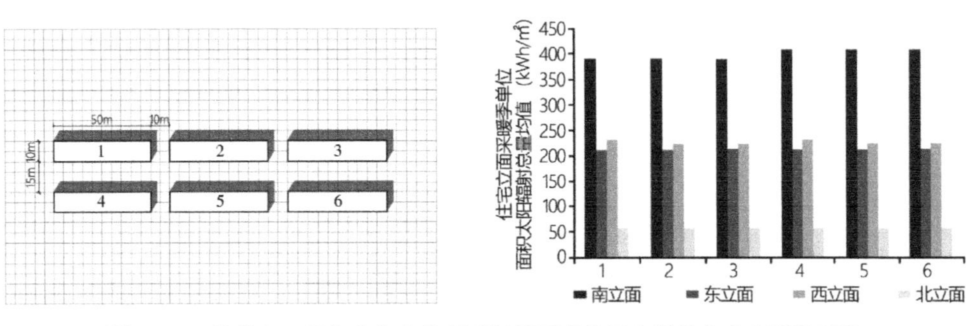

图 4-1-2　拉萨市 4 层集合住宅典型平行行列式住区布局及住宅立面采暖季单位面积太阳辐射总量均值

来源：根据 Ecotect 模拟结果整理绘制

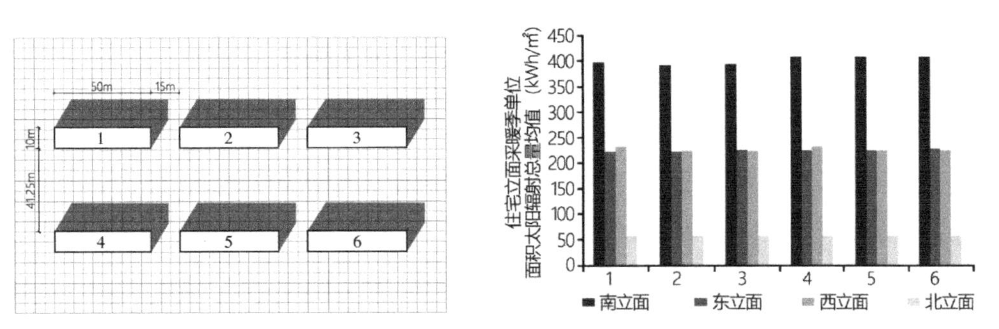

图 4-1-3　拉萨市 11 层集合住宅典型平行行列式住区布局及住宅立面采暖季单位面积太阳辐射总量均值

来源：根据 Ecotect 模拟结果整理绘制

② 纵向错列式

图 4-1-4 为拉萨市 4 层集合住宅典型纵向错列式住区布局及住宅单体采暖季立面单位面积平均太阳辐射量模拟结果。位于南侧的 3 栋无日照遮挡住宅（4、5、6），南立面平均单位面积太阳辐射量为 408.2kWh；其北侧的 3 栋住宅（1、2、3），南立面单位面积太阳辐射量均值为 390.5kWh，两者基本相近。

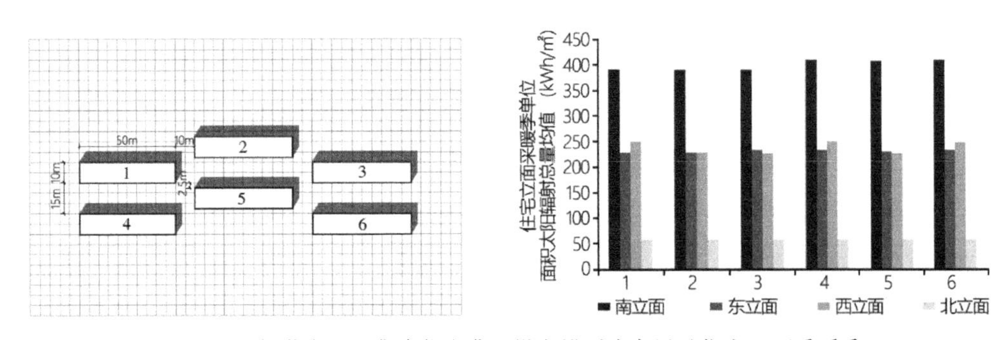

图 4-1-4　拉萨市 4 层集合住宅典型纵向错列式布局及住宅立面采暖季单位面积太阳辐射总量均值

来源：根据 Ecotect 模拟结果整理绘制

图 4-1-5 为拉萨市 11 层集合住宅典型纵向错列式住区布局及住宅单体采暖季立面单位面积平均太阳辐射量模拟结果。位于南侧的 3 栋无日照遮挡住宅（4、5、6），南立面单位面积太阳辐射量均值为 402.7kWh；其北侧的 3 栋（1、2、3）住宅，南立面平均单位面积太阳辐射量为 386.9kWh，两者基本相近。

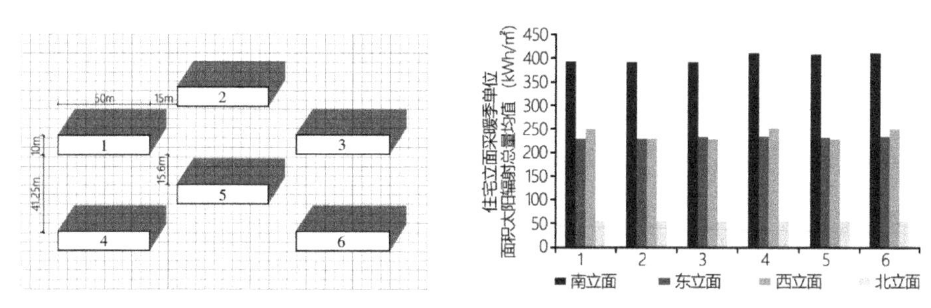

图 4-1-5　拉萨市 11 层集合住宅典型纵向错列式布局及住宅立面采暖季单位面积太阳辐射总量均值

来源：根据 Ecotect 模拟结果整理绘制

③ 横向错列式

图 4-1-6 为拉萨市 4 层集合住宅典型横向错列式住区布局及住宅单体采暖季立面单位面积平均太阳辐射量模拟结果。位于南侧的3栋（4、5、6）无日照遮挡住宅，南立面平均单位面积太阳辐射量为 408.8kWh；其北侧的 3 栋（1、2、3）住宅，南立面单位面积太阳辐射量均值为 394.3kWh。

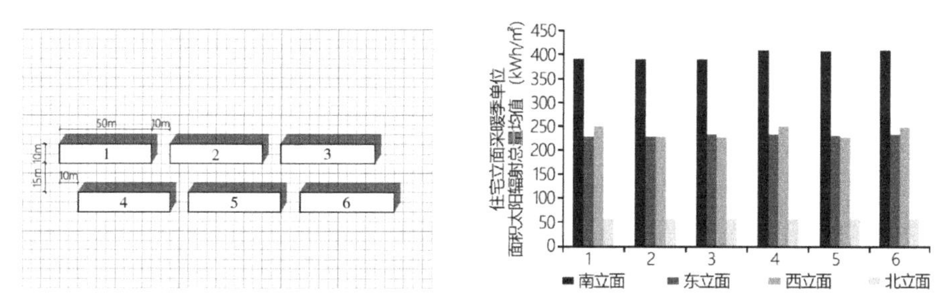

图 4-1-6　拉萨市 4 层集合住宅典型横向错列式布局及住宅立面采暖季单位面积太阳辐射总量均值

来源：根据 Ecotect 模拟结果整理绘制

图 4-1-7 为拉萨市 11 层集合住宅典型横向错列式住区布局及住宅单体采暖季立面单位面积平均太阳辐射量模拟结果。位于南侧的3栋（4、5、6）无日照遮挡住宅，南立面单位面积太阳辐射量均值为 408.2kWh，其北侧的 3 栋住宅（1、2、3），南立面平均单位面积太阳辐射量为 395.2kWh。

④ 混合交错行列式

图 4-1-8 为拉萨市 4 层集合住宅典型混合错列式住区布局及住宅单体采暖季立

面单位面积平均太阳辐射量模拟结果。位于南侧的 3 栋无日照遮挡住宅，南立面平均单位面积太阳辐射量为 406.8kWh，其北侧的 3 栋住宅，南立面单位面积太阳辐射量均值为 396.1kWh。

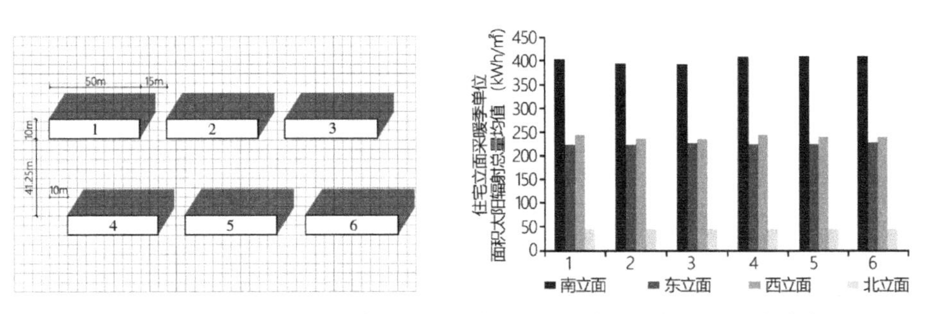

图 4-1-7　拉萨市 11 层集合住宅典型横向错列式布局及住宅立面采暖季单位面积太阳辐射总量均值

来源：根据 Ecotect 模拟结果整理绘制

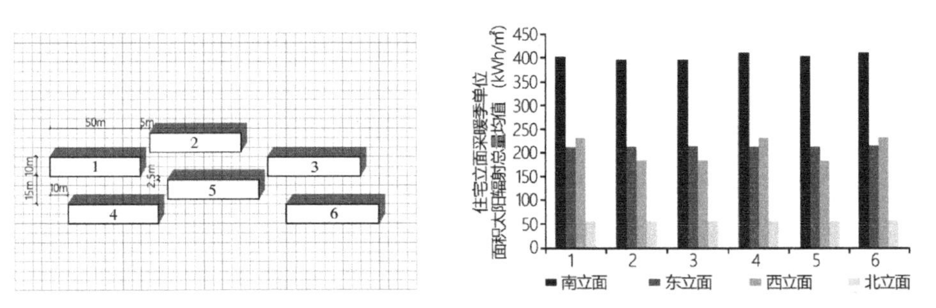

图 4-1-8　拉萨市 4 层集合住宅典型混合错列式布局及住宅立面采暖季单位面积太阳辐射量均值

来源：根据 Ecotect 模拟结果整理绘制

图 4-1-9 为拉萨市 11 层集合住宅典型混合错列式住区布局及住宅单体采暖季立面单位面积平均太阳辐射量模拟结果。位于南侧的 3 栋无日照遮挡住宅，南立面单位面积太阳辐射量均值为 403.1kWh，其北侧的 3 栋住宅，南立面平均单位面积太阳辐射量为 391.6kWh。

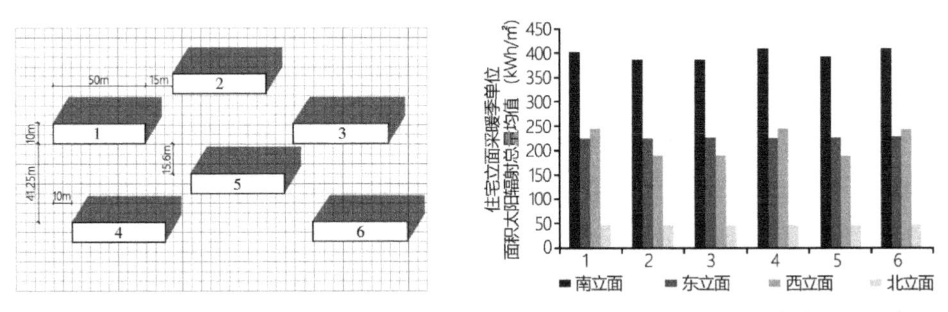

图 4-1-9　拉萨市 11 层集合住宅典型混合错列式布局及住宅立面采暖季单位面积太阳辐射量均值

来源：根据 Ecotect 模拟结果整理绘制

2）四种典型住区空间组织模式太阳辐射热利用潜力排序

图 4-1-10 是拉萨地区四种典型住区空间布局情况下，每栋住宅建筑采暖期南立面单位面积累计太阳辐射量模拟结果。由图可以看出，以 4 层集合住宅为例的 4 种典型多层住宅行列式住区空间布局，以混合错列式住宅采暖期南立面太阳辐射量最高，其住宅采暖期南立面单位面积太阳辐射量均值为 401.5kWh/m^2，其次为纵向错列式、平行行列式、横向错列式；以 11 层集合住宅为例的 4 种典型小高层住宅行列式住区空间布局，以平行行列式住宅采暖期南立面太阳辐射量最高，其住宅采暖期南立面单位面积太阳辐射量均值为 401.4kWh/m^2，其次为纵向错列式、混合错列式、横向错列式。因此，在日照间距系数为 1.25H、住宅东西向间距如图 4-1-2～图 4-1-9 所示时，拉萨地区及与其相似太阳辐射利用条件地区，多层集合住宅住区空间组织模式太阳辐射热利用潜力由高到低依次为：混合错列式、纵向错列式、平行行列式、横向错列式；小高层集合住宅住区空间组织模式太阳辐射热利用潜力由高到低依次为：平行行列式、纵向错列式、混合错列式、横向错列式。

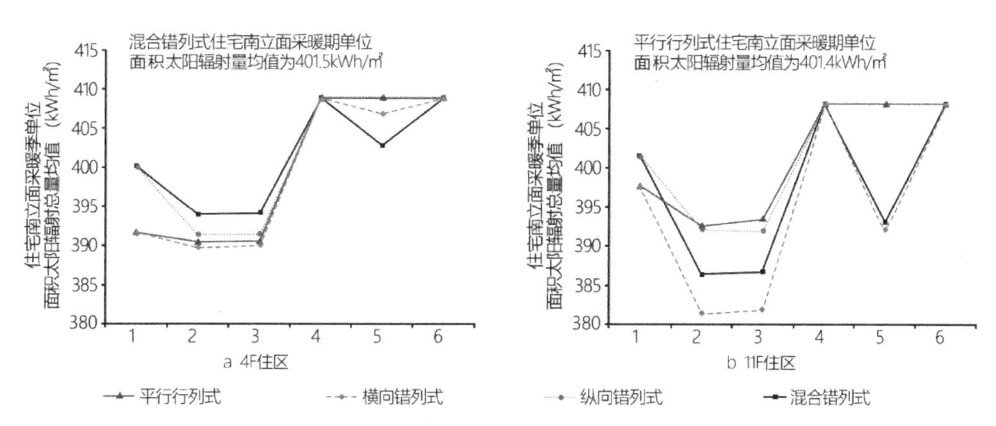

图 4-1-10　拉萨地区四种典型住区群体空间组织模式下住宅南立面单位面积太阳辐射量均值对比

来源：根据 Ecotect 模拟结果整理绘制

（2）建筑朝向对住南立面太阳辐射量的影响

住宅朝向合宜是室内获得充足太阳辐射热的前提条件，然而住宅主要朝向通常是根据用地周边的道路交通条件、景观条件、日照和容积率等因素综合判定形成的，并非固定、单一的。因此，建筑师在具体设计中可能会面对各种朝向。本节以多层、小高层住宅的 4 种典型住区空间组织模式为例，从住宅建筑表面太阳辐射量的角度对比分析朝向变化对住宅太阳辐射热利用潜力的影响。南立面是住宅直接获取太阳辐射热的主要外表面，以住宅南立面为代表，以 15° 作为一个计算间隔，模拟分析住宅南立面单位面积太阳辐射量与建筑朝向的关系。

图 4-1-11 是拉萨地区 4 种典型住区空间组织模式（以 4 层集合住宅为例）住宅南立面单位面积太阳辐射量伴随建筑朝向变化的模拟结果。由图可知，相比正南朝向而言，拉萨地区平行行列式、横向错列式住区住宅朝向为南偏东 0～30° 时，住宅南立面单位面积太阳辐射量均值增加，南偏东 15° 时增量最大，增幅为 1.3%；纵向错列式住区住宅朝向为南偏东 15° 时，住宅南立面单位面积太阳辐射量均值增加 0.47%，偏转角度为南偏东 30° 时，住宅南立面单位面积太阳辐射量均值增量为负。上述三种典型住区布局模式住宅朝向南偏东超过 45° 后，住宅南立面单位面积太阳辐射量下降显著，当住宅建筑朝向为南偏西时，住宅南立面单位面积太阳辐射量均值较正南向时持续下降，偏转角度大于 45° 后，南立面太阳辐射量急速下降。混合错列式住区住宅朝向为南偏西 0～30° 时，住宅南立面单位面积太阳辐射量均值增加，南偏西 30° 时增量最大，增幅为 0.64%；南偏西大于 45° 时，住宅南立面太阳辐射量下降显著；当住宅朝向为南偏东时，住宅南立面单位面积太阳辐射量均值较正南向时持续下降，当偏转角度大于 45° 时，住宅南立面太阳辐射量急速下降。

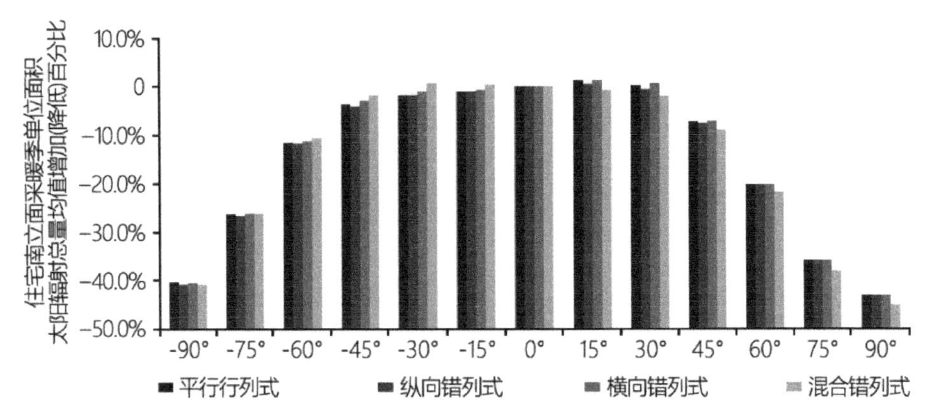

图 4-1-11　拉萨 4 种典型 4 层集合住宅住区空间组织模式、朝向与住宅南立面单位面积太阳辐射量的关系

来源：根据 Ecotect 模拟结果整理绘制

图 4-1-12 是拉萨地区 4 种典型住区空间组织模式（以 11 层集合住宅为例）住宅南立面单位面积太阳辐射量伴随建筑朝向变化的模拟结果。由图可知，较正南朝向而言，平行行列式住区布局朝向南偏东 0～15° 时，住宅南立面单位面积太阳辐射量均值增加，南偏东为 30° 时，住宅南立面单位面积太阳辐射量增量为负；纵向错列式住区布局朝向偏转，住宅南立面单位面积太阳辐射量增量均为负值，当偏转角度大于 45° 后，住宅南立面单位面积太阳辐射量均量急速下降；横向错列式住区布局南偏东超过 30° 后，住宅南立面单位面积太阳辐射量增量为负，南偏东 15° 时增量最大，增幅为 1.47%，向西偏转时，住宅南立面单位面积太阳辐射量增量均

为负值；混合错列式住区布局朝向南偏西 0～30° 时，住宅南立面太阳辐射量均值增加，南偏西 15° 时增量最大，增幅为 2.65%，南偏西大于 45° 时，住宅南立面太阳辐射量下降明显。

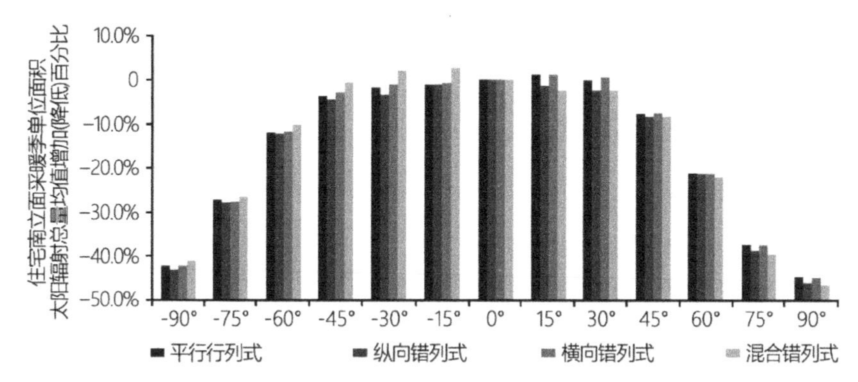

图 4-1-12　拉萨 4 种典型 11 层集合住宅住区空间组织模式、朝向与住宅南立面单位面积太阳辐射量的关系

来源：根据 Ecotect 模拟结果整理绘制

上述拉萨地区 2 种住宅类型在 4 种典型住区空间组织模式下的住宅朝向与采暖期住宅南立面太阳辐射量增减关系见表 4-1-1。总体来看，较建筑正南向而言，拉萨地区集合住宅朝向在南偏东 30° 至南偏西 15° 范围内时，住宅南立面单位表面积太阳辐射量增大。建筑朝向南偏东或南偏西超过 45° 后，住宅南立面单位表面积太阳辐射量大幅降低，住宅太阳辐射利用潜力降低，需在建筑单体设计环节通过户型空间布局调整和立面形态及围护结构构造补偿设计提高住宅太阳辐射热利用效率。

拉萨地区 8 种典型住区空间组织模式建筑朝向与住宅南立面太阳辐射量增减关系列表　　**表 4-1-1**

建筑朝向	典型 4 层集合住宅住区空间组织模式				典型 11 层集合住宅住区空间组织模式			
	平行行列式	纵向错列式	横向错列式	混合错列式	平行行列式	纵向错列式	横向错列式	混合错列式
南偏东 15°	1.3%	0.47%	1.47%	−0.82%	1.18%	−1.5%	1.51%	−2.44%
南偏东 30°	0.3%	−0.66%	0.53%	−2.11%	−0.17%	−2.41%	0.51%	−2.54%
南偏东 45°	−7.14%	−7.52%	−7.08%	−8.9%	−7.66%	−8.23%	−7.34%	−8.32%
南偏西 15°	−1.02%	−0.94%	−0.88%	0.39%	−0.89%	−1%	−0.58%	2.65%
南偏西 30°	−1.75%	−2.02%	−1.24%	0.64%	−1.71%	−3.26%	−0.92%	2.11%
南偏西 45°	−3.62%	−4.04%	−2.93%	−1.76%	−3.81%	−4.46%	−2.74%	−0.53%

数据来源：根据 Ecotect 模拟结果整理绘制。

（3）住宅间距变化对住区太阳辐射热利用潜力的影响

此处以最为常见的平行行列式住区空间组织模式为例，综合考虑住宅南北间距变化、东西山墙间距变化对住区容积率和采暖期住区建筑累计太阳辐射量的影响。

1）日照间距系数变化对住区太阳辐射热利用潜力的影响

以南北间距为1.25H、住宅分别为4层（容积率为1.18）和11层（容积率为1.87）的平行行列式为基准模型。调整建筑日照间距，分析日照间距系数对容积率和建筑立面采暖期太阳辐射照度的影响，模拟、计算结果如表4-1-2和表4-1-3所示。

拉萨典型4层集合住宅平行行列式住区日照间距系数与容积率、采暖期住宅表面太阳辐射总量的关系　　表4-1-2

日照间距系数	1.25H	1.35H	1.45H	1.55H	1.65H	1.75H	1.85H	1.95H	2.05H
容积率	1.18	1.15	1.12	1.09	1.05	1.03	1	0.98	0.96
容积率折减率	—	2.54%	5%	7.63%	11.02%	12.71%	15%	16.95%	18.64%
采暖期建筑表面太阳辐射照度（kWh）	390.48	400.07	403.32	405.89	407.50	408.10	408.18	408.24	408.30
太阳辐射总量增加率	—	2.46%	3.29%	3.95%	4.36%	4.51%	4.53%	4.55%	4.56%

来源：根据张昊．拉萨城市集合住宅太阳辐射利用与住区布局关联性研究［D］．西安建筑科技大学，2021绘制。容积折减率、太阳辐射总量增加率均相对基准模型而言。

拉萨典型11层集合住宅平行行列式住区日照间距系数与容积率、采暖期住宅表面太阳辐射总量的关系　　表4-1-3

日照间距系数	1.25H	1.35H	1.45H	1.55H	1.65H	1.75H	1.85H	1.95H	2.05H
容积率	1.87	1.78	1.7	1.63	1.56	1.5	1.44	1.39	1.34
容积率折减率	—	4.81%	9%	12.83%	16.58%	19.79%	23%	25.67%	28.34%
采暖期建筑表面太阳辐射照度（kWh）	392.56	400.19	403.62	405.57	406.96	407.52	407.59	407.65	407.70
太阳辐射总量增加率	—	1.94%	2.82%	3.31%	3.67%	3.81%	3.83%	3.84%	3.86%

来源：根据张昊．拉萨城市集合住宅太阳辐射利用与住区布局关联性研究［D］．西安建筑科技大学，2021绘制。容积率折减率、太阳辐射总量增加率均相对基准模型而言。

由表4-1-2、表4-1-3可知，拉萨4层和11层集合住宅平行行列式群体布局，当日照间距系数大于1.75H后，建筑表面太阳辐射照度增加率趋于平缓，即4层和11层集合住宅平行行列式布局的日照间距系数大于1.75H后，建筑间的日照遮挡基本可忽略；日照间距系数由1.25H变为1.35H时，建筑表面太阳辐射照度增量最为显著，容积率的折减率最小。因此，当土地开发强度需求相对较低时，如拉萨城市中心区边缘地带、集镇等，综合考虑土地集约化利用与加强太阳辐射利用，建筑日照间距系数推荐1.35H。

2）住宅东西间距对住区太阳辐射热利用潜力的影响

根据建筑防火间距要求控制住宅间东、西山墙最小间距，以 2m 为一个步长，分别模拟东西间距变化对 4 层和 11 层集合住宅平行行列式住区太阳辐射利用潜力的影响。对应东西间距变化的住区容积率和太阳辐射总量计算结果如表 4-1-4 和表 4-1-5 所示。由表可知，增加建筑东西向间距对住宅表面采暖期太阳辐射总量的影响并不明显，但对容积率的影响较大。

拉萨典型 4 层集合住宅平行行列式住区建筑东西间距与容积率、住宅南立面太阳辐射总量的关系 **表 4-1-4**

东西间距（m）	6	8	10	12	14	16	18	20	22	24
容积率	1.24	1.21	1.18	1.16	1.14	1.11	1.09	1.07	1.05	1.03
容积率折减率	—	2.42%	5%	6.45%	8.06%	10.48%	12%	13.71%	15.32%	16.94%
采暖期建筑南立面太阳辐射照度（kWh）	389.41	389.99	390.48	390.85	391.12	391.34	391.51	391.64	391.72	391.76
太阳辐射总量增加率	—	0.15%	0.27%	0.37%	0.44%	0.50%	0.54%	0.57%	0.59%	0.60%

来源：根据张昊．拉萨城市集合住宅太阳辐射利用与住区布局关联性研究［D］．西安建筑科技大学，2021 绘制。容积率折减率、太阳辐射总量增加率均相对基准模型而言。

拉萨典型 11 层集合住宅平行行列式住区建筑东西间距与容积率、住宅南立面太阳辐射总量的关系 **表 4-1-5**

东西间距（m）	13	15	17	19	21	23	25	27	29	31
容积率	1.91	1.87	1.83	1.8	1.76	1.72	1.7	1.67	1.64	1.61
容积率折减率	—	2.09%	4.19%	5.76%	7.85%	9.95%	10.99%	12.57%	14.14%	15.71%
采暖期建筑南立面太阳辐射照度（kWh）	391.98	392.56	393.10	393.63	394.15	394.62	395.05	395.45	395.81	396.15
太阳辐射总量增加率	—	0.15%	0.29%	0.42%	0.55%	0.67%	0.78%	0.88%	0.98%	1.06%

来源：根据张昊．拉萨城市集合住宅太阳辐射利用与住区布局关联性研究［D］．西安建筑科技大学，2021 绘制。容积率折减率、太阳辐射总量增加率均相对基准模型而言。

3）小结

综上所述，平行行列式住区住宅南北间距与住区容积率、住区太阳辐射热利用潜力关联敏感，综合考虑土地集约利用和加强住宅太阳辐射利用，针对有条件降低土地开发强度的拉萨城市边缘及其周边市、集镇等地区，建筑日照间距系数推荐 1.35H；东西向间距变化与住区太阳辐射热利用潜力关联较弱，但与住区容积率关联敏感，故在住区规划设计时，住宅东西间距根据建筑防火要求、建筑卫生视距等要求设定即可。

4.1.3 住区布局模式太阳辐射热利用潜力差异

此处以拉萨地区最为常见的三种居住区空间组织模式（平行行列式、纵向错列式和横向错列式）为例，通过对比住宅采暖期南立面太阳辐射量，分析三种群体空间组织模式和容积率组合形成的住区布局模式的太阳辐射热利用潜力差异，模拟计算结果如图 4-1-13 所示。

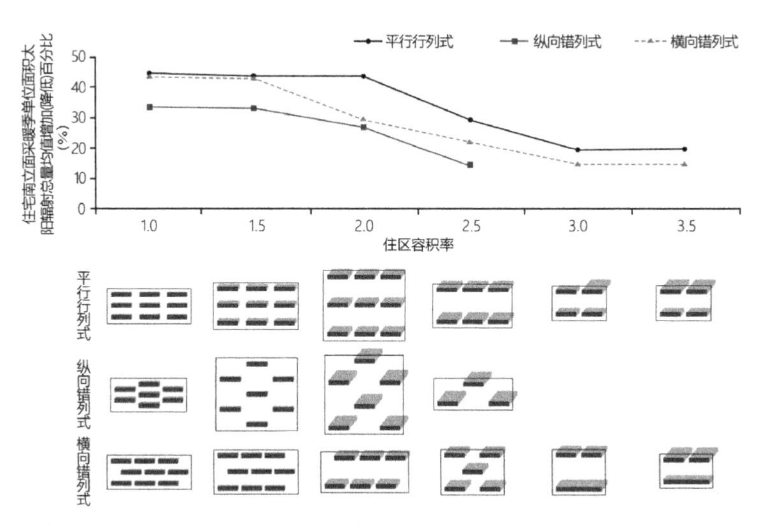

图 4-1-13　拉萨典型住区空间布局模式与其住宅南立面采暖期累计太阳辐射量的变化曲线
来源：根据 Ecotect 模拟结果绘制

平行行列式由于具有均好性的特点，住区整体太阳辐射利用情况较好。当容积率由 1.0 增加到 1.5 时，住区仍以较低密度排布，住区太阳辐射获得量变化不大。当容积率增加到 2.0 时，住区已经无法按照低密度的方式排布，此时达到拐点，住区太阳辐射获得量开始急剧下降。当容积率增加到 3.0 时，住区布局对太阳辐射获得量的影响已达到最大，随着容积率再次增加，住区太阳辐射获得量不再发生变化。横向错列式由于存在错列关系，在布局设计中受到的限制更多，当容积率大于 1.5 时，住区密度迅速提高，太阳辐射利用受到严重影响。纵向错列式住区整体太阳辐射获得量低于平行行列式和纵向错列式，当容积率大于 1.5 时，住区太阳辐射获得量下降较快。

建议将太阳辐射热利用潜力作为容积率等上位规划条件制定时考虑的要素之一，根据区域土地开发强度需求和住区类型，差异化权衡住宅建筑表面上的太阳辐射量在容积率考量时所占权重。如土地开发强度要求相对较低的区域，其新建住宅建筑和未来几年基本上均维持低层院落式住宅和多层住宅建设的状态；老年住宅的住区规划设计，宜优先考虑争取更多日照和太阳辐射量，利用太阳辐射热减少采暖用能需求，确定容积率时，加大住宅建筑表面上太阳辐射量的权重，以低容积率进行约束。

4.2 围护结构太阳辐射热利用分级

建筑围护结构又称为建筑表皮、建筑立面，承载了地域文化和精神内涵的表达，同时是建筑室内空间与室外环境交互的主要界面，关乎建筑使用的健康、舒适，与建筑用能需求、寿命密切相关，直接影响到建筑室内环境的舒适性①。围护结构设计对住宅太阳辐射直接利用效率起到决定性作用。由于建筑立面朝向的不同、建筑间日照遮挡，使得建筑物各朝向壁面太阳辐射照量分布不同、南立面太阳辐射照量分布不均匀，导致立面太阳辐射利用条件不同。目前西部地区建成住宅外窗采用单一的形态构造，坡屋顶"阴、阳面"采用相同的构造措施，各朝向外墙保温采用统一的构造做法，立面形态未针对性考虑太阳辐射的有效利用。

本节针对住宅建筑围护结构上太阳辐射量不均匀分布的特点，以五城市典型住宅为例，从太阳辐射热利用潜力的角度对住宅建筑围护结构进行分区，以便相应采取加强辐射热利用的形态及构造设计措施。

4.2.1 围护结构朝向太阳辐热利用分级

以全年日照时数最短的冬至日为冬季典型气象日，西部五城市建筑四个朝向垂直壁面的日总太阳辐射照量如图 4-2-1 所示，各朝向立面可接收的太阳辐射强度差异明显。以拉萨最为突出，其南立面日总太阳辐射强度是东、西向的 3 倍，银川、西宁、吐鲁番、乌鲁木齐的冬至日南向立面日总太阳辐射强度相近，是东、西向立面日总太阳辐射强度的 2 倍。从五城市居住建筑立面太阳辐射热利用潜力的角度将其分为三级，由高到低，依次为南向，东、西向，北向。

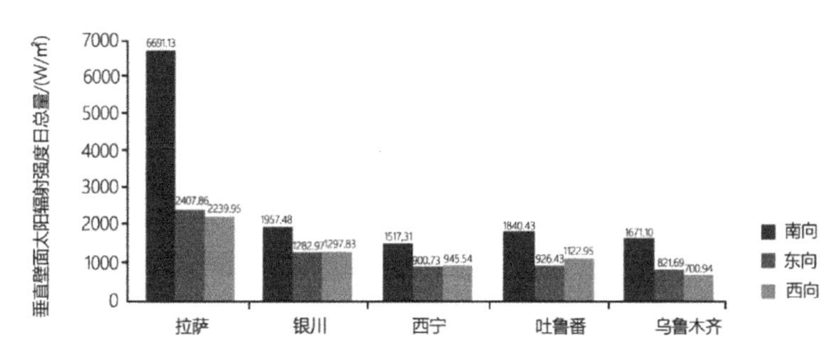

图 4-2-1　五城市冬至日各朝向垂直壁面太阳辐射强度日总量（W/m^2）

数据来源：根据《中国建筑标准气象数据库》计算

① 庄惟敏，祁斌，林波荣．环境生态导向的建筑复合表皮设计策略［M］．北京：中国建筑工业出版社，2014.

4.2.2 集合住宅南立面太阳辐射热利用分级

（1）五城市居住区典型布局

如前文所述，五城市居住区布局形式以行列式最为常见，其中“平行行列式”占比最大。与横向错列式、纵向错列式相比，平行行列式布局容积率较大，建筑间遮挡较前两者严重，太阳辐射得热量比前两者低，故以“平行行列式”为典型居住区群体空间组织模式，具有代表性。

根据前文对五城市住宅主体类型、户型面积、尺度的数据统计分析，设定居住区典型布局的住宅单元，分 6 层、11 层和 18 层三种类型。6 层、11 层住宅单元进深为 10m，面宽 25m，18 层住宅单元进深为 12m，面宽 25m，两个单元为一栋，层高设为 3m。图 4-2-2 为拉萨市住区平行行列式典型布局图，住宅南北间距根据《拉萨市城市规划条例实施细则》第四十九条规定设定为建筑高度的 1.25 倍，且同时满足冬至日满窗日照 1h 标准，东、西向间距按照防火要求最小间距控制。其余四城市根据各地城市规划管理技术规定和住宅日照间距标准，设定三种住区的住宅南北间距，见表 4-2-1，东、西向间距除乌鲁木齐 11 层、18 层住宅间距按照《乌鲁木齐市城乡规划技术管理规定》要求设定为 16m，其他均以建筑防火要求最小间距控制。

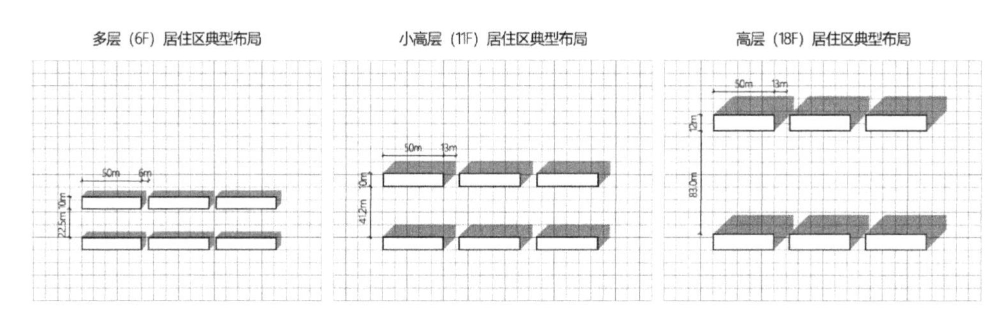

图 4-2-2　拉萨市居住区典型群体空间组织图

五城市居住区典型布局的住宅南北间距控制尺寸　　表 4-2-1

指标		拉萨	银川	西宁	吐鲁番	乌鲁木齐
日照时数要求 /h		冬至日 ≥ 1h	大寒日 ≥ 2h	冬至日 ≥ 1h	大寒日 ≥ 3h	大寒日 ≥ 2h
建筑南北间距控制	6 层住宅	22.5m	28.5m	30.0m	36.0m	35.0m
	11 层住宅	41.2m	53.0m	47.2m	65.0m	63.0m
	18 层住宅	67.5m	73.0m	77.2m	95.0m	80.0m

（2）南立面日照时数分段分布

基于上述居住区典型布局模式，模拟五城市三类住宅建筑南向立面日照时数分布情况。选用由课题组开发的基于 SketchUp 平台的 Sunhours 日照时数模拟分析插件，对五城市居住区典型布局中心住宅单元南向立面日照时数分布情况进行模拟，模拟结果如图 4-2-3 所示。南向立面日照时数分布呈现明显的分段规律，1～3h 分布密集，3h 及以上分布较为松散。

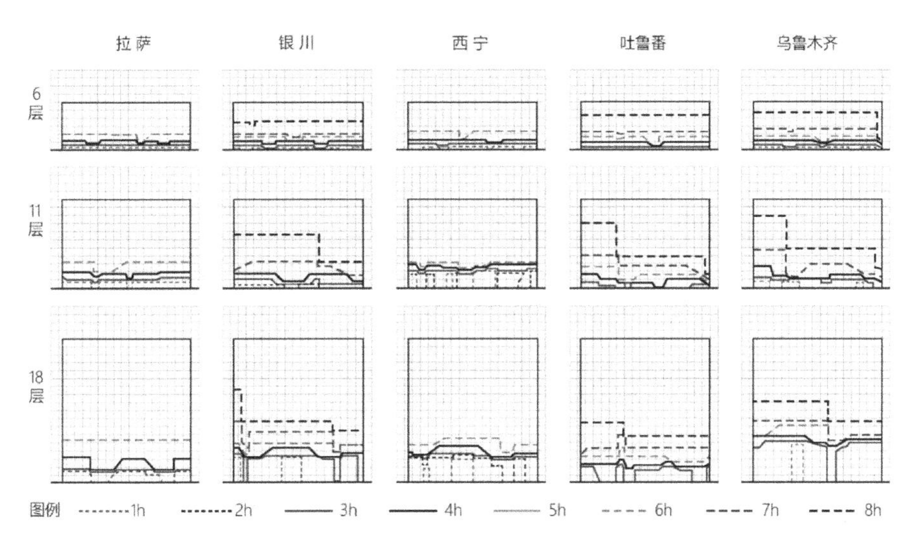

图 4-2-3 五城市居住区典型布局中心住宅南立面日照时数分布模拟分析图
（模拟日期按照五城市的城市规划管理技术规定和日照标准设定，网格尺寸为 3m × 3m）
数据来源：采用 SketchUp-Sunhours 模拟分析软件模拟

（3）住宅各层采暖负荷与南立面日照时数的关系

基于五城市居住区典型布局，考虑西部地区新建住宅以小高层（11 层）需求量最大，以小高层三室户为例，典型户型平面、窗墙面积比、围护结构构造采用前文所述五城市集合住宅现实构造情况，见图 2-6-3。在 Designbuilder 中建立居住区全景模型，模拟住区中心日照最不利住宅的各层全年采暖负荷。

图 4-2-4 为五城市居住区典型布局日照最不利住宅南立面日照时数分布情况与住宅各层采暖负荷的对照关系图。整体来讲，随着住宅南立面日照时数的增加，对应楼层采暖负荷降低；住宅单体“顶部”采暖负荷最大，这是由于虽然“顶部”南立面、屋面无日照遮挡，但屋面面积占比较大，失热严重造成的。五城市分别来讲，由各层采暖负荷变化率可知：拉萨市小高层住宅，3 层的采暖负荷降低最为明显，对应南立面日照时数为 4h 以上；银川市小高层住宅，2 层的采暖负荷降低最为明显，对应南立面日照时数为 3h 以上；西宁市小高层住宅，3 层的采暖负荷降低最为明显，对应南立面日照时数为 3h 以上；吐鲁番市小高层住宅，3 层的采暖负荷降低最为明显，对应南立面日照时数为 5h 以上；乌鲁木齐市小高层住宅，2 层的采暖负荷降低最为明显，对应南立面日照时数为 3h 以上。

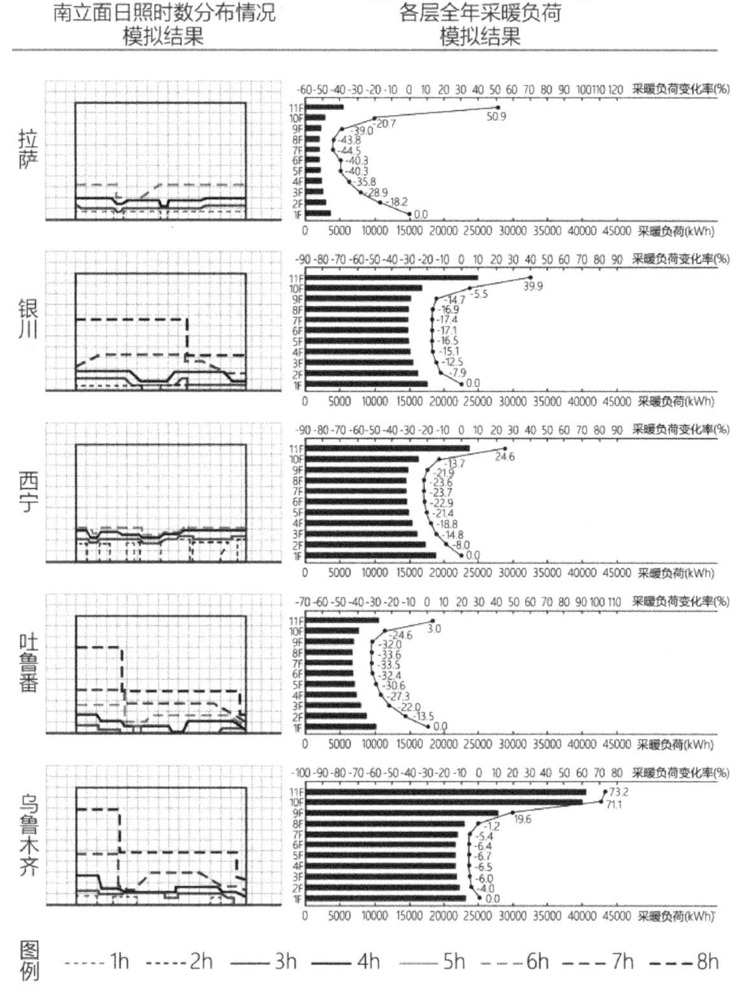

图 4-2-4　五城市居住区典型布局中小高层住宅南立面日照时数与每层全年采暖负荷对照图

数据来源：采暖负荷由 Designbuilder 软件计算，网格尺度为 3m×3m

（4）集合住宅南立面太阳辐射热利用分级阈值

综合考虑五城市住区规划日照标准、集合住宅南立面日照时数与楼层采暖负荷的关联敏感性，以及住宅单体“顶部”直接接收太阳辐射的表面面积大的特点，将集合住宅南立面太阳辐射热利用划分为 4 级，按照太阳辐射热利用潜力由高到低排列，依次为：“高敏区”、“敏感区”、“低敏区”、“一般区”，对应的五城市集合住宅南立面太阳辐射热利用分级阈值见表 4-2-2。

（5）南立面太阳辐射分级利用分区

根据前文所述西部五城市集合住宅南立面太阳辐射热利用分级阈值，以五城市居住区典型布局中心住宅为例，划分其南立面太阳辐射热利用设计分区，立面设计分区如图 4-2-5 所示。

五城市集合住宅南立面太阳辐射热利用分级阈值　　　表 4-2-2

代表城市		拉萨	西宁	银川	乌鲁木齐	吐鲁番
南立面太阳辐射热利用分级	高敏区	住宅顶部 1～3 层				
	敏感区	日照时数＞ 4h	日照时数＞ 3h	日照时数＞ 3h	日照时数＞ 3h	日照时数＞ 5h
	低敏区	日照时数 1h～4h	日照时数 2h～3h	日照时数 2h～3h	日照时数 2h～3h	日照时数 3h～5h
	一般区	日照时数≤ 1h	日照时数≤ 1h	日照时数≤ 2h	日照时数≤ 2h	日照时数≤ 3h

注：表中日照时数对应当地城市规划管理技术规定和日照标准日的日照时数计算值。

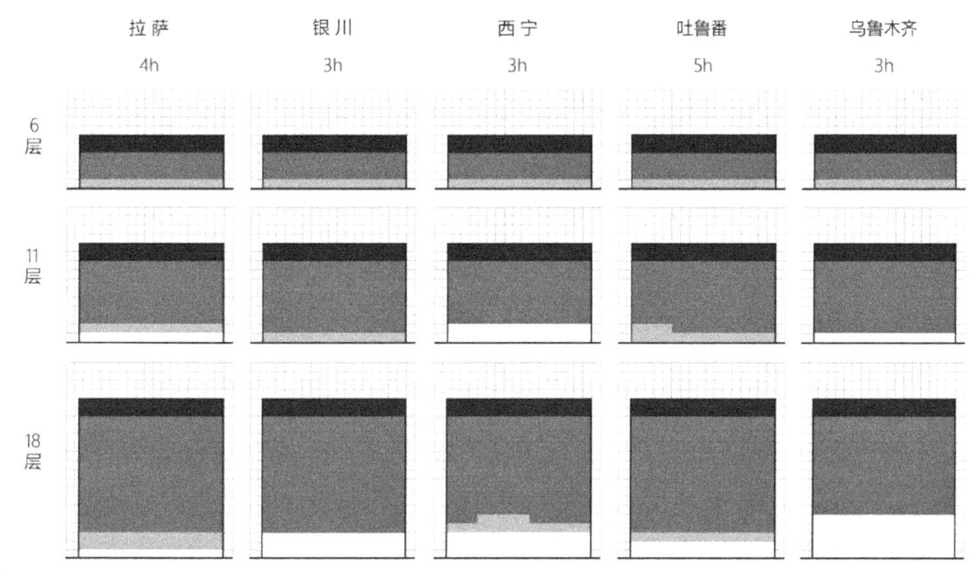

图 4-2-5　五城市居住区典型布局中心住宅南向立面“辐射热利用”分区示意图

4.3　太阳辐射得热空间利用规律探析

4.3.1　太阳辐射热效应空间传递过程

阳光通过南向玻璃直接进入房间，被室内地板、墙壁、家具等吸收后转变为热能，利用辐射换热、热传导和空气对流换热的方式，使太阳辐射转化为热能、自然流经建筑物并通过空间和围护结构控制热流方向，从而提高室内温度的方式，又被称为“直接受益式”，辐射得热加热室内空气的过程暂且称为“太阳辐射直接得热效应空间传递”。

前文实测研究结果表明，在住宅南北向进深较大的空间中，太阳辐射热效应使室内温度呈“三段式”分布，空间中的热量传递过程如图 4-3-1 所示。不同地区的冬季太阳高度角不同，室内被太阳直接照射的范围不同，围护结构透射、得热、保温等性能和地域太阳辐射资源富集程度及室外气温不同，室内直接太阳辐射得热对空间进深影响范围不同。

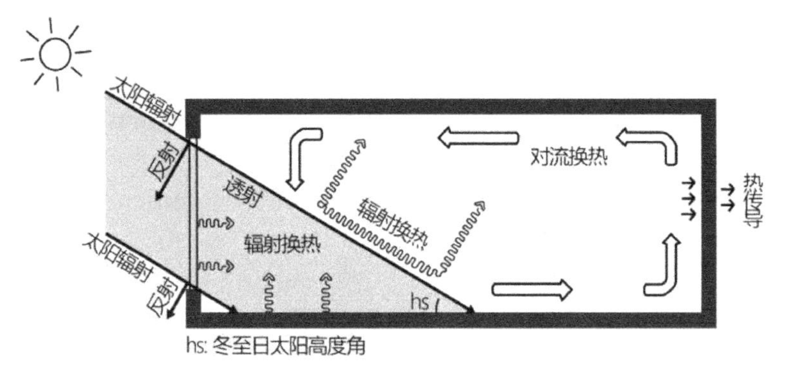

图 4-3-1　太阳辐射直接得热空间传递过程示意图

4. 3. 2　太阳辐射得热影响范围及热利用空间分区

（1）城镇住宅太阳辐射得热影响范围及其热利用空间分区方法

由本书第 2 章的拉萨和西宁地区住宅采暖季室内温度测试结果分析可知：受太阳辐射热效应影响，室内温度分布不均匀，“南北贯通空间”与太阳辐射热利用关联敏感，空间内温度出现明显的分段分布情况。基于该发现，耦合居住建筑功能空间组合规律及空间尺度需求，同时考虑住宅工业化生产的设计需求，结合工业化标准住宅通用体系空间划分方法，划定“太阳辐射得热影响范围”。

由于实测样本有限，采用计算流体力学软件模型 CFD（Computational Fluency Design）还原五城市住宅典型户型空间室内温度场。以冬至日为典型气象日，根据前文所述现场测试结果确定下午 14 : 30 为典型时段。通过调研数据统计，含有“南北贯通空间”的户型占比为 94%[①]，从“南北贯通”的空间组合方式来看，“南北贯通空间”呈现两种类型：南北直接贯通空间和南北错位贯通空间，其常见空间形态如图 4-3-2 所示。温度场模拟模型的南、北向窗墙面积比按照《严寒与寒冷地区居住建筑节能设计标准》JGJ 26—2018 对五城市居住建筑的窗墙面积约束条件设定，墙体为 200mm 厚加气混凝土砌块，楼板为 120mm 厚钢筋混凝土板。

① 冯智渊. 基于太阳辐射热效应规律的集合住宅贯通空间设计模式研究——以乌鲁木齐、拉萨为例 [D]. 西安：西安建筑科技大学，2020.

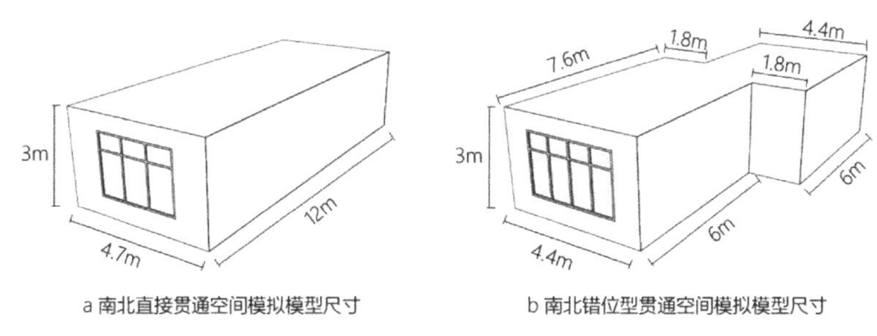

图 4-3-2 住宅“南北贯通空间”模拟模型形态

在工业化住宅通用体系里，模数是使住宅构件标准化的手段。20 世纪 60 年代中期，由荷兰的 N·约翰哈布瑞肯教授针对“二战”后大规模工业化住宅建设中存在的标准化和多养护等问题，提出了 SAR（Stiehting Architecter Research）住宅支撑体理论及体系，首次提出将住宅的设计与建造系统分为支撑体和可分单元（厨房、卫生间等），其模数网格有“界、区、段”之分，“区”为住宅进深方向的划分，代表不同使用功能空间的组合[①]；采用 100mm 和 200mm 的模数网格确定柱、墙等物质要素。到 20 世纪 90 年代，SAR 住宅支撑体理论及体系在世界范围内应用推广，在许多国家发展形成了体系化的新型工业化设计建造通用体系。以日本 NPS（New Plan System）住宅体系为例，其模数规划限定在空间内，即外墙轴线偏于墙体内侧，这种方式排除了因外围护结构材料、形式、厚度不同造成的误差，为工业化生产创造更为严谨和便利的条件。NPS 以 900mm 作为基本模数（M = 900），两墙之间的隔墙设施及厨卫模数采用 300mm，如图 4-3-3 所示；通过统一进深的方法，把规模和形态不同的住宅套型拼接起来，构成住栋系统，如图 4-3-4 所示。进一步的工业化住宅体系研究主要针对内装部品体系，以 CHS、KSI 住宅体系为代表，更加突出支撑体与填充体分离技术。

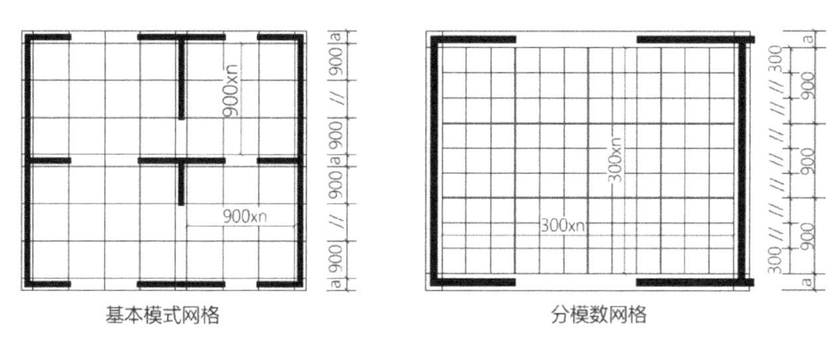

图 4-3-3 NPS 住宅体系的平面模数和房间模数图

来源：聂兰生，邹颖，舒平．21 世纪中国大城市居住形态解析［M］．天津：天津大学出版社，2004.

① 刘东卫等．SI 住宅与住房建设模式 体系·技术·图解［M］．北京：中国建筑工业出版社，2015.

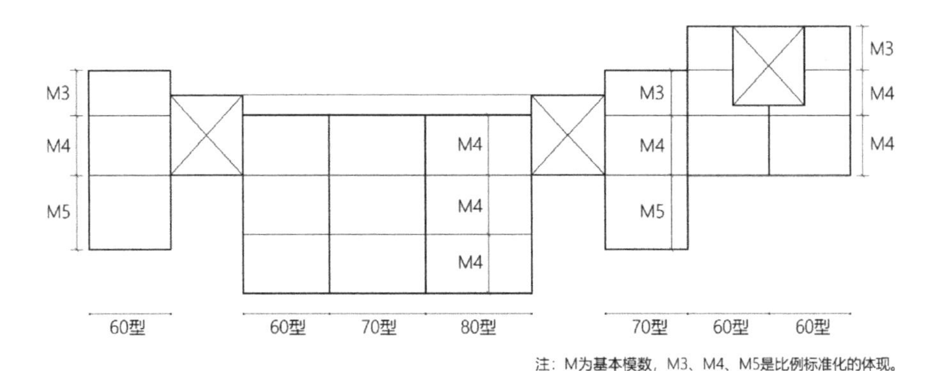

图 4-3-4　NPS 住栋构成组合图

资料来源：刘东卫等. SI 住宅与住房建设模式 体系·技术·图解［M］. 北京：中国建筑工业出版社，2015.

综合上述分析，引用 SAR 住宅体系“区”的概念，采用 NPS 住宅体系模数规划限定范围划分方法划分“城镇住宅太阳辐射热利用影响范围”及其“日射得热利用分区”。根据《建筑模数协调标准》GB/T 50002—2013 的模数协调原则，以 M ＝ 100mm 为基本模数，采用扩大模数 2nM/3nM 进行空间分区。

（2）五城市住宅太阳辐射得热影响范围及其热利用空间分区

1）拉萨住宅太阳辐射得热影响范围及其热利用空间分区

① 南北直接贯通空间太阳辐射热利用分区

通过对拉萨住宅采暖季自然运行状态下室内温度分布情况的测试，结果表明：温度场随着空间进深呈“三段式”分布。如图 4-3-5 所示，“第一段”，距离南向外界面 4m，该区域内温度受太阳辐射影响强烈，日间气温较高，综合实测样本的数据分析，能维持在 14℃以上；“第二段”受太阳辐射影响较“第一段”小，温度变化较为平缓，区域内温度维持在 10℃以上；“第三段”温度变化趋于平稳，温度场较为稳定，太阳辐射得热对该区域内温度扰动极小。由此判断拉萨地区住宅“太阳辐射得热影响范围”为 7m，由“第一段”和“第二段”组成，根据其温度数值与冬季热需求的关系，将“第一段”定义为“日射得热直接利用区”，“第二段”为“日射得热补偿利用区”，“第三段”则为“得热影响薄弱区”，拉萨住宅“太阳辐射热利用空间分区”如图 4-3-6 示。

② 南北错位型贯通空间太阳辐射热利用分区

采用拉萨住宅温度场测试数据验证 Fluent 的温度场模拟结果，发现模拟的温度数值与实测温度不同，但温度分段分布的空间规律一致，见图 4-3-7。说明通过 Fluent 模拟住宅采暖季自然运行状态下室内温度场来分析太阳辐射热空间利用规律的方法可行。

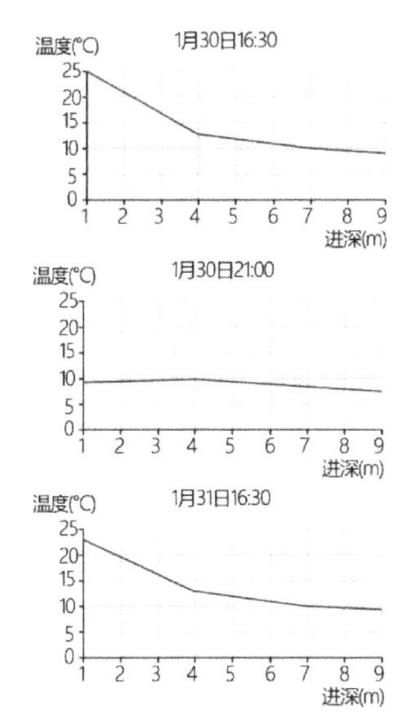

图 4-3-5 拉萨住宅南北直接贯通空间室内温度分布与进深尺度关联变化曲线

来源：根据拉萨测试样本南北直接贯通空间室内温度实测结果绘制

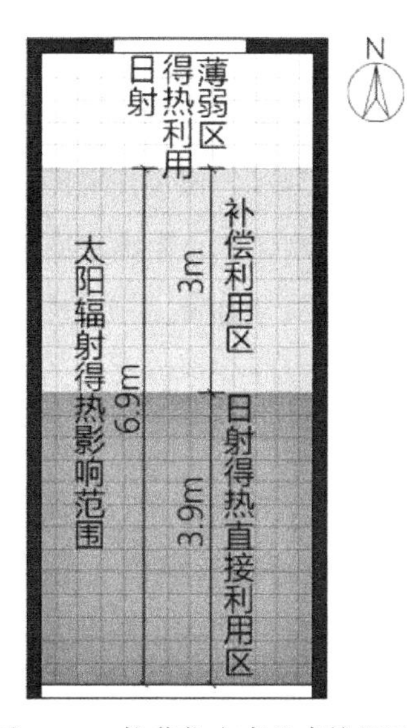

图 4-3-6 拉萨住宅南北直接贯通空间太阳辐射热利用空间分区示意图

来源：根据实测结果分析绘制

图 4-3-8a 为拉萨集合住宅常见的“南北错位型贯通空间”进深方向冬至日室内温度分布模拟云图。由图可知，“南北错位型贯通空间”温度场在进深 5.2m 处出现分层，5.2m 范围内等温线聚集，在 9.4m 处温度再次出现分层。结合扩大模数 3M 划分拉萨住宅“南北错位型贯通空间”太阳辐射热利用分区，如图 4-3-8b 所示，“太阳辐射得热影响范围”为 9.6m，“日射得热直接利用区”确定为 5.1m 内，“日射得热补偿利用区”范围为“日射得热直接利用区”北侧 4.5m 内、距离“错位”接口空间南界面 3.6m 处。

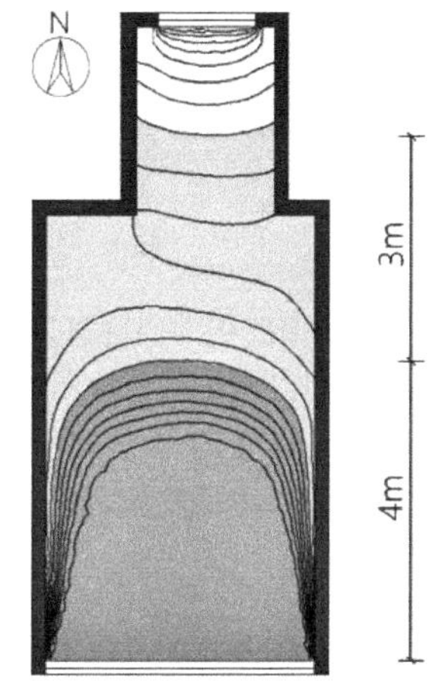

图 4-3-7 拉萨测试住宅南北直接贯通空间温度模拟云图

来源：以 Fluent2020 模拟云图为底图绘制

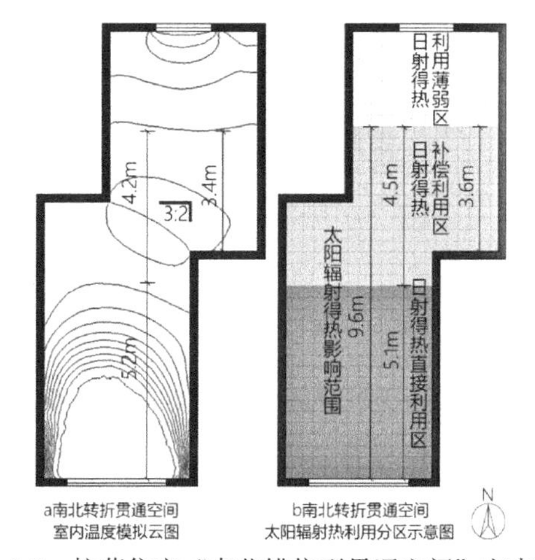

图 4-3-8 拉萨住宅“南北错位型贯通空间”室内温度模拟云图及其“太阳辐射热利用空间分区”示意图

来源：以 Fluent2020 模拟云图为底图绘制，等温线温差为 1.3℃

2）银川住宅太阳辐射热利用空间分区

① 南北直接贯通空间太阳辐射热利用分区

图 4-3-9a 为银川住宅南北直接贯通空间室内等温线模拟云图，由图可知：由南向北，温度递减，距离南向墙体内界面 10.1m 后，温度出现明显分层现象，结合基本模数（M ＝ 300mm）将银川住宅“太阳辐射得热影响范围”划分为 9.9m；5.7m 范围内，温度分布较密集，将其确定为“日射得热直接利用区”；“日射得热补偿利用区”范围为“日射得热直接利用区”北侧 4.3m 进深范围内，如图 4-3-9b 所示。

② 南北错位型贯通空间太阳辐射热利用分区

图 4-3-10a 为银川住宅常见的“南北错位型贯通空间”进深方向冬至日室内温度分布模拟云图，温度场在进深 5.4m 处出现分层，即 5.4m 范围内等温线聚集，5.4m 以后等温线分布较为松散，4.6m 后温度分层相对明显。同样以扩大模数 3M 划分银川住宅“南北错位型贯通空间”太阳辐射热利用分区，如图 4-3-10b 所示，其“太阳辐射得热影响范围”为 9.9m，“日射得热直接利用区”确定为 5.4m 内，“日射得热补偿利用区”范围为“日射得热直接利用区”北侧 4.5m 内、距离“错位”接口空间南界面 3.9m 处。

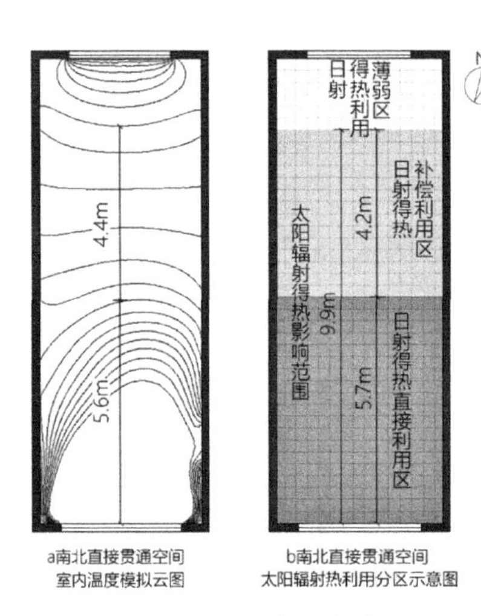

图 4-3-9　银川住宅“南北直接贯通空间”室内温度模拟云图及其“太阳辐射热利用空间分区”示意图

来源：以 Fluent2020 模拟云图为底图绘制，等温线温差为 1.3℃

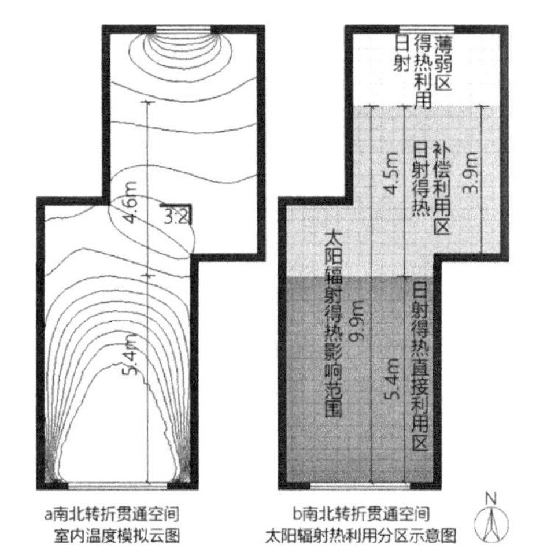

图 4-3-10　银川住宅“南北错位型贯通空间”室内温度模拟云图及其“太阳辐射热利用空间分区”示意图

来源：以 Fluent2020 模拟云图为底图绘制，等温线温差为 1.3℃

3）西宁住宅太阳辐射热利用空间分区

① 南北直接贯通空间太阳辐射热利用分区

如图 4-3-11 所示，以本书第 2 章中西宁住宅实测样本 1 的温度分布情况为例，采暖季自然运行状态下，西宁住宅室内进深方向的温度变化以距离南向外界面 4m 以内，温度受太阳辐射影响，变化最为敏感；4～5m 温度相同且全天基本保持不变，维持在 12℃上下；5～9m 进深范围内，随进深的增加，空气温度变化平缓，且 9m 处温度值高于北向无太阳辐射直接得热房间的室内温度 1℃左右，即进深 9m 位置时，依然受太阳辐射影响，但影响程度较小。

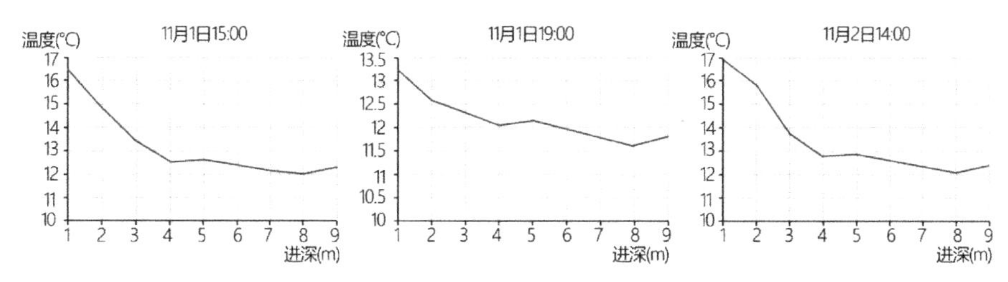

图 4-3-11 西宁住宅南北直接贯通空间室内温度分布与进深尺度关联变化曲线
来源：根据西宁测试样本南北直接贯通空间室内温度实测结果绘制

基于以上分析，推断西宁住宅“太阳辐射得热影响范围”为 9m，“得热直接利用区”范围为距离南向外界面 5m 以内，“得热补偿利用区”为空间进深 5～9m 之间的区域内，进深尺度大于 9m 以后的空间，太阳辐射得热影响极小，定义为“得热影响薄弱区”，如图 4-3-12 所示。

② 南北错位型贯通空间太阳辐射热利用分区

图 4-3-13a 为西宁集合住宅常见的“南北错位型贯通空间”进深方向冬至日室内温度分布模拟云图。由图可知，“南北错位型贯通空间”温度场在进深 5.2m 处出现分层，5.2m 范围内等温线聚集，在 9.4m 处温度再次出现分层。结合扩大模数 3M 划分拉萨住宅“南北错位型贯通空间”太阳辐射热利用分区，如图 4-3-13b 所示，“太阳辐射得热影响范围”为 9.6m，“日射得热直接利用区”确定为 5.1m 内，“日射得热补偿利用区”范围为“日射得热直接利用区”北侧 4.5m 内、距离“错位”接口空间南界面 3.6m 处。

4）吐鲁番住宅太阳辐射热利用空间分区

① 南北直接贯通空间太阳辐射热利用分区

吐鲁番住宅南北直接贯通空间温度场的模拟模型南向窗墙面积比为 0.5，北向窗墙面积比为 0.3，与吐鲁番住宅常见窗墙面积比接近，同时符合国家居住建筑节能标准对该地区居住建筑窗墙面积比的要求。根据室内等温线模拟云图可知：由南向北，温度递减，距离南向墙体内界面 10.1m 后，温度出现明显分层现象，结合基本模数（M = 300mm）将吐鲁番住宅“太阳辐射得热影响范围”划分为 9.9m；6m 范围内，温度分布较密集，将其确定为“日射得热直接利用区”；“日射得热补偿利用区”范围为“日射得热直接利用区”北侧 3.9m 进深范围内，如图 4-3-14 所示。

② 南北转折贯通空间太阳辐射热利用分区

图 4-3-15a 为吐鲁番住宅“南北错位型贯通空间”进深方向冬至日室内温度分布模拟云图，等温线在进深 8.3m 范围内相对聚集，再往北 1.6m 位置处，温度出现分层，但整体来看，9.9m 范围内等温线间距较为均匀。因此，将吐鲁番住宅“南北错位型贯通空间”的“太阳辐射得热影响范围”划定为 9.9m，如图 4-3-15b 所示。

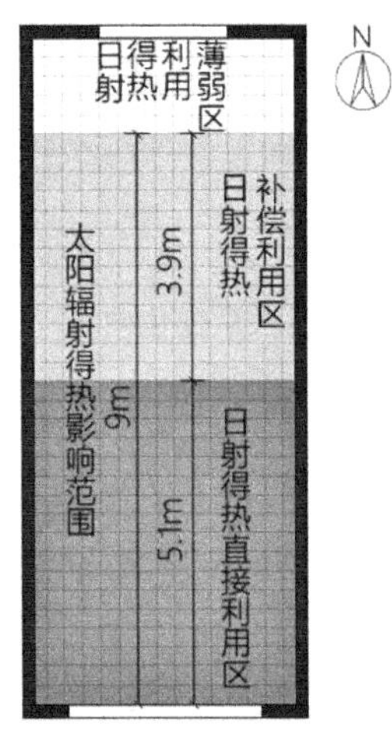

图 4-3-12 西宁集合住宅南北直接贯通空间太阳辐射热利用空间分区示意图

来源：根据实测结果分析绘制

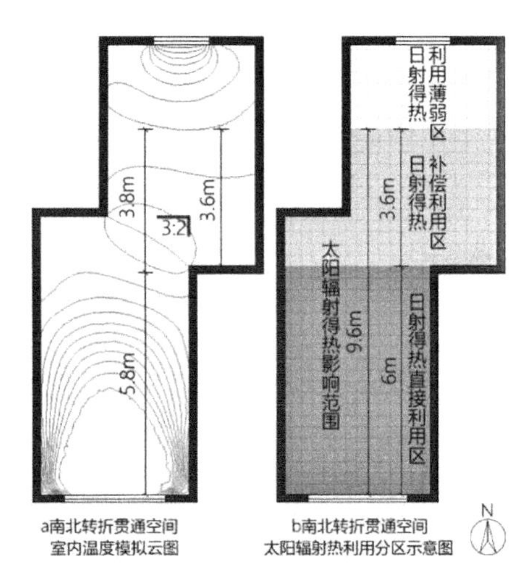

图 4-3-13 西宁住宅“南北错位型贯通空间”室内温度模拟云图及其“太阳辐射热利用空间分区”示意图

来源：以 Fluent2020 模拟云图为底图绘制，

等温线温差为 1.3℃

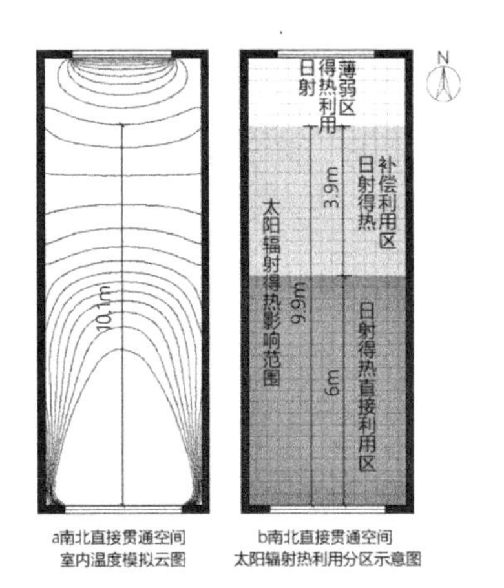

图 4-3-14 吐鲁番住宅“南北直接贯通空间”室内温度模拟云图及其“太阳辐射热利用空间分区”示意图

来源：以 Fluent2020 模拟云图为底图绘制，等温线温差为 1.3℃

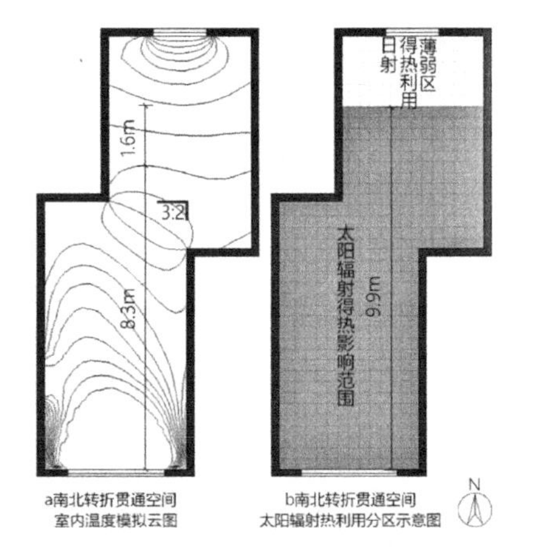

图 4-3-15 吐鲁番住宅“南北错位型贯通空间”室内温度模拟云图及其“太阳辐射热利用空间分区”示意图

来源：以 Fluent2020 模拟云图为底图绘制，等温线温差为 1.3℃

5）乌鲁木齐住宅太阳辐射热利用空间分区

① 南北直接贯通空间太阳辐射热利用分区

乌鲁木齐住宅南北直接贯通空间温度场的模拟模型南向窗墙面积比为 0.5，北向窗墙面积比为 0.3。根据室内等温线模拟云图 4-3-16a 可知：由南向北，温度递减，距离南向墙体内界面 6m 范围内，等温线分布密集；进深 10m 后，温度出现明显分层现象。结合基本模数（M ＝ 300mm）将乌鲁木齐住宅“太阳辐射得热影响范围”划分为 9.9m；6m 范围内为“日射得热直接利用区”；“日射得热补偿利用区”范围为“日射得热直接利用区”北侧 3.9m 进深范围内，如图 4-3-16b 所示。

② 南北错位型贯通空间太阳辐射热利用分区

图 4-3-17a 为乌鲁木齐住宅常见的“南北错位型贯通空间”进深方向冬至日室内温度分布模拟云图，等温线整体分布较为均匀，分别在进深 2.7m 处、10.2m 处出现温度分层。同样以扩大模数 3M 划分银川住宅“南北错位型贯通空间”太阳辐射热利用分区，如图 4-3-17b 所示，其“太阳辐射得热影响范围”为 10.2m。

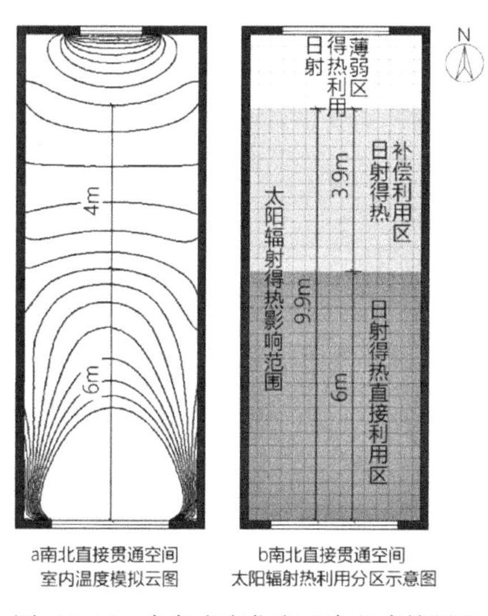

图 4-3-16 乌鲁木齐住宅“南北直接贯通空间”室内温度模拟云图及其“太阳辐射热利用空间分区”示意图

来源：以 Fluent2020 模拟云图为底图绘制，等温线温差为 1.3℃

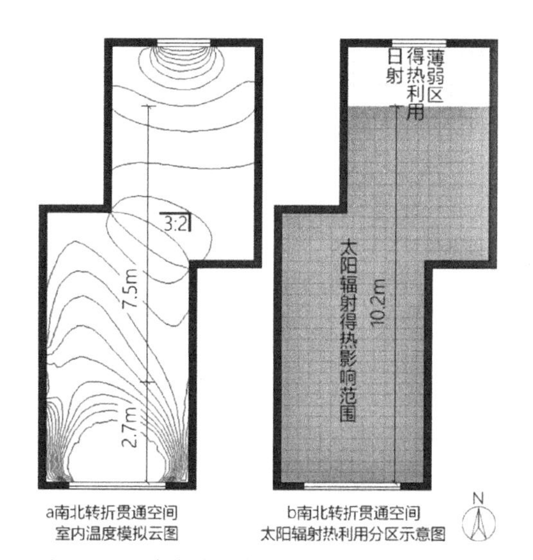

图 4-3-17 乌鲁木齐住宅“南北错位型贯通空间”室内温度模拟云图及其“太阳辐射热利用空间分区”示意图

来源：以 Fluent2020 模拟云图为底图绘制，等温线温差为 1.3℃

4.3.3 扩大太阳辐射直接得热影响范围的空间设计要素

（1）南北贯通的户型空间组合方式能够扩大太阳辐射直接得热影响范围。直接贯通的空间组合方式与错位贯通组合方式相比，两者太阳辐射直接得热影响范围相近，但错位贯通空间受到接口处空间形式与尺度对对流换热的影响，日射得热补偿利用区温度相对直接贯通型空间日射得热补偿利用区温度低。

（2）增加层高能够扩大太阳辐射直接得热影响范围。层高增加，太阳直接照射到室内的范围扩大，太阳辐射得热影响范围随之扩大。

（3）扩大外窗面积能够扩大太阳辐射直接得热影响范围。扩大外窗面积，太阳直接照射到室内的范围扩大，得热增加，对室内空间的影响范围随之扩大。

（4）采用太阳辐射得热系数大、传热系数小的外窗，增加日间太阳辐射得热，减少夜间失热，能够扩大太阳辐射得热直接影响范围。

（5）通过集热蓄热效应墙体扩大太阳辐射直接得热影响范围，如转换墙体为集热蓄热墙、太阳墙等，增加室内太阳辐射得热量，同时加快室内空气与集热蓄热墙、太阳墙的腔体间空气的对流换热，从而扩大太阳辐射得热影响范围。

（6）提高日射得热利用薄弱区围护结构保温性能，削弱室外低温对室内热环境的影响，扩大太阳辐射直接得热影响范围。

4.4 透明围护结构与太阳辐射热利用的关联性

4.4.1 住宅透明围护结构太阳辐射热利用影响因素

（1）住宅透明围护结构设计影响因素

外窗设计除了满足采光、通风、日照、卫生、观景等需求外，还受到室内空间环境营造以及建筑风貌设计的影响，同时外窗设计还受到热工性能的约束。从热损失的角度来看，严寒与寒冷地区居住建筑采暖能耗中，冬季通过外窗的失热量占很大比重，以我国4单元6层砖墙、混凝土楼板结构的通用型多层住宅为例，外窗的热损失约占建筑外围护结构全部热损失的47%～56.7%[①]，以西安建筑科技大学一栋住宅楼为例，由外门窗引起的耗热量占建筑总耗热量的56.7%[②]。从太阳辐射得热的角度来看，辐射得热量随着窗墙比的扩大而持续增加，但各地区冬季太阳辐射资源富集程度以及室外气温条件的不同，其居住建筑南向外窗冬季典型气象日辐射得热与失热的平衡点各不相同[③]，如图4-4-1所示。

---

① 曹立辉，王立雄．天津地区居住建筑中合理开窗与冬季节能的关系［D］．建筑技术，2005（10）：762-765.

② 刘加平．建筑物理［M］．北京：中国建筑工业出版社，2009：74.

③ 杜玲霞．西北居住建筑窗墙面积比研究［D］．西安建筑科技大学．

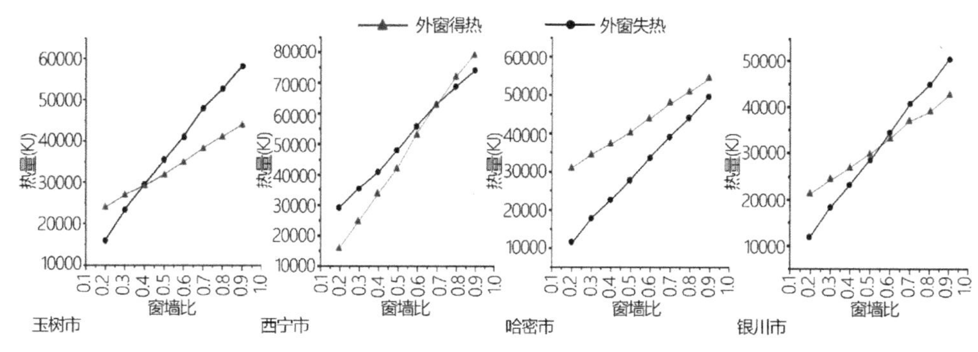

图 4-4-1 西北地区居住建筑南向窗墙面积比与太阳辐射得热、热损失变化关系图
图片来源：杜玲霞．西北居住建筑窗墙面积比研究［D］．西安建筑科技大学．

基于采光、通风、减少热损失、减少夏季得热的性能要求，国家和地方建筑法规对窗墙比及其外窗传热系数、外窗可开启面积和太阳得热系数进行了约束。但采光较容易满足，起居室、卧室等主要功能房间窗地比不小于 1/6，经换算，住宅建筑窗墙比为 0.2 左右即可满足采光要求。南向外窗作为住宅建筑太阳辐射得热及立面形态构成的关键构件，其形态设计除上述影响因素外，同时还受到太阳辐射得热量与失热量之间关系的约束。

建筑物南向围护结构是主要接收太阳辐射的表面①，南向窗口的太阳辐射得热量是保证利用太阳辐射减少采暖用能需求的前提。在太阳能富集地区，扩大南向窗墙比，能够增加室内太阳辐射得热量，但同时热损失也增加，另外还可能造成夏季过热，多目标之间的平衡，还与当地住宅建造水平、太阳辐射资源、室外气温密切相关。

（2）住宅透明围护结构太阳辐射热利用影响因素

外窗朝向、开窗面积的大小、窗户传热系数、太阳得热系数、气密性、窗户形状均与住宅透明围护结构太阳辐射利用直接相关。

窗墙比与窗户的朝向、传热系数、太阳得热系数共同作用，存在动态关联性。通常情况下，非南向窗户为净失热构件，过大的非南向外窗的窗墙面积比会增大住宅冬季采暖用能需求，南向外窗在太阳能富集的地区或其性能参数达到某种程度时，可成为净得热构件。例如位于柏林的低能耗住宅，北向围护结构以混凝土实墙为主，仅开竖条小窗，立面“封闭”感较强，减少失热，同时成为大面积蓄热体②；南向采用落地窗，最大化获得太阳辐射热，立面“开敞”、透明度高；南北向围护结构由于窗墙面积比的不同，立面形态差异明显。以济南地区为例，围护结构性能达到近零能耗标准的要求时，南向外窗的得热能力远大于建筑整体的失热，成

① 杨柳．建筑气候学［M］．北京：中国建筑工业出版社，2010.
② 李振宇，邓丰，刘智伟．柏林住宅——从 IBA 到新世纪［M］．北京：中国电力出版社，2007.

为净得热构件[①]。

不同形状的窗户对室内热环境的影响也大不相同。同一房间南向窗户面积相同，由于窗户高宽比例不同，太阳直接照射位置的不同，使得室内热环境也不相同（图 4-2-2）。当住宅采用水平长窗时，太阳辐射直射区域较为集中；外窗为竖向长窗时，太阳辐射直射面积覆盖的进深范围较大。

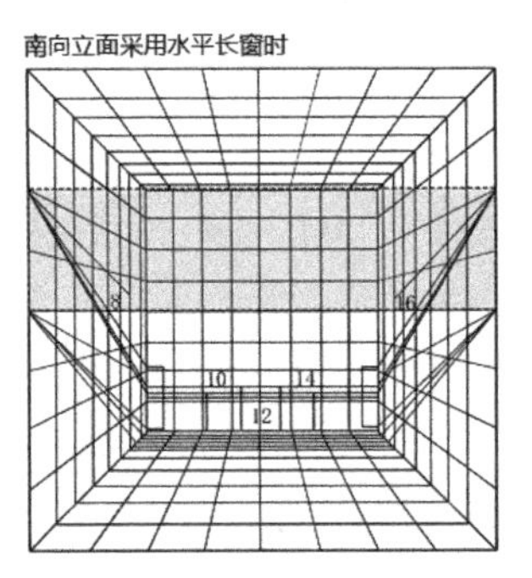

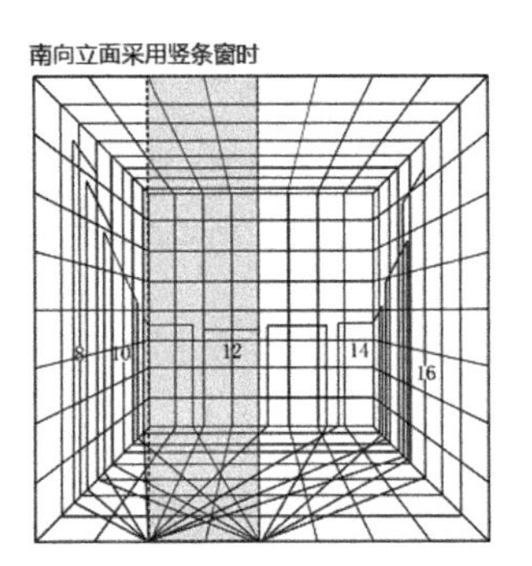

图 4-4-2　窗户形状与太阳直接照射范围的变化

来源：（日）彰国社编. 被动式太阳能建筑设计. 任子明，马俊等译. 北京：中国建筑工业出版社，2004：25.

综上，外窗的朝向、窗墙面积比、传热系数、太阳得热系数、高宽比例是直接影响住宅透明围护结构利用太阳辐射改善室内热舒适环境的设计要素。

（3）五城市住宅常用外窗类型及其性能参数

根据课题组 2020 年对五城市近年来新建城镇住宅建造实况调查以及对当地外窗厂家的访问，目前五城市城镇住宅建筑外窗主要类型、热工参数及造价见表 4-4-1。

五城市城镇住宅目前常用外窗热工性能参数和造价　　表 4-4-1

窗框材料	玻璃材料		传热系数 W/（m²·K）	太阳得热系数	主要使用城市	价格（元/m²）
铝	单层高透光透明玻璃		6.4	0.82	拉萨	180
断桥铝合金	双层中空玻璃	6 + 12A + 6	3.2	0.70	拉萨、银川、西宁、吐鲁番	450～500
		6 Low-E + 12A + 6	2.5	0.40	银川、西宁、吐鲁番	530～580
	三玻两腔	6 + 12A + 6 + 12A + 6	2.2	0.56	银川、西宁、乌鲁木齐	500～650
		6 Low-E + 9A + 6 + 9A + 6	1.5*	0.33	乌鲁木齐	580～730
塑钢	双层中空玻璃	6 + 12A + 6	2.7	0.70	拉萨、西宁、吐鲁番	260～300
		6 Low-E + 12A + 6	2.0	0.40	银川、西宁、吐鲁番	320～380
	三玻两腔	6 + 12A + 6 + 12A + 6	1.40*	0.56	银川、西宁、乌鲁木齐	330～380
		6 Low-E + 12A + 6 + 12A + 6	1.34	0.33	乌鲁木齐	410～460

* 传热系数来源：民用建筑热工设计规范 GB 50176—2016。其他数据来源：根据调查结果统计

① 房涛，李洁，王崇杰等. 太阳辐射得热影响下的近零能耗住宅体形设计研究［J］. 西安建筑科技大学学报（自然科学版），2020，52（2）：287-295.

根据填充气体的品种、玻璃间距和涂层的品种，三层保温玻璃的传热系数目前可以做到0.5～0.8W/（m^2·K），一般有两层玻璃镀膜。木结构三玻中空氪/氩惰性气体填充的外窗，整窗传热系数可做到0.8W/（m^2·K），安装好的窗户，传热系数也能做到0.85W/（m^2·K）以下。目前，五城市建材市场上居住建筑用的高性能保温外窗，整窗传热系数可做到1.6W/（m^2·K），价格为3000～3500元/m^2。

4.4.2　双层透明围护结构对太阳辐射热利用的影响

（1）双层透明围护结构类型及太阳辐射热利用原理

1）住宅中常见的双层透明围护结构类型

根据住宅建筑中常见双层透明围护结构形态，按照其双层透明围护结构之间的间距，将复合型透明围护结构分为三类：构造尺度的双层组合窗、辅助行为尺度的观景式阳台以及行为尺度的生活阳台。

2）双层透明围护结构太阳辐射热缓冲缓释原理

按照双层透明围护结构太阳辐射热作用原理，将其分由双层透明结构围合形成的空间称为“集热空间”，与其相邻空间室内温度直接受到集热空间热效应的影响，将其定义为“集热效应影响空间”。

图4-4-3为双层透明围护结构昼、夜热过程分析图。日间，太阳辐射透过透明围护结构照射到双层透明围护结构空腔内和其相邻空间内，转化为热能，从而使空腔内的温度和其相邻空间内的温度上升，空腔内温度上升后又以热传导和辐射换热的方式与其相邻空间进行热交换。夜间，室内空间主要以围护结构的热传导向外散热，室内外温差越大，传热越快，失热越多，双层透明围护结构空腔减小了与相邻空间热传导的温度差，从而减少失热，起到热缓冲作用。

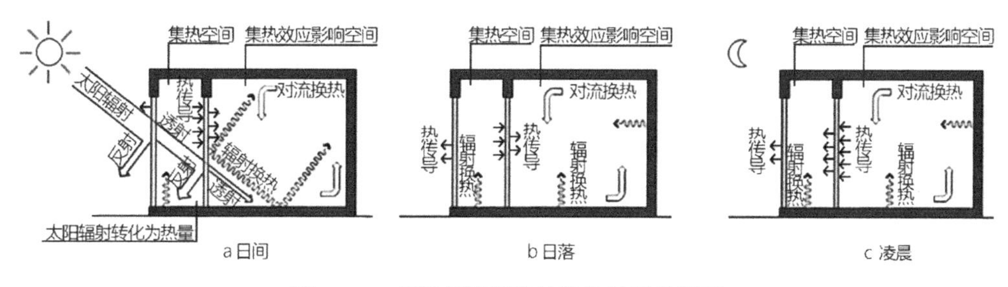

图4-4-3　双层透明围护结构热过程分析图

（2）双层透明围护结构太阳辐射热作用机理研究

为探明冬季太阳辐射热作用下双层透明围护结构的太阳辐射热作用机理，采用足尺模型现场测试的方法，对比分析集热空间进深尺度对集热效应影响空间内温度的影响。此次实验共搭建 3 个实验房，以集热空间进深尺度为变量，分别为 200mm、600mm、1400mm，代表了前文所述 3 类双层透明围护结构。

1）实验方案

① 测试内容

按照《被动式太阳房技术条件与热性能测试方法》（GB/T 15405—94）要求进行短期测试，测试内容包括室外气温、太阳总辐射照度、风速，对比测试 3 个实验房的室内空气温度、双层透明围护结构形成的集热空间内空气温度、壁面温度、室内总太阳辐射照度、组合窗热流密度（计算双层组合窗传热系数）。

② 测试对象

3 个实验房尺寸如图 4-4-4 所示，双层组合窗空腔尺度分别为 200mm（a）、600mm（b）、1400mm（c），代表了居住建筑中 3 种不同的外窗“组合”应用情景，即构造尺度的双层窗户、辅助行为尺度的一步式封闭阳台和行为尺度的生活阳台。实验房南向设双层组合窗，窗高 1.8m，宽 1.6m，窗墙比为 0.5，开启方式为平开窗，可开启面积占窗户面积 83.3%，其他朝向均封闭，无窗和门的设置。南向双层窗户的窗框均采用断桥铝合金窗框，外层窗的玻璃为 6 ＋ 12A ＋ 6 钢化透明玻璃，内层窗户采用 6 ＋ 12A ＋ 6LOW-E 钢化玻璃。外墙、屋面、地面均采用 200mm 厚石墨聚苯板，传热系数为 0.165W/m^2·K，室内所有阴角及窗口连接部位用发泡胶填充。实验房围护结构材料属高热阻、低热容型，与住宅建筑围护结构材料相比，对室内温度的波动影响较大。因系对比实验，结论具有相对正确性。

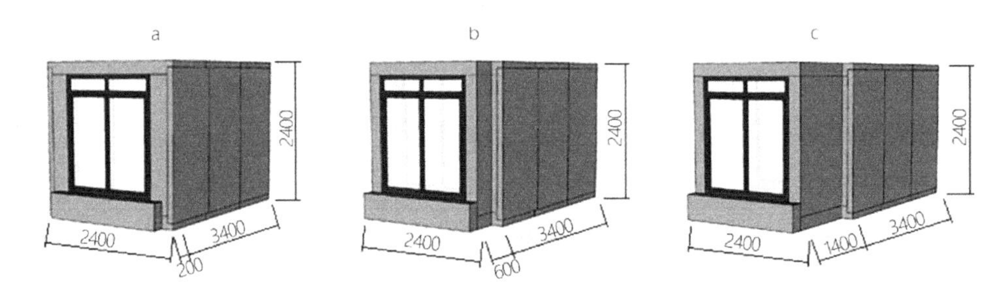

图 4-4-4　实验房模型及其尺寸示意图（单位：mm）

③ 测试地点和时间

实验测试地点位于陕西省西安市西安建筑科技大学，实验房建于教学楼屋面上，坐南朝北，东西向一字排列，实验房东西向间距为 4m，相互不形成遮挡，与其东、西两侧楼梯间相距 7m，南向全天无遮挡，现场情况见图 4-4-5。测试时间为 2020 年 12 月 7 日～2021 年 1 月 24 日。

图 4-4-5　实验房与其周围建筑的间距

④ 测试仪器布置

室外气温、风速、太阳总辐射照度及室内空气温度测试方法同前文所述。空气温度测试仪全部用锡箔纸遮蔽，室外空气温度测试仪置于实验房后背阴处，室内空气温度测试仪置于房间进深方向中轴线上且距离地面 1m。组合外窗传热系数现场测试方法采用文献［27］①中经验证的测试方法。

2）测试结果分析

① 室外气象参数测试结果

选取晴天连续监测时段 2020 年 12 月 20～22 日，图 4-4-6 为测试期间太阳辐射照度和气温的测试结果，日照时长为 8h 左右，太阳辐射照度峰值达 450W/m^2 左右，室外气温 −3.8℃～5.7℃。

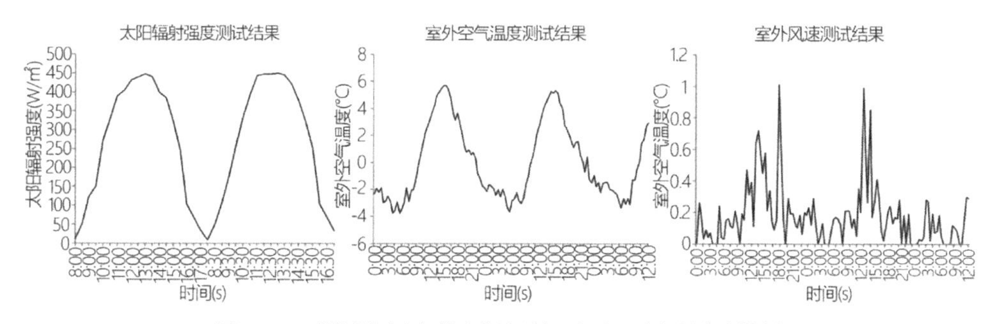

图 4-4-6　测试期间室外太阳辐射、气温、风速测试结果

来源：根据实测数据绘制

② 双层组合窗的传热系数

2021 年 1 月 6～8 日，为避免太阳辐射的影响，测试时段选择晚上 20 : 00～

① 唐鸣放，王海波等. 节能建筑外窗传热系数现场测量的简易方法［J］. 节能技术，2007. 25（1）: 36-37，55.

22：00。温度、热流数据、红外热成像仪测温间隔为 10min。经计算，“集热空间”进深 200mm、1400mm 的双层窗户传热系数分别为 1.05W/m²·K、1.3W/m²·K。根据市场调研，接近上述传热系数的单层窗户价格在 2000～4000 元之间，而双层窗户的价格在 1000 元左右。

③“集热效应影响空间”内太阳辐射量测试结果

3 种集热空间进深尺度下进入集热效应影响空间的太阳辐射照度呈现时间段及辐射量少的特征，测试结果如图 4-4-7 所示。集热效应影响空间获得的太阳辐射量以集热空间进深尺度为 200mm 的最多，但峰值也只是室外太阳辐射照度峰值的 1/10，持续时长 4h。其他两个实验房集热效应影响空间获得的太阳辐射照度峰值为 35W/m²，持续时长 1.5h。可见，在西安地区气候条件和外围护结构材料工况下，通过双层窗户进入室内空间的太阳辐射基本可以忽略，即室内空间温度的变化与直接进入室内的太阳辐射关联性较弱。

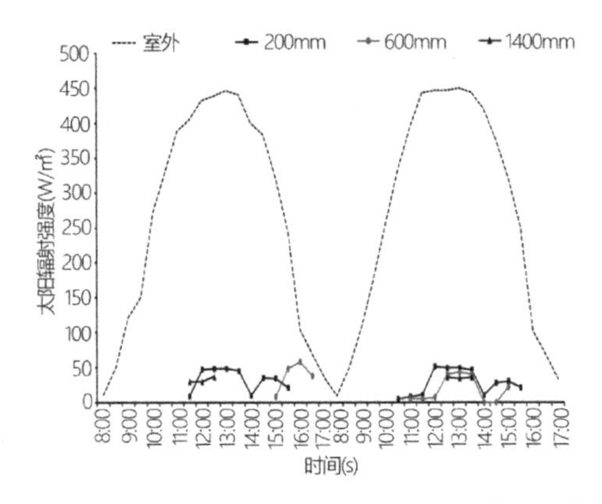

图 4-4-7　三种双层窗户实验房“集热效应影响空间”内太阳辐射照量测试结果

④ 室内温度分布情况测试结果分析

“集热空间”进深尺度为 200mm 时，集热空间内空气温度峰值出现在 15：00，温度值为 49℃上下，集热效应影响空间室内温度峰值为 29℃上下，出现在 16：30，延时 1.5h，集热空间及其热效应影响空间空气温度测试结果如图 4-4-8a 所示。由图 4-4-8b 可知，由于墙体采用轻质材保温材料，蓄热性能差，集热空间对集热效应空间室内温度的扰动以测点 1 最为明显，温度于测点 2 后变化趋于平缓，温度分布较为稳定。

“集热空间”进深尺度为 600mm 时，集热空间内空气温度峰值出现在 15：00，温度值为 49℃上下，集热效应影响空间室内温度峰值为 29℃上下，出现在 16：30，延时 1.5h，集热空间及其热效应影响空间空气温度测试结果如图 4-4-9a 所示。由图 4-4-9b 可知，由于墙体采用轻质材保温材料，蓄热性能差，集热空间对集热效应空间室内温度的扰动以测点 1 最为明显，温度于测点 2 后变化趋于平缓，温度分布较为稳定。

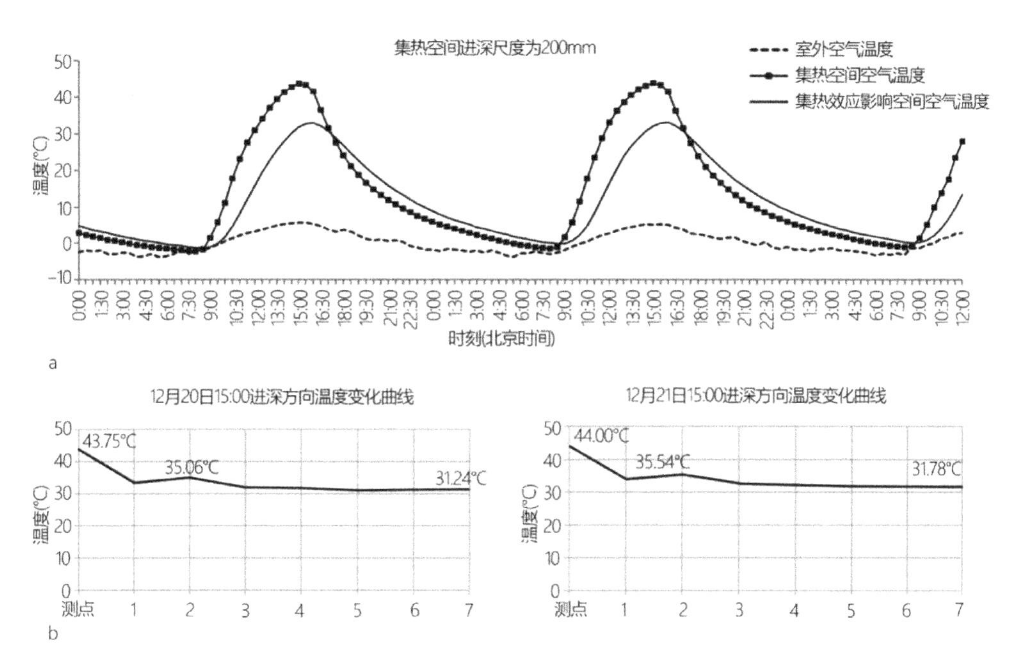

图 4-4-8 “集热空间”进深尺度为 200mm 的实验房温度测试结果
a 为集热空间、集热效应影响空间空气温度测试结果，布点位于空间正中央；
b 为实验房进深尺度方向同一时间温度变化曲线

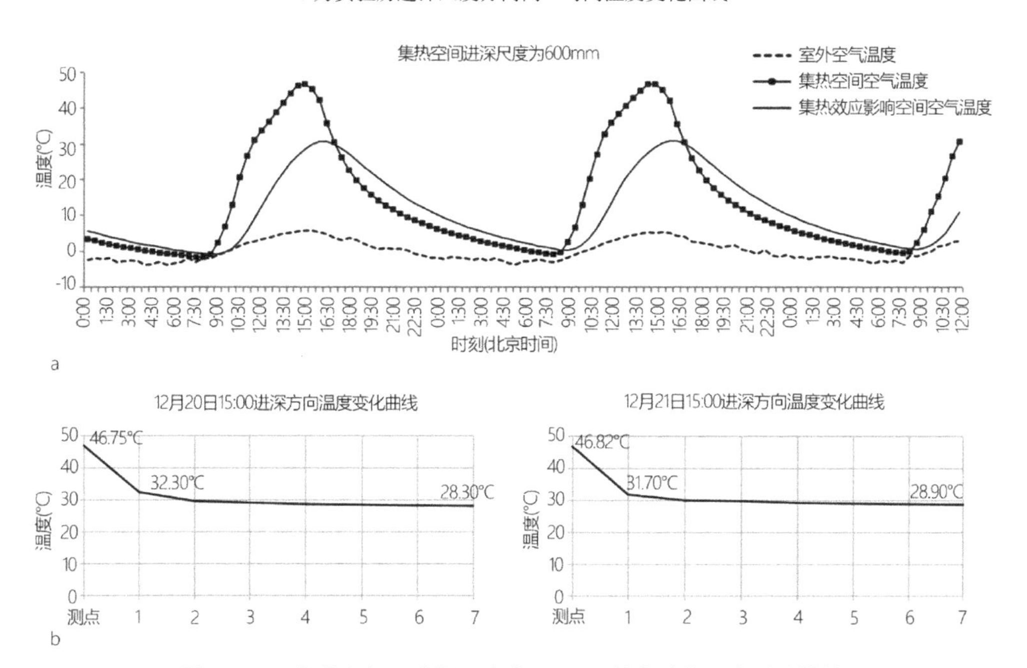

图 4-4-9 “集热空间”进深尺度为 600mm 的实验房温度测试结果
a 为集热空间、集热效应影响空间空气温度测试结果，布点位于空间正中央；
b 为实验房进深尺度方向同一时间温度变化曲线

“集热空间”进深尺度为1400mm时，集热空间内空气温度峰值出现在15：00，温度值为49℃上下，集热效应影响空间室内温度峰值为29℃上下，出现在16：30，延时1.5h，集热空间及其热效应影响空间空气温度测试结果如图4-4-10a所示。由图4-4-10b可知，该进深尺度“集热空间”对集热效应影响空间空气温度的影响规律与前两者相同。

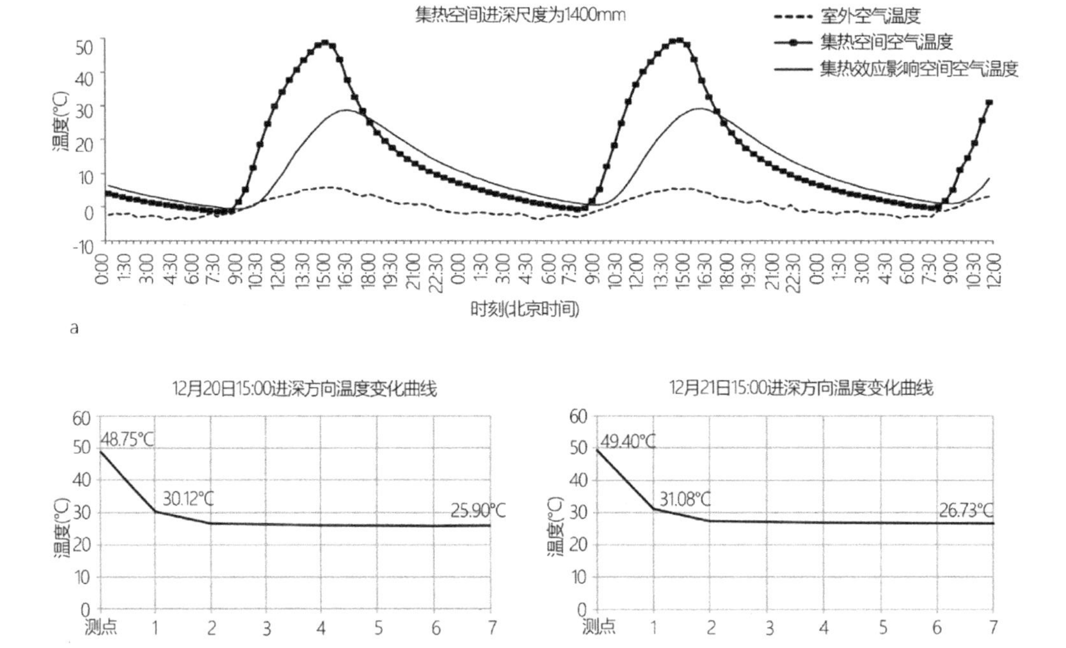

图4-4-10 “集热空间”进深尺度为1400mm的实验房温度测试结果
a为集热空间、集热效应影响空间空气温度测试结果，布点位于空间正中央；
b为实验房进深尺度方向同一时间温度变化曲线

3）实验结论

对比分析三组实验的测试结果（表4-4-2），室外气象条件相同的情况下，当双层组合透明围护结构外层采用中空透明玻璃（6＋12A＋6），内层使用中空低辐射玻璃（6＋12A＋6Low-E）时，进入集热效应影响空间内的太阳辐射照度与集热空间进深尺度成反比，且时长短（1.5~4h），辐照量小（峰值为室外太阳辐射照度峰值的1/10），可见，日间集热效应影响空间室内温度的升高主要由集热空间引起。日间，集热空间进深尺度越大，其空气温度峰值越高，即集热空间温度峰值与其进深尺度成正相关，集热效应影响空间室内空气温度峰值随集热空间进深尺度增大而降低，即集热效应影响空间内空气温度与集热空间进深尺度呈负相关。夜间，集热空间、集热效应空间内最低温度随集热空间进深尺度增大而升高，即集热空间、集热效应影响空间夜间温度与其进深尺度呈正相关。

三个实验房双层组合窗全天关闭工况下室内空气温度测试结果对比分析　表 4-4-2

集热空间进深尺度	集热效应影响空间太阳辐射照射时长（h）及照度（W/m^2）	集热空间空气温度（℃）	集热效应影响空间空气温度峰值（℃）	集热空间最低空气温度（℃）	集热效应影响空间最低空气温度（℃）
200mm	4h/50	43.75/44	32.96/33.04	−2.3/−1.5	−1.32/−0.25
600mm	1.5h/40 左右	46.75/46.82	30.68/30.92	−1.7/−0.84	−0.84/0.37
1400mm	1.5h/35 左右	48.75/49.4	28.75/29.15	−1.52/−0.75	−0.69/0.48
特征总结	照射到集热效应影响空间的太阳辐射时长短、照度低，几乎可忽略。室内温度的升高主要由空腔集热引起	日间，集热空间内空气温度与其空间进深尺度成正相关	日间，集热效应影响空间空气温度与集热空间尺度呈负相关	夜间，集热空间内空气温度与其进深呈正相关，但600mm与1400mm差异不明显	夜间，集热效应影响空间内空气温度与集热空间进深呈正相关，但600mm与1400mm差异不明显

来源：根据实验房现场测试结果绘制。

（3）集热空间进深尺度对太阳辐射热作用的影响

采用 Fluent 流体力学模拟软件，依照实验房建造材料、尺寸，建立物理模型，用实测数据验证数值模拟计算的可行性。实验房实测数据与模拟数据的对比如图 4-4-11 所示：24h 周期内，实测温度与 Fluent 模拟温度变化趋势一致，表明所选用的模拟软件和模拟操作能够对该类复合型透明围护结构建筑室内热环境进行较准确的预测。

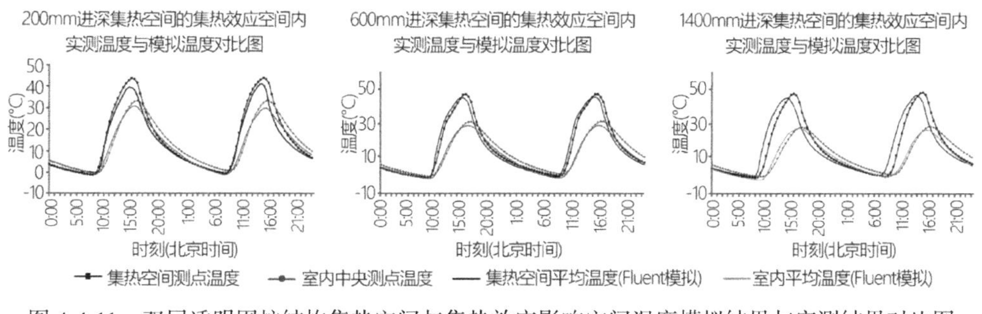

图 4-4-11　双层透明围护结构集热空间与集热效应影响空间温度模拟结果与实测结果对比图

来源：根据实验房现场测试结果与 Fluent 模拟结果绘制

1）拉萨双层透明围护结构间距对室内温度的影响

根据图 4-4-12 拉萨双层透明围护结构不同间距情况下室内温度峰值变化曲线可知，随着间距的增大，室内温度总体上呈现持续降低的状态；双层透明围护结构间距为 300～600mm 时，室内温度变化不明显，间距大于 600mm 后，室内温度迅速降低。

2）银川双层透明围护结构间距对室内温度的影响

根据图 4-4-13 银川双层透明围护结构不同间距情况下室内温度峰值变化曲线

可知，随着间距的增大，室内温度总体上呈现持续降低的状态；双层透明围护结构间距为300～600mm时，室内温度变化不明显，间距大于600mm后，室内温度迅速降低。

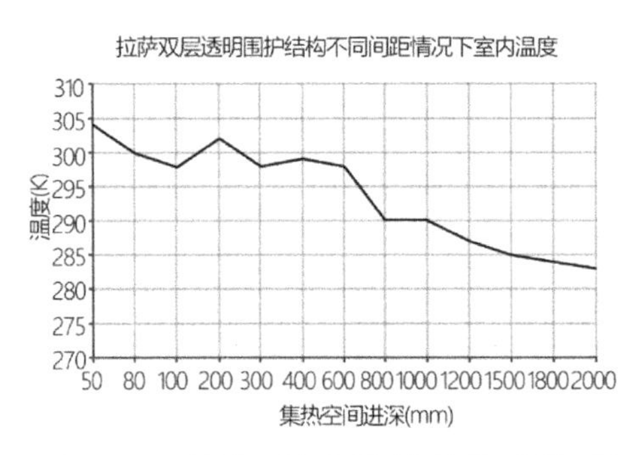

图 4-4-12　拉萨双层透明围护结构不同间距情况下室内温度峰值变化曲线

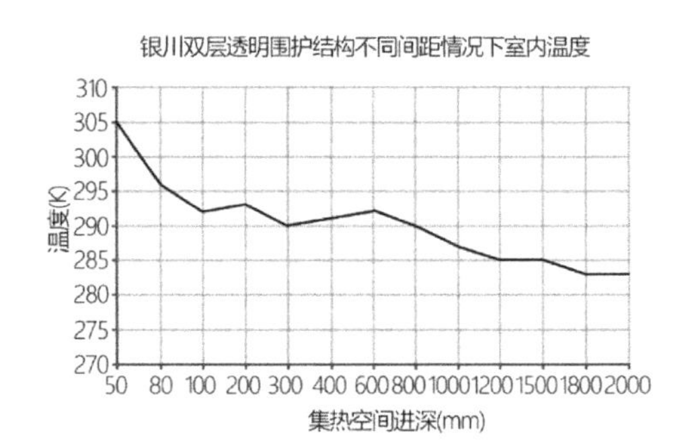

图 4-4-13　银川双层透明围护结构不同间距情况下室内温度峰值变化曲线

3）西宁双层透明围护结构间距对室内温度的影响

根据图4-4-14西宁双层透明围护结构不同间距情况下室内温度峰值变化曲线可知，随着间距的增大，室内温度总体上呈现持续降低的状态；双层透明围护结构间距为200mm时，室内温度急速增加，室内温度最高；间距为300～400mm时，室内温度变化不明显，间距大于400mm后，室内温度迅速降低；间距大于1000mm后，双层透明围护结构间距对室内温度的影响微弱。

4）吐鲁番双层透明围护结构间距对室内温度的影响

图4-4-15为吐鲁番地区冬至日时，双层透明围护结构不同间距情况下室内温度峰值变化曲线图。由图可知，随着间距的增大，室内温度先升高后降低：双层透明围护结构间距为100mm时，室内温度最高；间距处于100～600mm时，室内温度持续下降；间距600～1000mm时，室内温度基本保持不变；间距大于1000mm后，室内温度继续降低；而当间距大于1500mm后，室内温度基本保持不变。

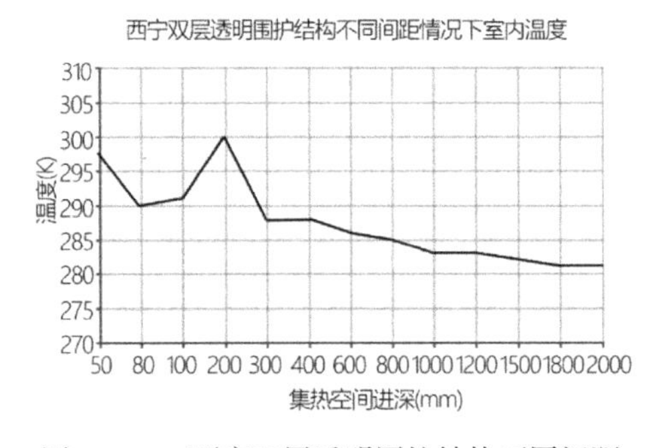

图 4-4-14　西宁双层透明围护结构不同间距情况下室内温度峰值变化曲线

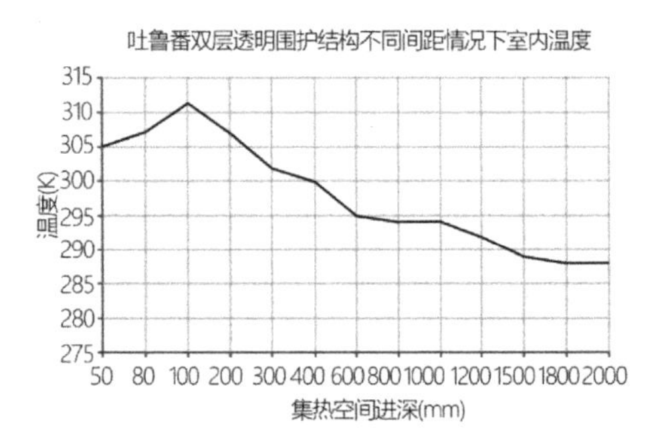

图 4-4-15　吐鲁番双层透明围护结构不同间距情况下室内温度峰值变化曲线

4.4.3 窗墙面积比与外窗性能的动态关联性

（1）南向窗墙面积比及外窗性能对住宅采暖、制冷负荷的影响

模拟对象为五城市常见的一梯两户式单栋 11 层集合住宅，户型平面及其围护结构构造见图 2-6-3。以南向外窗传热系数和窗墙面积比为模拟变量，模拟分析南向窗墙面积比与南向外窗传热系数的动态关联性。其中，外窗传热系数根据五城市住宅外窗部品现实使用情况区别设置。非透明围护结构构造按照五城市住宅现行规范要求设置。采用 Designbuilder 能耗仿真模拟软件建立住宅建筑能耗模拟模型，人员在室率、设备等工况参数设置同 3.1.2 节。

1）拉萨住宅南向窗墙面积比与外窗传热系数变化对采暖负荷的影响

拉萨地区夏季凉爽，不存在夏季过热的问题[①]，因而只对比分析外窗传热系数与窗墙面积比变化对采暖负荷的影响。拉萨集合住宅采暖负荷模拟结果如图 4-4-16 所示：① 整体来讲，拉萨住宅采暖负荷随其南向窗墙面积比的增大和外窗传热系数的减小持续降低；且窗墙面积比对住宅采暖负荷的影响较外窗传热系数敏感；② 随着窗墙面积比的增大，外窗传热系数对采暖负荷的影响减弱，南向窗墙面积比大于 0.9 后，外窗传热系数变化对采暖负荷的影响尤为不敏感；③ 从采暖负荷变化率的角度来看，拉萨住宅采暖负荷随其南向窗墙面积比先快速下降，后趋于平缓，且采暖负荷趋近于零；窗墙面积比大于 0.6 后，采暖负荷降低率明显减小，窗墙面积比大于 0.85 后，采暖负荷趋于平稳；④ 针对某一确定的采暖负荷限值来讲，南向外窗传热系数与窗墙面积比呈正向关联，即南向选用相对高传热系数的外窗时，需对应扩大南向窗墙面积比。当采用小开窗的形式时，需选用传热系数小、保温性能更高的外窗：南向外窗传热系数 2.0W/（m^2 • K）、窗墙面积比 0.6 时的采暖负荷与传热系数 1.8W/（m^2 • K）、窗墙面积比 0.55 时和传热系数 1.5W/（m^2 • K）、窗墙面积比 0.5 时的采暖负荷接近，南向外窗传热系数 2.0W/（m^2 • K）、窗墙面积比 0.85 时的采暖负荷与传热系数 1.8W/（m^2 • K）、窗墙面积比 0.8 时和传热系数 1. 5W/（m^2 • K）、窗墙面积比 0.75 时的采暖负荷接近。

2）银川住宅南向窗墙面积比与外窗传热系数变化对采暖、制冷负荷的影响

银川住宅南向窗墙面积比与外窗传热系数变化情况下的住宅建筑采暖、制冷负荷模拟结果如图 4-4-17、图 4-4-18 所示。由图分析得到以下研究结果：① 从住宅建筑采暖、制冷总负荷变化率来看，随着南向窗墙面积比的增大、外窗传热系数的

---

① 刘艳峰，刘加平，杨柳等. 拉萨多层被动太阳能住宅热环境测试研究［J］. 暖通空调，2007（12）：122-124.

降低，银川住宅建筑采暖、制冷总负荷持续降低；南向窗墙面积比分别为 0.65 和 0.8 时，住宅建筑采暖、制冷总负荷变化曲线出现拐点；南向窗墙面积比大于等于 0.8 时，窗墙面积比变化对住宅采暖、制冷总负荷几乎无影响；② 从住宅建筑采暖负荷变化率来看，南向外窗传热系数与窗墙面积比呈正相关，即当南向外窗传热系数相对较大时，扩大其窗墙面积比，可争取更多太阳辐射得热量，从而减少采暖用能；而当采用小开窗的形式时，需选用传热系数小、保温性能更高的外窗；③ 从住宅建筑制冷负荷变化率来看，外窗传热系数的改变对制冷负荷影响不明显，南向窗墙面积比的变化对制冷负荷的影响相比对采暖负荷的影响较弱，窗墙面积比为 0.6 时，制冷负荷变化率出现拐点。

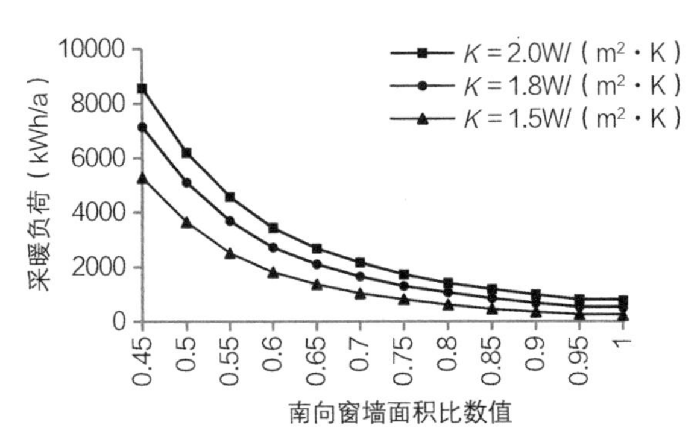

图 4-4-16　拉萨住宅南向外窗传热系数与窗墙面积比对建筑采暖负荷的影响

来源：根据 Designbuilder 模拟结果绘制

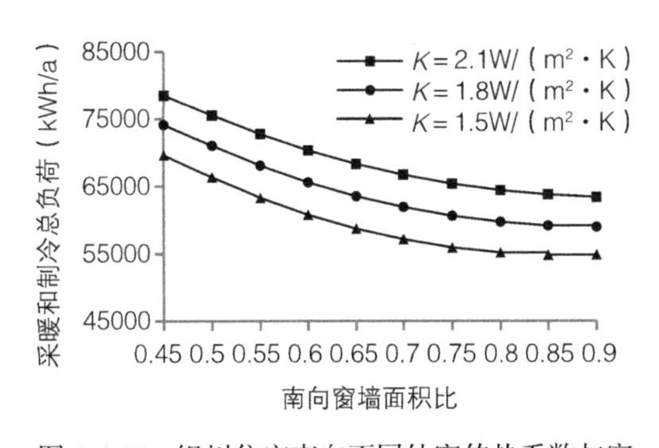

图 4-4-17　银川住宅南向不同外窗传热系数与窗墙面积比条件下住宅全年采暖和制冷总负荷

来源：根据 Designbuilder 模拟结果绘制

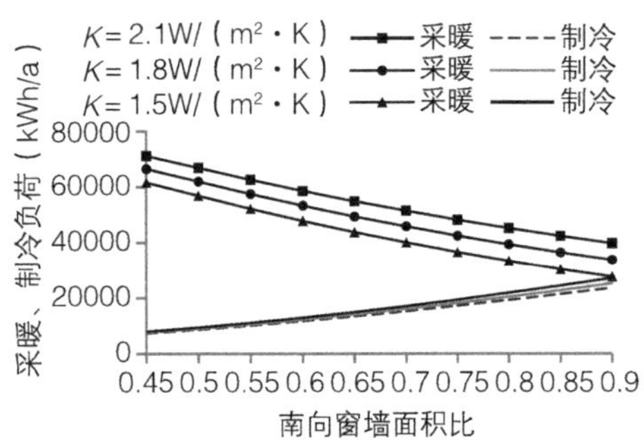

图 4-4-18　银川住宅南向不同外窗传热系数与窗墙面积条件下住宅全年采暖、制冷负荷

来源：根据 Designbuilder 模拟结果绘制

3）西宁住宅南向窗墙面积比与外窗传热系数变化对采暖负荷的影响

西宁最热月平均气温为 17.1℃，夏无酷暑，不存在过热问题，因而只对比分析外窗传热系数与窗墙面积比变化对采暖负荷的影响，住宅全年采暖负荷模拟结果如图 4-4-19 所示。由图可知：① 西宁住宅采暖负荷随其南向窗墙面积比的增大和外

窗传热系数的减小持续降低；② 当南向窗墙面积小于0.8时，扩大南向外窗对采暖负荷的降低影响明显；③ 南向外窗传热系数与窗墙面积比呈正向关联，即南向选用相对高传热系数的外窗时，应扩大南向窗墙面积比，争取多的太阳辐射得热，利于减少采暖用能，当采用小开窗形式时，需选用传热系数小、保温性能更高的外窗。

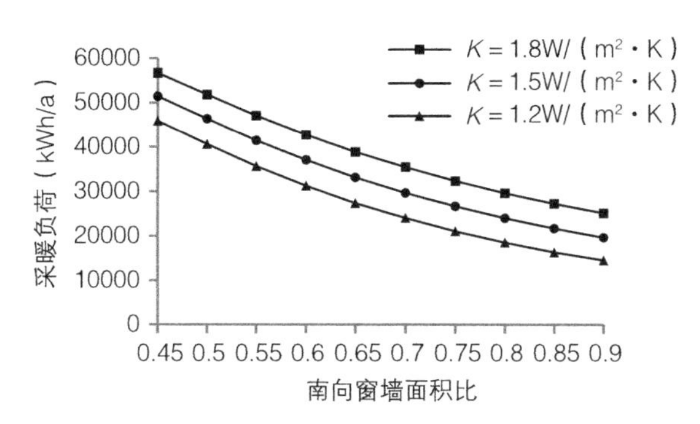

图4-4-19 西宁住宅南向不同外窗传热系数与窗墙面积比条件下建筑全年采暖负荷
来源：根据Designbuilder模拟结果绘制

4）吐鲁番住宅南向窗墙面积比与外窗传热系数变化对采暖、制冷负荷的影响

吐鲁番地区夏季酷热，制冷需求明确。因此在考虑南向窗墙面积比与外窗热工性能对建筑用能需求的影响时，需考虑采暖和制冷双向用能需求。吐鲁番住宅南向不同窗墙面积比与外窗传热系数条件下的采暖、制冷负荷模拟结果如图4-4-20和图4-4-21所示。由图可知：① 随着南向窗墙面积比的增大，吐鲁番住宅全年采暖和制冷总负荷量持续增加；外窗传热系数对其全年采暖和制冷总负荷量的影响不敏感；② 从采暖、制冷单项用能需求来看，伴随南向窗墙面积比的增大，采暖负荷持续下降、制冷负荷持续升高，但制冷负荷增加率明显大于采暖负荷下降率。可见，吐鲁番地区住宅南向窗墙比对采暖、制冷负荷的影响敏感，且呈负相关；其外窗传热系数对采暖、制冷负荷的影响不明显。

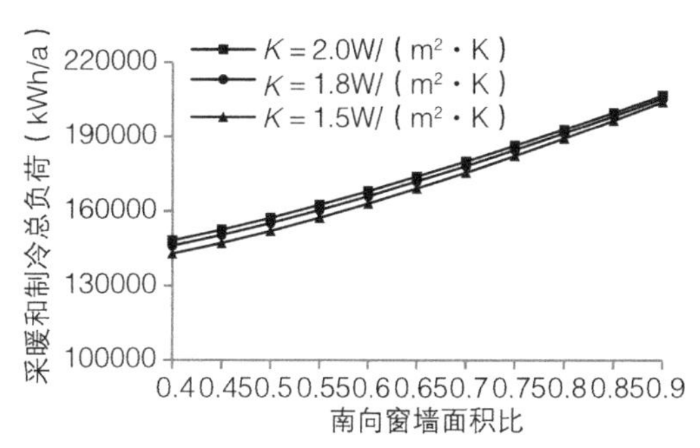

图4-4-20 吐鲁番住宅南向不同外窗传热系数与窗墙面积比条件下的建筑全年采暖和制冷总负荷
来源：根据Designbuilder模拟结果绘制

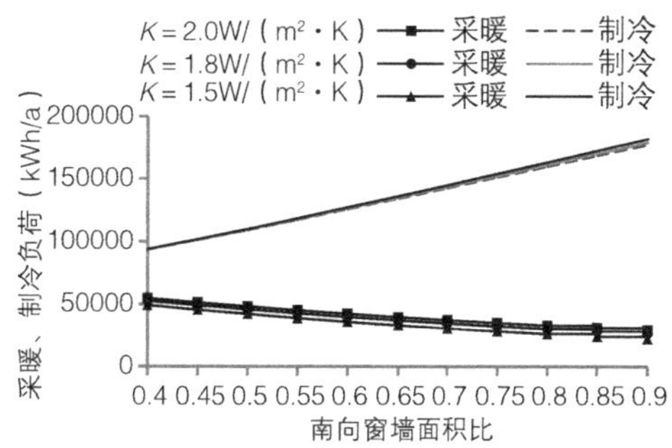

图4-4-21 吐鲁番住宅南向不同外窗传热系数与窗墙面积比条件下建筑全年采暖、制冷负荷
来源：根据Designbuilder模拟结果绘制

5）乌鲁木齐住宅南向窗墙面积比及外窗传热系数变化对其采暖、制冷负荷的影响

乌鲁木齐最热月 7 月平均气温为 23.9℃，7、8 月份建筑南向壁面月均日辐照量分别为 10.16MJ/（m^2·d）、11.82MJ/（m^2·d），位居我国主要城市首位[①]。夏季需要降温的时间占全年 5%[②]，夏季太阳辐射强烈，存在引起室内过热的风险。因此在考虑乌鲁木齐住宅南向窗墙面积比与外窗热工性能对建筑用能需求的影响时，需考虑采暖和制冷双向用能需求。乌鲁木齐住宅南向不同窗墙面积比与外窗传热系数条件下的采暖、制冷负荷模拟结果如图 4-4-22 和图 4-4-23 所示。由图可知：① 乌鲁木齐住宅采暖和制冷总负荷随着南向窗墙面积比的增大，先维持平稳状态，后持续增大；② 从外窗传热系数与窗墙面积比的角度具体分析，外窗传热系数与窗墙面积比存在对应关系：外窗传热系数为 1.8W/（m^2·K）时，住宅采暖和制冷总负荷随南向窗墙面积比的增大持续增大，窗墙面积比大于 0.55 时，采暖和制冷总负荷增加率提升；外窗传热系数为 1.4W/（m^2·K）、1.1W/（m^2·K）时，住宅采暖和制冷总负荷先维持平稳状态，当其窗墙面积比分别大于 0.5、0.55 后，采暖和制冷总负荷开始增加；③ 从采暖、制冷单项用能来看，伴随南向窗墙面积比的增大，采暖负荷持续下降、制冷负荷持续升高，采暖负荷下降率大于制冷负荷增加率；外窗传热系数对制冷负荷的影响不明显，对采暖负荷的影响较为敏感。可见，乌鲁木齐住宅南向窗墙面积比对住宅采暖负荷影响相对较弱、对住宅制冷负荷影响较为敏感；外窗传热系数对住宅采暖负荷影响敏感、对制冷总负荷影响较弱；其南向窗墙面积比与外窗传热系数呈负相关，南向窗墙面积比不宜大于 0.55。

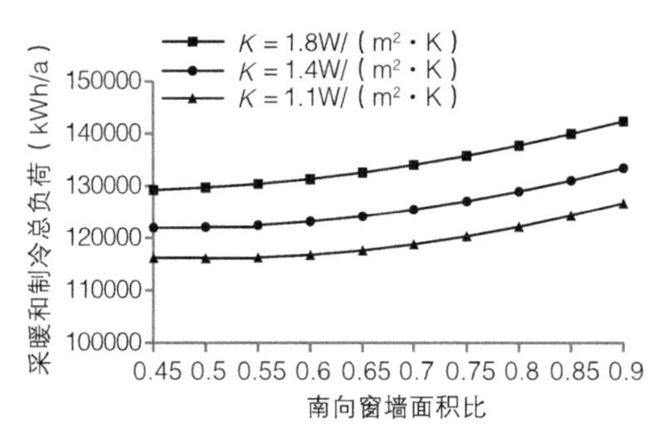

图 4-4-22　乌鲁木齐住宅南向不同外窗传热系数与窗墙面积比条件下的建筑全年采暖和制冷总负荷

来源：根据 Designbuilder 模拟结果绘制

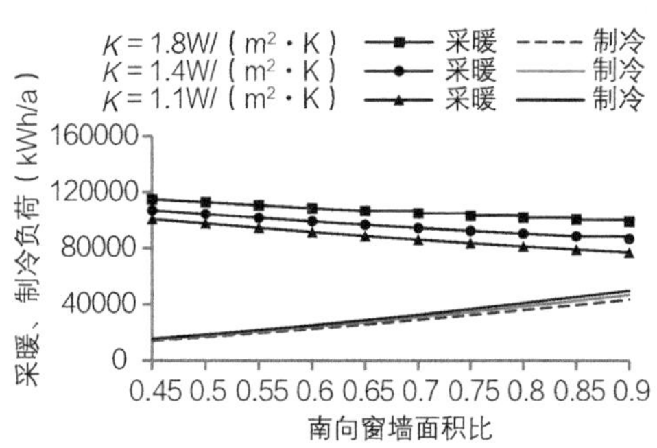

图 4-4-23　乌鲁木齐住宅南向不同外窗传热系数与窗墙面积比条件下建筑全年采暖、制冷负荷

来源：根据 Designbuilder 模拟结果绘制

① 中华人民共和国住房和城乡建设部. 被动式太阳能建筑技术规范［S］. 北京：中国建筑工业出版社，2012.5.

② 杨柳. 建筑气候学［M］. 北京：中国建筑工业出版社，2010.6.

（2）东、西向窗墙面积比与外窗性能对住宅采暖负荷的影响

银川、吐鲁番、乌鲁木齐住宅对太阳辐射的利用需要不同程度地平衡冬、夏两季的用能需求，这三个城市夏季典型气象日东、西向的太阳辐射照量大于等于南向的太阳辐射照量，东、西向开窗使得夏季制冷负荷增加，且东、西向外窗得热对冬季采暖负荷的贡献较小，从冷、热总负荷来看，东、西向外窗太阳辐射得热使总负荷增加①。拉萨和西宁两城市的住宅只有冬季采暖用能需求，无夏季制冷需求，对太阳辐射热利用的目标较为单一，以这两个城市为例，模拟计算住宅东、西向外窗传热系数与窗墙比变化对采暖负荷的影响。

1）拉萨住宅东、西向窗墙面积比与外窗性能对采暖负荷的影响

在拉萨市住宅目前常用的墙体、屋面材料构造的基础上，以断桥铝合金中空透明玻璃窗［K = 2.0W/（m^2·K）］为例，模拟无日照遮挡情况下，该住宅北向房间东、西窗墙比的变化对住宅采暖负荷的影响，模拟结果如图 4-4-24 所示。当北向房间的东、西向窗墙比大于等于 0.3 后，该外窗的太阳辐射得热大于失热，使住宅采暖负荷降低。

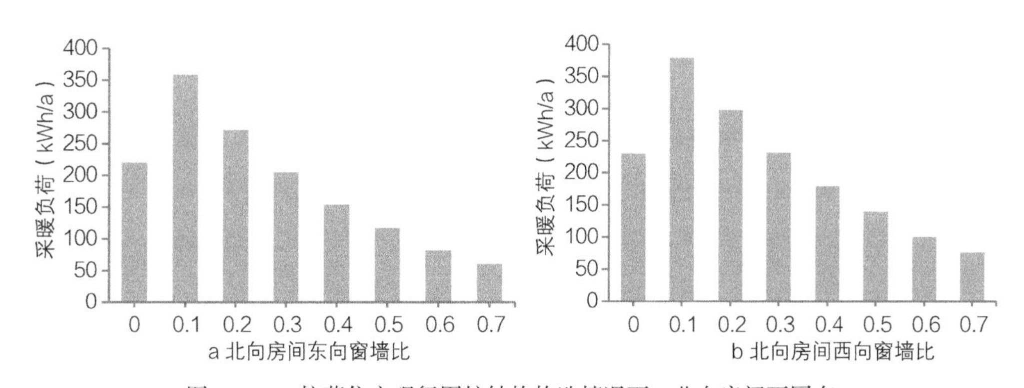

图 4-4-24 拉萨住宅现行围护结构构造情况下，北向房间不同东、西向窗墙面积比条件下住宅全年采暖负荷

来源：根据 Designbuilder 模拟结果绘制，模拟模型外窗传热系数 K = 2.0W/（m^2·K）

2）西宁住宅东、西向窗墙面积比与外窗性能对采暖负荷的影响

分别以西宁市目前常见住宅围护结构材料构造和 75% 节能目标要求下估算的围护结构材料构造建立物理模型，以顶层北向房间为例，模拟计算东、西向外窗传热系数与窗墙比变化对其家庭采暖负荷的影响，模拟结果如图 4-4-25 所示。西宁市住宅常见围护结构构造条件下：① 当外窗传热系数 K = 2.5W/（m^2·K）时，顶层户采暖负荷随北向房间东、西向窗墙比的增大先升高再降低，后趋于平缓，采暖

① 徐航杰. 太阳能富集地区集合住宅外窗组合节能效应及设计应用研究——以拉萨、西宁、银川为例［D］. 西安建筑科技大学，2021.

负荷在西向窗墙比 0.1 和 0.5 时出现拐点。② 外窗保温性能提升，传热系数分别为 $K=2.0\text{W}/(\text{m}^2\cdot\text{K})$、$K=1.6\text{W}/(\text{m}^2\cdot\text{K})$ 时，顶层户采暖负荷随着窗墙比的增大而持续减少，当窗墙比大于等于 0.1 时，采暖负荷降幅随西向窗墙比的扩大而增大。当外墙、屋顶的保温性能提升到 75% 节能目标要求时：① 以外窗传热系数 $K=1.6\text{W}/(\text{m}^2\cdot\text{K})$ 为例，顶层户北向房间采暖负荷随西向窗墙比的增大持续降低；北向房间西向窗墙面积比为 0.1 时，开窗得热量与其失热量基本相抵；② 北向房间西向窗墙面积比为 0.5～0.7 时，住宅采暖负荷基本保持不变。

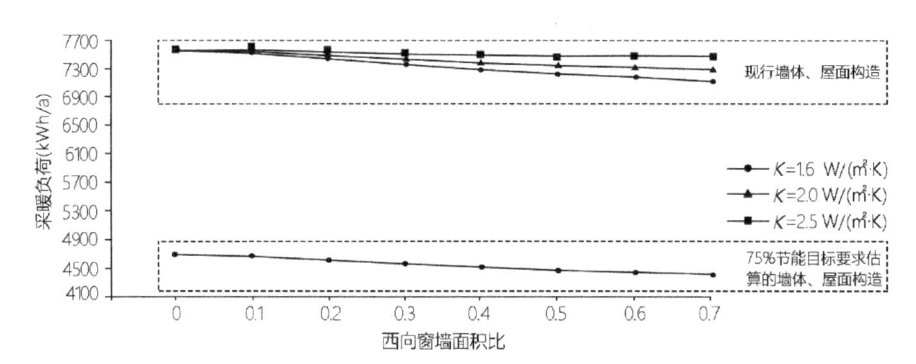

图 4-4-25　西宁市住宅北向房间西向不同窗墙面积比与外窗传热系数条件下的住宅采暖负荷
来源：根据 Designbuilder 模拟结果绘制

西宁冬季东、西向壁面太阳辐射照度相近，西向窗墙面积比、外窗传热系数与住宅采暖负荷的关联规律，同样适用于住宅北向房间的东向开窗设计。

（3）小结

综合上述五城市住宅南向窗墙面积比、东西向窗墙面积比和外窗传热系数对建筑物采暖、制冷负荷的影响分析，得到以下结论：

1）拉萨以及与其气候相似的太阳辐射利用目标一级区

住宅南向窗墙面积比与住宅采暖负荷关联敏感，外墙传热系数小于 0.5、屋面传热系数不大于 0.42，外窗传热系数为 1.5～2.0 时，扩大南向外窗面积，住宅采暖负荷持续降低；窗墙面积比越大，外窗传热系数与住宅采暖负荷的关联性越不敏感。从某一采暖负荷限值的角度来看，南向窗墙面积比与其外窗传热系数正向关联，即外窗传热系数相对较大时需通过大面积开窗增加室内太阳辐射得热量，来抵消外窗传热系数较大造成的室内热损失。南向窗墙面积比大于 0.85 后，对住宅采暖用能几乎无影响。

当住宅建筑北向房间东、西向围护结构无日照遮挡时，优先考虑东、西向开窗。东、西向外窗传热系数为 2.0 时，① 北向房间东、西向窗墙面积比需大于 0.3，才能利用太阳辐射得热补偿室内采暖用能，即需要限制北向房间的东、西向外窗窗墙面积比低值；② 当开窗面积受限时，需采取设计措施增加外窗太阳辐射得热量，同时减小外窗传热系数减少热损失。

因此，拉萨及其气候相似的太阳辐射热利用一级区住宅南、东、西向立面设计，应适当放宽窗墙面积比对建筑立面形态的约束，或限制窗墙面积比低值，住宅南立面以透明围护结构为主，东、西向立面窗墙面积比宜大于 0.3。

2）西宁以及与其气候相似的太阳辐射利用目标二级区

住宅建筑南向外窗传热系数为 1.2～1.8 时，伴随南向窗墙面积比的增大，住宅采暖负荷持续下降。从采暖负荷降幅的角度，推荐南向窗墙面积比为 0.8 左右。当南立面采用小开窗形式时，优先考虑与集热蓄热效应墙体组合设计，争取太阳辐射得热。

住宅建筑东、西向围护结构无日照遮挡区域，尤其是北向房间，优先考虑东、西向开窗，外窗传热系数宜小于 2.5，窗墙面积比应大于 0.1，宜小于 0.5；不方便开窗时，可通过集热蓄热效应墙体集热，如太阳墙等，加强太阳辐射热利用效率。

3）银川以及与其气候相似的太阳辐射利用目标三级区

住宅南向窗墙面积比、外窗传热系数与住宅建筑采暖和制冷总负荷关联敏感，外窗传热系数为 1.5～2.1 时，大面积开窗得热能够补偿外窗失热并减少住宅采暖用能需求。综合考虑住宅采暖、制冷用能需求，银川住宅南向窗墙面积比推荐值为 0.6～0.65 左右。当住宅南向采用小开窗的立面形态时，一方面需选用传热系数小的窗户部品或双层窗户，减少室内热损失；另一方面可与集热蓄热效应墙体组合，增加室内太阳辐射得热，以补偿采暖用能。当住宅南立面窗墙面积比大于 0.65 时，宜同步考虑遮阳设计。

当住宅建筑北向房间东、西向围护结构无日照遮挡时，东、西向开窗得热能够补偿室内采暖用能；当该房间为热舒适需求较高的主要功能房间时，方案前期需同步考虑遮阳设计，以免造成夏季室内过热，尤其是西向外窗。还可通过集热蓄热效应墙体利用冬季东、西向壁面太阳辐射补偿住宅采暖用能。

4）乌鲁木齐以及与其气候相似的太阳辐射利用目标四级区

乌鲁木齐冬季太阳辐射相对较弱、夏季太阳辐射强烈，南向立面大面积开窗得热对住宅采暖用能补偿较小，还容易引起夏季室内过热。住宅建筑南向外窗传热系数为 1.2～1.8 时，南向窗墙比取值宜为小于 0.55。当住宅采用透明度高的南立面形式时，注意在设计前期结合遮阳构件进行立面形态设计，减少夏季太阳辐射进入室内。住宅东、西向墙体无遮挡区域，可利用集热蓄热效应墙体集热，补充冬季室内热需求。

5）吐鲁番以及与其气候相似的太阳辐射利用目标五级区

外窗传热系数为 1.1～1.8 时，伴随南向窗墙面积比的扩大，住宅采暖与制冷总用能持续增长、制冷用能持续大幅增长、采暖用能持续降低；南向外窗传热系数的改变对采暖、制冷负荷的影响不明显。综合住宅采暖负荷与制冷负荷，建议南向窗墙面积比控制在 0.5 以内。针对吐鲁番冬、夏用能类型对南向窗墙面积比的差异化需求，可通过窗墙面积比“外大内小”的双层组合窗（内外均可开启），动态适应季节性气候环境变化对南向窗墙面积比的需求。

4.5 墙体与太阳辐射热利用的关系

4.5.1 集热蓄热效应墙体类型与太阳辐射热利用原理

根据集热蓄热效应墙体的热特性，将集热蓄热效应墙体分为两类：

（1）透射集热型——由透光外层界面、空腔和实体墙组成。外界面主要起到透射太阳辐射的作用，空腔起到集热作用，实体墙起到蓄热作用，俗称特朗勃墙（Trombe Wall）。图 4-5-1a 为采用该类型集热蓄热效应墙体无通风口时房间热过程示意图。日间，太阳光透射到内层墙体，太阳辐射被墙体吸收转化为热能并被墙体储存，墙体升温后通过对流和辐射的方式作用于室内空气，使室内气温上升；夜间，外层玻璃和空气间层抑制了墙体吸收的热量向外散失，使得墙体储存的热量以辐射方式向室内传递，起到太阳辐射热延时利用的作用。

（2）吸热集热型——由吸热外界面、空腔和实体墙组成。外界面吸热层起到吸收太阳辐射热的作用，以低辐射率金属板最为常见，空腔起到集热作用，实体墙起到蓄热作用，俗称太阳墙。图 4-5-1b 为不设通风口时采用太阳墙房间热过程示意图，外层金属板被太阳辐射加热后，主要以辐射换热的方式加热墙体，热量通过热传导的方式进入室内。

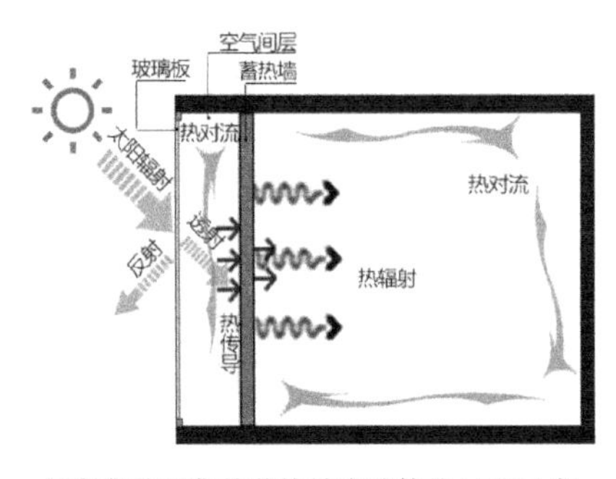

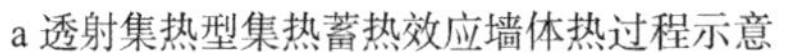
a 透射集热型集热蓄热效应墙体热过程示意

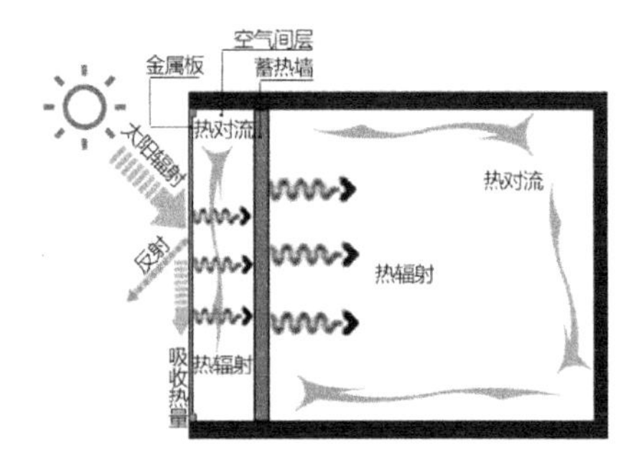

b 吸热集热型集热蓄热效应墙体热过程示意

图 4-5-1　采用集热蓄热效应墙体的房间热过程示意图

两种集热蓄热效应墙体由于外界面材料的不同，创造出了不同的立面风格。从集热效率来讲，相同工况时，太阳墙集热效率更高，因为玻璃通常会反射掉一部分入射光，削减了太阳辐射的吸收，而金属板能捕获 80% 的太阳辐射[①]；从后期维护的角度来讲，金属板较透明材料易维护。集热蓄热效应墙体在欧美国家得到广泛应用[②]，国内居住建筑虽早已开始应用，但多为实验性建筑。

4. 5. 2　集热蓄热效应墙体太阳辐射热利用影响因素

根据集热蓄热效应墙体的热过程分析及其集热效率公式[③]可知，集热蓄热效应墙体的太阳辐射热利用效率受到区域辐射资源、室外温度、朝向、外层玻璃透光性等物理性能、金属板吸热能力、空腔尺度、蓄热墙传热系数及其热容的综合影响。

（1）空腔尺度对集热蓄热效应外墙太阳辐射热利用的影响

图 4-5-2 为拉萨和西宁地区采用不同空腔尺度的集热蓄热效应外墙的采暖负荷模拟结果，具体参数的设置详见图纸来源。由图可知，与单层墙体相比，采用集热蓄热效应复合墙体的节能效果显著，随着复合墙体空气间层进深尺度的增大，采暖负荷增加。根据采暖负荷随复合墙体空气间层进深尺度的变化趋势，将复合墙体分为三类：a. 空气间层进深为 100～400mm；b. 空气间层进深为 600～1000mm；c. 空气间层进深大于 1000mm。

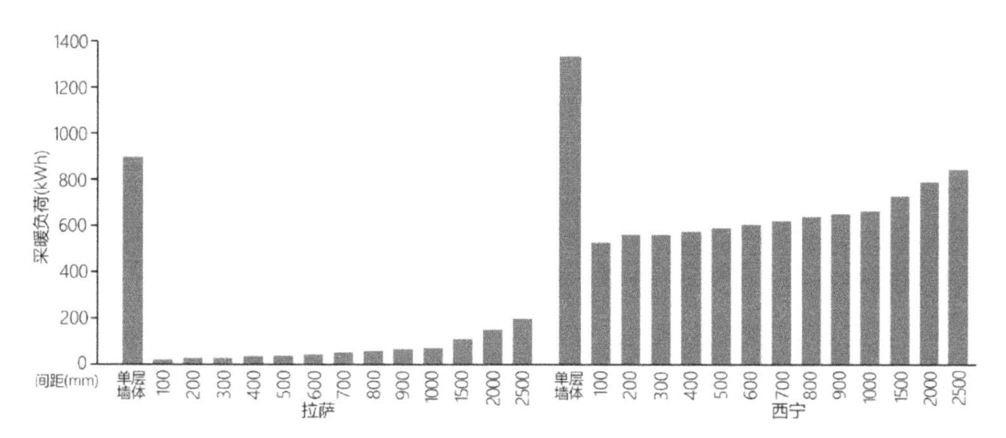

图 4-5-2　拉萨和西宁地区不同空腔尺度的集热蓄热效应外墙对采暖负荷的影响

图纸来源：沈天成. 集热蓄热采暖房间的热分布规律及设计策略研究［J］. 西安建筑科技大学，2019.

---

① 许瑾. 住宅太阳墙的原理与使用［J］. 住宅科技，2006（2）：25-29.

② 王崇杰，何文晶，薛一冰. 我国寒冷地区高校学生公寓生态设计与实践——以山东建筑大学生态学生公寓为例［J］. 建筑学报，2006（11）：29-31.

③ 谢琳娜. 被动式太阳能建筑设计气候分区研究［D］. 西安建筑科技大学，2006.

（2）集热蓄热效应墙体外界面材料对太阳辐射热利用的影响

透射层、吸热层是集热蓄热效应外墙与室外环境接触的第一界面，其材料的性能直接影响集热蓄热效应墙体对太阳辐射的接收量和太阳辐射热保存量，是影响集热蓄热效应墙体太阳辐射利用效率的关键因素。

以特朗伯墙为例，表 4-5-1 为五种常见玻璃材料影响集热蓄热墙体热利用的物理参数，以西部城镇住宅太阳辐射热利用二级区代表城市西宁为例，模拟分析玻璃材料性能对集热蓄热效应外墙太阳辐射利用效率的影响。物理模型的集热蓄热效应墙体空腔厚度为 100mm，内层墙体为 200mm 厚混凝土砌块，五种玻璃材料对室内温度和采暖负荷的影响如图 4-5-3 所示，由图可知，高透光、传热系数较低的玻璃更利于太阳辐射得热。

玻璃材料及其特性 **表 4-5-1**

序号	玻璃材料名称	厚度（mm）	导热系数［W/(m·K)］	太阳辐射透过率	外侧太阳辐射反射率	内侧太阳辐射反射率	可见光透射率	外侧可见光反射率	内侧可见光反射率	外侧红外发射率	内侧红外发射率
1	clear PYR B	3	0.9	0.74	0.09	0.1	0.82	0.11	0.12	0.84	0.2
2	clear PYR B	6	0.9	0.68	0.09	0.1	0.81	0.11	0.12	0.84	0.2
3	low iron 玻璃	3	0.9	0.90	0.08	0.08	0.91	0.08	0.08	0.84	0.08
4	low-E 玻璃	10.2	0.55	0.58	0.09	0.08	0.83	0.09	0.09	0.84	0.08
5	clear 玻璃	3	0.9	0.84	0.08	0.08	0.90	0.08	0.08	0.84	0.08

来源：由 Designbuilder 导出。

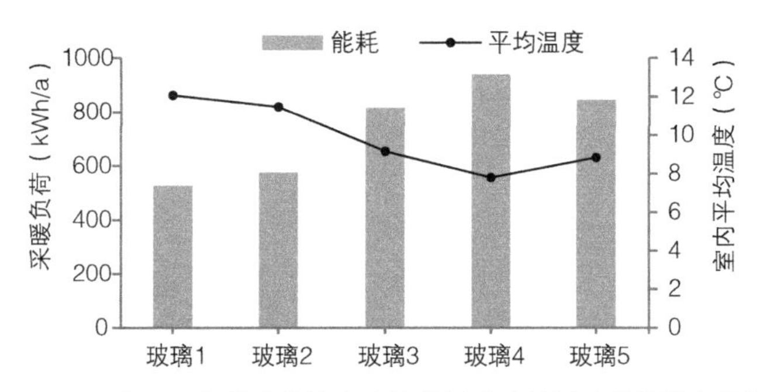

图 4-5-3 西宁地区集热蓄热效应墙体外层玻璃材料对其热效应的影响

来源：沈天成. 集热蓄热采暖房间的热分布规律及设计策略研究［J］. 西安建筑科技大学，2019.

4.5.3 双层墙体保温隔热蓄热原理

双层墙体具有良好的保温、隔热、蓄热性能。这是由于双层墙体组合形成的腔体利用了封闭空气间层中静止空气热阻大的原理，削弱了室内外环境的热交互效应，如图 4-5-4 所示。同时，双层墙体质量大，蓄热性能高于住宅目前常规单层墙体加保温层的构造做法。

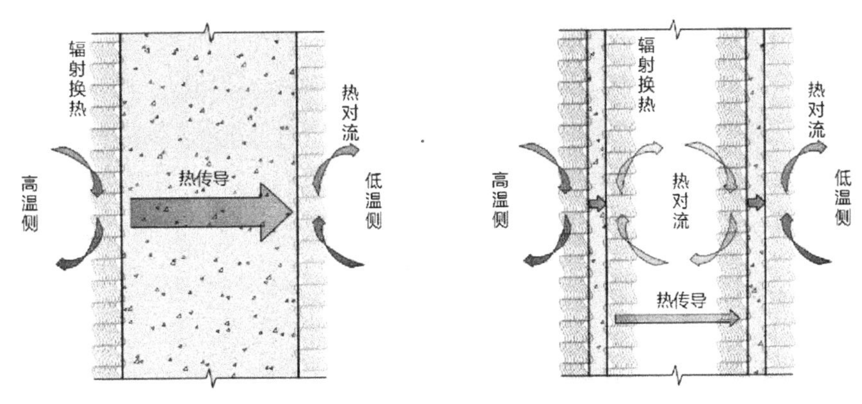

图 4-5-4 单层墙体与双层墙体的热过程分析图

来源：王雪菲等. 青海河湟地区庄廓“厚重”生态经验的现代设计转化——以河湟民俗文化博物馆设计为例［J］. 世界建筑，2021（03）：92-95，125.

4.5.4 墙体蓄热性能对太阳辐射热利用的影响

在太阳辐射直接得热的南向房间中，可结合内围护结构，如墙体、楼板形成“蓄热构件”，蓄存日间的太阳辐射得热供夜间使用。常用的建筑类蓄热材料有土、石头、砖及混凝土砌块，室内家具（木、纤维板）等也可作为蓄热材料。在建筑设计中比较各种蓄热材料时，主要考虑的是单位体积的热容量（BTU），表 4-5-2 列出了不同材料单位体积的热容量差异。空气很轻，几乎不蓄热，建筑外墙常用的泡沫隔热材料内有大量空气，同样不能作为蓄热材料使用。水的比热容大，且环保廉价，是很好的蓄热材料，但需要容器，不易维护。木材热容量较高，但热传导性差，材料内部不具有很好的蓄热效果。综合来看，蓄热材料的选取需同时考虑高热容和高导热系数。钢、砖、混凝土、岩石作为建筑围护结构的常用材料，均具有较好的蓄热效应。值得注意的是，热量的储存与表面积的大小呈正相关，而不是厚度①。

五种常用建筑材料单位体积的热容量　　表 4-5-2

材料	钢	木	砖	混凝土（石）	泡沫隔热材料
单位体积热容量（BTU/ 平方英尺°F）	59	26	25	22	1

数据来源：诺伯特・莱希纳. 建筑师技术设计指南——采暖・降温・照明［M］. 北京：中国建筑工业出版社，2004：165.

集合住宅内部空间分隔墙体、楼板的面积占总围护结构面积份额较大，其热容

① 诺伯特・莱希纳. 建筑师技术设计指南——采暖・降温・照明［M］. 北京：中国建筑工业出版社，2004：165.

量对室内温度变化有着相当大的影响[①]。冬季、夏季重质内墙与轻质内墙内表面温度差可达2℃以上[②]，可见无论在冬季还是夏季，内部围护结构的蓄热性能对于调节室内热环境和减少建筑能耗都有积极的意义。五城市由于冬季太阳辐射资源富集程度不同，室外气温条件不同，内部围护结构蓄热性能对室内热环境的影响程度也不同。对建筑采暖、降温用能的贡献还与建筑形体类型有关，具体应用效果验算，还需与建筑技术工程师协同。

4.6 屋顶与太阳辐射热利用的关联性

对建筑师来讲，屋顶是建筑形态变化最多的位置，是建筑回应地域风貌的关键形态之一；对于暖通工程师来讲，屋顶的热工性能是建筑节能设计的强制性控制指标。住宅屋顶为直接接收太阳辐射构件且通常情况下无日照遮挡，有条件成为得热构件；同时屋顶受室内空气温度梯度垂直分布的影响，通过相同面积天窗、屋面由于温差传热散失的热量大于墙体、外窗[③]，以北京地区（寒冷B）基础住宅建筑为例，屋顶耗热量占住宅建筑总耗热量的8.6%，是外墙热损失的1/3[④]。对于集合住宅而言，屋顶面积占整个外围护结构面积比例较小，但对顶层户室内热环境影响极为敏感，由此再影响到顶层以下住户的室内热环境。因此，对屋顶的太阳辐射得热、保温性能需给予足够重视。

目前关于西部地区住宅屋顶对室内热环境的影响研究，主要围绕非透明屋面的保温隔热性能展开，鲜有针对特定地域气候条件展开屋顶形态对室内热环境影响的研究。本节顺应建筑师对住宅屋顶形态的选用习惯，从屋面天窗面积占比、屋面坡度两个方面，探析住宅屋顶形态与太阳辐射热利用的关联规律。

4.6.1 天窗面积占比与天窗传热系数的关联性

根据居住建筑空间及其形式设计需求，《严寒与寒冷地区居住建筑节能设计标准》JGJ 26—2018新增居住建筑天窗面积比与传热系数强制性控制指标，要求严寒地区屋面天窗与该房间屋面面积的比值不应大于0.1，寒冷地区不应大于0.15；严寒A、B区天窗传热系数小于1.4，严寒C区传热系数小于1.6，寒冷地区天窗

① 木村建一（著）. 单寄平（译）. 建筑设备基础理论［M］. 北京：中国建筑工业出版社，1982：383-384.

② 朱新荣，蓄热体对多层建筑室内热环境的作用分析［J］. 太阳能学报 2013（8）.

③ 中华人民共和国住房和城乡建设部. 严寒与寒冷地区居住建筑节能设计标准（JGJ 26—2018）［S］. 北京：中国建筑工业出版社，2018.

④ 郎四维. 我国建筑节能设计标准的现况与进展［J］. 制冷空调与电力机械，2002，23（87）：1-6.

传热系数小于 1.8。其对屋面天窗面积占比及传热系数的约束，是从屋顶冬季失热和夏季易造成潜在制冷需求出发考虑，对于冬季太阳辐射强烈、夏季不会出现过热现象的西部城镇住宅太阳辐射热利用一级区、二级区的住宅来讲，屋顶通过“透明化”设计，有条件成为辐射得热构件，补偿住宅冬季室内热需求，夏季满足自然通风就不易出现过热现象。

以西部城镇住宅太阳辐射热利用二级区代表城市西宁为例，基于当地常见高层住宅典型空间模式，采用 Designbuilder 模拟软件，分别以当地住宅现行围护结构构造和 75% 节能目标要求推算构造建立物理模型，户型平面及住宅围护结构构造见表 4-6-1。考虑屋面天窗面积及传热系数对住宅顶层户的室内热环境影响最为敏感，故采用顶层户采暖负荷模拟结果分析屋面天窗面积与其传热系数的关系，更具代表性和典型性。结合西宁当地常用外窗类型的传热系数以及面向未来建设需求，天窗传热系数取值范围为 1.0～2.5W/（m^2 • K），不同屋面天窗面积占比及传热系数条件下顶层户采暖负荷模拟结果见图 4-6-1。由图可知，开设屋面天窗可补偿住宅采暖用能，此时屋顶成为得热构件；一定条件下，扩大屋面天窗面积可补偿由于外窗传热系数较大引起的热损失。具体来讲，① 采用西宁住宅现行外墙、外窗构造条件下，天窗传热系数处于 1.8～2.5W/（m^2 • K）之间时，顶层户全年采暖负荷随天窗面积比的增大先降低后升高：a. 天窗传热系数为 1.8W/（m^2 • K）时，天窗面积比不宜大于 0.3；b. 天窗传热系数为 2.2W/（m^2 • K）时，天窗面积比不宜大于 0.4；c. 天窗传热系数为 2.0W/（m^2 • K）时，天窗面积比不宜大于 0.5；d. 天窗传热系数为 1.8W/（m^2 • K）时，天窗面积比不宜大于 0.6；e. 天窗传热系数等于 1.6W/（m^2 • K）时，顶层户采暖负荷随天窗面积的增大持续下降。② 当住宅外围护结构热工性能提升，采用依照 75% 节能目标对围护结构热工性能的要求估算构造时：a. 天窗传热系数小于等于 1.6W/（m^2 • K）时，顶层户采暖负荷随天窗面积的增大而持续降低；天窗传热系数为 1.8W/（m^2 • K）时，顶层户采暖负荷随天窗面积的增大先降低后增大，拐点出现在屋面天窗面积占比 0.4～0.5 之间。

西宁市代表性高层集合住宅户型平面图及其围护结构构造情况　　表 4-6-1

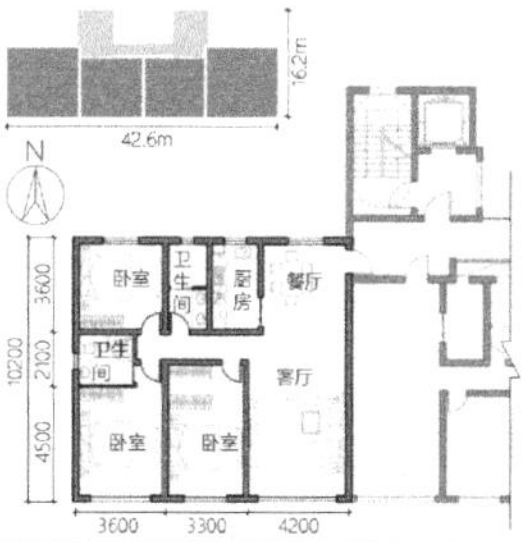

围护结构名称	构造做法
屋面	30mm 厚细石混凝土＋ 30mm 厚陶粒混凝土＋ 100mm 厚石墨聚苯板＋ 100mm 厚钢筋混凝土板，K = 0.35W/（m^2 • K）
外墙	20mm 水泥砂浆＋ 80mm 岩棉＋ 200mm 厚加气混凝土砌块＋20mm水泥砂浆，K＝0.56W/（m^2 • K）
外窗	铝塑窗框中空玻璃窗，K = 2.5W/（m^2 • K）

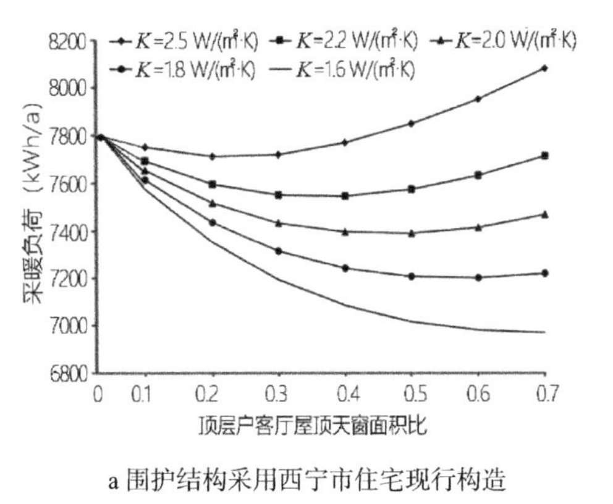

a 围护结构采用西宁市住宅现行构造（相当于 65% 节能目标要求）

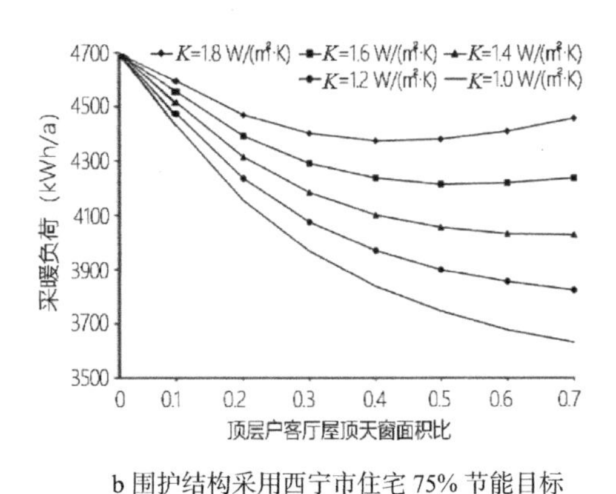

b 围护结构采用西宁市住宅 75% 节能目标限值推算构造

图 4-6-1　西宁市住宅不同天窗面积比与天窗传热系数条件下顶层户全年采暖负荷变化曲线图

来源：根据 Designbuilder 模拟结果绘制

4. 6. 2　屋顶坡度对住宅采暖负荷的影响

坡屋顶是住宅建筑常见形态要素，本节以西宁集合住宅为例，模拟模型同 4.6.1，以屋面坡度为变量，分非透明屋面和透明屋面两种情况，模拟分析屋面坡度变化对顶层户室内热环境的影响。

（1）非透明屋面坡度对室内采暖负荷的影响

不同屋面坡度条件下顶层户采暖负荷变化如图 4-6-2 所示。由图可知，随着屋顶坡度的增大，顶层采暖负荷增加，这是由于非透明屋顶是失热构件，其外表面积增大，失热量增加所致。当非透明屋面坡度大于 30° 时，顶层户单位面积采暖负荷增加率变大，因此综合考虑形态设计需求和节能需求，坡屋顶坡度宜控制在 30° 以内。

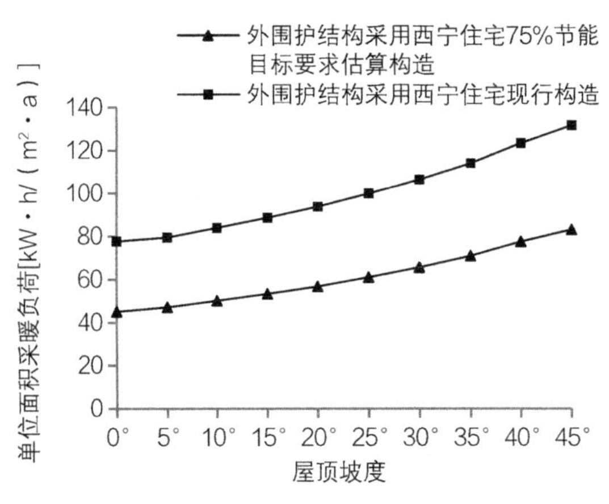

图 4-6-2　不同屋面坡度情况下顶层户室内采暖负荷变化曲线

来源：根据 Designbuilder 模拟结果绘制

（2）天窗坡度对室内采暖负荷的影响

如 4.6.1 研究结果所述，当设有屋面天窗时，屋顶多数情况下可成为得热构件。为进一步探析透明屋顶的坡度与太阳辐射热利用的关系，采用 Designbuilder 模拟分析天窗坡度变化对住宅室内热环境的影响。以影响敏感的顶层户为分析对象，模拟模型同 4.6.1，其中屋面天窗传热系数 1.6W/（m^2·K）、天窗面积占其相应房间地面面积的 30%，随屋面坡度变化，顶层户采暖负荷变化如图 4-6-3 所示。由图可知：随屋面坡度的增大，住宅采暖负荷先降低后升高。屋面坡度 0～5° 时，采暖负荷稍有下降。这是由于屋面角度的增大使屋面表面积增大，失热量增加，但屋面天窗面积未增大，太阳辐射得热量未得到提升。推测屋面坡度与屋面天窗面积之间存在一定的动态关联规律；另外，从屋面得热量与失热量的角度来控制天窗面积占屋面面积的比例，更利于建筑师进行屋顶形态设计与室内热环境的综合考量。当屋面坡度大于 20° 时，顶层户单位面积采暖负荷增加率变大，因此综合考虑形态设计需求和节能需求，坡屋顶坡度宜控制在 20° 以内。

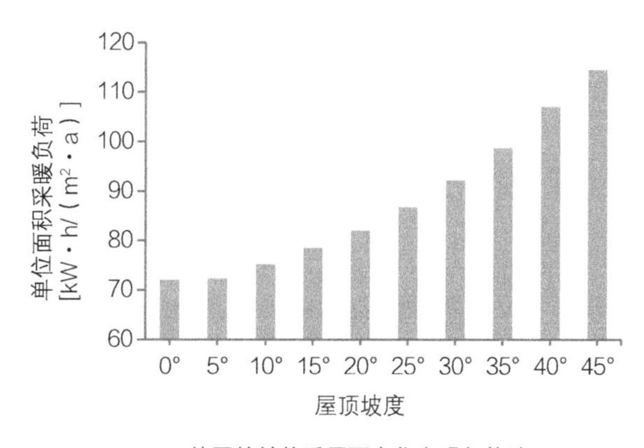

a 外围护结构采用西宁住宅现行构造

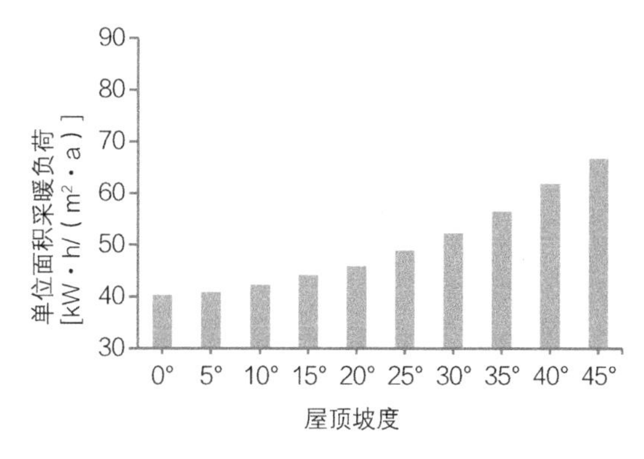

b 外围护结构采用西宁住宅75%节能目标要求估算构造

图 4-6-3　西宁住宅屋顶天窗顶坡度变化下的顶层户采暖负荷

来源：根据 Designbuilder 模拟结果绘制

4.6.3 坡屋面分区差异化保温设计

以南、北向双坡屋顶为代表，分区差异化增加保温层厚度，重点提高北向坡屋面保温性能、减少其失热。模拟计算模型见图 4-6-1，其中屋面保温材料采用石墨聚苯板［导热系数为 0.037W/（m·k）］，模拟分析坡屋顶南、北分区设计保温构造对住宅采暖负荷的影响（南、北坡屋面的面积相同）。图 4-6-4 为南、北坡屋面不同保温层厚度情况下，顶层户采暖负荷模拟结果。由图可知，增加南向坡屋面保温层厚度后顶层户采暖用能降幅小于增加北向坡屋面保温层厚度；屋面传热系数越小，南、北分区差异化保温带来的节能效果差异越明显。

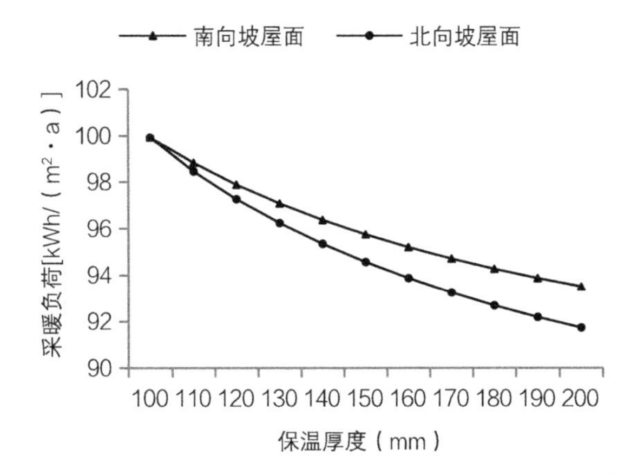

图 4-6-4　西宁住宅南北向坡屋面不同保温层厚度情况下顶层户采暖负荷变化曲线图
来源：根据 Designbuilder 模拟结果绘制

5 充分利用太阳辐射得热影响范围的空间组合适配方法

5.1 住宅热舒适空间分类分级

由于住宅中各功能房间使用时段、使用频次及室内活动情况的不同，人们对户内功能房间的热需求呈现“分区”差异化特征。《住宅建筑规范》《住宅设计规范》将住宅室内功能房间按照采暖温度需求，由高到低分为三类：卧室和起居室等使用频率高的房间，厨房等间歇性使用房间，楼梯间和走廊。根据西安建筑科技大学刘艳峰教授团队对西北地区乡村居住建筑冬季人员行为轨迹与室内热环境关系的调查数据，可将居住使用空间按照热舒适需求分为三类：居民对卧室的热舒适要求最高，平均期望温度为16.5℃，但睡眠状态时，人体90%体表面积由被褥覆盖，头部对室内温度的需求为10.7～22℃；其次是起居室，平均期望温度为14.5℃；厨房等间歇性使用空间使用时段的期望温度为11℃，其他时段9℃即可满足热需求[①②]。上述研究成果为户型空间热舒适分级提供了理论支撑，尚缺乏特定气候条件下城镇居住建筑功能空间热舒适需求分级及空间热需求温度的研究。

课题组于2020～2021年冬季，以太阳辐射资源优势突出的拉萨为代表，通过对当地城镇住宅室内温度现场测试和住户热舒适问卷调查的方法，针对太阳能富集地区户型空间热舒适需求分级的研究目标，对户内使用空间的热舒适需求差异及相应空间温度需求开展了调查。根据空间使用特点，将室内空间分为卧室、起居室、餐厅、厨房、卫生间及储藏室五类空间，结合前文所述住宅自然运行状态下室内温度周期性变化特点，分4个时段进行室内热舒适调查，采用ASHAE7级标度表示居民的热感觉投票。共调查住户82户，受访人员100人次，身体健康，在拉萨的最短居住年限为10年，最长为60年，平均为25年，大多长期生活在该地区，已适应当地的气候环境。测试期间，受访人员按照日常生活正常穿衣，问卷填写过程中，受访人员均为静坐、站立或从事轻体力家务劳动。

---

① 宋聪，刘艳峰，王登甲，李涛．西北居住建筑分时分区热环境设计参数研究［J］．暖通空调，2020（2）：29-34.

② 王世栋．西部乡村冬季行为模式与室内热环境关系研究［D］．西安建筑科技大学．2014.

图 5-1-1 为受访期间日间各时段室内温度分布情况，卧室温度区间为 10～15℃，起居室室内温度 12～16℃，餐厅 8～10℃，卫生间、储藏室为 6～10℃。

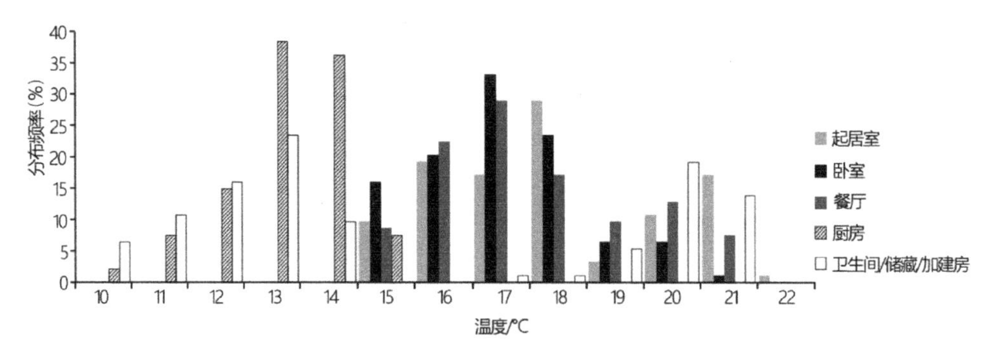

图 5-1-1　拉萨院落式住宅冬季昼间（11：00-17：00）各房间室内温度分布频率
来源：根据课题组开展的问卷调查数据统计绘制

热感觉投票 TSV（Thermal Sensation Vote）投票值为 −1、0、1 时，表示居民对此时的热环境可接受。对投票结果进行统计，图 5-1-2 为居民对不同功能空间的热感觉投票分布频率，从室内热环境“可接受”样本占比来看，卧室为 60%，起居室为 80%，餐厅为 80%，大部分居民可接受厨房、卫生间、储藏室等功能空间的室内热环境。可见，当地居民对住宅室内各功能空间的热舒适需求不同，对卧室的热需求最大，其次为起居室，再次为餐厅，最后是厨房、卫生间和储藏室等间歇性使用空间，分为 4 个热舒适等级。

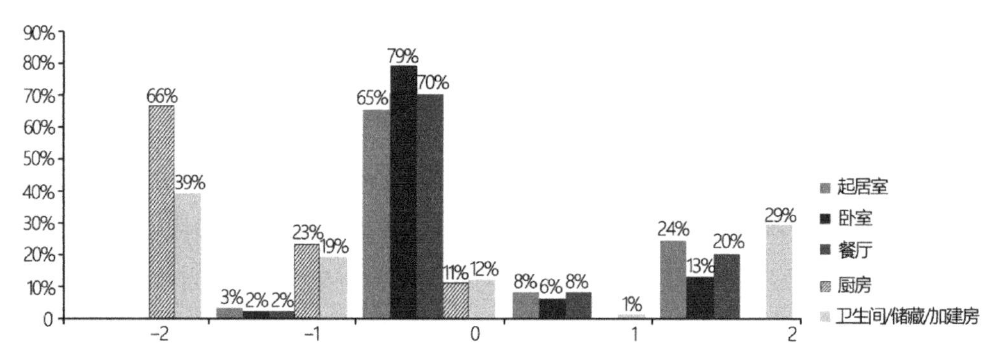

图 5-1-2　访问时段各房间室内热感觉投票分布频率
来源：根据课题组问卷调查数据统计绘制

综合上述分析，将拉萨住宅室内功能空间按照冬季室内环境热舒适需求的不同，分为 4 个等级：卧室、起居室为一级；餐厅、书房为二级；厨房、储藏室等间歇性使用空间为三级；公共楼梯间、走廊等为四级。根据前文对拉萨地区居民冬季热舒适需求的调查显示，对应住宅热舒适空间分级，各功能空间冬季热舒适温度如表 5-1-1 所示。其他四个代表城市尚未开展城镇住宅冬季室室内空间热舒适实调，目前不能相应给出具体的室内热舒适温度值，但五城市居民生活形态趋同，住宅功能空间需求相似、稳定。因此，住宅功能空间热舒适需求分级规律一致。

拉萨地区住宅空间冬季热舒适温度 **表 5-1-1**

空间热舒适需求等级	一级热舒适空间	二级热舒适空间	三级热舒适空间	四级热舒适空间
功能空间名称	卧室、起居室	餐厅、书房	厨房、卫生间等间歇性使用房间	生活阳台、公共楼梯间、公共走廊等不采暖房房间
冬季热舒适温度（℃）	12～16	8～10	6～10	6

来源：根据课题组 2020 年 12 月进行的拉萨住宅室内热舒适调查结果统计绘制。

5.2 住宅空间热舒适分级组合适配原则

"南北贯通空间"引导由太阳辐射转化的热流向北侧空间传递，避免热量聚集于南侧局部空间产生过热，提高北侧空间的空气温度，从而改善户内环境热舒适度，提升住宅的辐射热利用效率。本书 4.3 节进一步总结了五城市住宅太阳辐射热效应空间作用规律，结合常规功能空间尺度需求及建筑工业化模数的考量，提出"太阳辐射直接得热影响范围"及"太阳辐射热利用空间分区"的尺度，以此引导和控制户型各功能空间的组合方式及尺度。

2003 年，国务院正式提出将房地产业作为拉动经济发展的支柱产业，在市场机制的作用下，户型研发注重研究消费者的居住需求，出现了餐、居、寝分离的居住空间模式[①]。同时考量使用流线、空间环境效果、经济性约束等，部分功能空间贯通成为户型功能空间的常见组合方式，如 KDL、DL 等，从主要使用功能的角度，分为两类贯通空间：一是以起居室空间为主体形成的贯通空间，从空间热舒适分级组合的角度分为两种类型；二是以卧室主导形成的贯通空间，目前常见的均为"一级＋二级热舒适空间组合"。住宅户型常见可贯通组合的功能空间见表 5-2-1。

住宅户型常见的贯通组合空间 **表 5-2-1**

<table>
<tr><th>功能空间贯通组合类型</th><th>组合空间</th><th>空间热舒适分级组合类型</th></tr>
<tr><td rowspan="3">以"起居室"为主导的贯通空间</td><td>起居室＋餐厅；起居室＋书房；起居室＋活动室</td><td>一级＋二级热舒适空间组合</td></tr>
<tr><td>起居室＋餐厅＋厨房</td><td rowspan="2">一级＋二级＋三级热舒适空间组合</td></tr>
<tr><td>南向阳台＋起居室＋餐厅</td></tr>
<tr><td>以"卧室"为主导的贯通空间（又称卧室套房）</td><td>卧室＋书房；卧室＋活动室；卧室＋更衣室</td><td>一级＋二级热舒适空间组合</td></tr>
</table>

① 周燕珉，李佳婧. 1949 年以来的中国集合住宅设计变迁［J］. 时代建筑，2020（6）：53-57.

基于上述户型常见贯通空间组合方式及住宅功能空间热舒适等级，总结五城市住宅户型空间与其“太阳辐射得热影响范围”及“太阳辐射热利用空间分区”的适配原则：1）尽可能多地采用南北贯通空间组合模式，并控制“贯通空间”进深在“太阳辐射得热影响范围”内；2）优先将一级热舒适需求空间布置在“日射得热直接利用区”；将二级热舒适需求空间布置在“日射得热补偿利用区”；当“贯通空间”进深超过“太阳辐射得热影响范围”时，超过的部分为“日射得热影响薄弱区”，可布置三级、四级热舒适空间，并采取措施对其与二级热舒适空间的分隔围护结构进行保温性能的提升。对于无南向直接太阳辐射热效应的“日射得热影响薄弱区”，宜布置三级、四级热舒适需求空间，并同时加强其外围护结构保温性能。

根据五城市住宅太阳辐射利用设计技术路线的不同，下文将分类分别列出五城市住宅太阳辐射热利用空间组合适配模式。

5.3 五城市城镇住宅太阳辐射热利用空间组合模式

5.3.1 拉萨住宅太阳辐射热利用空间组合模式

拉萨“城镇住宅太阳辐射热利用目标一级区”，住宅以单一热需求为用能主导因素，优先将空间布置在“日射得热直接利用区”内。当户型空间进深增大、但控制在相应的住宅“太阳辐射得热影响范围”内时，应利用南北贯通空间对太阳辐射热效应的反馈，通过南北贯通空间加强空气对流，提高北侧空间温度；对应将一级热舒适需求空间布置在“日射得热直接利用区”内，将二级热舒适需求空间布置在“日射得热补偿利用区”内。当户型进深超过相应的住宅“太阳辐射得热影响范围”时，可通过三级热舒适需求空间匹配“日射得热利用薄弱区”，包围一级、二级热舒适需求空间，利用三级热舒适空间形成二级热舒适空间与室外环境交互的热缓冲区，同时注意加强二级热舒适空间与三级热舒适空间分隔墙体、门窗的保温性能；或采用传统保温构造的方式提高北侧围护结构保温性能，如不开窗或开小窗、采用高性能外窗、增加墙体保温层厚度等（图 5-3-1）。

另外值得注意的是：“日射得热直接利用区”南向立面相对其他朝向立面设计自由，优先考虑提高南向立面的透明性，增加太阳辐射得热；但大面积透明围护结构容易增加夜间失热量，造成昼夜温差大、室内温度波动大、热舒适差，应注意采取构造措施适应太阳辐射的昼夜周期性变化。

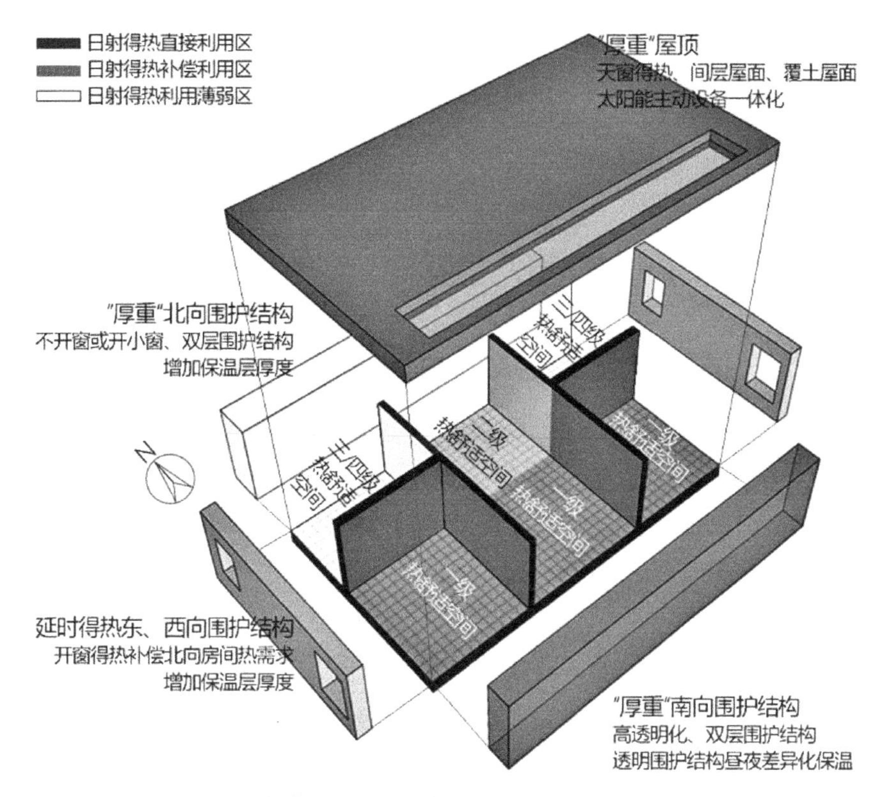

图 5-3-1 拉萨住宅太阳辐射热利用空间组合适配模式图

5.3.2 西宁住宅太阳辐射热利用空间组合模式

西宁属于“西部城镇住宅太阳辐射热利用目标二级区”，冬季严寒且太阳辐射照度较高，夏季凉爽，无制冷需求，当地住宅以单向热需求为用能主导因素。根据西宁住宅太阳辐射热效应空间利用规律、围护结构太阳辐射热利用规律，综合提升当地住宅太阳辐射热利用效率。

西宁住宅辐射热利用空间组合适配模式见图 5-3-2，空间组合适配设计要点如下：1）遵循住宅空间热舒适分级组合适配原则；2）东、西、北侧，利用三级、四级热舒适空间包围一、二级热舒适空间，削弱一、二级热舒适空间与室外气候环境的交互效应，对一、二级热舒适空间起到保温作用；3）采用“厚重”外围护结构构造设计，南向围护结构突出“高透明性”，增加辐射得热，北、东、西向相对封闭，减少失热：南向采用双层透明围护结构适应昼夜太阳辐射周期性变化；北向围护结构尽量避免开窗，如需开窗时宜开小窗减少失热；东、西向开窗争取辐射得热，补偿北侧房间热需求。

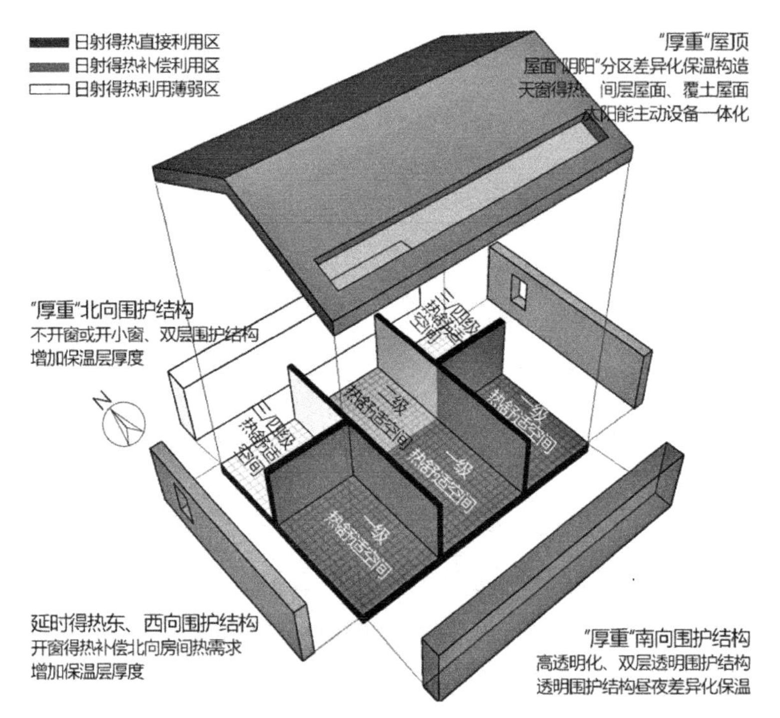

图 5-3-2　西宁住宅太阳辐射热利用空间组合适配模式图

5.3.3　银川住宅太阳辐射热利用空间组合模式

银川属于“城镇住宅太阳辐射热利用目标三级区”，冬季寒冷而太阳辐射照度较高，太阳辐射资源与采暖需求互补性较强，但尚不能完全直接利用太阳辐射替代常规采暖用能；夏季气温温和但太阳辐射强烈，易造成室内过热形成冷负荷需求。城镇住宅以冷、热双向需求为用能主导因素。根据银川住宅太阳辐射热效应空间利用规律、住宅现行围护结构构造及住宅装配式建造需求凸显的现实情况，综合提升当地住宅太阳辐射热利用效率。

银川住宅辐射热利用空间组合适配模式见图 5-3-3，空间组合适配设计要点总结如下：1）遵循住宅空间热舒适分级组合适配原则；2）利用三级、四级热舒适空间包围一、二级热舒适空间，削弱一、二级热舒适空间与室外气候环境的交互效应，对一、二级热舒适空间起到保温、隔热与遮阳的作用；3）外围护结构以保温隔热为主，采用“厚重”外围护结构构造设计，南向围护结构采用双层围护结构且高透明化，利用大面积透明围护结构得热，需同时考虑遮阳设计；北向围护结构开小高窗，减少北侧房间失热的同时宜加强夏季通风效果；东、西向不宜开窗，需开窗时宜开小窗并同时考虑东、西向外窗遮阳；整体上，南向围护结构宜“透明”，北向和东、西向围护结构形成相对封闭敦实的立面风格；4）对应“热舒适空间”分区，结合室内装修和标准化部品进行“分区保温”构造设计，再次削弱室内空间热环境与室外环境的交互效应。

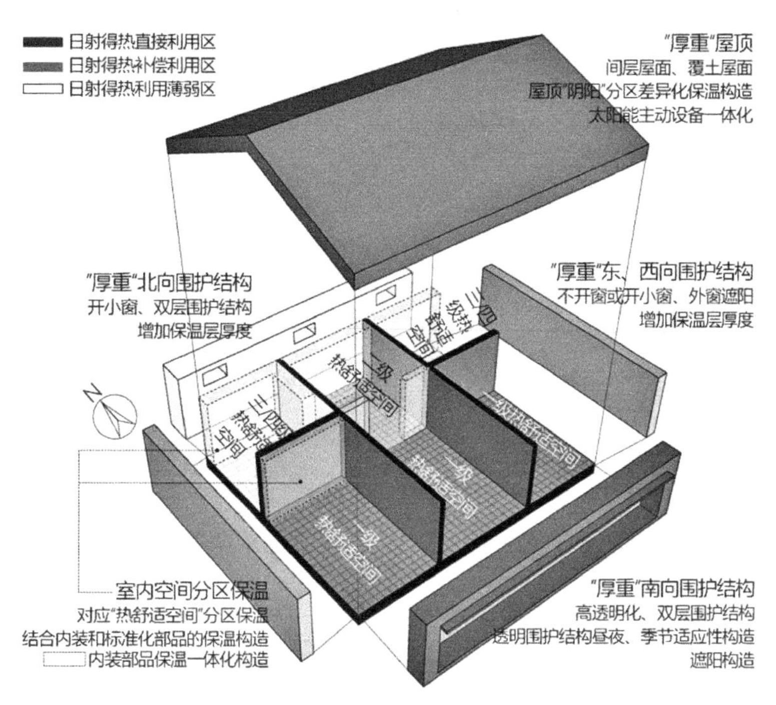

图 5-3-3 银川住宅太阳辐射热利用空间组合适配模式图

5.3.4 乌鲁木齐住宅太阳辐射热利用空间组合模式

乌鲁木齐属于“西部城镇住宅太阳辐射热利用目标四级区”，当地住宅以冷、热双向需求为用能主导因素，冬季严寒且太阳辐射照度相对较低，太阳辐射对采暖用能的补偿受限；夏季气温温和但太阳辐射强烈，易造成室内过热形成冷负荷需求。根据乌鲁木齐住宅太阳辐射热效应空间利用规律、住宅现行围护结构构造及住宅装配式建造需求凸显的现实情况，综合提升当地住宅太阳辐射热利用效率。

乌鲁木齐住宅太阳辐射热利用空间组合适配模式见图 5-3-4，空间组合适配设计要点总结如下：1）遵循住宅空间热舒适分级组合适配原则；2）利用三级、四级热舒适空间包围一、二级热舒适空间，削弱一、二级热舒适空间与室外气候环境的交互效应，对一、二级热舒适空间起到保温、隔热与遮阳的作用；3）对应“热舒适空间”分区，结合室内装修和标准化部品进行“分区保温”构造设计，再次削弱室内空间热环境与室外环境的交互效应；4）外围护结构以保温隔热为主，采用“厚重”外围护结构构造设计，整体形成相对封闭敦实的立面风格。

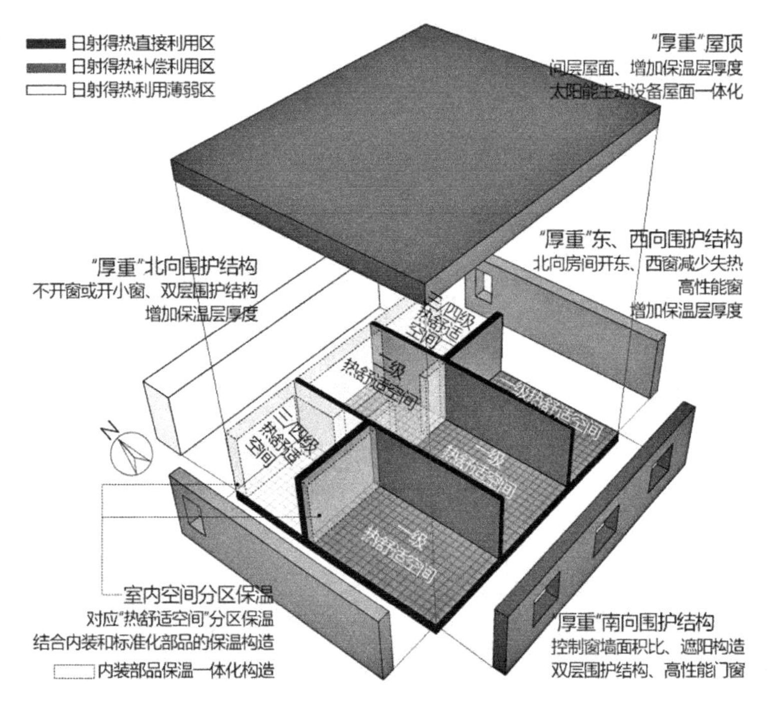

图 5-3-4　乌鲁木齐住宅太阳辐射热利用空间组合适配模式图

5.3.5　吐鲁番住宅太阳辐射热利用空间组合模式

吐鲁番属于“西部城镇住宅太阳辐射热利用五级区”，住宅以冷、热双向需求为用能主导因素。吐鲁番冬季气温较本研究选取的其他四城市冬季气温温和，太阳辐射对其冬季热需求补偿接近 50%，但其夏季气温高且太阳辐射强烈，冬、夏两季适应性是户型空间适配要点。吐鲁番住宅户型空间组合除遵循住宅空间热舒适分级组合适配原则外，主要考虑通过三、四级热舒适空间包围一、二级热舒适空间，削弱一、二级热舒适空间与室外气候环境的交互效应。

根据吐鲁番住宅太阳辐射热效应空间利用规律、住宅围护结构构造情况，以及住宅装配式发展受乌鲁木齐的辐射影响，综合提升当地住宅太阳辐射热利用效率。吐鲁番住宅太阳辐射热利用空间组合适配模式见图 5-3-5，空间组合适配设计要点总结如下：1）遵循住宅空间热舒适分级组合适配原则；2）利用三级、四级热舒适空间包围一、二级热舒适空间，削弱一、二级热舒适空间与室外气候环境的交互效应，对一、二级热舒适空间起到保温、隔热与遮阳的作用；3）对应“热舒适空间”分区，结合室内装修和标准化部品进行“分区保温”构造设计，再次削弱室内空间热环境与室外环境的交互效应；4）外围护结构以保温隔热为主，采用“厚重”外围护结构构造设计，整体形成相对封闭、敦实的立面风格。

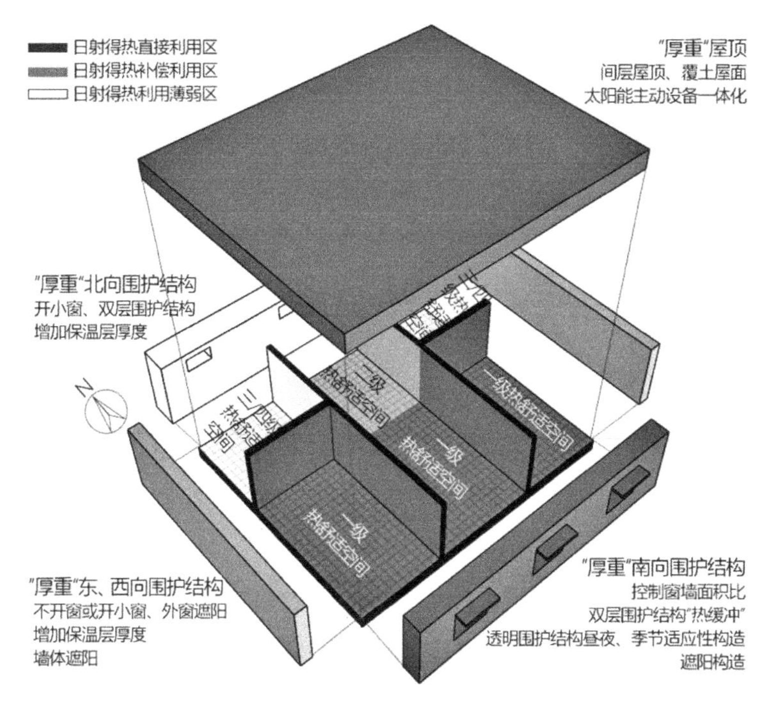

图 5-3-5 吐鲁番住宅太阳辐射热利用空间组合适配模式图

6 住宅利用太阳辐射的适应性构造补偿方法

随着我国建筑节能、绿色建筑等设计标准对建筑围护结构性能提升的推动，为建筑物减少热散失提供了保障。在我国西部太阳能富集地区，实地调查中也收集到供暖状态下室内太阳辐射得热的常见情况：居民中午在家中只能穿一件单衣，甚至需开窗通风降温。在采暖季供暖设备不开启情况下，午间建筑室内温度可达到25℃①，有不少案例甚至高达30℃②③④；围护结构采用合理的集热、保温构造时，夜间最低温度也能达到14℃⑤。

透明围护结构是室内获得太阳辐射热量的主要组件，同时也是围护结构中易失热组件。扩大透明围护结构的面积，能够增加日间室内太阳辐射得热量，同时失热量也增加，尤其是夜间。太阳辐射热利用优先的住宅建筑围护结构构造设计，其难点在于解决争取太阳辐射得热与同时减少热散失之间的矛盾。目前通用的高保温隔热外窗难以适应太阳辐射的周期性变化，不能同时满足太阳辐射热利用要求的日间小热阻（大透射比）和夜间大热阻（小传热系数）的集热保温要求②。在西藏、青海以及新疆吐鲁番等西部太阳能富集地区传统民居中广泛使用的双层窗户，由居民自主控制，动态调节来适应气候条件的季节性、昼夜间变化，为住宅建筑透明围护结构设计满足太阳辐射热利用要求提供经验。

根据城镇住宅建筑围护结构太阳辐射热利用分级，对应围护结构太阳辐射热利用分区，立面形态、构造、部品分型适配，采用多种构造组合的方法，激发城镇住宅建筑围护结构太阳辐射得热对采暖用能的补偿效果。对于以单向热需求为主的太阳辐射热利用目标一级区、二级区城镇住宅建筑，冬季日间争取太阳辐射得热与夜间高效保温之间的矛盾，是该地区城镇住宅围护结构太阳辐射热利用一级区形态构

① 详见本书第2章中拉萨市住宅采暖季室内温度现场测试结果，南向房间最高温度为24.95℃。

② 戎向阳，司鹏飞，石利军，等. 太阳能供暖设计原理与实践［M］. 北京：中国建筑工业出版社，2021.8.

③ 刘加平等著. 绿色建筑——西部践行［M］. 北京：中国建筑工业出版社，2015.12.

④ 王登甲，刘艳峰，刘加平. 青藏高原被动太阳能建筑供暖性能实验研究［J］. 四川建筑科学研究，2015（2）：269-274.

⑤ 刘艳峰，刘加平，杨柳，等. 拉萨多层被动太阳能住宅热环境测试研究［J］. 暖通空调，2007（12）：122-124.

造设计要解决的主要问题。对于冬、夏两季冷、热双向兼顾的太阳辐射热利用目标三级区、四级区、五级区城镇住宅建筑，其围护结构太阳辐射热利用一级区的形态构造设计，除需响应冬季昼夜差异化热工设计需求外，还需要对冬、夏气候条件件变化引起的差异化热工设计需求进行回应。基本无直接太阳辐射照射的建筑物围护结构太阳辐射热利用二级区、三级区的立面形态构造以保温隔热为主。

6.1 住宅太阳辐射热利用适应性构造类型

建筑物围护结构在侧重点不同的表述中也被称为建筑表皮、建筑立面，对建筑物的影响涉及建筑结构、安全、功能运行、地域风貌、声光热环境性能控制等多个方面，是建筑室内外环境交互的物质界面。从住宅物化、建构的角度和针对整体环境性能表现来讲，住宅围护结构涵盖外窗、外墙、屋顶、地面、悬挑楼板等与外界环境进行热交换的部分。

优先利用太阳辐射热的住宅建筑围护结构具有方向性、单元性、重复性、差异性、自主性的形态特征。住宅建筑立面受室内空间功能和日照的影响，具有较强的方向性，从太阳辐射热利用的角度来讲，由于建筑物不同朝向表面上太阳辐射照度分布不同，方向性特征更加突出。住宅每户特定的功能空间要求，使其相应立面形态具有很强的单元性和重复性，立面具有很强的韵律感；针对太阳辐射热利用来讲，形态、构造需对应围护结构太阳辐射热利用分级分区进行分型设计。建筑物表面不均匀的太阳辐射照度分布，使每户室内环境与室外环境的热交互存在差异，造成户间室内热环境迥异，再加上住户热舒适需求不同，对外窗开启与关闭需自主控制，因此，优先利用太阳辐射热的围护结构还具有鲜明的用户自主调节特征。

为适应室外气候环境的季节性、昼夜间变化，建筑物围护结构的构成呈现由薄转向厚的趋势①。而如今所呈现的“厚”并不仅仅是材料的物理厚度，而是一种空间意义上的能量厚度。住宅建筑围护结构从单层向双层、复合化发展，具有典型代表的如双层透明围护结构、太阳墙、双层屋面（图 6-1-1）。

从围护结构组件太阳辐射热利用特征角度，可将住宅建筑围护结构组件分为“集热保温型”和“保温隔热型”。耦合住宅围护结构组件形态及其太阳辐射热利用特征，从“间层”尺度的角度，进一步将住宅建筑围护结构太阳辐射热利用适应性组件分为 20 种（图 6-1-2）。

① 邓丰. 形式追随生态——当代生态住宅表皮设计研究［M］. 北京：中国建筑工业出版社，2016.

图 6-1-1　住宅建筑围护结构双层组合设计应用实例

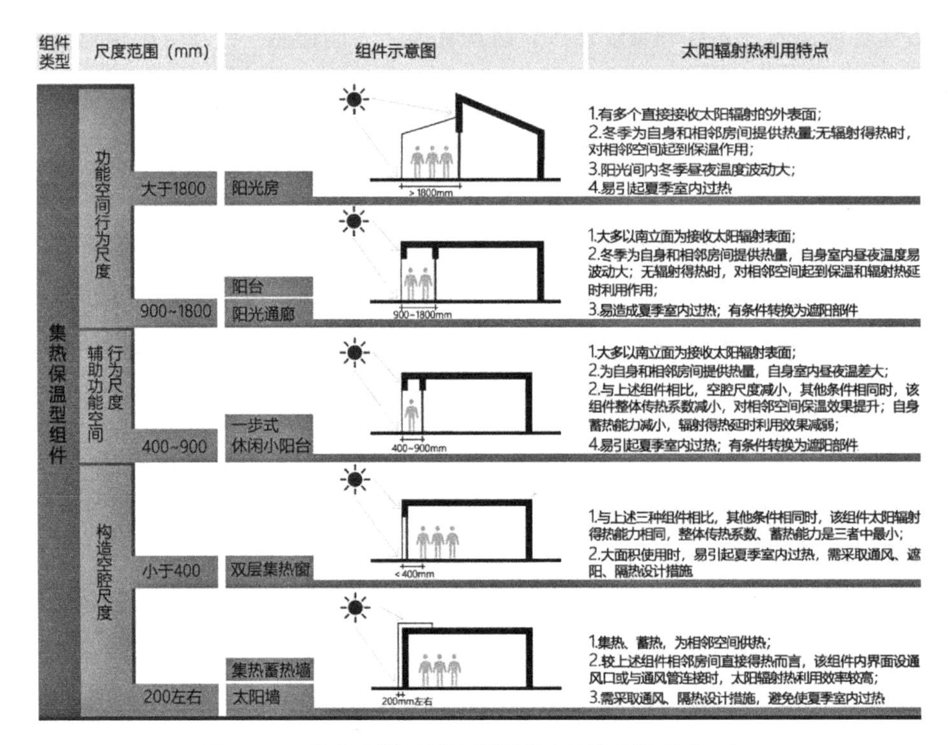

图 6-1-2　住宅太阳辐射热利用适应性构造类型（一）

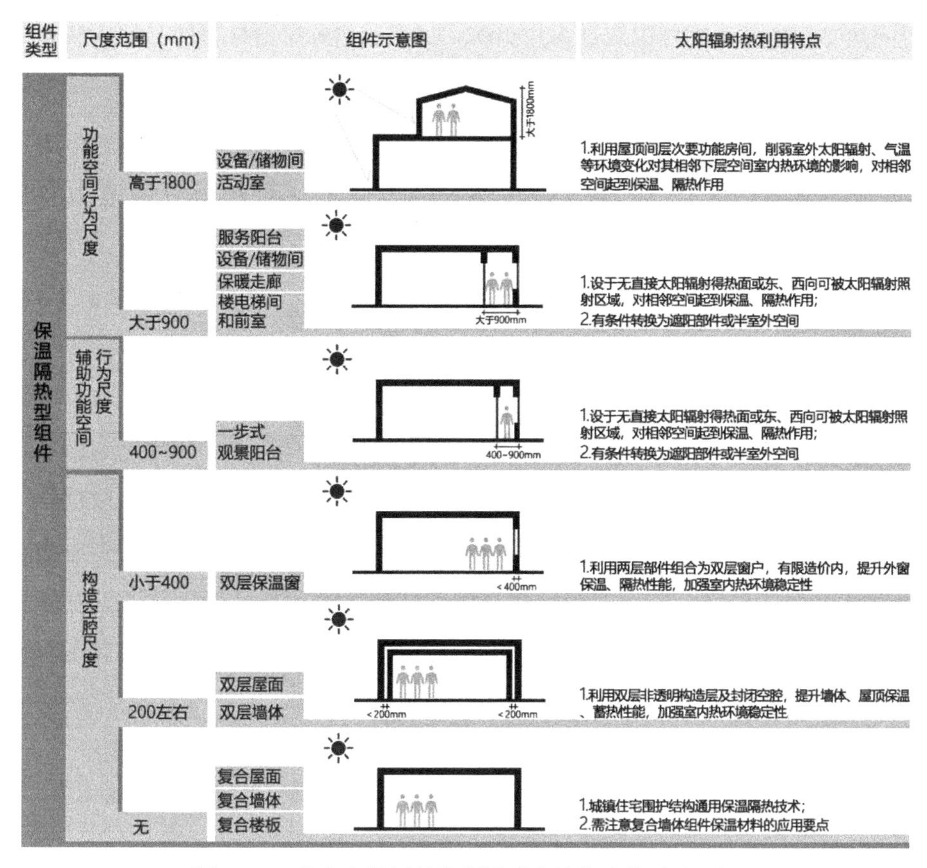

图 6-1-2 住宅太阳辐射热利用适应性构造类型（二）

集热保温型组件外界面为透明材料或吸热材料，如玻璃、铝板等，透射太阳辐射于内、外界面间的空腔内，或吸收太阳辐射加热空腔内的空气，导入室内，从而提高冬季室内温度，减少采暖用能需求。集热保温组件的内、外界面洞口大小、部件热工性能不同，通过动态调节，能够在直接得热、集热蓄热、保温和遮阳构件之间转换，适应气候条件变化。估算建筑物采暖、制冷用能时，建议根据组件昼夜、季节的动态变化，选用相应的热工参数。例如，双层窗户的热工参数，冬季时，其太阳辐射透射比、日间传热系数为外层窗对应热工参数，夜间传热系数则为两层窗户及腔体组合形成的组件整体的传热系数；夏季，外层窗打开、内层窗关闭时，双层窗转换为遮阳与窗组合构件，整个组件的太阳辐射透射比、传热系数为内层窗对应热工参数，相应计算组件的太阳能得热系数（SHGC）。为方便建筑师设计前期控制建筑物采暖和制冷用能，可根据目前现行相关设计标准控制集热保温组件内界面洞口尺寸，按照组件整体传热系数对应选择部品、计算遮阳，放宽对外界面的约束。

保温隔热型组件以“隔离”为主要特点，缓冲室外气候条件对室内热环境的干扰，减少内外环境的热交互。在进行采暖、制冷用能估算时，应按照组件整体的保温隔热参数考虑。同样以双层窗户为例，根据其内外层窗材料部品的选择和动态使用需求，分别计算热工参数及相应的采暖、制冷用能需求。

6.2 住宅围护结构太阳辐射热利用分区设计要点与构造分型适配

6.2.1 住宅围护结构辐射热利用分区构造补偿设计要点

五城市冬季太阳辐射强烈，建筑外围护结构因朝向的不同所接收的太阳辐射量差异明显，各朝向围护结构的热过程不同，呈现明显的朝向差异化形态及构造设计需求。由于住宅间的相互遮挡，南向、东西向立面呈现日照时数分布分段规律。立面设计时应分段进行差异化设计，“太阳辐射热利用敏感区”以尽可能多地获取太阳辐射热为设计目标，增强围护结构透明性和墙体的蓄热性能，非“辐射热利用敏感”段的围护结构则以提升保温性能为主，立面设计可相对封闭，采取小面积开窗和增厚墙体保温的设计措施或者采用保温性能高的外窗。

（1）住宅南向围护结构太阳辐射热分级利用设计要点

1）太阳辐射热利用高敏区

“太阳辐射热利用高敏区”位于住宅顶部，以多个直接太阳辐射面（南立面、屋面）为特征。较南立面其他三个太阳辐射热利用分区而言，该区段直接接收太阳辐射量的表面积最大，太阳辐射热利用潜力最大，但同时太阳辐射得热与失热对该区段室内热环境影响最为敏感，太阳辐射热利用的矛盾最为突出。

对于主要用能类型为单向采暖需求的拉萨、西宁地区集合住宅，该立面设计分区应充分利用屋面及南向的太阳辐射得热，可通过天窗和大面积开窗增加太阳辐射直接得热；同时应注意大面积的透明围护结构造成夜间失热严重，宜采取双层组合窗、间层屋顶、阳台等“动态适应性昼夜差异化双层”得热、保温构造设计措施。屋顶形态同时宜结合地域风貌，与太阳能主动式设备进行一体化设计。当顶层户型为局部跃层时，可适当增加露台的保温层厚度，提升其保温性能。

对于主要用能类型为冷热双向需求的吐鲁番、银川、乌鲁木齐住宅，立面设计分区在充分考虑冬季太阳辐射直接利用及围护结构“动态适应性昼夜差异化”部件设计的基础上，应注意防止造成夏季过热的问题，注意相应采取遮阳和通风设计措施。例如采用窗墙面积比“内小外大”的阳台、组合窗等双层部件实现冬、夏季的差异化转换；结合地域建筑风貌，利用窗檐、出挑阳台等遮阳。

2）太阳辐射热利用敏感区

"太阳辐射热利用敏感区"处于集合住宅"中间段"，室内热环境较其他辐射热利用敏感区段稳定。整体来讲，该区段构造设计以尽可能多地获取太阳辐射热为设计目标，宜采取扩大窗墙面积比、采用集热蓄热墙体和加强墙体蓄热性能的构造设计措施。当大面积开窗时，要注意窗墙面积比与窗户传热系数的关联性，并应采取能够动态适应太阳辐射季节、昼夜间变化的构造设计措施。当考虑地域风貌采用窄条窗等小开窗形态时，墙体可结合金属等大容重材料进行一体化设计，或结合主动式太阳能设备进行一体化设计。在太阳辐射利用目标三～五级区，住宅该区段的形态构造还需考虑遮阳设计。

3）太阳辐射热利用低敏区

"太阳辐射热利用低敏区"的日照时数比以上两个区段上分布的日照时数低，但依然能够补偿采暖用能需求。该区段构造设计以争取太阳辐射得热为目标，宜采取构造措施增强辐射得热。利用金属墙等或结合主动式太阳能设备（日照时数≥ 3h的区段）进行一体化设计。

4）太阳辐射热利用一般区

"太阳辐射热利用一般区"是由最小日照时数划定的南立面日照区域，该区域太阳辐射对户内采暖用能的贡献较低，从各分区户内采暖用能需求的角度来看，其采暖需求位居第二，小于或接近"太阳辐射热利用高敏区"户内采暖用能。该区段以提升保温性能为主，综合考虑采光、视线、观景视野、造型设计等需求，外窗可采取适当缩小窗墙比或减小外窗传热系数的构造措施，外墙可结合造型需求，利用复合墙体、双层墙体等构造方法提升墙体保温性能。

（2）住宅东、西向围护结构太阳辐射热利用设计要点

1）以热需求为主导耗能因素的城市住宅

以拉萨、西宁住宅为代表，夏季凉爽、室内不容易出现过热现象，综合考虑视线、卫生、防火、安全等需求后，经日照时数模拟，无遮挡区域，可利用东、西向外窗获得太阳辐射热。

2）以冷、热双向需求为主导耗能因素的城市住宅

银川、吐鲁番和乌鲁木齐夏季典型气象日各朝向立面日总太阳辐射强度如图 6-2-1 所示。银川、乌鲁木齐以西立面日总太阳辐射强度最高，进行遮阳、隔热设计时优先考虑西向围护结构；吐鲁番以东、西、南三个朝向围护结构的日总太阳辐射强度相近，宜同时考虑三个朝向围护结构的遮阳、隔热设计。

吐鲁番、银川、乌鲁木齐等地，夏季干热，这三个城市住宅的东、西向立面以保温、隔热为主，东、西向开窗会增加制冷用能需求，应尽量减少开窗；当确有开

窗需求时，应采取遮阳措施，或通过外檐灰空间降低外墙附近的辐射热交换作用[①]。考虑吐鲁番夏季气温极端高、辐射强烈，东、西向外墙宜采用遮阳措施减少高温、高辐射对室内热环境的干扰。

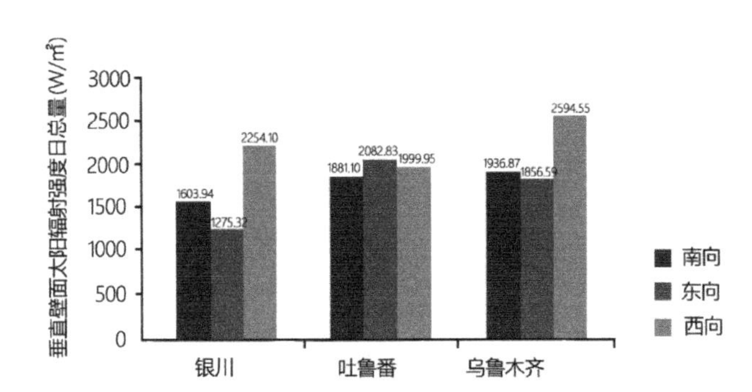

图 6-2-1　银川、吐鲁番、乌鲁木齐夏季典型气象日各朝向垂直壁面太阳辐射强度日总量（W/m^2）

数据来源：根据《中国建筑热环境分析专用气象数据集》计算

（3）北向围护结构保温性能提升要点

住宅北向立面处于太阳辐射热利用等级末位，以失热为主。因此，其形态设计以“防护”为主，较其他三个主要朝向立面而言，相对“封闭”，围护结构设计以提升保温性能为主。

当位于北侧的房间有两面及以上外墙时，优先考虑非北向开窗。当北向立面有开窗需求时，尽量开小窗，其窗洞大小满足采光和通风需求即可；但当有观景、室内光环境要求较高等大面积开窗的设计需求时，可通过使用高性能外窗或采用“复合透明围护结构”设计思路，如“双层组合外窗”，提高外窗的保温性能。

对于通过单一构造方式提升墙体、外窗保温性能的既有研究已经很多，且不是本书的重点研究内容，故不再赘述。

6.2.2　构造分型适配住宅围护结构分区

对应住宅建筑围护结构太阳辐射热利用分级分区构造补偿设计要点，结合户型空间功能使用和热舒适需求，分区适配两大类 20 种太阳辐射热利用适应性组件。“集热保温”组件主要用于建筑物围护结构太阳辐射热利用一级区和二级区，即住宅建筑南立面高敏区、敏感区、低敏区和东、西立面无日照遮挡区；“保温隔热”组件主要用于建筑物围护结构太阳辐射热利用三级区，即北立面和东、西立面无直接太阳辐射照射区，其中复合保温隔热楼板构造用于竖向分段（高敏区、敏感区、

① 崔愷，刘恒主编. 绿色建筑设计导则［M］. 北京：中国建筑工业出版社，2021.5.

低敏区、一般区）交接处楼板，尤其是高敏区与敏感区交接处楼板，提高住宅建筑顶部太阳辐射利用设计对建筑整体采暖用能的贡献度。需要注意的是，这些太阳辐射热利用适应性组件对应西部城镇住宅太阳辐射热利用分区设计应用时，即便是相同的围护结构太阳辐射热利用分区，其适配的组件类型也存在差异性、相同组件局部构造设计存在调整的需求（图 6-2-2）。

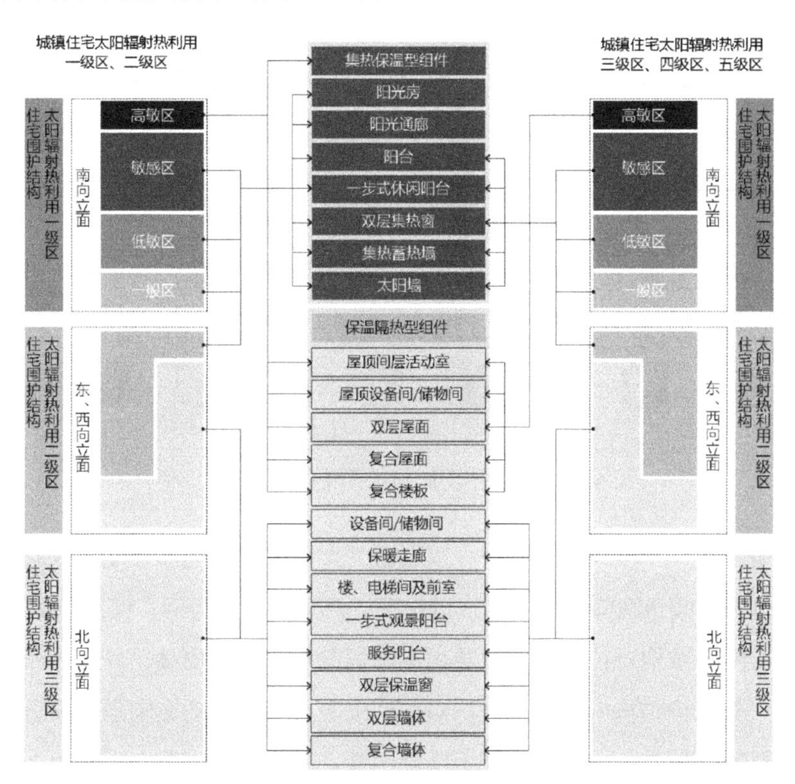

图 6-2-2 两类组件与西部城镇住宅建筑围护结构太阳辐射热利用分区匹配示意图

6.3 增强围护结构集热保温性能的构造设计方法

6.3.1 双层透明围护结构组合设计

（1）双层透明围护结构组合节能效应

住宅建筑双层透明围护结构包括阳光房、阳台、阳光通廊、一步式休闲阳台、双层集热窗等内、外界面均为透明材料的围护结构组件。为扩大双层透明围护结构外界面的面积，增加室内太阳辐射得热量，以双层窗户为例，对外层窗进行拉伸、倾斜、旋转等形态改变，形成四类 8 种双层组合窗，采用 Designbuilder 模拟双层组合窗对采暖负荷的影响，以拉萨、西宁、银川为例，模拟结果如图 6-3-1

所示。与内、外两层窗户一致的参照模型（模型 1）相比，除外层窗向下倾斜的双层窗（模型 6）不利于太阳辐射得热外，其他 7 种扩大外层窗面积的形态模型全年采暖负荷模拟结果显示，均可增加室内太阳辐射得热，其中以直接扩大外层窗面积的双层窗（模型 2、3）太阳辐射得热最大，其次是外层窗顶部倾斜（模型 4、5）的双层窗，再次是上小下大的外层窗倾斜方式（模型 7）的双层组合窗，最后是外层窗东、西向旋转（模型 8、9）的双层组合窗。

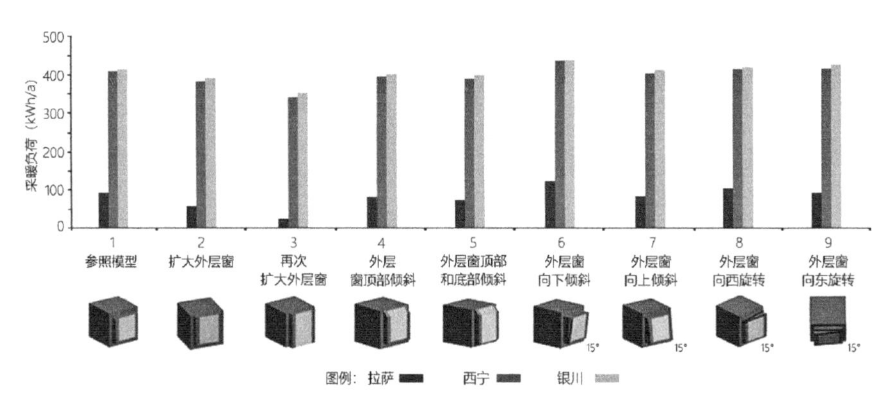

图 6-3-1　南向不同形态双层组合窗的采暖负荷

为摸清阳台、一步式休闲阳台、双层窗三类不同腔体进深尺度的双层透明围护结构对建筑物采暖负荷降幅的贡献，以拉萨、西宁、银川为例，模拟结果如图 6-3-2 所示。三类围护结构对拉萨住宅采暖用能降幅的贡献最为明显，其次为西宁，然后是银川。三类围护结构中以双层窗户对住宅采暖用能降幅的影响最为显著。双层组合窗的外层窗面积越大，采暖用能下降越明显。一步式休闲阳台、腔体上小下大的外层窗倾斜形态对采暖用能降幅的影响更为显著。阳台以屋顶透明化扩大太阳辐射透射面面积的阳台组件，对建筑物采暖用能降幅影响最为明显。

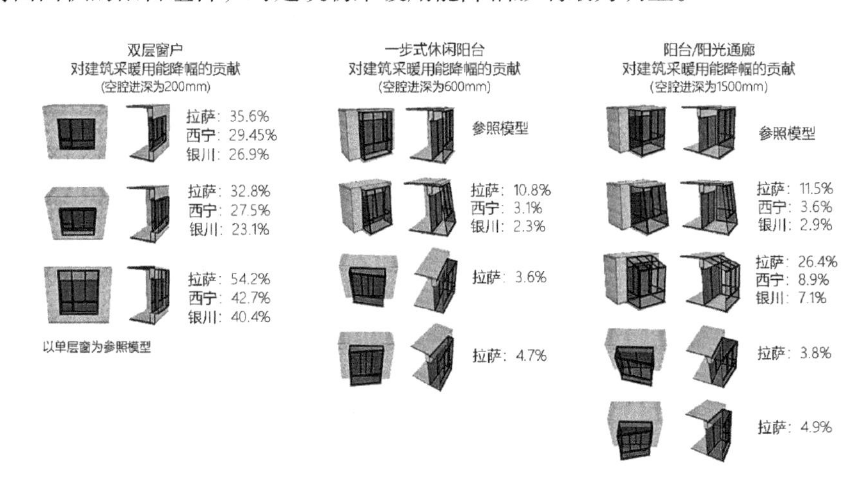

图 6-3-2　三类不同进深尺度双层透明围护结构对采暖负荷的贡献

拉萨、西宁城镇住宅东、西山墙无日照遮挡或遮挡较少时，东、西向开窗，可增加室内太阳辐射得热，延长太阳辐射热利用时间。双层透明围护结构能够动态适应东、西向太阳辐射时段变化（表 6-3-1），可削弱对外窗形态的限制，设计为阳台、凸窗等，还可通过向南旋转，扩大太阳辐射透射面的面积，增加室内太阳辐射得热（图 6-3-3、图 6-3-4）。

拉萨、西宁 12 月 22 日日照时间内各时刻东、西向垂直壁面太阳辐射照度（W/m^2）　　表 6-3-1

时刻		9：00	10：00	11：00	12：00	13：00	14：00	15：00	16：00	17：00
拉萨	东向	618.72	558.47	411.15	196.55	—	—	—	—	—
	西向	—	—	—	—	105.08	336.08	511.87	607.22	600.58
西宁	东向	47.09	72.72	90.65	96.94	—	—	—	—	—
	西向	—	—	—	—	244.64	298.87	46.06	18.27	—

来源：根据《中国建筑热环境分析专用气象数据集》计算。

图 6-3-3　四川崇州鞍子河自然保护区宣教中心
来源：在库言库

图 6-3-4　青海海东瞿昙新镇区机关单位职工周转房

（2）昼夜差异化适应性为主的双层组合窗构造

基于双层组合窗差异化适应太阳辐射周期变化的特性，通过对拉萨传统民居外窗形态要素的提取以及材料构造的研究，发明了“一种组合节能窗结构”。遵循当地传统民居外窗“窗檐－窗套－方形窗框单元”的形态特征，通过金属窗套扩大太阳辐射吸热层面积，如图 6-3-5 所示。一方面延承窗檐遮挡夏季强烈日光避免室内眩光的功能，另一方面窗檐、窗套采用低辐射率的铝单板，两者内部空腔连通，铝单板吸热后在其空腔内集热，增加冬季室内得热。金属窗套、窗檐与外墙相接位置采用气凝胶毡做防冷热桥处理，窗套底板采用混凝土板加气凝胶毡的方式减少集热空腔内的热量散失。组合窗采用目前当地主推的断桥铝合金窗框，外层窗户采用太阳辐射总透射比较高的透明中空玻璃窗，增加日间太阳辐射得热，内层窗户采用中空低辐射 Low-E 玻璃窗，夜间关闭，提升双层窗整体的夜间保温效果。

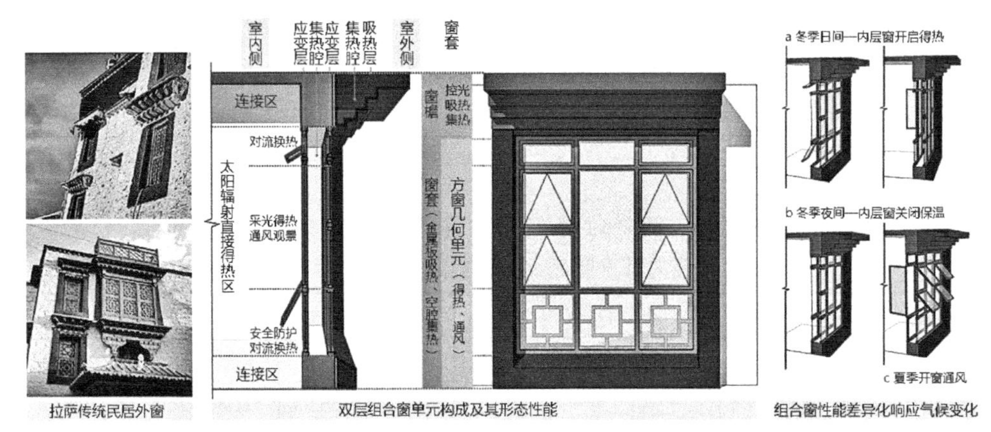

图 6-3-5 拉萨住宅南向双层组合窗单元形态

来源：武玉艳，陈景衡．太阳辐射热利用分区与户内空间适配设计研究［J］.

阿坝藏族羌族自治州若尔盖县下热尔村 小学宿舍南向立面采用双层组合窗设计（图 6-3-6），冬季室外最低温度 −12.5℃时，建筑物自然运行状态下，日间室内最高温度达到了 24℃①。

图 6-3-6 若尔盖下热尔村小学双层组合窗构造

来源：戎向阳，司鹏飞，石利军，等．太阳能供暖设计原理与实践［M］.
北京：中国建筑工业出版社，2021.8.

构造尺度的双层组合窗整窗传热系数可根据《ISO10077-1Y2017 窗传热系数计算规范》计算确定，从而估算双层窗户夜间失热量；太阳辐射总透射比、日间窗户的传热系数由外层窗的相关参数确定，以此估算日间室内太阳辐射得热量和日间外窗的热损失。

① 戎向阳，司鹏飞，石利军，等．太阳能供暖设计原理与实践［M］．北京：中国建筑工业出版社，2021.8..

为方便建筑师在设计过程中优化立面形态、根据热性能需求和造价约束快速选择双层窗户，以窗户间距为 200mm 的断桥铝合金双层窗为例，估算其热工性能参数和每平方米造价（表 6-3-2）。当采用与上述双层组合窗示例（图 6-3-5）相似的集热蓄热效应墙与窗的组合方式时，对集热蓄热效应墙的室内太阳辐射得热量进行估算，估算方法在相关标准、研究中已有大量研究①②，且不是本书讨论内容，故不再赘述。

构造尺度双层组合窗热工性能参数及造价　　表 6-3-2

双层组合窗（由外向内）	整窗传热系数［W/（m^2·K）］	外层窗太阳得热系数	外层窗传热系数［W/（m^2·K）］	造价（元/m^2）
透明单玻窗＋透明单玻窗	2.63	0.82	6.40	560
透明单玻窗＋透明中空双玻窗	1.97		6.40	730
透明单玻窗＋ Low-E 中空双玻窗	1.65		6.40	800
透明中空双玻窗＋透明中空双玻窗	1.52	0.70	2.69	900
透明中空双玻窗＋ Low-E 中空双玻窗	1.35		2.69	950

注：构造尺度的双层组合窗传热系数根据《ISO10077-1Y2017 窗传热系数计算规范》，外层窗太阳光总透射比来源于《民用建筑热工设计规范》GB 50176—2016，双层窗造价根据 2020 年 6 月对西部五个代表城市调研数据计算。

为减少施工程序，进行一体化的双层窗设计与定制（图 6-3-7）。外层窗采用单层玻璃、内层窗采用双层中空玻璃时，传热系数可达 1.6W/（m^2·K），其热工性能较市场上常用的高性能三银 Low-E 冲氩气窗的性能明显提升（表 6-3-3）。

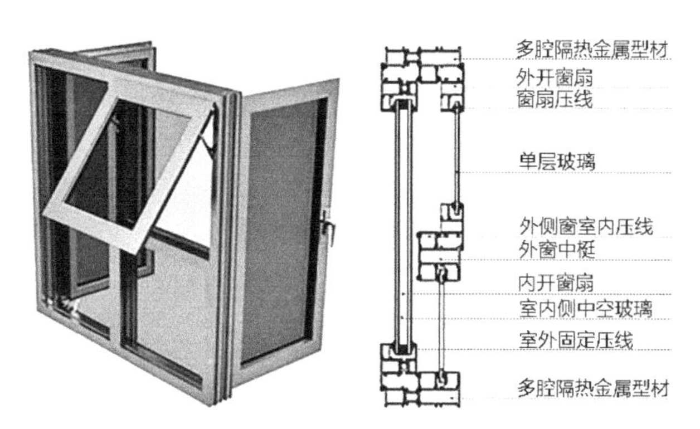

图 6-3-7　一体化双层窗构件

来源：同上图

① 谢琳娜．被动式太阳能建筑设计气候分区研究［D］．西安建筑科技大学，2006.

② 王登甲，刘艳峰，刘加平．青藏高原被动太阳能建筑供暖性能实验研究［J］．四川建筑科学研究，2015（2）：269-274.

一体化双层窗热工性能参数 **表 6-3-3**

窗户种类	传热系数[W/(m²·K)]	太阳光总透射比	气密性
双层组合窗	1.0～1.6	0/0.82	8 级
断桥铝合金(6三银Low-E＋12Ar＋6＋12A＋6)	1.8	0.26	8 级

来源：戎向阳，司鹏飞，石利军，等. 太阳能供暖设计原理与实践[M]. 北京：中国建筑工业出版社，2021.8.

双层组合窗应用时需要注意除需考虑整窗热工性能参数、优先提升内层窗保温性能外，外层窗（传热系数、太阳得热系数或太阳光总透射比）的选择需要根据当地冬季日间气温、太阳辐射强度和南向窗墙面积比综合考量确定。

采用与双层组合窗相类似的形态设计逻辑，对一步式休闲阳台、阳台、阳光通廊进行形态构造设计（图 6-3-8）。由于空腔热阻并非与其厚度呈线性关系，课题组以空腔尺度 1400mm 为例，对双层透明围护结构传热系数进行了实验测试，内、外界面窗洞大小一致、外层窗为断桥铝合金中空玻璃窗、内层窗为断桥铝合金 Low-E 中空玻璃窗时，阳台、阳光通廊组件整体传热系数为 1.3W/（m^2·K）。

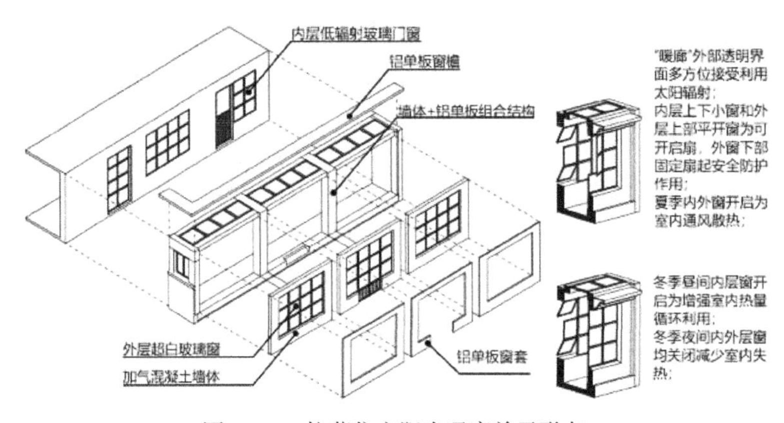

图 6-3-8　拉萨住宅阳光通廊单元形态

（3）季节差异化适应性为主的双层组合窗构造

基于双层透明围护结构的气候差异化动态适应性特征，针对冷热双向兼需的城镇住宅南向外窗提出"外大内小"的双层组合窗设计思路，通过内、外窗洞大小不同季节性差异化使用，适应当地季节气候周期性变化。

夏季使用内层窗，严格控制窗墙面积比，外层窗开启，双层窗顶板成为遮阳构件，双层窗中间空腔成为半室外缓冲空间，削弱太阳辐射和气温对室内热环境的干扰；冬季日间使用外层窗，即内层窗开启，通过大面积外层窗得热提高室内温度，同时通过内层窗洞口周围墙体蓄热，延时利用太阳辐射得热，夜间时全部关闭，提高组合窗整体保温性能（图 6-3-9）。在部品材料的选择上，外层透明围护结构以得热为主，采用太阳光总透射比大的外窗部品，内层透明围护结构选用传热系数小的外窗部品，减少室外不利气候因素对室内热环境的干扰。

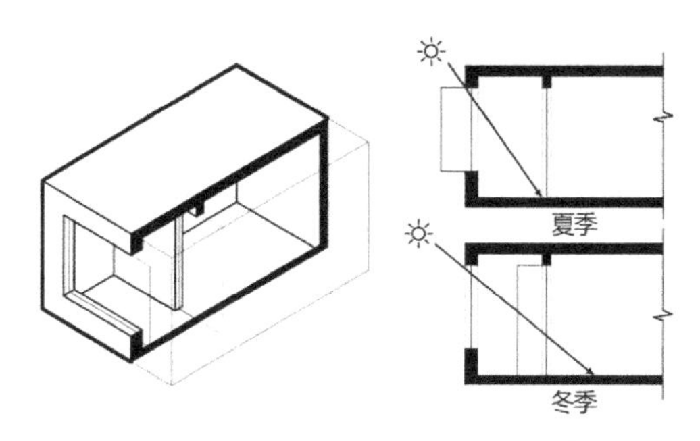

图 6-3-9 “外大内小”的季节适应性双层透明围护结构示意图

双层窗与开敞阳台组合设计（图 6-3-10），冬季利用双层窗集热，补充室内热量，夏季利用开敞阳台遮阳，同时形成丰富的建筑立面形态。

a 埃里克沃克尔公寓

b 斯洛文尼亚卢布尔雅那住宅

c巴黎Maréchal Fayolle公寓

图 6-3-10 与开敞阳台组合的双层组合窗

双层窗与主动式太阳能设备、空调机位等组合设计，以济南为例，模拟显示，应用后节能效果明显（图 6-3-11）[①]。

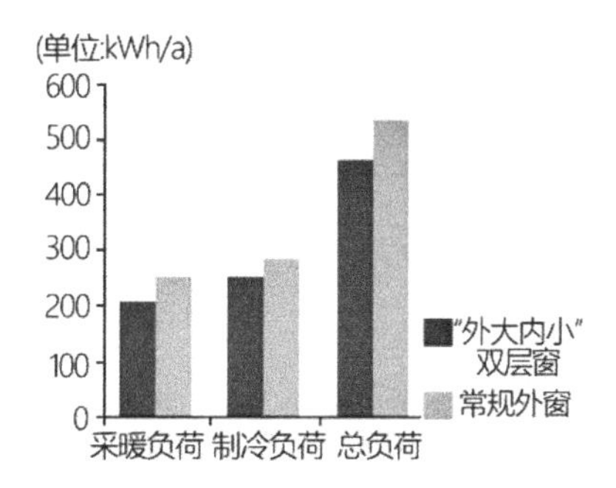

图 6-3-11 采用“外大内小”双层窗与常规外窗的采暖、制冷负荷比较[①]

① 张军杰. 寒冷地区住宅建筑动态适应性表皮设计研究［J］. 新建筑，2018（05）：72-75.

6.3.2 集热蓄热效应墙体构造设计

（1）太阳墙

太阳墙应用集热蓄热效应墙体太阳辐射热利用原理，通过集热层加热空气，由风机和风管输送到室内，其工作原理如图 6-3-12 所示。太阳墙可作为建筑物南、东、西向等能够直接被太阳照射部位的墙体。由于朝向不同、太阳辐射强度不同，太阳墙集热效率会有所不同。

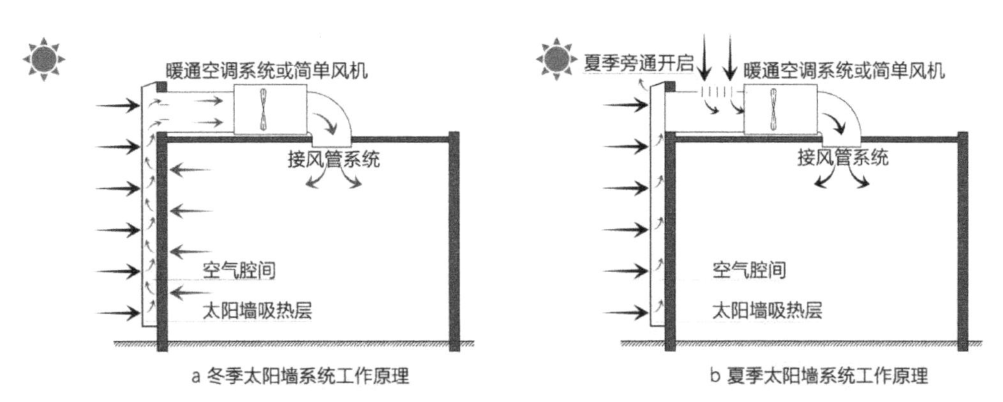

图 6-3-12　太阳墙工作原理示意图

来源：庄惟敏，祁斌，林波荣．环境生态导向的建筑复合表皮设计策略［M］．北京：中国建筑工业出版社．2014.

太阳墙由外侧竖向集热金属板和实体墙复合而成，两者间腔体尺度多数为 200mm。集热金属板以低辐射率金属材料为主，目前常用集热金属板为 1～2mm 厚的镀锌钢板、铝板和铸铁钢板。为加强太阳墙腔体内热空气向室内流动，多为穿孔状，孔洞大小、数量和间距需要配合暖通工程师的计算结果进行设计，以保证气流的稳定。图 6-3-13 为太阳墙应用案例及相应太阳墙构造示意图。

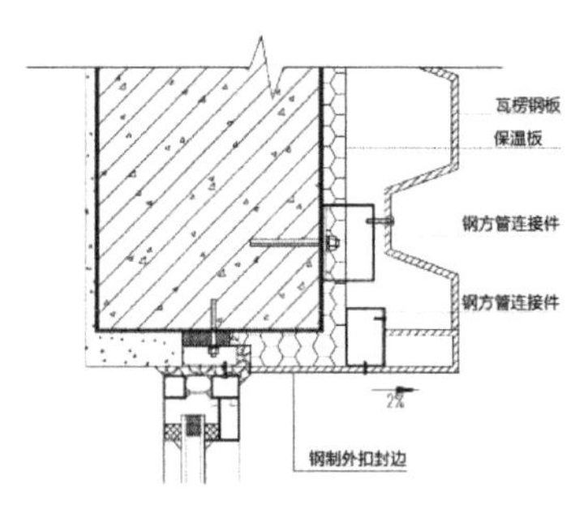

图 6-3-13　山东建筑大学学生宿舍太阳墙应用及构造示意

来源：照片来自网络，构造示意图参考相关图集绘制

太阳墙系统集热效率高同时兼顾提高室内温度与新风换气，且增量成本较低，

两到三年内可收回投资[①]。加拿大多伦多温莎公寓(24层)围护结构利用波形穿孔金属板与常规单层墙体复合形成的太阳墙(61m×5.5m)为公寓的公共部分提供新风，满足用户采暖需求[②]。美国马萨诸塞州剑桥冬季漫长，一年中有9个月需要供暖，当地某公寓采用54m² 太阳墙为65套公寓提供新风，住户每年节约能源支出1500美元[③]。应用时需要注意的是，与太阳墙配套的通风设备管道要做好保温，减少热量在传输过程中的损失，还要做好防水，避免雨水进入管道。

(2)集热蓄热墙

目前集热蓄热墙工程应用难，一是由于集热蓄热墙体较通用的单层保温墙体占空间较大，不经济；二是住宅建筑集热蓄热墙的面积受到限制，不易发挥高效集热效果；三是集热蓄热墙受其外界面部件难以同时满足太阳辐射总透射比高与传热系数小的条件，集热效率受到一定限制。

可扩大集热蓄热墙集热层与蓄热层的间距，与阳台等使用空间复合，避免因采用集热蓄热墙而增加额外空间。就集热蓄热墙体本身来讲，以拉萨为例，既有研究表明，蓄热层为120mm厚、集热空腔尺度为50～100mm、设置内保温时，集热蓄热墙体的集热效率最高并可延时供热到晚上22:00[④]。由此推算，集热蓄热墙体整体厚度约为300mm左右，与西部五城市城镇住宅进一步节能目标(75%)要求下外墙整体厚度推算结果接近(表6-3-2)。

针对集热蓄热墙面积受限的问题，可将集热蓄热墙的“蓄热层”扩展到建筑物结构，应用时突破目前只用于填充墙体的局限，梁上预留通风孔；另一方面，通过“折扇”式等立面形态设计方法扩大建筑物南向表面积，如美国可再生能源实验室访客中心、青海省民和县科技活动楼(图6-3-14)。吐鲁番城镇住宅考虑夏季降温需求，采用通风式集热蓄热墙与外窗、遮阳部件进行组合设计(图6-3-15)。

当室外气温高于−10℃、月均日总辐射强度大于100W/m² 时，集热蓄热墙即可发挥集热作用[⑤]。因此，需综合考虑住宅建筑地域冬季太阳辐射月均日总辐射强度和建筑间日照遮挡情况，对集热蓄热墙进行精细化设计。满足上述气候条件时，集热蓄热墙还可用于东、西向外墙。

---

① 王崇杰，何文晶，薛一冰. 欧美建筑设计太阳墙的应用[J]. 建筑学报，2004(3)：76-78.

② 同上.

③ 许瑾. 住宅太阳墙的原理与使用[J]. 住宅科技，2006(2)：25-29.

④ 刘艳峰，王登甲. 太阳能采暖设计原理与技术[M]. 北京：中国建筑工业出版社，2016.

⑤ 谢琳娜. 被动式太阳能建筑设计气候分区研究[D]. 西安建筑科技大学，2006.

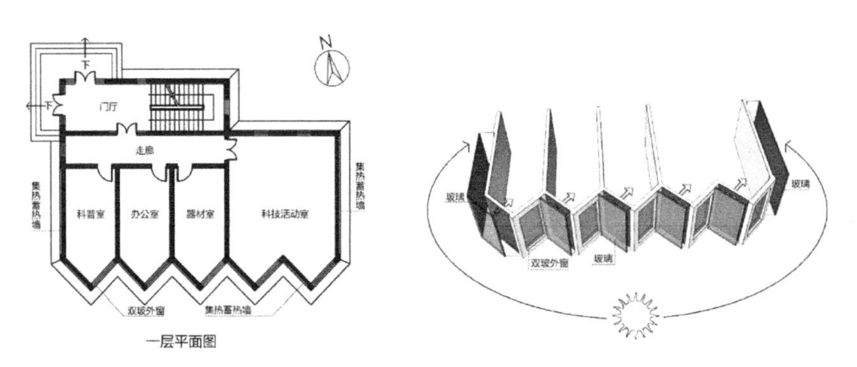

图 6-3-14　青海海东市民和县科技活动楼扩大南向外表面面积，
采用外窗与集热蓄热墙组合设计

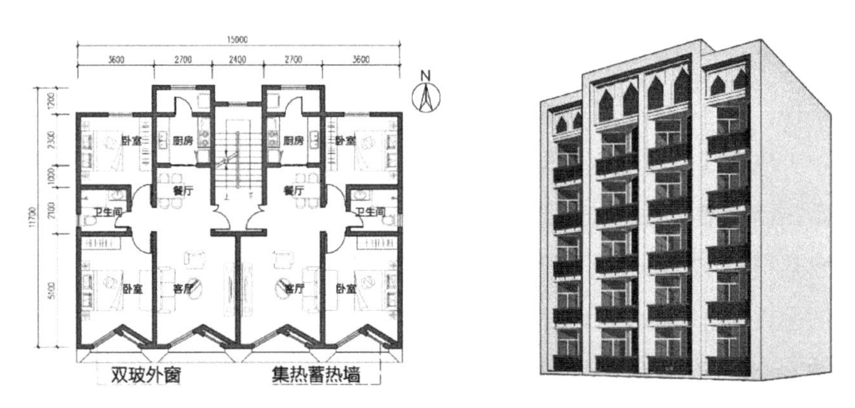

图 6-3-15　吐鲁番多层住宅南立面外窗、遮阳、集热蓄热墙组合设计应用

针对集热蓄热墙外界面部件需太阳辐射总透射比高但要求传热系数小的矛盾问题，德国建筑师赫尔佐格设计的科堡市住宅的 TWD 墙体采用由聚酯薄膜制成的蜂窝状半透明保温层和蓄热墙体复合而成，所采用的半透明保温层透光率可以达到 50%～70% 但传热系数小于 1.3W/（m^2 • K），解决了集热蓄热墙外层需高透光率透明材料透射大量太阳辐射同时要求传热系数小减少失热双向需求之间的矛盾。另外，透射层也可考虑采用气凝胶玻璃。

青海省刚察县低层住宅南立面采用集热蓄热墙和直接得热外窗组合设计的房间，在冬季室外温度 −5～−30℃、水平面太阳辐射总辐射平均值 364W/m^2、室内无采暖设备开启的工况下，室内温度为 −4.8～20℃。位于拉萨市的西藏自治区国土资源综合办公楼，办公室全部位于南侧，北侧为档案室、资料室、会议室等间歇性、多人聚集性使用空间，南向立面采用集热蓄热墙与外窗组合设计。据使用者反馈，办公室冬季日间无需采暖设备，即便是夜间，工作到凌晨 2 点左右，也无需供暖设备。集热蓄热墙造价增量为 380 元 /m^2 ①。国土资源局职工周转房南立面也采

① 按照《西藏自治区国土资源综合业务用房建筑节能情况汇报》中集热蓄热墙造价为 380 元 /m^2 估算。

用了集热蓄热墙与外窗组合设计。

6.3.3 屋顶得热保温构造设计

通常情况下，建筑物屋顶接受太阳辐射的条件较稳定，利用条件最好。但设计也最复杂：在严寒和寒冷地区建筑热工设计经验中，屋顶是保温薄弱环节；屋顶是建筑防水、形态等构造施工工艺关键环节；通常是地域建筑风貌形态、文化符号表达集中的设计关键部位。

住宅建筑设计使用寿命一般为 50 年，现有的预制、现浇混凝土平屋面的保温防水构造材料及工艺通常能保证 10～15 年，之后需要经常翻修。本书中西部五城市传统建筑多有起坡做法，这是一种结构防水替代构造防水的传统经验。考虑住宅作为城镇中最大量的建筑类型，往往具有风貌基质的作用，因此，为保证绿色设计引导的协同作用，课题组主要针对住宅坡屋顶构造展开设计研究。

一般住宅建筑屋顶南、北向坡屋面直接接收太阳辐射照度不同，存在阴、阳面之分，在太阳能富集条件下，该差异尤为明显。坡屋顶统一的屋面构造做法较少考虑这些地区坡屋面太阳辐射照度分布差异特征。本节基于前文研究总结的屋顶与太阳辐射热利用的关联规律，提出屋顶分区差异化构造设计方法。

（1）利用南向坡屋面天窗增加室内太阳辐射得热

根据本书 4.6.1 研究总结的屋面天窗与太阳辐射热利用关联规律，以西宁市 2017 年实际建设项目——城北区一栋 18 层板式集合住宅为参照建筑，其外围护结构构造按照我国严寒与寒冷地区居住建筑 65% 节能目标要求设计。屋顶为南北向双坡屋顶，坡度均设为 20°，与河湟地区传统民居的屋顶坡度相近（庄廓民居屋面坡度角大多为 21.8°）[①]。优化建筑，顶层户起居室南向坡屋面设天窗（图 6-3-16），其他同参照建筑，天窗面积占起居室面积的 40%，天窗传热系数为 1.8W/（m^2 • K）。模拟计算该住宅全年采暖负荷，与不设天窗时住宅全年采暖负荷相比，天窗得热量对采暖用能需求的补偿占参照建筑采暖用能 2.58%，对顶层户采暖用能的补偿占参照建筑顶层户采暖用能的 10.77%。

（2）分区提升非透明屋面的保温性能

同样以上述案例为代表，应用本书 4.6.3 总结的坡屋面分区保温构造设计要点，对其南、北向坡屋面进行差异化保温构造设计。南向坡屋面保温层厚度与当地现行住宅屋面保温层厚度保持一致，采用 120mm 厚石墨聚苯板，北向坡屋面采用

① 田虎. 河湟土族建筑模式语言研究［D］. 西安建筑科技大学，2017.

160mm 厚石墨聚苯板（图 6-3-17）。经 Designbuilder 模拟计算，采用坡屋面分区差异化保温构造对该住宅建筑采暖用能的补偿占参照建筑采暖用能 0.34%，其中对顶层户采暖用能的补偿量占参照建筑顶层户采暖用能的 2.01%①。

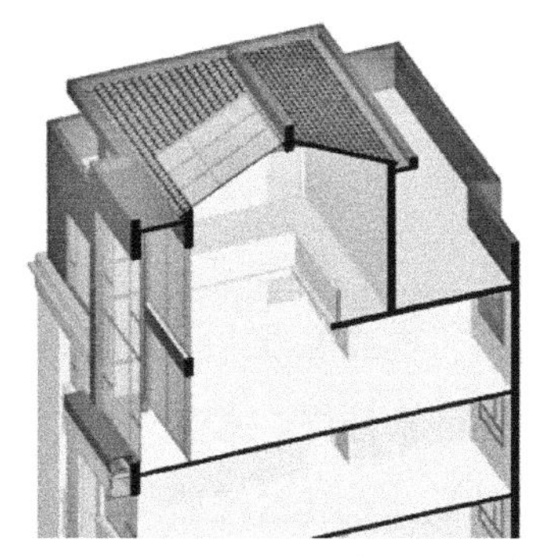

图 6-3-16　西宁 18 层集合住宅南向坡屋面设天窗效果示意图

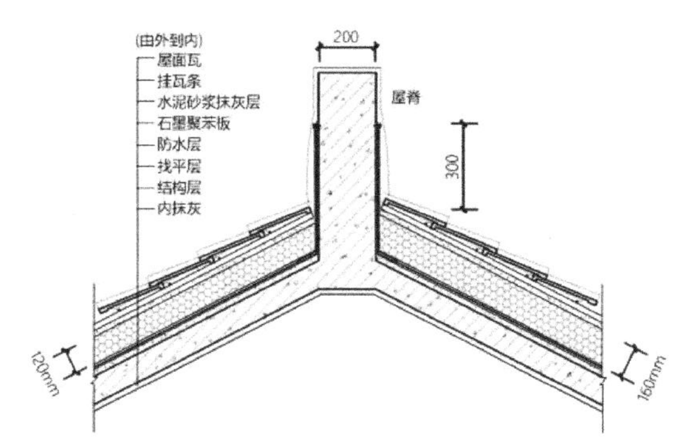

图 6-3-17　南、北向坡屋顶分区差异化保温构造示意图

综上所述，以西宁 18 层板式集合住宅为例，通过屋顶天窗集热构造设计和坡屋面非透明结构分区保温构造设计，对住宅建筑采暖用能的补偿量为参照建筑的 3.91%①。

6.4　提升围护结构保温隔热性能的构造设计方法

6.4.1　外窗保温隔热性能提升方法

（1）复合窗

1）多腔复合窗

利用空气热阻大的原理，外窗向多层多腔复合窗发展。根据多层玻璃间填充气体的品种、玻璃间距和玻璃涂层品种，三层保温玻璃的传热系数目前可以做到 0. 5～0.8W/（m^2·K）②。在2010年国际太阳能十项全能竞赛中，阿尔托大学的太阳能住宅作品采用了三腔四玻窗，腔间填充氩气，传热系数为 0.3W/（m^2·K），在太阳辐射较弱且严寒的气候条件以及干热气候条件下表现良好③。

2）透明保温材料复合窗

① 气凝胶复合窗

气凝胶结构超轻，被称为“固态烟”，孔隙率高达 99.8%，空隙尺寸仅为

① 汪珊珊．西宁城市集合住宅顶层建筑节能营建技术研究［D］．西安建筑科技大学，2021.

② ［德］贝特霍尔德·考夫曼，［德］沃尔夫冈·菲斯特著，徐智勇译．德国被动房设计和施工指南．北京：中国建筑工业出版社，2015.

③ 杨向群．零能耗太阳能住宅原型设计与技术策略研究［D］．天津大学．2011.

10～100nm，这些物理特征使得该材料具有低密度、高透光、高吸声、超低导热系数的特性。由于气凝胶自身结构脆弱，整块独立的气凝胶不宜直接在工程中应用，多填充于双层玻璃内。气凝胶玻璃热工性能参数见表 6-4-1。

气凝胶双层玻璃传热系数与透光率实验数据　　表 6-4-1

双层玻璃种类	气凝胶	传热系数	太阳光总透射比
5mm + 5mm 普通玻璃	5mm 厚气凝胶	1.2W/（m^2·K）	0.69
4mm + 4mm 浮法玻璃	14mm 厚气凝胶	0.6W/（m^2·K）	0.55
4mm + 4mm 超白玻璃	15mm 厚气凝胶	0.66W/（m^2·K）	0.76
4mm + 4mm 超白玻璃	20mm 厚气凝胶	0.5W/（m^2·K）	0.76

来源：李相言. 西部太阳能富集区建筑表皮中的空腔节能原理应用及其设计研究［D］. 西安建筑科技大学，2018.

实验数据显示：气凝胶填充于常见双层玻璃内，传热系数 0.6～1.2W/（m^2·K），透光率 55%～76%（表 6-4-1）。伴随气凝胶的大规模生产和该类新材料的研发，集热蓄热墙的经济性约束会逐渐降低。图 6-4-1 是气凝胶玻璃在住宅中的应用实例。

针对窗框与建筑物墙体交接部位易渗漏的问题，课题组研发了一种保温防水窗体密封条（图 6-4-2），采用气凝胶粘接，提高外窗整体的气密性，造价低、施工简单，尤其适用于既有建筑绿色性能的提升。

图 6-4-1　栖居 2.0——2018 年中国国际太阳能十项全能竞赛西安建筑科技大学队设计
来源：中国国际太阳能十项全能竞赛官网

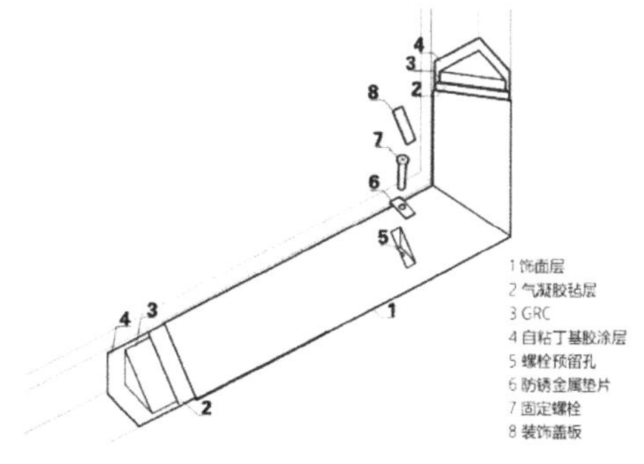

图 6-4-2　气凝胶保温防水外窗框密封条示意图
来源：一种保温防水窗体密封条［P］. 陕西省：CN209621025U，2019-11-12.

② 分子聚碳酸酯复合窗

分子聚碳酸酯（TIM）是一种透明保温材料，在保证太阳辐射总透射比的情况下抑制建筑物热损失。用于两层玻璃之间，传热系数可小于 1.3W/（m^2·K），可见光的透光率保持在 50%～70% 之间，在德国严寒气候条件下，采用该技术的复合窗玻璃得热大于失热[①]。ETFE 膜呈透明状，可见光透光率大于 95%，可伸缩性强，可

① 张神树，高辉编著. 德国低 / 零能耗建筑实例解析［M］. 北京：中国建筑工业出版社，2007.

通过改变膜的厚度和膜之间的空腔厚度来控制透光率。

在 2007 国际太阳能十项全能竞赛中，佐治亚理工大学首次在住宅建筑中使用 ETFE 膜制作透明屋顶、采用 TIM 材料制作透明墙体①。伊利诺伊理工学院教学楼采用 4 层 ETFE 膜代替玻璃组合成外窗，通过调节多层膜间的空腔厚度适应气候季节性变化。ETFE 膜的重量是玻璃的 1%，同时提供相当于两腔三玻外窗的保温隔热效果，减轻了建筑结构负荷，释放了对建筑物立面的约束，建筑物整体呈现轻巧的特点。

（2）组合窗

非直接接收太阳辐射热立面区域外窗设计以保温为主，除采用气密性高、保温性能高的高性能外窗外，可采用玻璃窗与木格栅、木板、保温板等组合形成保温型组合窗。保温型组合窗日间打开非透明保温窗采光，夜间关闭，减少低温和冷风对室内热环境的不利影响，同时丰富建筑立面（图 6-4-3）。如北向立面和东、西山墙日照遮挡严重的区域，当需要设置外窗并采用组合窗时，内层窗户选用断桥铝合金框中空低辐射 Low-E 玻璃窗，外层窗设计为木窗板，如图 6-4-4 所示。

a 埃里克沃克尔公寓　b 巴黎巴士底狱广场公寓　c 巴黎肖蒙公寓　d 巴黎 Maréchal Fayolle 公寓

图 6-4-3　保温型双层窗形态

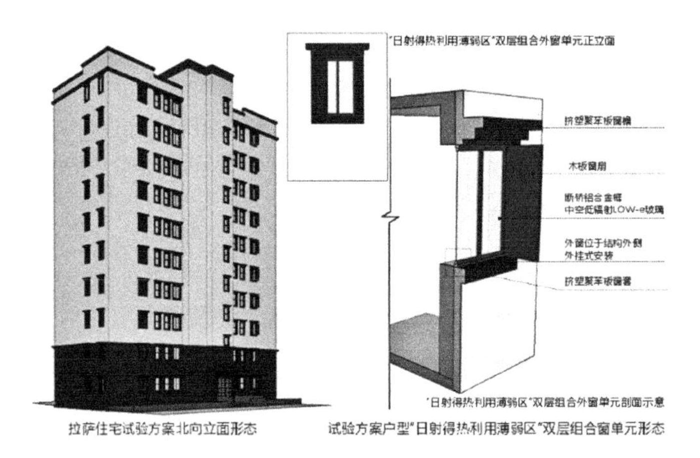

图 6-4-4　北向立面双层组合窗单元形态

① 杨向群. 零能耗太阳能住宅原型设计与技术策略研究［D］. 天津大学，2011.

6.4.2 外墙保温隔热性能提升方法

（1）双层墙体构造设计

两层墙与中间空腔组合而成的墙体，称为双层墙体。双层墙体具有良好的保温、隔热、蓄热性能。这是由于双层墙体组合形成的腔体利用了封闭空气间层中静止空气热阻大的原理削弱了室内外环境的热交互效应。同时，双层墙体质量大，蓄热性能高于住宅目前常规单层墙体加保温层的构造做法。

我国民用建筑热工设计规范中已给出了多种特定工况下，厚度为 13～90mm 的封闭空气间层热阻取值，适用于方案后期对建筑物耗热量指标的核算。对于建筑师从外墙形态性能角度进行外墙构造方案的比选时，尚缺乏简便、直观的数据辅助墙体的构造设计决策。采用 Designbuilder 计算多种双层墙体构造的传热系数和热容，见附录 C 的表 C-3，便于建筑师对比选择，进行墙体构造细部优化。需要特别说明的是，Designbuilder 未能反馈双层墙体间腔体尺度变化对双层墙体整体热工性能的影响，该表主要用于方案前期辅助建筑师选择构造形式。

采用不同材料的双层墙组合形式，在提升墙体保温隔热性能的同时，材料的表现力得到提升。常见构造做法为内层墙体采用混凝土砌块等墙体常用材料，外层墙体采用材料表现力较强的砖砌块、石砌块、预制混凝土装饰砌块、干挂石材。前三种双层墙构造形式目前多见于公共建筑，干挂石材的双层墙体在住宅中较为常见。相对于普通外墙外保温而言，外墙外保温及饰面干挂技术双层墙利用饰面与保温层之间的空腔，加强外墙整体的保温隔热效果，同时保护保温层，提高建筑的安全耐久性。南京锋尚国际公寓外墙采用外保温开放式干挂石材幕墙，总设计厚度 360mm，利用内层墙体与石材幕墙之间的空腔加大墙体热阻，传热系数为 0.5W/（m^2 • K），此类双层墙系统保温性能是单层外保温墙体住宅的 4 倍，该项目的制冷、采暖能耗大大低于普通住宅①。

（2）复合墙体组合构造提升保温隔热性能的方法

1）复合墙体保温材料类型及其性能特点

常见的保温材料有三类：有机材料、无机材料和复合材料。保温材料选取过程中需综合考虑建筑防火设计要求、防水性能要求、地域耐候性、施工工法、造价等因素。表 6-4-2 为目前常见保温材料名称及其设计选用考量参数。了解保温材料的热工性能、防火性能、施工要求等，建筑师能够在维持围护结构同等热工性能参数

① 邓丰．形式追随生态——当代生态住宅表皮设计研究［M］．北京：中国建筑工业出版社，2015.

的条件下，灵活应用多种墙体保温构造应对立面形态构造设计需求。例如，STP 绝热板保温材料，热阻大，保温性能高，但施工时需要按模数单元进行拼贴，因此需要建筑师在立面形态设计时统筹其施工要求综合考虑。

常见保温隔热材料类型、名称及其性能比较　　表 6-4-2

类型	优缺点	保温材料名称	导热系数[W/（m·K）]	防火性能	施工要求
有机材料	表观密度低、导热系数低、保温、隔热效果较好。可加工性好。易燃烧，易老化、易风化、易空鼓。造价高，难以循环利用	模塑聚苯乙烯 EPS	0.032	B 级	可用于墙体，施工时通常先粘贴再锚固。板材规格和尺寸无特殊要求，可定制，常做装饰线脚
		挤塑聚苯板 XPS	0.030	B 级	一般用于屋面保温
		聚氨酯	0.022	B 级	先粘贴再锚固，通常聚氨酯保温板长度 500～4000mm，宽度 500～1200mm
无机材料	防火性能较好，力学性能稳定，易施工，造价较低。表观密度大，约为有机材料的 10 倍，导热系数大	保温浆料	0.070	A 级	常以批刮或喷涂的方法施工，厚度受到限制，一般 20～30mm
		发泡无机材料	0.090	B 级	
		岩棉	0.040	A 级	憎水性强，平整度较难满足
复合材料	表观密度小，导热系数低。造价高，燃烧性能很难达到 A 级	超薄绝热板 STP	0.005～0.012	A 级	模块化施工，一般为 600mm×600mm 见方，可定制，但长度一般不大于 800mm，宽度一般不大于 600mm。厚度通常为 7～30mm

来源：根据文献整理绘制。

我国住宅节能工作已进入 75% 的节能目标阶段，根据《严寒与寒冷地区居住建筑节能设计标准》JGJ 26—2018，以五城市为代表，采用当下常用保温材料，推算五城市住宅保温材料厚度，见表 6-4-3。

达到 2018 版居住建筑节能设计规范外墙传热系数限值的五城市住宅保温层厚度推算值　　表 6-4-3

城市		拉萨	银川	吐鲁番	西宁	乌鲁木齐
气候区属		寒冷 A 区		寒冷 B 区	严寒 C 区	
岩棉厚度（mm）	建筑层数小于等于 3 层	120	120	120	145	145
	建筑层数大于等于 4 层	70	70	70	85	85
石墨聚苯板厚度（mm）	建筑层数小于等于 3 层	90	90	90	115	115
	建筑层数大于等于 4 层	55	55	55	70	70

注：保温材料厚度根据《严寒与寒冷地区居住建筑节能设计标准》JGJ 26—2018 外墙传热系数限定值推算，其中保温材料导热系数源于《民用建筑热工设计规范》GB 50176—2016 中材料物理性能计算参数。

2）外墙分区差异化保温组合构造设计

① 外墙太阳辐射热利用朝向差异化组合构造设计

a. 拉萨住宅外墙朝向差异化保温组合构造设计

以拉萨城镇住宅主体类型小高层（11 层）集合住宅为例（模拟模型参数设置见图 2-6-2），在其现行围护结构构造的基础上，以某一朝向外墙外保温层厚度为变量，模拟分析其保温层厚度变化对住宅采暖负荷的影响以及对建筑基底面积的影响，图 6-4-5 为拉萨小高层集合住宅外墙朝向差异化外保温厚度条件下的采暖负荷变化情况。从各朝向外墙外保温层厚度增加与住宅采暖负荷降低效果来看，由高到低依次为：北向＞东、西向＞南向。因此，外墙保温性能提升时，优先考虑增加北、西、东向外墙的保温层厚度。

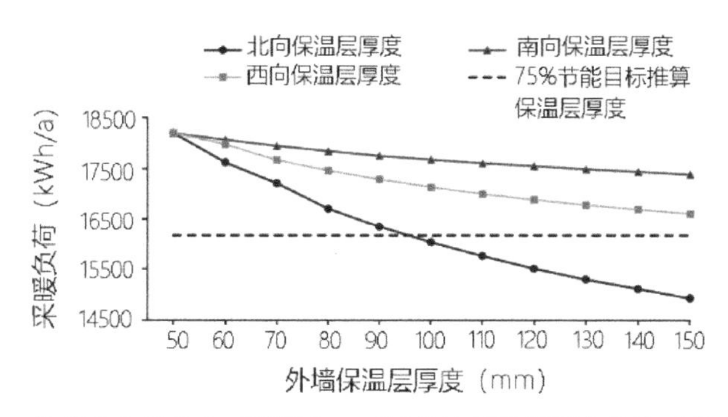

图 6-4-5 拉萨小高层住宅不同朝向、不同外墙保温层厚度条件下的采暖负荷

考虑容积率这项主要经济影响因素，在保持住宅基底面积相近的条件下，选取外墙外保温构造组合设计方案（表 6-4-4）。三组外墙外保温组合构造设计方案住宅全年采暖负荷和基底面积均小于 75% 节能设计目标推算的外墙保温构造方案（参照模型）。由此可见，拉萨地区城镇住宅外墙外保温适宜采用组合构造设计，增加少量保温材料造价、不增加建筑面积的同时降低住宅采暖用能需求。

拉萨住宅外墙朝向差异化保温厚度设置条件下全年采暖负荷与建筑基底面积变化 **表 6-4-4**

外墙朝向差异化保温层厚度（mm）				住宅建筑基底面积（m^2）	住宅全年采暖负荷（kWh/a）
朝向	北向	东、西向	南向		
参照模型	70	70	70	248.72	16169.335
方案 1	100	50	50	248.51	16032.649
方案 2	90	60	50	248.52	15577.926
方案 3	80	70	50	248.47	15574.85

注：保温材料为岩棉；70mm 厚的岩棉保温板是根据居住建筑 75% 节能设计标准对拉萨地区外墙传热系数的限定值推算。

b. 西宁住宅外墙朝向差异化保温组合构造

以西宁小高层（11 层）集合住宅为例，在其典型户型和现行围护结构构造的基础上（模拟模型参数设置见图 2-6-3），以某一朝向外墙外保温层厚度为变量，模拟分析其保温层厚度变化对住宅采暖负荷的影响以及对建筑基底面积的影响，图 6-4-6 为西宁小高层集合住宅外墙朝向差异化保温层厚度条件下的采暖负荷变化情况。从各朝向外墙外保温层厚度增加与住宅采暖负荷降低效果来看，由高到低依次为：北向＞南向＞东、西向。南向和西向外墙保温层厚度增加到 130mm 后，住宅建筑采暖负荷降低趋势变平缓。因此，外墙保温性能提升时，优先考虑增加北向外墙外保温层厚度；南向和西向外墙外保温层厚度超过 130mm 后，节能效果不明显。

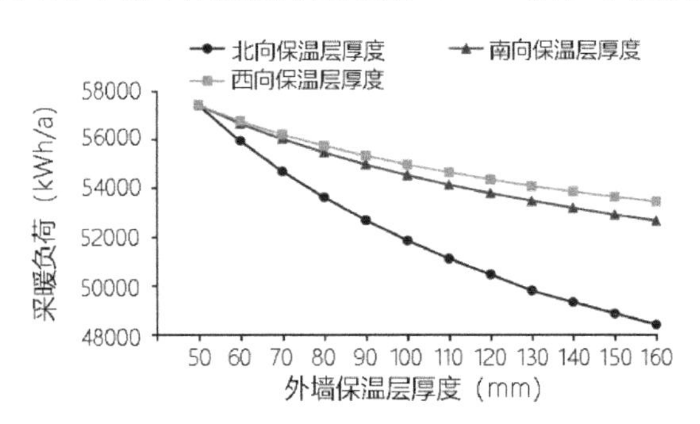

图 6-4-6　西宁小高层住宅不同朝向、不同外墙保温层厚度条件下的采暖负荷

c. 银川住宅外墙朝向差异化保温组合构造

以银川小高层（11 层）集合住宅为例，在典型户型和现行围护结构构造的基础上（模型参数设置见图 2-6-3），以某一朝向外墙外保温层厚度为变量，模拟分析其保温层厚度变化对住宅采暖负荷的影响以及对建筑基底面积的影响，图 6-4-7 为银川小高层集合住宅外墙朝向差异化保温层厚度条件下的采暖负荷变化情况。从各朝向外墙外保温层厚度增加与住宅采暖负荷降低效果来看，由高到低依次为：北向＞南向＞东、西向。因此，外墙保温性能提升时，优先考虑增加北向和南向外墙的保温层厚度。

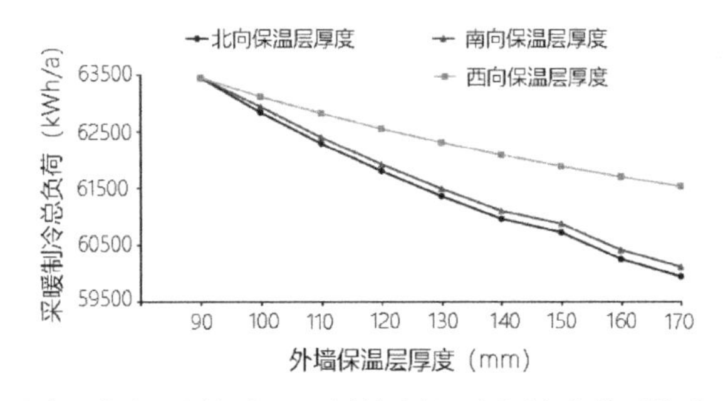

图 6-4-7　银川小高层住宅不同朝向、不同外墙保温层厚度条件下的采暖和制冷总负荷

d. 吐鲁番住宅外墙差异化保温组合构造设计

以吐鲁番小高层（11 层）集合住宅为例，在其典型户型和现行围护结构构造的

基础上（模型参数设置见图 2-6-3），以某一朝向外墙外保温层厚度为变量，模拟分析其保温层厚度变化对住宅采暖负荷的影响以及对建筑基底面积的影响，图 6-4-8 为吐鲁番集合住宅外墙朝向差异化保温厚度条件下的采暖、制冷总负荷变化情况。从各朝向外墙外保温层厚度增加与住宅采暖负荷、制冷降低效果来看，由高到低依次为：北向＞东、西向＞南向。

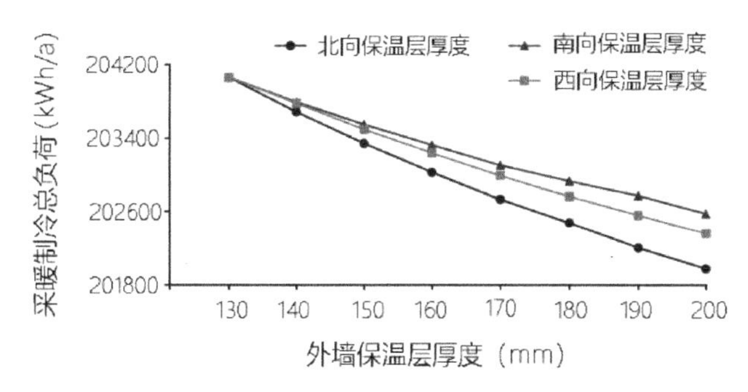

图 6-4-8　吐鲁番小高层住宅不同朝向、不同外墙保温层厚度条件下的采暖和制冷总负荷

② 墙体竖向分段差异化构造设计

对应建筑物围护结构太阳辐射热利用分级及立面分区保温构造设计，墙体纵向分区采取差异化保温构造设计、分段提升住宅外墙保温隔热性能时，需注意处理两种或多种保温构造间的衔接问题，尽量采取措施减少缝隙大、开裂等现象，避免引发冷桥、气密性低等问题。可以在方案设计前期，利用线脚进行转换，图 6-4-9 为同一保温材料、不同厚度的交接节点构造示意图；或与厂家合作，研发系列相同材料、不同厚度及不同材料、不同厚度交接处衔接构件，以保障外墙保温系统的气密性。

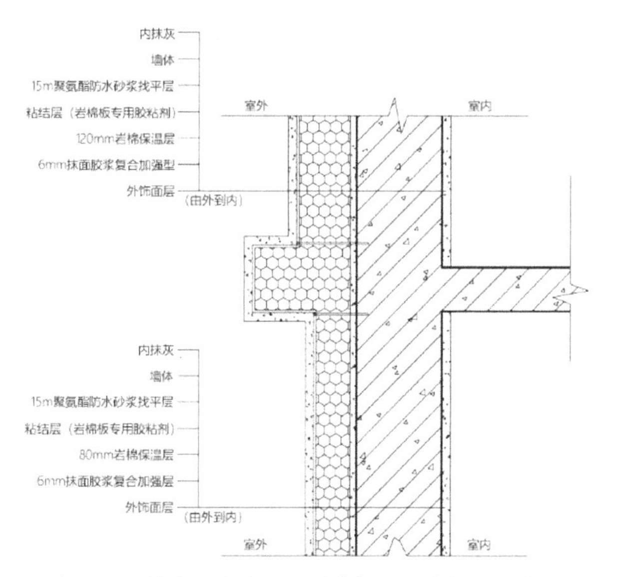

图 6-4-9　外墙竖向分段差异化保温节点构造示意图

6.4.3 屋顶保温隔热性能提升方法

（1）间层坡屋顶构造设计

西部太阳能富集地区传统民居屋顶普遍采用生土材料，以“厚重”形式响应地域气候条件，利用生土优良的蓄热性能维持室内热环境的稳定①②③。随着住宅建筑围护结构的“趋薄”，不少建筑师采用“间层”屋顶转译传统民居“厚重”屋顶的环境生态经验，利用“间层”屋顶的“热缓冲”作用，提高屋顶的保温隔热性能，削减室外气候环境对室内热环境的影响。

以西宁地区高层集合住宅为例，模拟分析坡屋顶“间层”对顶层户采暖用能的影响。模拟模型为33层，户型平面图和围护结构构造参数设定见表4-6-1，相当于我国严寒与寒冷地区居住建筑65%节能水平。图6-4-10为坡屋顶采用“间层”与不采用“间层”时的顶层户采暖用能模拟结果。由图可知：屋顶“间层”对住宅采暖负荷的影响显著，对顶层户采暖用能的补偿量大约能够占参照建筑顶层户采暖用能的50%；屋顶坡度越大，“间层”对其采暖用能的补偿越明显，这是由于屋顶坡度越大、屋面表面积越大失热越多所致。

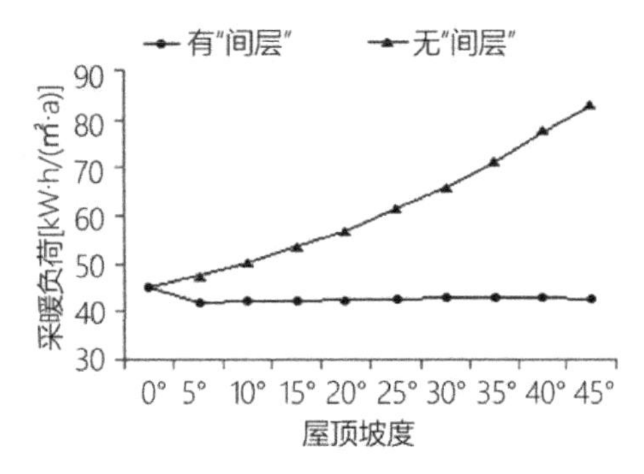

图6-4-10 西宁集合住宅间层坡屋顶对顶层户采暖负荷的影响变化曲线图
来源：根据Designbuilder模拟结果绘制

屋顶“间层”可设计为双层屋面：1）结合太阳能主动设备进行屋顶一体化设计，太阳能光热、光电设备作为屋顶的构造层，与屋面板形成“间层”；2）利用吊顶等室内装修形成“间层”，结合吊顶部件设保温层，提高间层的保温性能。

利用屋顶“间层”的缓冲原理和节能效应，将屋顶“间层”尺度扩大到行为

① 何泉，何文芳，杨柳，刘加平．极端气候条件下的新型生土民居建筑探索［J］．建筑学报，2016（11）：94-98.

② 何泉．藏族民居建筑文化研究［D］．西安建筑科技大学，2009.

③ 张涛．国内典型传统民居外围护结构的气候适应性研究［D］．西安：西安建筑科技大学，2013.

尺度，可以结合辅助性功能空间，如设备室、休闲活动室、储藏室等间歇性使用空间形成屋顶“间层”，提升屋顶整体的保温隔热性能。

（2）覆土屋顶

由于生土蓄热性能良好，覆土屋顶具有保温隔热、调节室内热环境稳定性的特质。种植屋面是较为常见的覆土屋顶，其利用植被蒸发水分、覆土蓄热，起到有效的蓄热隔热作用，减少室外气温和太阳辐射对屋顶下室内空间热环境的扰动。测试数据显示，西安地区同一屋顶，夏季时，设置覆土绿植区域的表面温度与直接裸露在空气中的屋面表面温度差值大于20℃[①]。代尔夫特技术大学中心图书馆采用覆土屋顶，室内热环境稳定，基本不受室外气温波动的影响[②]。

种植屋面的种植土厚度不宜小于100mm[③]。从植物对屋顶覆土厚度需求来讲，大致可分为三种：1）轻型种植屋面，覆土厚度一般不大于150mm，种植浅根系植物，如草皮，植物的养护要求低，成本低；2）覆土厚度200～400mm，可种植小型灌木，建造室外游乐、景观绿地，成本较高、维护工作量大；3）覆土厚度1000mm以上，通常用于地下停车场的屋面，可种植大灌木、浅根乔木等。建筑物采用覆土屋顶时，构造设计除需额外加强防、排水设计外，还需进行防根穿刺设计。

① 刘加平. 全面推广绿色建筑的对策和建议［R］. 西安：西安建筑科技大学，2019.9.4.

② 杨柳. 建筑气候学［M］. 北京：中国建筑工业出版社，2010.6.

③ 中华人民共和国住房和城乡建设部. 种植屋面工程技术规程 JGJ 155—2013［S］. 北京：中国建筑工业出版社，2013.

7 提升住宅太阳辐射热利用效益的设计试验

7.1 院落式住宅太阳辐射热利用设计试验

7.1.1 案例一：太阳辐射热利用一级区扁院住宅设计

（1）区位及住宅建筑类型

该设计案例为院落式住宅，由政府统建，大部分用于高海拔地区移民安置工程，常见于拉萨市边缘地区或周边集镇。拉萨市建筑热工设计区属于寒冷（A）区，属于西部城镇住宅太阳辐射热利用目标一级区，该地区院落式住宅有条件直接利用太阳辐射满足冬季室内热需求。这些区域人口密度低，土地资源相对拉萨中心城区较为富余，对土地开发强度的要求低，住宅以低层为主，对院落式住宅建设存在大量需求。

根据课题组调研，拉萨市边缘地区或周边集镇院落式住宅通常占地面积为 180m^2。由于生产转型和生活需求，庭院空间大多室内化，常采用玻璃搭建，形成阳光房，作为就餐、会客、休息的多功能复合空间使用，日间大部分活动在该空间内进行，空间容积通常较其他功能房间大。对当地居民而言，目前新建院落式住宅中起居室是新增空间，使用频次低，其功能被室内化庭院替代。但由居民自行加建的"庭院式阳光间"热工性能较差，夏热冬冷，还遮蔽了起居室的采光、得热。

综合上述分析，统筹考虑土地资源的集约利用和生产、生活转型后的空间需求，减少该区域新型院落式住宅占地面积，一方面压缩庭院空间占地面积；另一方面去除起居室和餐厅两个独立空间，改设为比单一空间容积较大的"多功能复合空间"，避免空间资源浪费。同时参考土地相对紧张的中心城区已建成院落式住宅的用地规模，建议以 160m^2 为限。藏族家庭多数选择三代同堂的居住方式，或是一对夫妇养育两个子女，三室户为典型居住单元，建筑面积 150m^2 左右；考虑其他家庭结构类型对居住空间的需求，设两室户（建筑面积 130m^2 左右）和四室户（建筑面积 170m^2 左右）。

（2）"扁院"住宅空间模式及其太阳辐射热利用特点

设计案例建筑主体遵循当地传统院落式住宅"三开间两进式"、坐北朝南的空间格局，以“间”为单元，将用地确定为 10.8m×14.8m。10.8m 的户型开间具有较强的空间使用适应性和空间组合灵活性。户型进深 14.8m，主体建筑进深 7.2m，庭院空间突破当地传统民居“方院”格局，采用南北窄院，南北向前后两户组合形成的两个庭院总进深为 7.2m，如图 7-1-1 所示，保证南向房间获得充足日照，且不浪费土地资源。为实现院落式住宅之间的多向灵活组合，减少公共交通用地，提高空间资源绩效，住宅庭院入口采用东、西向两种形式，以 8 户为一个组团，如图 7-1-2 所示。图 7-1-3 为组团内各住宅单元日照时数分布模拟结果，日照最不利住宅南立面 900mm 高度以上，冬至日无日照遮挡。可见，南北“扁院”与“宅”的空间组合模式，能够同时适应土地集约开发与增加日照时数的需求。

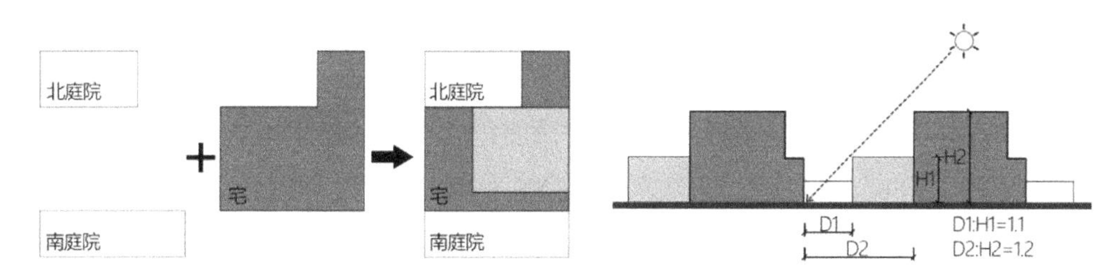

图 7-1-1　设计案例“扁院”住宅空间模式图

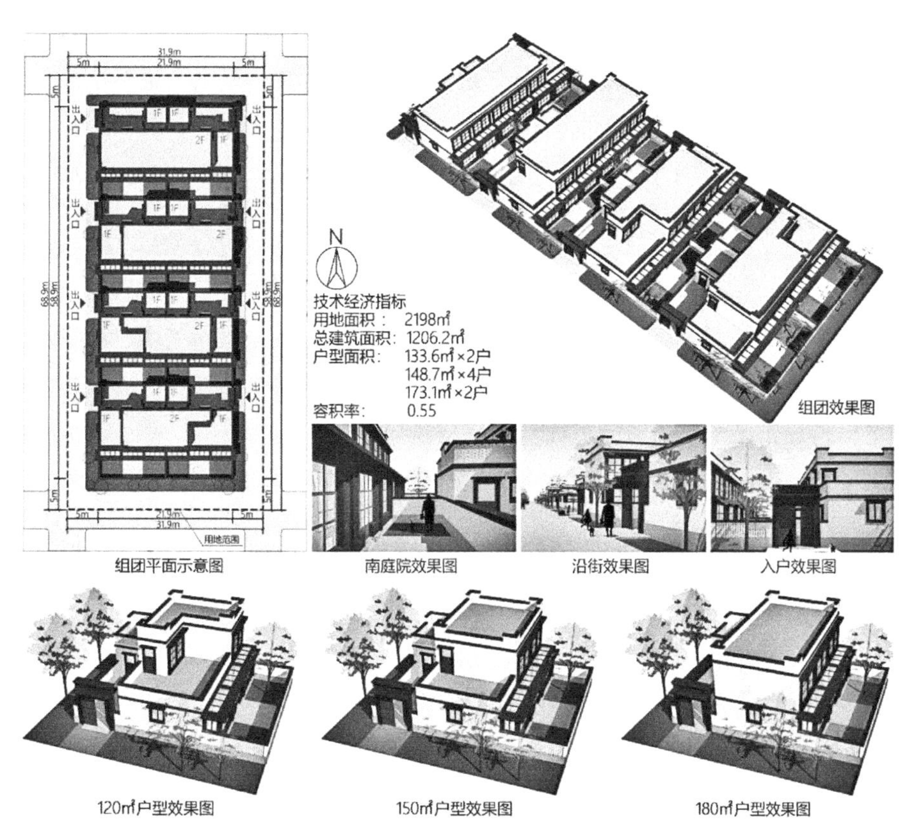

图 7-1-2　设计案例“扁院”住宅单元组合效果示意图

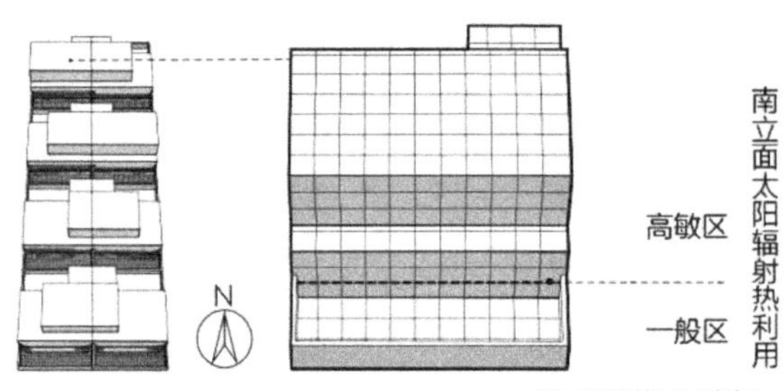

图 7-1-3　设计案例“扁院”住宅立面日照时数分布及太阳辐射热利用分区示意图
来源：根据 SketchUp-Sunhours 模拟结果绘制

（3）户型空间布局匹配太阳辐射热利用空间分区

典型居住单元（150m^2 户型）效果及其户型平面如图 7-1-4 所示。通过多种热舒适需求空间组合适配拉萨住宅“太阳辐射热利用空间分区”，如图 7-1-5 所示（以东、西两户拼合单元为例）。一级热舒适需求空间被“日射得热直接利用区”全覆盖：“多功能复合空间”和卧室，房间净进深控制为 4m；“日射得热利用薄弱区”内设置热舒适需求较低的厨房、卫生间、楼梯间、门厅等，空间密集型布置；厨房紧邻山墙，与“日射利用薄弱区”内的空间将“多功能复合空间”、卧室包围，对“多功能复合空间”和卧室起到热缓冲作用，同时延续当地厨房与“多功能复合空间”连通使用的居住模式。一层南侧综合交通、休憩需求设置“暖廊”集热空间，外表面以透明围护结构为主。一方面，增加外表面太阳辐射透射面积；另一方面，利用透明屋顶扩大室内“日射得热直接利用区”的范围，以保证“多功能复合空间”、卧室处在“日射得热直接利用区”内。

“暖廊”与“多功能复合空间”、卧室的共用隔墙设置可开启的透明门、窗，日间开启使“多功能复合空间”和卧室直接获得太阳辐射热，夜间关闭，减少房间内热量流失。北侧庭院空间形成建筑主体的热缓冲空间，对室外低温、大风等不利气候环境进行初步调节，削弱室内外环境的热交互作用。

（4）立面形态与构造组合优化设计

1）采用形态构造分区适配立面太阳辐射热利用分区的设计思路，响应围护结构太阳辐射热利用条件分级差异。

对应设计案例立面太阳辐射热利用设计分区（图 7-1-3），外立面形态及其构造采用分区适配的设计思路，各朝向窗墙面积比与集热、保温构造组合设计措施如图 7-1-6 所示。

2）采用具有地域风貌的双层集热保温组件设计，适应太阳辐射昼夜变化。

拉萨传统民居通常采用平屋顶形式，主体建筑立面形态分为“屋顶—门窗檐口、墙体及门窗、基座”三段，“屋顶—门窗檐口”段为文化表达、构造处理的重点。门窗洞口上方结合过梁做门窗檐口，通常出挑两层，出挑尺寸分别为 30cm 和 50cm，窗洞口下方过梁和左、右竖向加固构件刷成黑色，形成独具地域特色的黑色窗套；外窗以方窗为基本单元。如图 7-1-7 所示。

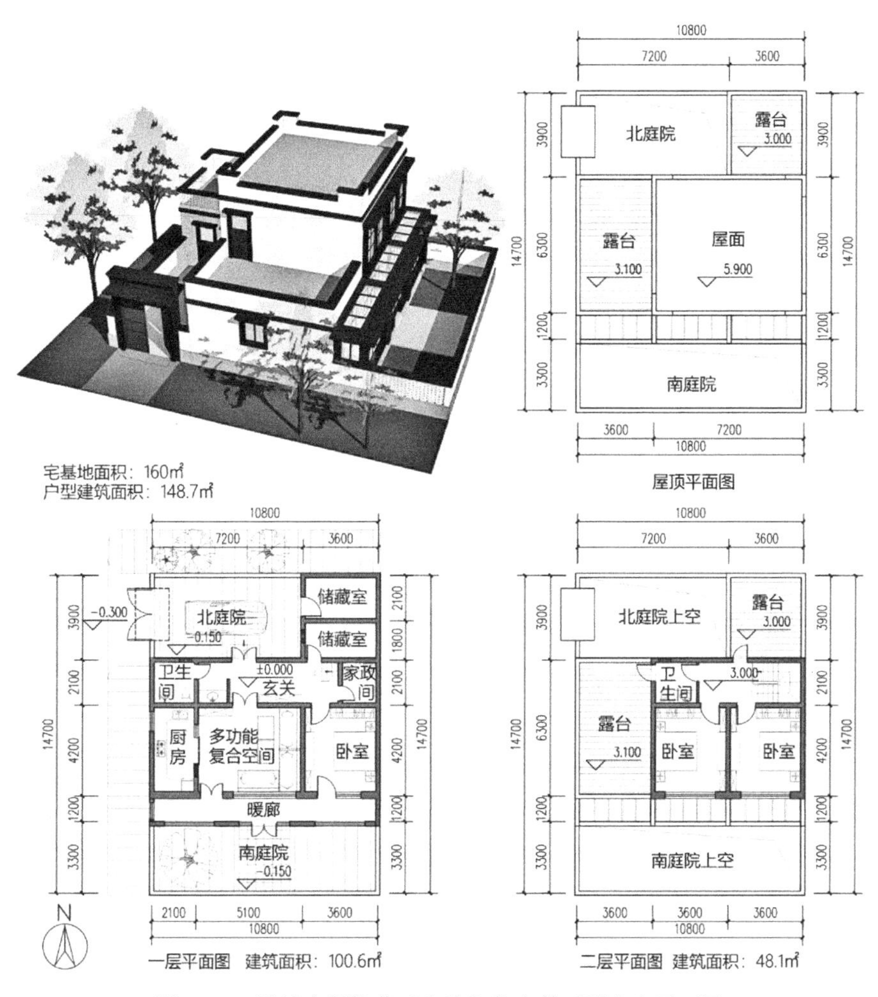

图 7-1-4 设计案例拉萨“扁院”住宅单元形态和平面图

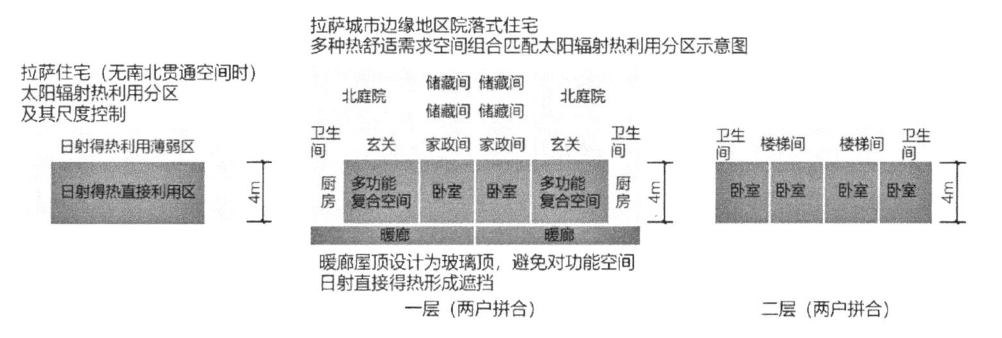

图 7-1-5 设计案例拉萨“扁院”住宅户型空间匹配“太阳辐射热利用分区”示意图

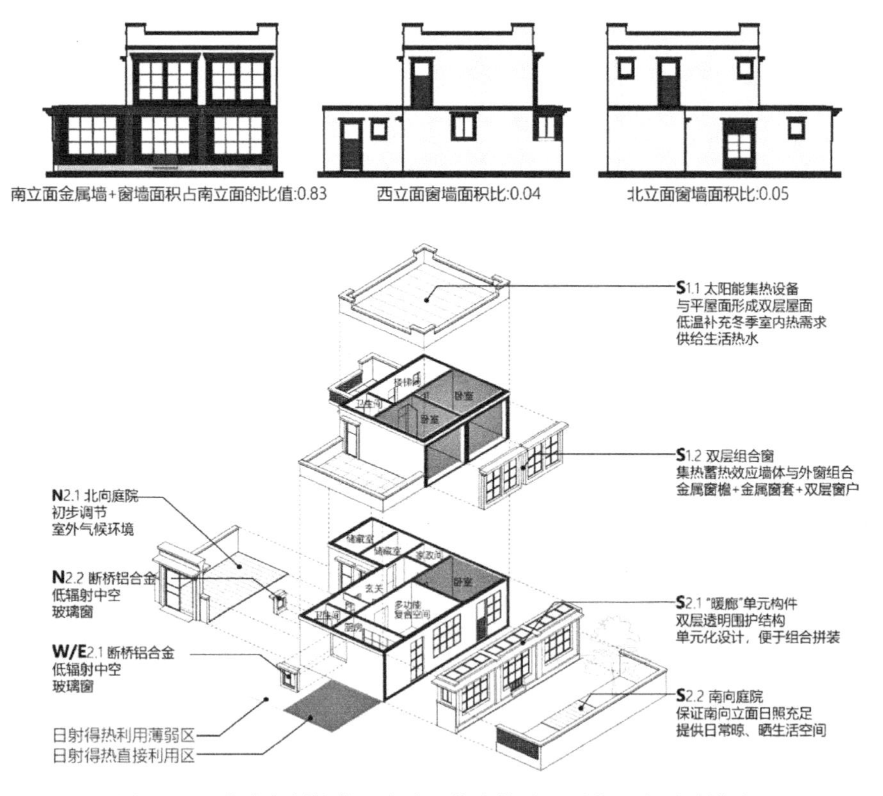

图 7-1-6　设计案例拉萨“扁院”住宅构造差异化组合设计措施

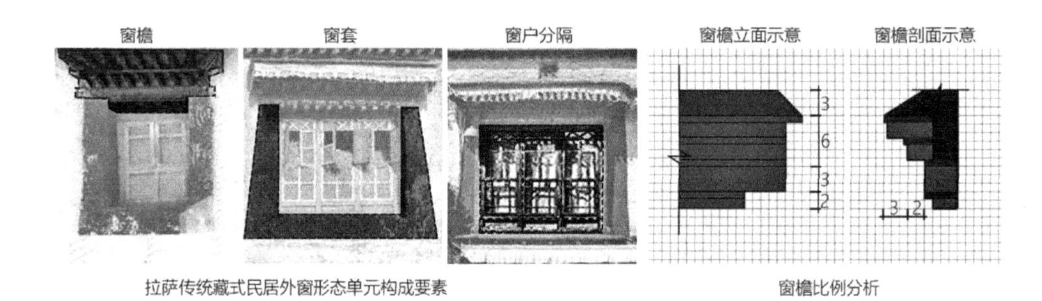

图 7-1-7　拉萨传统民居外窗形态单元构成与比例分析

① 集热保温组件——“暖廊”的形态构造设计

“暖廊”立面比例延续拉萨传统民居的三段式立面构成，设计为檐口—墙身—基座。透明围护结构的分隔延续当地“方窗”的几何形式，材料上选取当地正大力推广的断桥铝合金窗框和高透光中空透明玻璃。“暖廊”外墙为复合墙体，由混凝土砌块墙体和耐候钢板复合形成太阳墙，吸收太阳辐射热并蓄存在内层墙体中，延时利用太阳辐射得热；同时，耐候钢板采用黑色，再现传统民居黑色窗套。通过“暖廊”内、外层窗的开启和天窗的开启满足夏季通风需求，避免由于太阳辐射得热造成室内环境夏季过热。如图 7-1-8 所示。

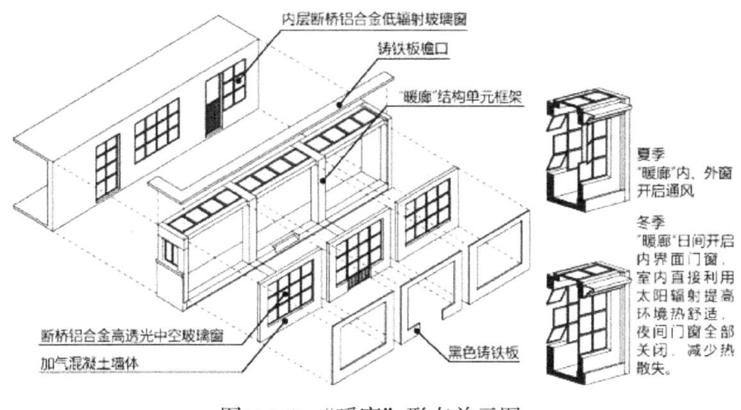

图 7-1-8 “暖廊”形态单元图

② 南向“双层组合窗”单元形态

根据太阳墙的集热蓄热原理，与窗户结合，扩大集热面，形成由金属窗檐、窗套、双层窗户组合而成的外窗形态单元，窗户分格采用正方形的几何母体单元演绎传统外窗形式（图 7-1-9）。传承地域风貌的同时，窗檐延续了遮挡夏季紫外线防止产生眩光不适的性能，冬季还可以吸收太阳辐射热。双层组合窗冬季日间内层窗上、下小窗开启，利用热压原理加热室内空气，夜间关闭，提升保温性能。金属窗套采用铝单板，铝单板同样具有比热容大、蓄热系数高的特点，同时质量轻，不但能够大量吸收太阳辐射热，且易与建筑主体固定；但其传热系数也大，不宜直接与建筑主体相接，采用隔汽膜、气凝胶毡等将建筑主体与耐候钢板隔离，避免形成冷桥。

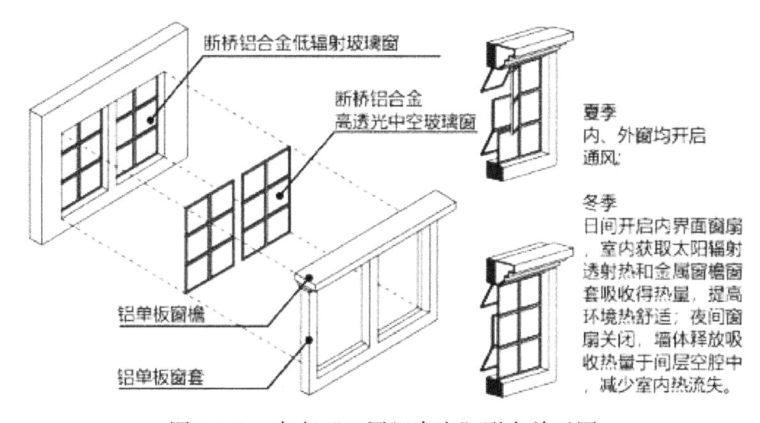

图 7-1-9 南向“双层组合窗”形态单元图

3）外墙保温构造分区设计，差异化提高保温性能

根据住宅围护结构太阳辐射热利用等级划分方法，根据立面朝向确定不同的保温构造设计，如图 7-1-10 所示。综合考虑经济性、建造技术、蓄热需求和通用保温

材料地域气候适应性等要求，南向墙体除“暖廊”外墙采用“集热”墙体外，其余南向墙体采用300mm厚的加气混凝土砌块，不设保温板；东、西、北向墙体均采用常规的200mm厚的加气混凝土砌块，外墙保温材料采用当地生产的石墨聚苯板，东、西向保温层厚度为30mm，北向墙体保温层厚度为100mm。

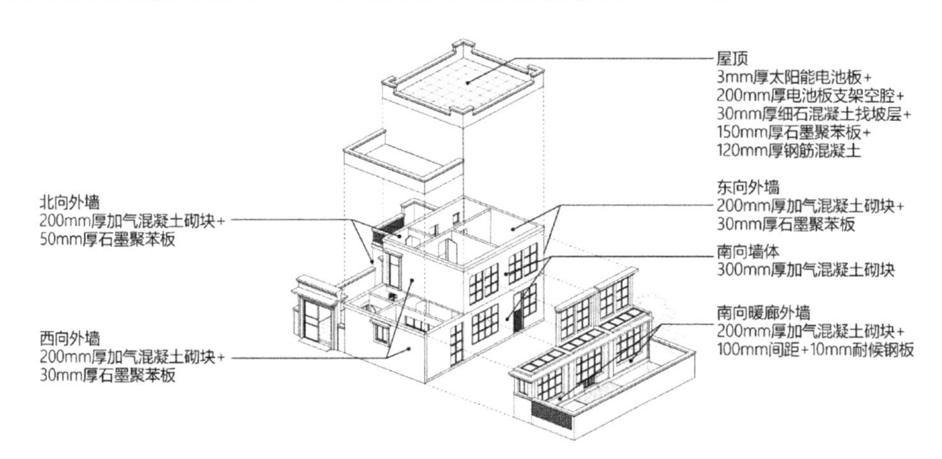

图7-1-10 设计案例拉萨“扁院”住宅非透明围护结构构造分区组合优化设计示意图

4）结合太阳能集热屋面，形成双层屋面，提高屋顶保温性能

屋面采用当地现行构造做法，保温材料为150mm厚挤塑聚苯板，同时与太阳能光伏板组合成“双层屋面”，利用空腔再次提升屋顶的保温性能。

（5）太阳辐射热利用综合效益分析

1）用地分析

该设计案例根据当地院落式住宅户型空间及其建筑面积使用需求，以160m^{2}控制住宅单元占地规模，较拉萨市边缘地区常见院落式住宅占地规模（180m^2）缩小20m^2。住宅庭院入口设置可分东、西、北三种方式，实现居住单元之间的多向灵活组合，减少公共交通用地，提高空间资源绩效。

2）增量成本分析

与当地常见院落式住宅相比，设计案例土建增量成本主要源于一层的“暖廊”和二层南向“双层组合窗”。

根据调研了解到，当地居民自建阳光房常采用金属框单层玻璃外窗，单位表面积造价约为300元/m^2，设计案例“暖廊”窗户采用断桥铝合金中空高透光玻璃窗，单位表面积造价约为450元/m^2，作用面积为48.6m^2，增量成本约7290元。以150m^{2}典型居住单元为例，“双层组合窗”作用面积为9.36m^2，增量成本约4212元。综合计算，该设计案例150m^{2}典型居住单元增量成本为11502元，单平方米建筑面积增量成本约76.68元。

3）实现建筑物直接利用太阳辐射得热满足冬季室内热需求

采用 Designbuilder 软件模拟计算设计案例居住单元采暖期自然运行状态下的室内温度。参数设置依据《严寒与寒冷地区居住建筑节能设计标准》JGJ 26—2018 设定，以冬至日前后一周时段为例，室内空气温度模拟结果如图 7-1-11 所示，南向直接得热房间以卧室、起居室为例，最低温度高于 18.69℃；北向房间以卫生间为例，最低温度为 13.03℃，满足当地居民冬季热需求，基本上不需要其他采暖设备辅助供暖。

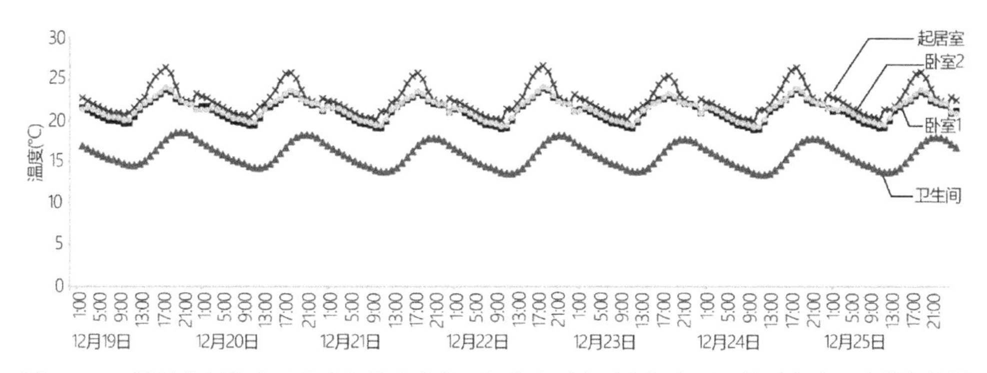

图 7-1-11 设计案例拉萨“扁院”住宅自然运行状态下主要房间冬至日前后室内温度模拟结果

来源：根据 Designbuilder 模拟结果绘制

7.1.2 案例二：太阳辐射热利用一级区窄院住宅设计

（1）区位与住宅建筑类型

该设计案例为院落式住宅，由政府统建或单位集体建设，大部分为职工周转房、移民搬迁安置住房，常见于拉萨市中心城区边缘地带。拉萨市建筑热工设计区为寒冷（A）区，属于西部城镇住宅太阳辐射热利用目标一级区。由于生产生活的转型，这些区域院落式住宅庭院面积需求日趋减少，仅需满足日常活动和晾晒等简单生活功能。考虑这些区域用地较城市边缘、周边集镇相对紧张，该设计案例以 100m^2 控制住宅单元占地规模，建筑体形呈大进深、小面宽的基本特征，进深 18.5m、面宽 5m。鉴于拉萨市中心城区居民家庭结构以核心户和主干户为主，以三室户需求较为普遍，因此设计案例以三室户、建筑面积 138.6m^2、两层为主，局部三层。

（2）“窄院”住宅空间模式及其太阳辐射热利用特点

针对面宽小、进深大的形体特征，设计案例一层采用南北直接贯通空间，扩大太阳辐射得热影响范围，二层布置中心庭院，增加建筑物可直接接收太阳辐射表面的面积，形成围合性较强的楼院式“窄院”空间模式（图 7-1-12）。该空间模式外表面积较大，存在一定的自遮挡。南、北向设庭院空间，一方面，提供停车、晾晒等生活需求空间；另一方面，初步调节室外气候环境，削弱室内环境与室外不利气候环境的热交互作用。

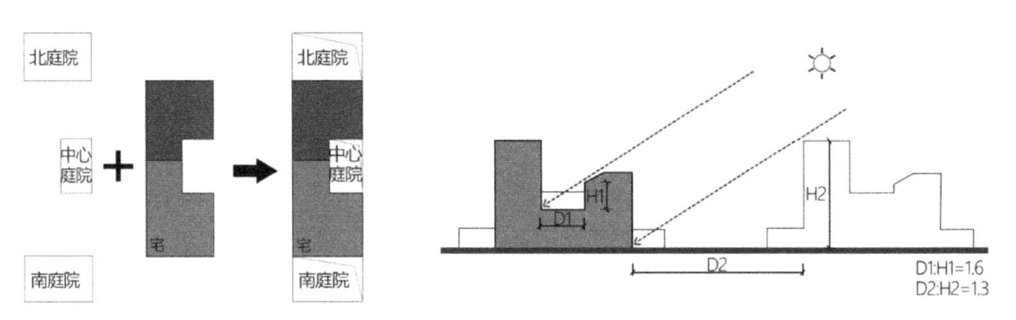

图 7-1-12　设计案例拉萨“窄院”住宅空间模式图

以两户为一个拼合单元，20 户为一个居住组团，居住单元组合效果如图 7-1-13 所示。图 7-1-14 为组团内各住宅单元日照时数分布模拟结果，拼合单元南立面冬至日基本上无日照遮挡；中心庭院东、西两侧围合界面遮挡严重，靠近庭院北侧房间大约 1/3 表面积日照时数大于 2 小时。

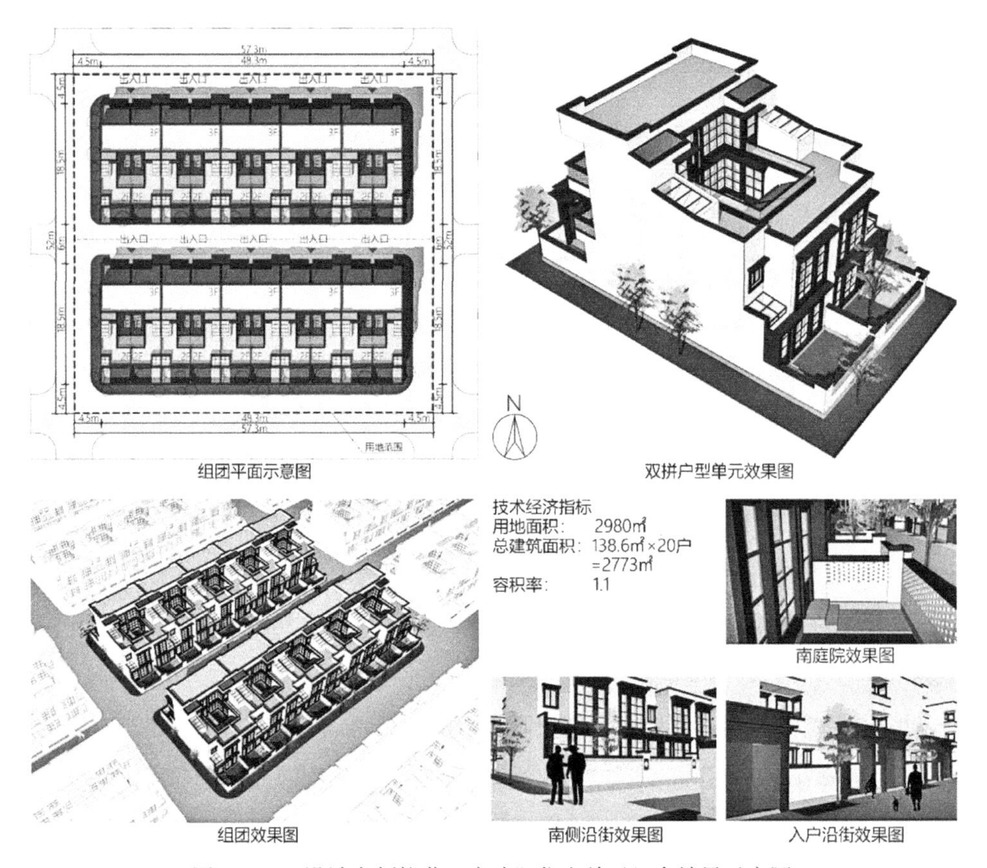

图 7-1-13　设计案例拉萨“窄院”住宅单元组合效果示意图

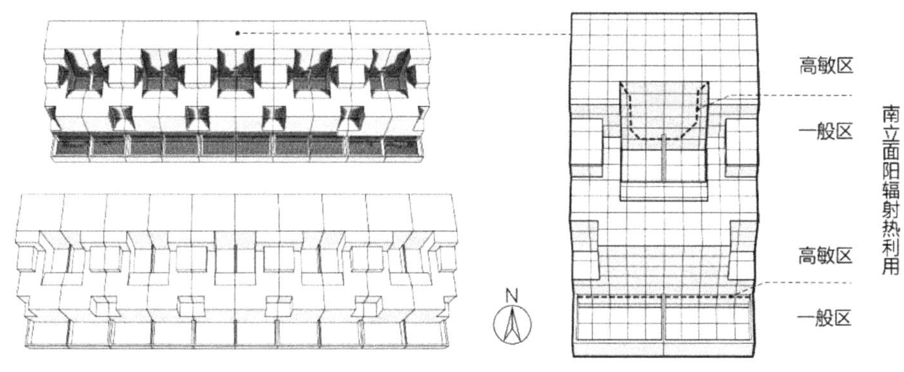

图 7-1-14 设计案例拉萨“窄院”住宅日照时数分布情况模拟图

（3）户型空间布局匹配太阳辐射热利用分区

通过多种热舒适需求空间组合适配拉萨住宅“太阳辐射热利用空间分区”，如图 7-1-15 所示（以东、西两户拼合单元为例）。采用南北贯通空间扩大太阳辐射得热影响范围，一级热舒适需求空间被“日射得热直接利用区”全部覆盖：起居室和卧室，房间净进深控制为 4m；二级热舒适需求空间餐厅与起居室贯通组合，位于“日射得热补偿利用区”；楼梯间、卫生间、玄关、厨房位于“日射得热利用薄弱区”，包围卧室、起居室和餐厅，减少主要活动空间太阳辐射得热的散失。一层南侧结合门斗设计为阳光间，通过动态调整门斗与起居室相邻界面的门，实现门斗空间日间集热、夜间加强保温的性能效果。另外，通过楼梯间透明屋面集热，为餐厅等非“日射得热直接利用区”功能空间补充辐射热。居住单元效果及户型平面如图 7-1-16 所示。

（4）立面形态与构造组合优化设计

采用形态构造分区适配立面太阳辐射热利用分区的设计思路，响应围护结构太阳辐射热利用条件分级差异。

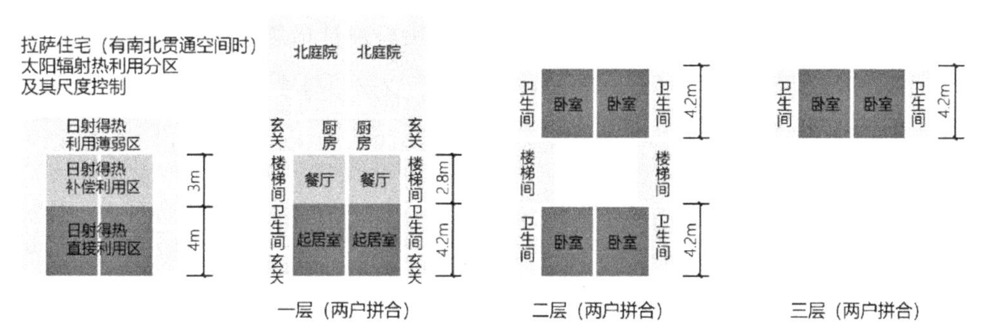

图 7-1-15 设计案例拉萨“窄院”住宅多种热舒适需求空间组合匹配太阳辐射热利用空间分区示意图

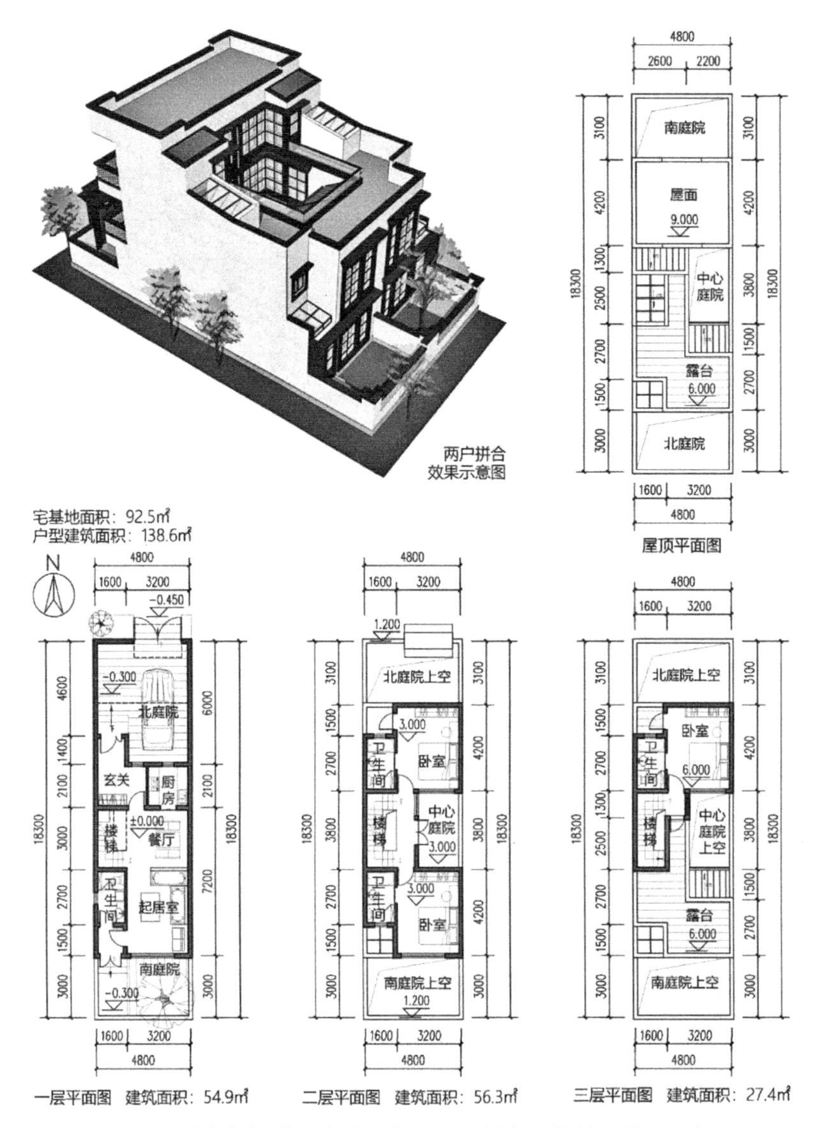

图 7-1-16　设计案例拉萨“窄院”住宅两户拼合居住单元效果图与平面图

对应设计案例立面太阳辐射热利用设计分区（图 7-1-14），外立面形态构造分型适配，各朝向窗墙面积比与集热、保温构造组合设计措施如图 7-1-17 所示。南立面以透明围护结构为主，采用阳光间式门斗、双层组合窗户两种集热保温组件，并通过金属窗檐、金属窗套，扩大太阳辐射吸热面的面积，增加室内太阳辐射得热量。

南立面、东西向及北向墙体由于太阳辐射照度不同，采用不同的保温构造设计。如图 7-1-17 所示，综合考虑经济性、建造技术、蓄热需求和通用保温材料地域气候适应性等要求，南向墙体采用 300mm 厚的加气混凝土砌块，不设保温板；东、西、北向墙体均采用常规的 200mm 厚的加气混凝土砌块，外墙保温材料采用当地生产的石墨聚苯板，东、西向保温层厚度为30mm，北向墙体保温层厚度为100mm。屋面采用当地现行构造做法，保温材料为150mm厚挤塑聚苯板。

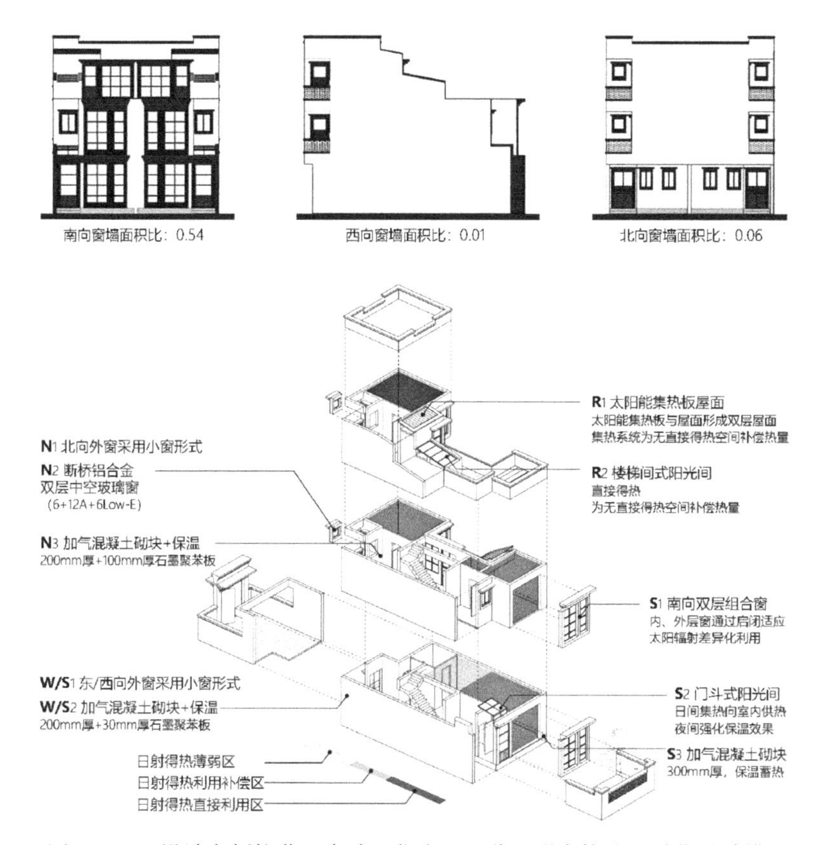

图 7-1-17 设计案例拉萨“窄院”住宅立面分区形态构造差异化设计措施

（5）太阳辐射热利用效果分析

图 7-1-18 为拉萨中心城区边缘地带院落式住宅设计试验冬季采暖负荷模拟结果，经分析可知，直接利用太阳辐射热，使住宅在法定供暖期前后各半月余基本无需供暖。

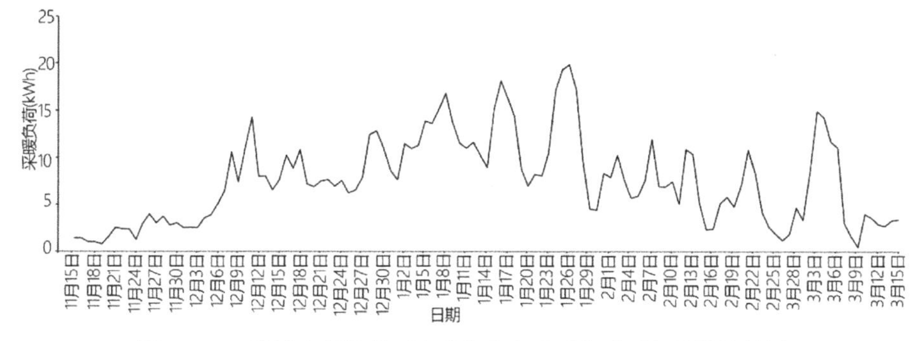

图 7-1-18 设计案例拉萨“窄院”住宅采暖期采暖负荷模拟结果

来源：根据 Designbuilder 模拟结果绘制

7.1.3 案例三：太阳辐射热利用二级区民居附加阳光房单元化设计

20 世纪 90 年代以来，在青海河湟地区新建、改建和扩建的民居建筑中，越来越多的居民自发加建“阳光房”（图 7-1-19），利用阳光间集热保温，改善冬季室内环境热舒适度。在 2005 年开始实施的《小城镇住宅通用（示范）设计（青海西宁地区）》图集中，示范方案加入了阳光房的设计。可见，青海地区推广应用阳光房有良好的政策导向和基础。

图 7-1-19 青海河湟地区民居阳光房建设现状

本案例为青海河湟地区民居附加阳光房设计，该地区建筑热工设计区属为严寒（C）区，属于西部城镇住宅太阳辐射热利用目标二级区。

根据围护结构太阳辐射热利用分级方法，附加阳光房优先考虑与民居正房结合设计。遵循民居“间”的建构逻辑，从建造角度切入，从构件单元设计、木构架檐口构造调整、重要节点设计、符号装饰四个方面展开附加阳光间设计探索。通过对阳光房的单元化设计，使阳光房模块化、精细化，成为外墙肌理中可重复使用的单元部件，可按照使用者需求，单独或成组建造于民居建筑中，提高新型河湟民居的建筑表现力，推动建设太阳辐射热利用综合效益高的青海河湟民居。

（1）设计单元确定

青海河湟民居遵循多开间单进深的空间布局，功能单元和结构单元统一。附加阳光间作为河湟民居中新的空间元素，延续民居空间形式，以“间”作为附加阳光间的基本结构单元，每间尺寸以民居的实际开间尺寸为准，单元进深根据使用者对阳光间使用需求确定（图 7-1-20）。

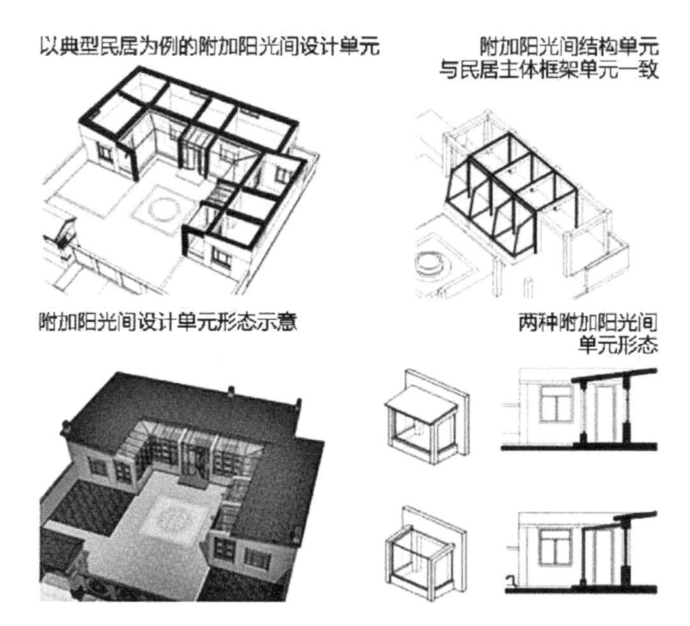

图 7-1-20　附加阳光间设计单元

（2）单元形态与构造设计

传统河湟民居正房立面形态受制于用材尺寸，檐下每间立面基本为 3～3.3m 的方形，每间檐口被要头三分，形成如图 7-1-21 所示的立面比例。

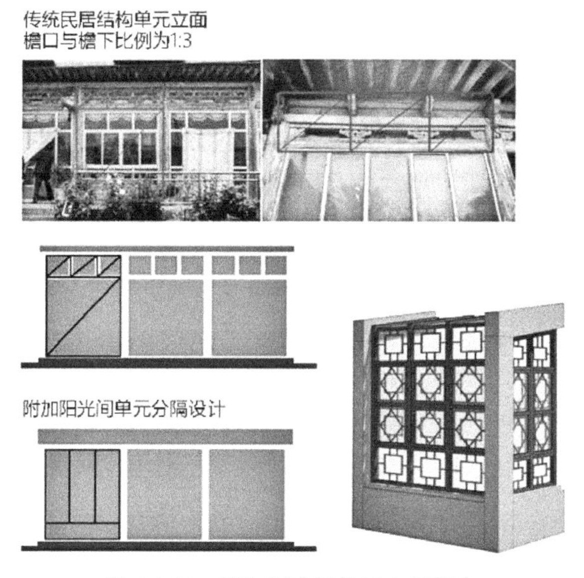

图 7-1-21　附加阳光间单元立面划分

阳光间单元尺寸与结构单元一致，高宽比接近 1∶1，每个单元的框形骨架结构由双侧梁、端梁、加装横梁、立柱等部分构成。单元立面立柱分隔遵循 1∶3 的比例关系，单元由 3～4 樘预制门扇拼装而成，常用的骨架材料有木材、铝合金型材及轻型钢材。

建议选用深色轻钢型材或本地木材，以协调地域民居的形态特征。另外，阳光间单元屋顶宜为坡度大于 7% 的缓坡屋面，以保证屋面雨雪水的排放。

（3）热工性能提升

阳光间构件单元化以后与民居主体结构单元连接，预埋件结合密封胶的使用可大大提升阳光间的建造品质，提升房间的密闭性，同时整合其他被动式措施，以改善阳光间夜间的保温及夏季过热问题。中空玻璃有保温隔热、隔声防噪、防结露等优点，能有效提升阳光间的夜间保温性能，但中空玻璃价格是普通单层玻璃的 8～9 倍，在经济水平欠发达的河湟地区并不易推行。但据笔者调查，在河湟地区的传统民居中，双层木隔扇有良好的传统基础，并曾经为家境优渥的居民广泛使用，所以在新民居阳光间建造中，采用双扇单层玻璃窗（图 7-1-22）提升房屋的保温效果，同时有效控制建筑造价。

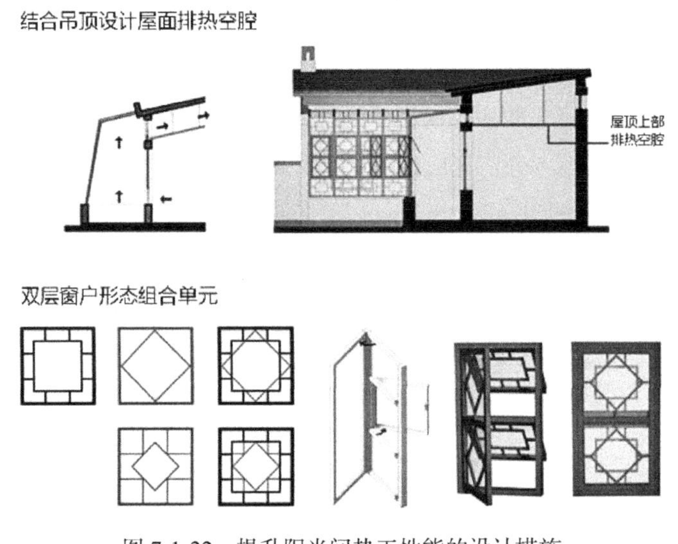

图 7-1-22　提升阳光间热工性能的设计措施

为避免夏季阳光间内出现过热问题，设计案例结合民居屋面吊顶设双层排热屋面，檐口上方设进出风口，加强自然拔风效果，利用“间层”腔体排出夏季阳光房内热空气。

（4）地域装饰符号的引入

河湟地区传统民居的采光构件为糊上窗户纸的镂空木质隔扇，窗户纸强度较低，所以窗隔扇镂空部分的单元面积较小，这从客观上形成了传统民居窗扇纹样复杂的特点。在新民居中檐口构造已经逐渐被简化、装饰元素减少，所以在阳光间单元设计时可以适当简化传统民居典型的门窗装饰纹样，结合双层窗户的单元形态拼叠效果，使阳光间立面更加丰富多样，传承地域民居特色。

（5）小结

实现阳光间的单元化设计，可实现阳光间与民居的一体化设计，实现民居空间的复合化使用，实现利用地域太阳辐射资源改善室内热环境，从而提高民居空间利用效率，改善居民的生活质量。推行阳光间的单元化设计，需从材料选型到节点构造的各个环节都充分考虑到相关的预留设计，对新旧材料构造做法的冲突进行及时调整，提升连接处节点密闭性能，采用双层组合窗户，改善房屋热性能；同时，通过协调建筑立面的层次关系，将传统民居木构体系中丰富的节点形态还原，规范阳光间的节点设计，使其精细化、标准化，提高新型河湟民居的建筑表现力，推动建设太阳辐射资源利用综合效率高的河湟民居。

7.1.4 案例四：太阳辐射热利用五级区窄院住宅设计

（1）区位与住宅建筑类型

该设计案例为院落式住宅，位于吐鲁番市。吐鲁番市建筑热工设计区为寒冷（B）区，属于西部城镇住宅太阳辐射热利用目标五级区。

经实例调研和统计，当地院落式住宅基地面积大多为 200m^2 左右。基地面积控制为 180m^2，考虑当地家庭人口结构以核心户为主、大部分家庭 3～4 人，户型设计为三室户。汲取当地传统民居半地下室、半开敞庭院、檐廊、高棚架等半室外空间、厚重围护结构等生态经验，该设计案例采用下沉式窄院空间模式（图 7-1-23）。

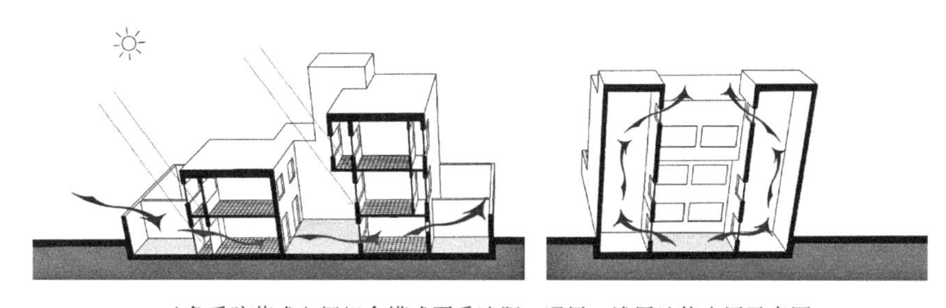

a 吐鲁番院落式空间组合模式夏季遮阳、通风、浅层地能应用示意图

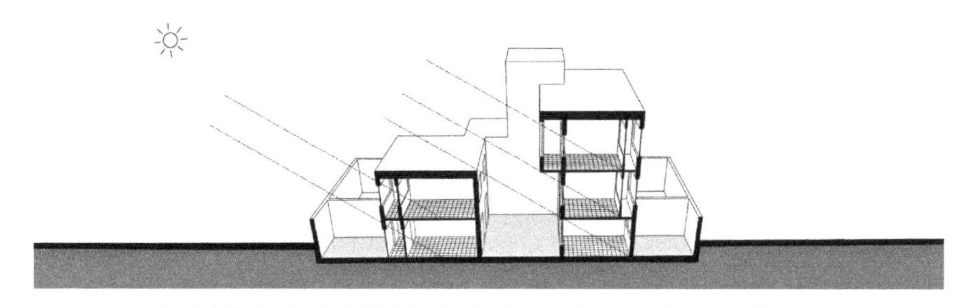

b 吐鲁番院落式空间组合模式冬季直接太阳辐射得热、浅层地能应用示意图

图 7-1-23　太阳辐射热利用五级区下沉式院落住宅单元构成模式示意图

（2）下沉式窄院空间模式与太阳辐射热利用特点

设计案例院落式住宅建筑主体遵循当地传统民居进深长、面宽短的基本特点，按照 6.9m×25m 的规模控制基地大小。为增加南向采光面，提高太阳辐射热利用效率，在建筑主体中部设置内庭院并将内庭院下挖做半地下庭院，内庭院在夏季处在建筑形体自遮挡形成的阴影区内，为室内提供较为凉爽的自然通风。通过 sunhours 软件模拟日照时数，确定内庭院进深为 6m，户与户之间主体建筑间隔 10m，主体建筑北高南低，充分接收太阳辐射。同时利用建筑自遮阳将三层阳台突出于二层楼面设置，作为二层的水平遮阳构件使用。除内庭院外另设置北向功能性庭院和南向半地下生活庭院以满足当地居民的日常使用需求。为达到节地的目的，将庭院入口设为东、西向两种形式，6 户为一个组团，减少东西向户外道路的设置（图 7-1-24），提高空间绩效。

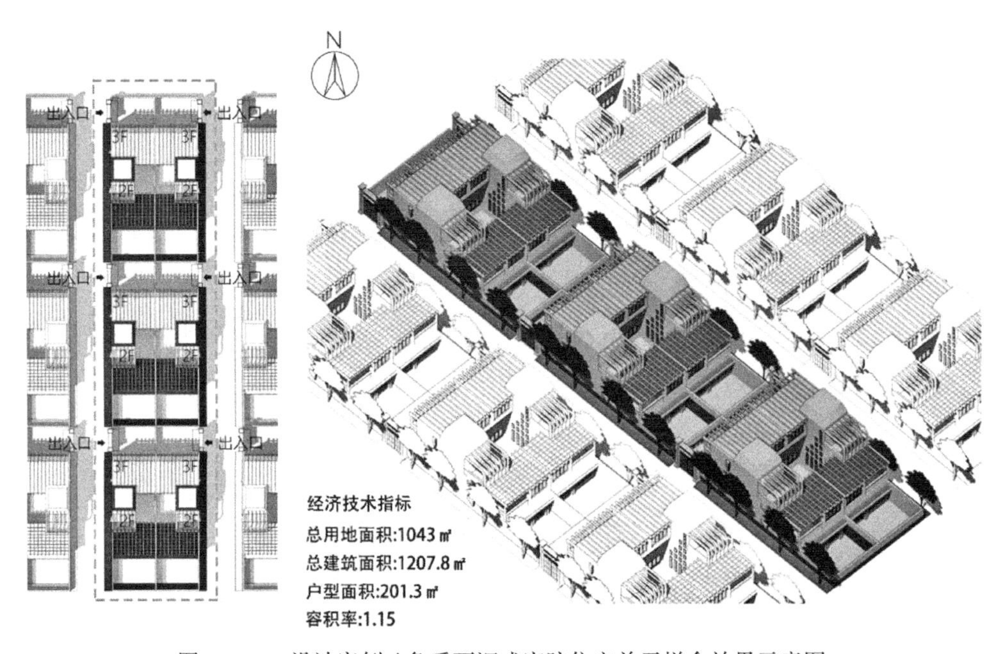

图 7-1-24　设计案例吐鲁番下沉式窄院住宅单元拼合效果示意图

（3）户型空间布局优化

典型居住单元效果及其户型平面如图 7-1-25 所示。根据住宅空间的热舒适需求组织各功能空间，考虑冬季一层空间日照时数仅为 2 小时，因此将对热舒适需求相对较低的餐厅、厨房、客厅等功能在一层布置，将卧室布置在日射得热直接利用区。建筑外墙围合的空间尽量布置对热舒适需求不高的功能空间，如卫生间、楼梯间，作为主要使用空间的热缓冲空间，增强卧室、起居室、餐厅的热稳定性，减少热损失。

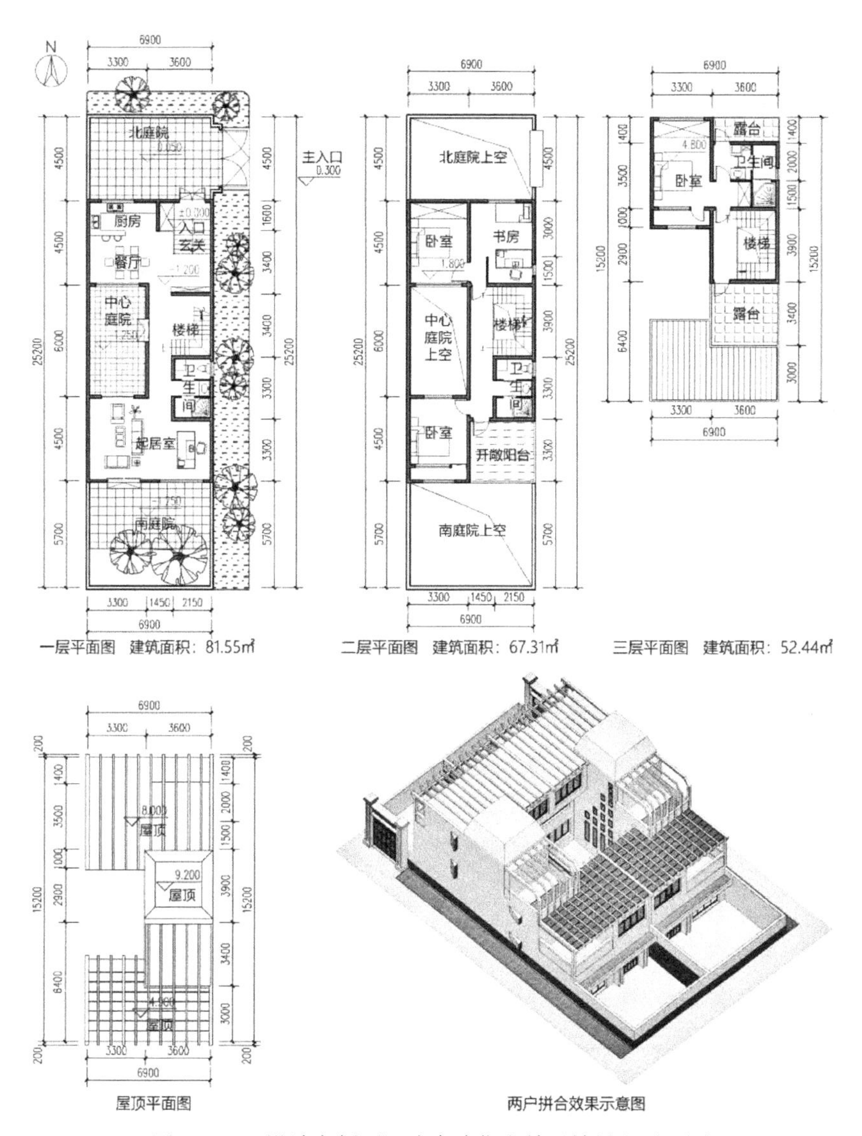

图 7-1-25　设计案例下沉式窄院住宅单元效果和平面图

（4）“厚重”围护结构动态适应季节与昼夜间气候环境变化

1）采用双层屋面，削弱冬、夏两季室外气候条件对室内热环境的干扰

该设计案例延续当地传统民居风貌，采用平屋顶形式。考虑屋顶占建筑表面积较大，冬季失热与夏季热辐射对室内热环境影响较大，结合太阳能屋面板模块，设计为双层屋顶，利用模块与屋面板之间的空腔保温、隔热。

2）采用多种热缓冲空间组合

南向封闭阳台内外界面采用洞口“外大内小”的形式适应冬、夏两季气候环境变化，是一种可在集热空间与遮阳部件间转换的组件。夏季高温时段，将外层窗打开，内层窗关闭，此时较大的外墙窗墙面积比转换为内界面较小的窗墙面积比，同时阳台顶板起到水平遮阳的作用，遮蔽太阳辐射直射入室内；冬季日间将内层窗开启，通过较大面积外窗直接得热，夜间关闭，增强阳台组件的保温性能。考虑外层窗主要发挥冬季日间透射太阳辐射的作用，采用断桥铝合金高透光双层中空（6 + 12A + 6）玻璃窗，内层窗主要发挥隔热保温的作用，采用断桥铝合金双层中空低辐射（6 + 12A + 6Low-E）玻璃窗，提高阳台组件整体保温隔热性能（图 7-1-26）。

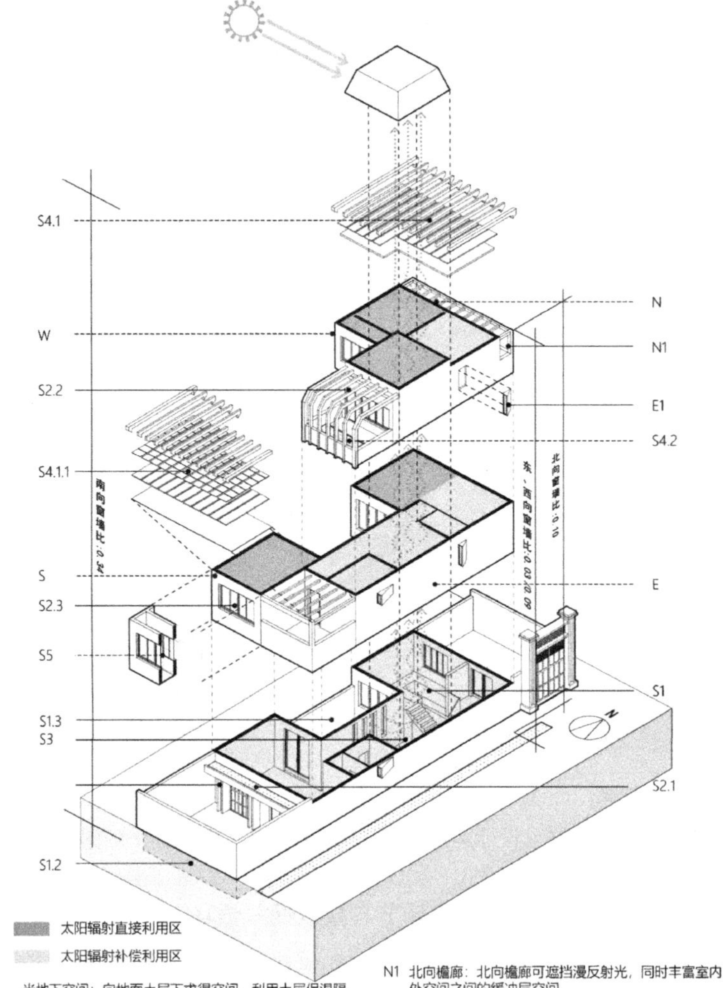

半地下空间：向地面土层下求得空间，利用土层保温隔热性能，提升空间冬夏两季的品质。

S1.1 半地下室：半地下室可利用土层的保温隔热性能，提升建筑空间的热稳定性，起到冬暖夏凉的效果。

S1.2 南向半地下庭院：半开敞庭院围合形式，结合半地下室冬季作为室内空间的缓冲空间，夏季提供凉爽的空气。

S1.3 中央半地下庭院：半开敞庭院围合形式，结合半地下室冬季作为室内空间的缓冲空间，夏季提供凉爽的空气。

热缓冲区构件：吐鲁番地区，冬夏温差、昼夜温差大，因此需要多重缓冲空间分隔室内外空间。

S2.1 檐廊：一层南向房间，为提升空间品质开门、开窗面积较大，因此设置檐廊作为缓冲空间，同时廊顶拟合种植屋面设计，为二层提供景观。

S2.2 半开放高棚架：屋顶作为第二庭院，做半开放空间，遮阳通风，同时结合当地传统文化符号。

S2.3 生活阳台：夏季将阳台外侧窗户打开将阳台顶转化为水平遮阳构件。

N1 北向檐廊：北向檐廊可遮挡漫反射光，同时丰富室内外空间之间的缓冲层空间。

热压通风：利用各空间空气温度不同，引导热压通风，形成室内自然通风和空气循环。

S3 楼梯间贯通空间：利用楼梯间的竖向贯通空间联系三层空间，并在屋顶设置通风烟囱，将中央庭院凉爽的空气引入室内，形成通风。

厚重围护结构：吐鲁番地区温差大，因此围护结构的保温隔热性能尤为重要。

S&N&W&E
水泥砂浆+模塑聚苯板+加气混凝土砌块+水泥砂浆

S4.1 双层屋面拟合太阳能光伏板。(S4.1.1)

S4.2 种植屋面：增强屋顶保温隔热性能同时绿化环境。

S5 生活阳台：双层窗系统，外窗面积大，内窗面积小，冬季作为阳光间使用，夏季将外窗打开，阳台顶作为水平遮阳构件使用。

E1 旋转窗：改变窗户朝向，避开不利朝向，增强保温隔热性能。

图 7-1-26 设计案例吐鲁番下沉式窄院住宅围护结构构造组合设计措施

（5）冬夏两季室内热环境模拟分析

图 7-1-27 为吐鲁番地区下沉式院落式设计试验方案冬、夏季自然运行状态下室内温度模拟结果。模拟时段为全年，截取 7～8 月室内温度为夏季室内热环境分析数据；冬季室内热环境分析数据截取法定采暖期（10 月 25 日～次年 3 月 10 日）室内温度数值。

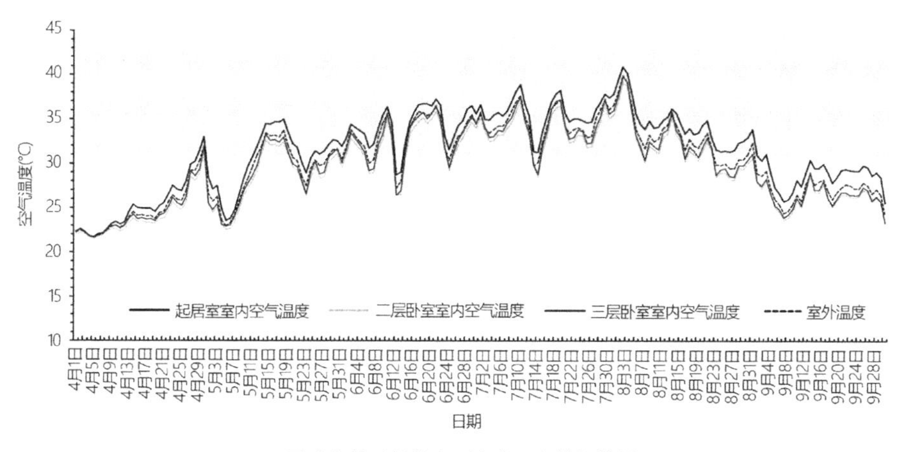

a 夏季自然运行状态下室内温度模拟结果

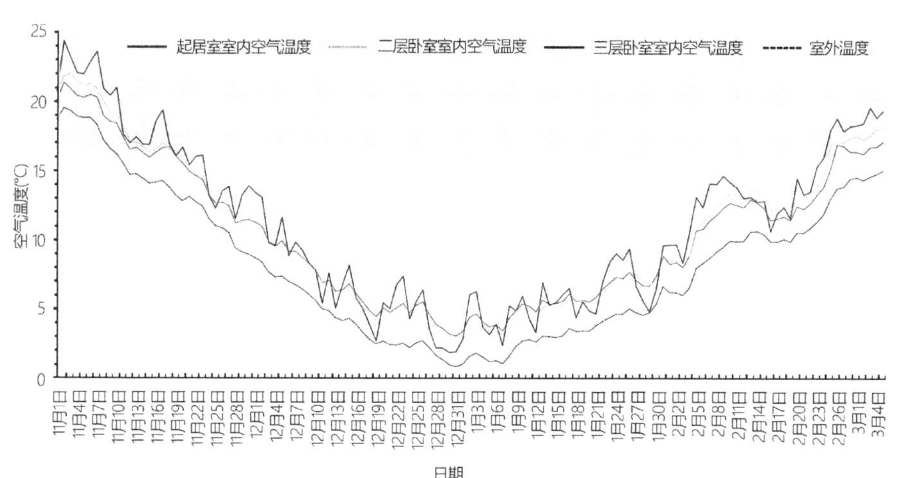

b 冬季自然运行状态下室内温度模拟结果

图 7-1-27　设计案例吐鲁番下沉式窄院住宅冬夏两季室内空气温度模拟结果

由图 a 可知，设计试验方案夏季室内温度大于 31℃的天数为 97 天，其中二层卧室、三层卧室室内空气温度低于室外空气温度，位于半地下室南向面的起居室室内空气温度高于室外空气温度。

由图 b 可知，设计试验方案冬季自然运行状态下，在主要使用房间室温不低于 16℃的情况下，将开始采暖的时间从原来的 10 月 25 日延迟到 11 月 21 日，结束时间从原来的 3 月 10 日提前到 2 月 26 日，整体采暖天数从原来的 136 天缩短到 97 天。

7.2 多层集合住宅太阳辐射热利用设计试验

7.2.1 案例一：太阳辐射热利用一级区多层小进深住宅设计

（1）区位与住宅建筑类型

该设计案例为多层集合住宅，常见于拉萨市郊及周边集镇，这些区域土地资源相对拉萨中心城区较为富余，对建设强度的要求较低。拉萨市建筑热工设计区为寒冷（A）区，属于西部城镇住宅太阳辐射热利用目标一级区，该地区多层集合住宅利用太阳辐射减少采暖用能的潜力在80%左右。该方案建筑体形呈小进深、大面宽的基本特征，进深8m、面宽22m。该集合住宅为4层，每层两户，户型为两室户，户型建筑面积约90m^2。

（2）户型空间布局适配与功能空间优化

根据地域城镇住宅太阳辐射热利用空间组合适配模式，利用不同热舒适需求等级的空间组合与拉萨住宅太阳辐射热利用空间分区适配（图7-2-1）。

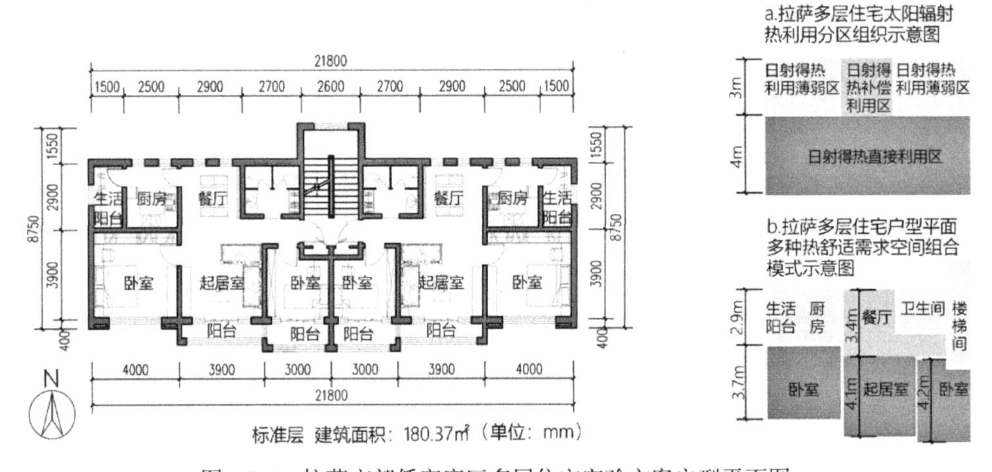

图7-2-1 拉萨市郊低密度区多层住宅室验方案户型平面图

1）卧室、起居室全部设于“日射得热直接利用区”，南向采用双层组合窗、功能阳台和观景阳台三种双层透明围护结构适应太阳辐射周期变化，保持室内热环境稳定性。

2）引入南北贯通空间，餐厅与起居室组合直接贯通南北，被太阳辐射得热影响区全覆盖。

3）厨房、卫生间、生活阳台、公共楼梯间均位于“日射得热利用薄弱区”，包围热舒适要求相对较高的卧室、起居室、餐厅，对这些空间起到热缓冲作用，削弱这些空间与室外环境的热交互效应。

4）区分功能房间内空间热舒适需求差异，将卫生间内使用频次相对较少、短暂停留的湿区与干区分离，将湿区转换为热缓冲区。

（3）形态构造分型适配与构造组合循环优化

1）立面太阳辐射热利用设计分区

选取位于居住区中心的日照最不利住宅为单体立面形态构造太阳辐射热利用设计优化对象。根据住宅围护结构太阳辐射热利用分级方法，从太阳辐射热利用潜力的角度，划分立面太阳辐射热利用分区。第一层级，南立面＞东、西立面＞北立面。第二层级，通过 SketchUp-sunhours，模拟南立面冬至日累计日照时数分布情况，划分南立面太阳辐射热利用分区（图 7-2-2），底层南立面日照时数均小于 4h，二层及以上全天无日照遮挡。

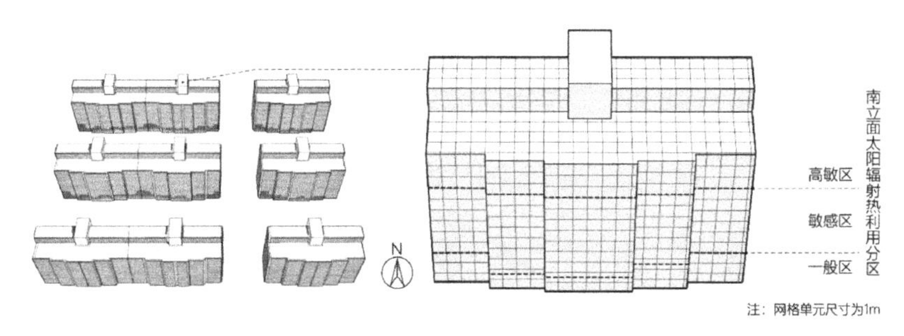

图 7-2-2 拉萨市郊低密度区住宅日照时数分布模拟及南立面“辐射热利用”分区图
来源：根据 SketchUp-Sunhours 日照时数模拟结果绘制

2）形态构造分型适配立面太阳辐射热利用设计分区

立面形态将太阳辐射热利用设计分区与经典“三段式”立面构图相耦合（图 7-2-3）。太阳辐射热利用一般区——底层，形成“厚重”基座的形态特征，围护结构以保温为主，外墙饰面为石材，利用石材与砌体墙之间的封闭空腔提升墙体整体的保温性能，外窗设计为竖条窗，加强厚重感。太阳辐射热利用敏感区——二、三层，南立面采用大面积开窗的手法争取室内大量太阳辐射得热，综合考虑风貌、外窗的安全防护、经济合理和防火设计要求等约束条件，窗墙面积比确定为 0.6。太阳辐射热利用高敏区——顶层，结合功能空间使用需求，一步式休闲阳台和阳台采用透明屋顶，扩大“日射得热直接利用区”覆盖范围，提高太阳辐射热利用效率；屋顶与太阳能集热设备进行一体化设计，结合太阳能主动式集热设备间形成“间层”屋顶，对高敏区室内空间起到热缓冲作用，减少室内热散失。与立面太阳辐射热利用设计分区相对应的形态、围护结构构造设计见图 7-2-4。

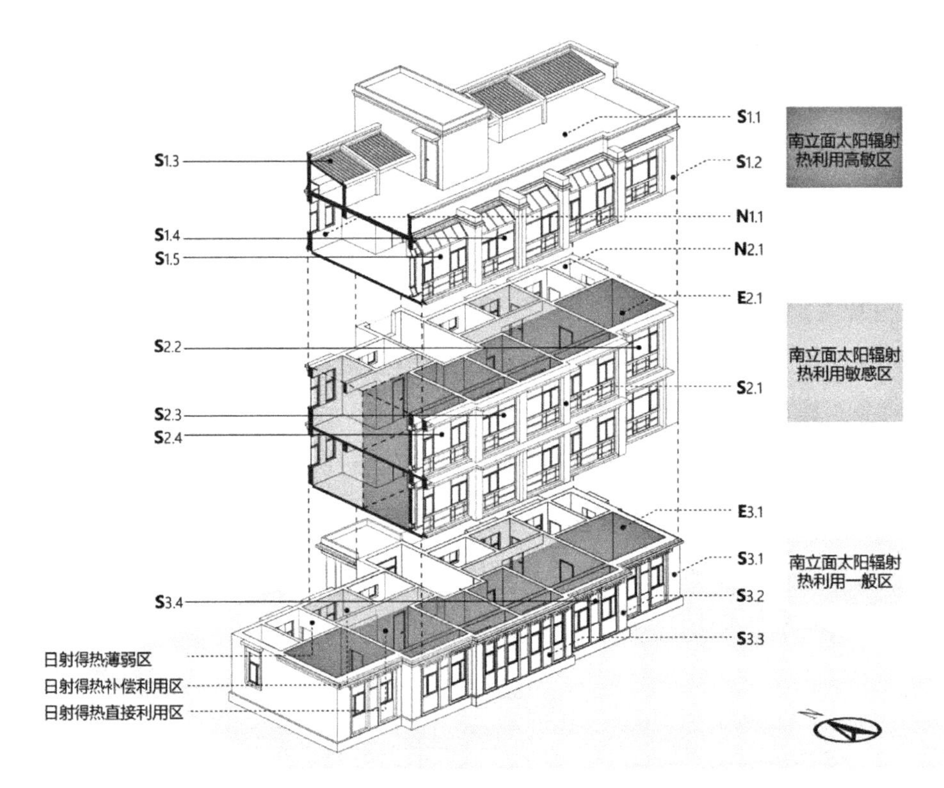

图 7-2-3　多层集合住宅设计案例效果示意图

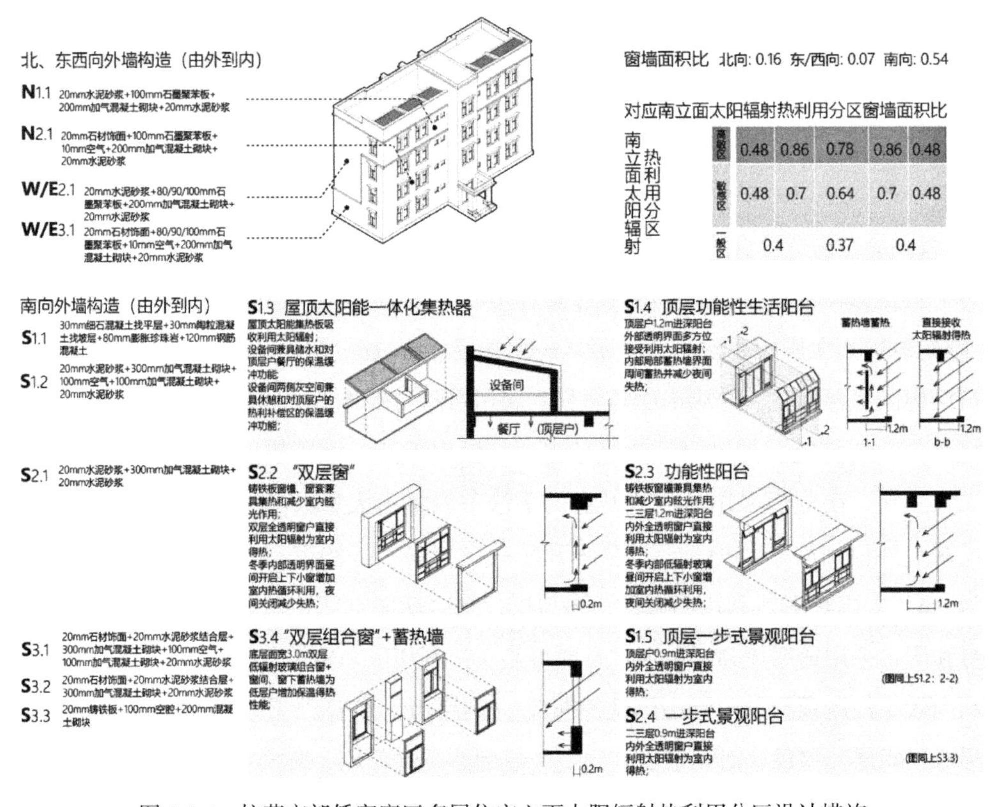

图 7-2-4　拉萨市郊低密度区多层住宅立面太阳辐射热利用分区设计措施

3）非透明围护结构构造组合循环提升保温性能

对应立面太阳辐射热利用设计分区，外墙构造分型适配。优先增加北向墙体保温层厚度，其次增加东、西向外墙保温层厚度；南立面开窗面积大，线脚多，节点构造相对复杂，并考虑目前常见保温材料难以适应当地南向强烈太阳辐射，故南向采用300mm厚加气混凝土砌块。综合考虑得房率和成本增量这两个主要经济性要素，对外墙构造组合进行多要素间协调、方案循环比选，方案二较为适宜（表7-2-1）。在墙体构造方案二的基础上，对屋面构造进行多方案比选，选定屋面构造方案三（表7-2-2）。

外墙构造组合多方案比选　　　　表7-2-1

指标	石墨聚苯板厚度（mm）				基底面积（m^2）	采暖负荷（kWh/a）	外墙保温材料用量（m^3）	采暖用能降幅百分比（%）
	北	西	东	南				
目前常见外墙保温厚度	50	50	50	50	176.69	7330.506	29.70	—
方案一	100	80	80	0	183.93	2371.102	40.37	69.65
方案二	100	90	90	0	184.14	2353.152	42.72	67.90
方案三	100	100	100	0	184.47	2338.541	46.52	68.10

来源：根据Designbuilder模拟结果、建筑面积统计结果绘制。

屋面保温构造多方案比选　　　　表7-2-2

外墙保温石墨聚苯板厚度（mm）				屋面保温材料及其厚度	采暖负荷（kWh/a）	屋面保温材料用量（m^3）	采暖用能降幅百分比（%）
北	西	东	南				
50	50	50	50	80mm膨胀珍珠岩	7330.506	14.76	—
100	90	90	0	100mm石墨聚苯板（一）	1980.807	22.25	72.98
				120 mm石墨聚苯板（二）	1682.640	25.94	77.05
				150 mm石墨聚苯板（三）	1339.751	31.47	81.72

来源：根据Designbuilder模拟结果、建筑面积计算结果绘制。

将采用当地目前常见围护结构构造的住宅设为参照建筑（相当于65%节能水平），经过立面形态构造分型适配与构造组合循环优化，在总建筑面积增加0.1%、保温板增加26.64m^3、窗户增加103.44m^2的情况下，采暖用能较参照建筑降低81.72%。

（4）太阳辐射热利用综合效益分析

图7-2-5为设计案例采暖期内日采暖负荷模拟计算结果。由图可知，一方面，

该设计案例直接利用太阳辐射热使室内采暖用能时长大幅缩短；另一方面，采暖用能需求最高的1月25日，单位建筑面积采暖负荷为0.076kWh。

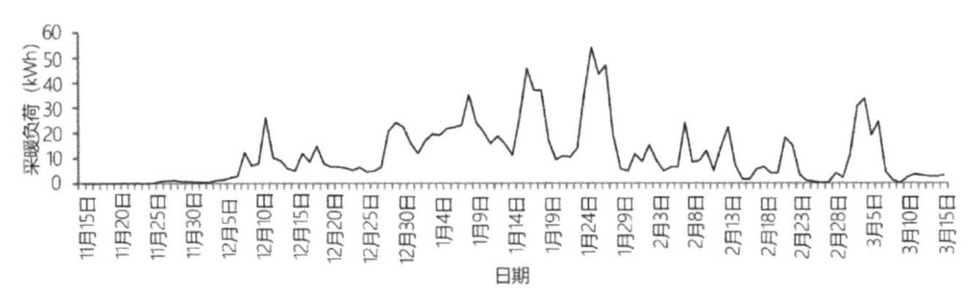

图7-2-5　多层住宅冬季采暖负荷模拟结果
来源：根据Designbuilder模拟结果绘制

通过户内功能空间布局适配太阳辐射热利用空间分区、形态构造分型适配立面太阳辐射热利用设计分区和构造多组合提升围护结构集热保温性能的住宅建筑“三阶五步”太阳辐射热利用设计，该住宅建筑全年采暖用能为1339.75kWh/a，较当地常见新建多层集合住宅采暖用能（7330.51kWh/a）降低81.72%。设计案例较当地住宅常用围护结构构造增加成本约为6.38万元，单位建筑面积增量成本88.5元/m^2。另外，双层窗户还提高了透明围护结构的隔声性能，改善了室内声环境。

7.2.2　案例二：太阳辐射热利用二级区多层大进深住宅设计

（1）区位与住宅建筑类型

该设计案例为多层职工周转房，位于青海省海东市。海东市建筑热工设计区为严寒（C）区，属于西部城镇住宅太阳辐射热利用目标二级区。项目基地为南北向河谷川道，南高北低、地形变化多、高差大、日照不利。该方案建筑体形呈大进深、小面宽的基本特征，进深12m、面宽11m。职工周转房为4层，局部3层，每层四户，每户建筑面积30m^{2}左右。通过对地形条件的梳理，采用南北“错层”的空间模式，适应南北向地势高差（图7-2-6）。

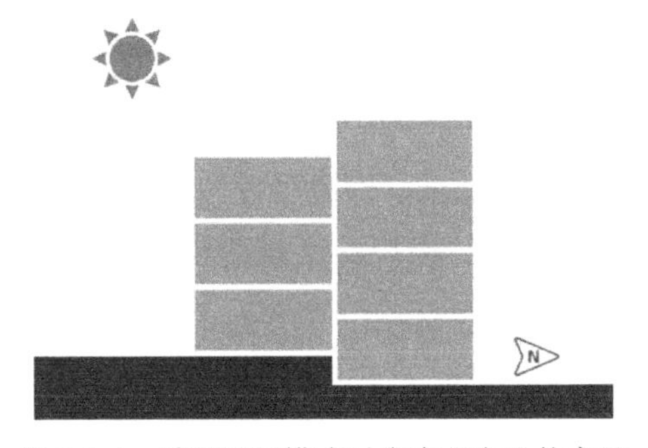

图7-2-6　采用错层模式适应南北向地势高差

（2）户型空间布局适配与功能空间优化

根据地域城镇住宅太阳辐射热利用空间分区对室内空间进行“日射得热直接利用区”与“日射得热利用薄弱区”划分，对无直接太阳辐射得热的“日射得热利用薄弱区”，利用屋顶太阳能集热输配系统为其补充热量（图 7-2-7）。

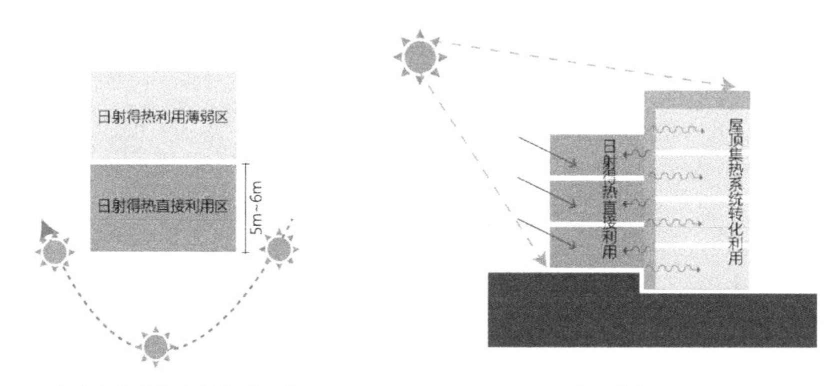

a 室内空间太阳辐射热利用分区

b 通过屋顶太阳能集热系统补充太阳辐射热给太阳辐射热利用薄弱区

图 7-2-7　室内空间太阳辐射热利用分区及辐射得热分配示意图

图 7-2-8 为该设计案例的住宅单元形态效果示意，该住宅单元体形系数为 0.45，主要直接接收太阳辐射表面积与其体积比值为 0.18。住宅平面见图 7-2-9，单元空间布局紧凑，4 户围绕楼梯间展开，热舒适需求较高的卧室被起居室南、北包围，削弱卧室与室外环境的热交互效应；竖向太阳能集热输配腔体与南、北户分隔墙体整合设计，卧室与太阳能集热输配腔体相邻。屋顶划分为两部分，南侧为上人屋面，提供衣物晾晒等生活场地，北侧局部四层屋顶设置太阳能集热板。一层局部为半地下，设置两户，解决南、北向地势高差的同时，利用南侧半包围的土壤增强建筑室内环境热稳定性（图 7-2-10）。

图 7-2-8　设计案例海东职工周转房单元形态效果图

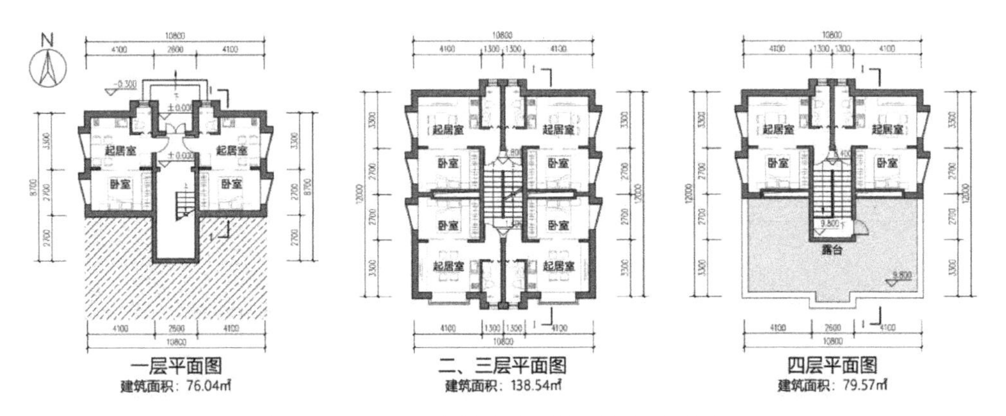

图 7-2-9　设计案例海东多层职工周转房平面图

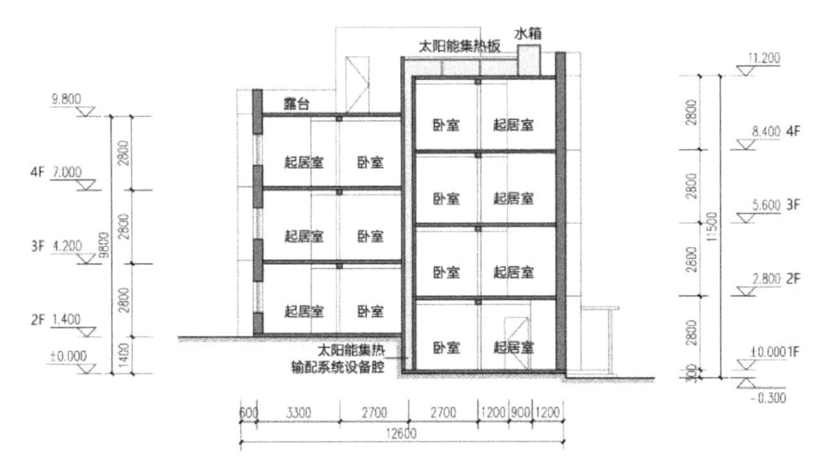

图 7-2-10　设计案例海东多层职工周转房 1-1 剖面图

(3) 立面形态构造分型适配围护结构太阳辐射热利用设计分区

居住单元南向户型起居室大面积开窗，争取大量直接太阳辐射得热，采用双层窗户，通过内层窗户的启闭，动态适应昼夜太阳辐射变化的差异化需求。北向立面较为封闭，除卫生间通风、采光需求开小窗外，其余不开窗。东、西向立面开窗，并向南旋转 15°，同样采用双层窗户，动态适应东、西向太阳辐射热利用时段，争取直接太阳辐射得热量的同时，提高太阳辐射非有效利用时段外窗整体保温性能，避免增加其失热量（图 7-2-11）。

为扩大透射、吸收太阳辐射的建筑物外表面，增加室内太阳辐射得热量，方案二南向设置一步式休闲阳台，外层窗采用“波形”外窗，较方案一扩大了南向直接透射太阳辐射的表面积（图 7-2-11a）；方案三南、东、西立面除开窗直接得热外，采用太阳墙，通过穿孔金属板吸收太阳辐射热并输送到室内（图 7-2-11b）。

以方案一为例，对应日射得热利用空间分区和立面太阳辐射热利用设计分区，围护结构形态构造组合适配设计如图 7-2-12 所示。

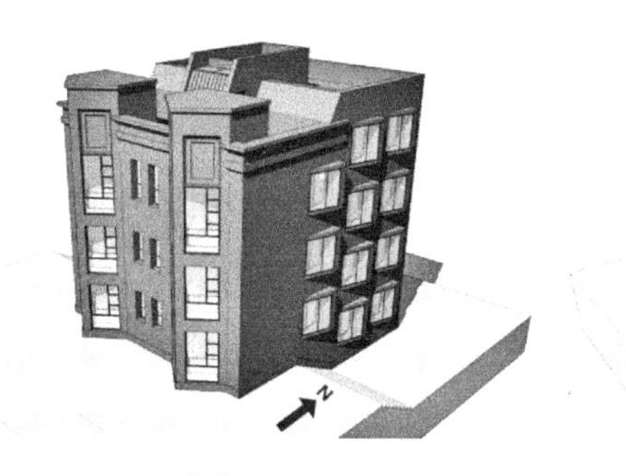

a 方案二

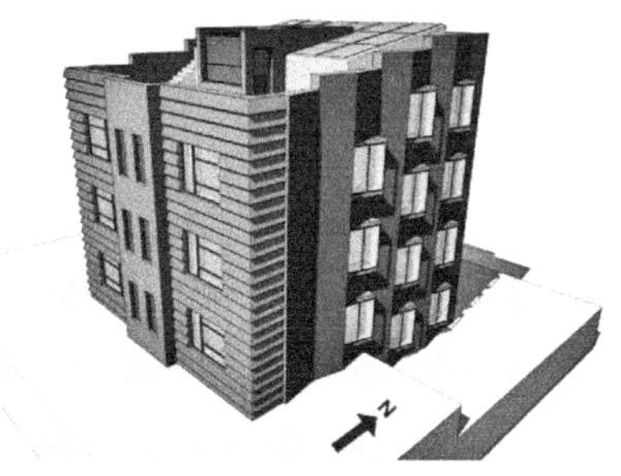

b 方案三

图 7-2-11 海东多层职工周转房立面形态设计

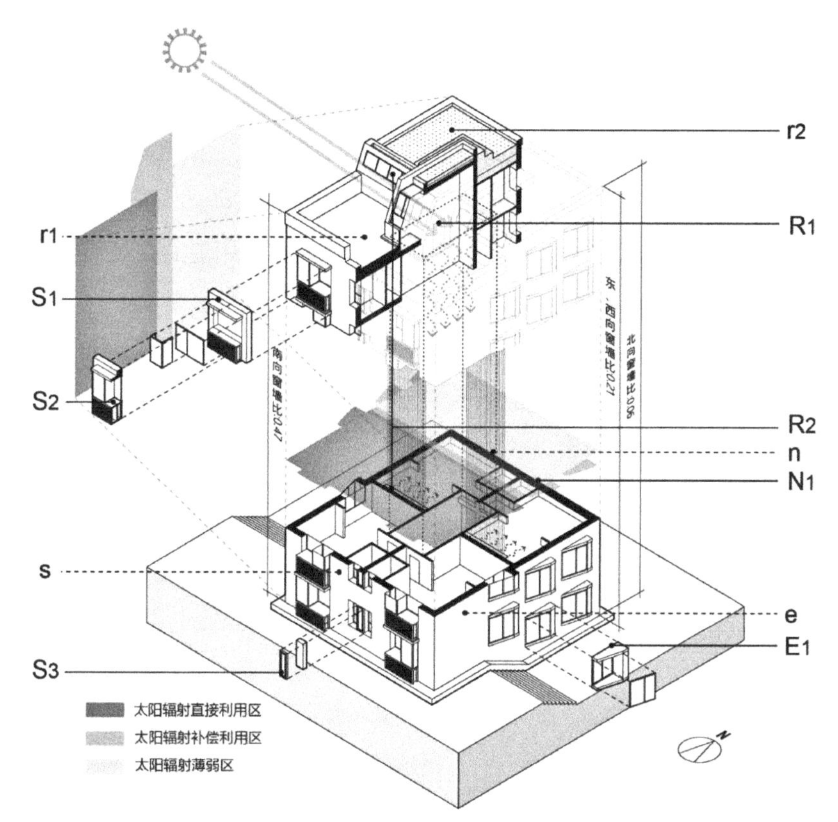

围护结构设计

R1 集热楼梯间：建筑中心的交通核顶部加大透明围护结构的面积，增加太阳辐射得热，并向北侧房间传热，补偿北侧失热。

R2 光热转换器：建筑顶部设置光热转换器，收集太阳辐射资源，通过毛细管讲热量传导到建筑底层，增加建筑整体得热。

S1 双层窗腔体厚度分段设计：双层窗增加太阳辐射得热，丰富立面形态。

S2 窗下双层墙保温：窗下金属板与墙体形成空腔，进行保温。

S3 窗间蓄热墙结合传统图案窗框结合：在利用太阳辐射资源的同时展现当地传统文化符号。

E 1 双层窗得热：东西两侧将窗户向南向旋转一定的角度，延长日照时间，获取更多的太阳辐射资源，同时外窗与内窗形成空腔，增加得热。

N1 北侧立面减小透明围护结构面积：北侧墙体加厚，缩小开窗面积，减少失热。

屋顶构造（由外到内）

r1 30mm厚陶粒混凝土找坡+ 30mm厚细石混凝土找平+100mm厚岩棉材料+100mm厚钢筋混凝土板+20mm厚水泥砂浆

r2 600mm厚种植土+40mm细石混凝土保护层+10mm厚石灰砂浆隔离层+3mm厚改性沥青防水卷材+20mm厚水泥砂浆找平层+30mm厚泡沫混凝土找坡层+100mm厚岩棉材料+100mm厚钢筋混凝土板+20mm水泥砂浆

南向构造（由外到内）

s 20mm厚水泥砂浆+200mm厚加气混凝土砌块+20mm厚水泥砂浆

东、西向构造（由外到内）

e 20mm厚水泥砂浆+80mm厚石墨聚苯板+200mm厚加气混凝土砌块+20mm厚水泥砂浆

北向构造（由外到内）

n 20mm厚水泥砂浆+100mm厚石墨聚苯板+300mm厚加气混凝土砌块+20mm厚水泥砂浆

图 7-2-12 海东多层职工周转房方案一形态构造分型适配设计

（4）太阳辐射热利用效果模拟分析

通过户型空间布局匹配太阳辐射热利用分区，根据“热敏区”分段的立面形态、构造分型适配。不考虑太阳能集热设备供暖情况下，海东多层职工周转房方案一建筑采暖用能需求模拟计算结果如图 7-2-13 所示，采暖需求集中在 12 月到次年 2 月，可见，建筑直接利用太阳辐射热延长了过渡季，缩短采暖用能需求时间 1/2 左右。图 7-2-14 为该设计案例方案 12 月、1 月南向两户的室内温度模拟结果，日间室内温度几乎大部分维持在 12～18℃，即日间通过直接太阳辐射得热满足基本的生活热需求，夜间需和北侧户型依靠太阳能集热输配系统供暖。太阳能集热屋顶面积为 53.5m^2，竖向太阳能集热输配腔体表面积为 126m^2，根据 1m^2 太阳能集热器大约供 3m^2 面积采暖估算，能够加热 160.5m^2 腔体的墙体。暖通工程师可根据南、北户采暖用能需求差异对主动式太阳能集热输配进行精细化分配。由此推算，该设计案例通过建筑空间布局、适配太阳辐射热利用的形态构造与主动式太阳能集热设备精细化配置相结合的方式，基本上能够实现太阳能对常规采暖用能的全替代。

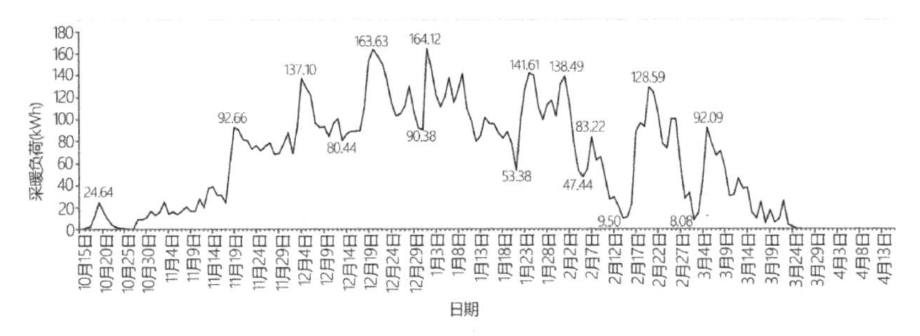

图 7-2-13　设计案例海东多层职工周转房方案一全年采暖负荷变化模拟结果折线图

注：模拟结果中未考虑太阳能集热设备的供暖情况。来源：根据 Designbuilder 模拟结果绘制

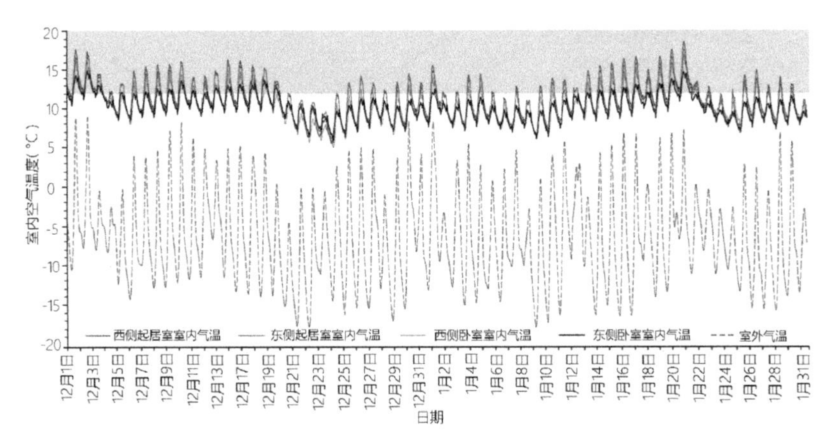

图 7-2-14　设计案例海东多层职工周转房采暖期自然运行状态下南侧两户室内空气温度模拟结果

注：室内设备均处于关闭状态。模拟结果不包含太阳能集热设备供暖。

来源：根据 Designbuilder 模拟结果绘制

7.3 小高层、中高层集合住宅太阳辐射热利用设计试验

7.3.1 案例一：太阳辐射热利用一级区小高层住宅设计

（1）区位与住宅建筑类型

该设计案例为小高层集合住宅，位于拉萨市。拉萨市建筑热工设计区为寒冷（A）区，属于西部城镇住宅太阳辐射热利用目标一级区。

目前，拉萨市以柳梧新区人口密度最高，其区域范围内以24m、35m和55m限高控制区域范围面积占比最大（图7-3-1）。再结合拉萨市城镇住宅以小高层为主体的现实情况，选择35m限高建控范围内的居住用地，开展小高层住宅太阳辐射热利用设计试验。对太阳辐射热利用一级区高密度地带商品住宅建设具有代表性。

居住区用地四周环路，西邻城市主干道北京大道，南邻察古大道，东、北侧邻规划路；用地周围教育资源丰富，中小学、幼儿园毗邻设置（图7-3-2），居住区规划可不考虑配套教育设施。

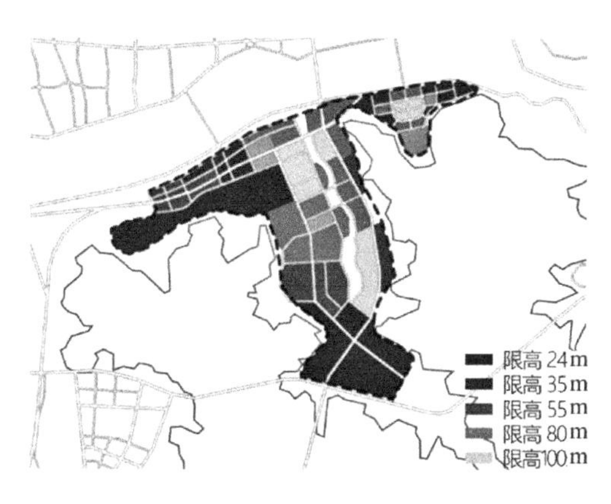

图7-3-1 拉萨柳梧新区范围及建筑高度控制分区图

来源：根据拉萨市城市总体规划（2009-2020年）（2017年修订）[G]. 拉萨市人民政府，2017.8绘制

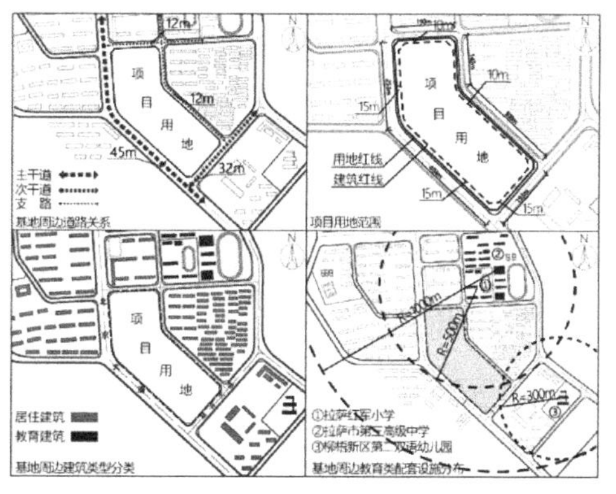

图7-3-2 设计案例居住区选址位置及用地条件

来源：根据西藏自治区建筑勘察设计院提供的图纸以及百度地图绘制

该设计案例户型为三室户，建筑面积100m²上下。基于土地集约化利用原则，同时考虑太阳辐射热利用效果，住宅单体进深确定为10m、面宽25m以内，与当地常见三室户住宅单元尺度相近。居住区日照间距按照《拉萨市城乡规划管理技术规定》控制，日照系数取1.34H。根据居住区群体空间组织模式太阳辐射热利用潜力分级，该设计试验居住区采用平行行列式的群体空间组织模式，并以南向为住宅

单体的主朝向。居住区容积率为 1.33，与其周围同一建筑限高区居住区容积率基本持平，在保证开发强度需求的同时兼顾太阳辐射热利用，除被全包围的中心住宅一层南立面太阳辐射受到影响外，其余南立面无日照遮挡或影响较小（图 7-3-3）。

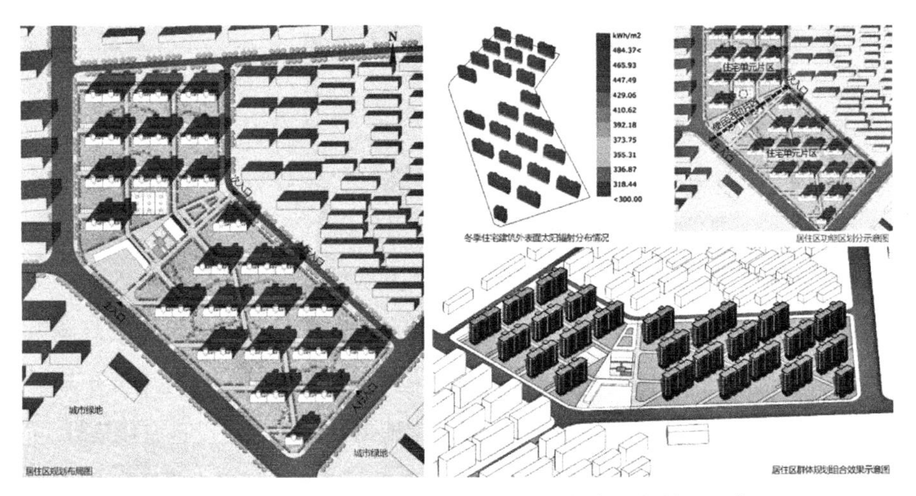

图 7-3-3　设计案例拉萨柳梧新区居住区规划布局与效果示意图

（2）户型功能空间组合适配太阳辐射热利用分区

将户型中不同热舒适需求空间的组合及其进深尺度与拉萨住宅“太阳辐射得热影响范围”、“日射得热直接利用区”、“日射得热补偿利用区”的尺度控制进行匹配，户型平面图及其与辐射热利用分区的匹配示意图如图 7-3-4 所示。套型进深为 9m，超出拉萨住宅“太阳辐射得热影响范围”，进深方向采用三类热舒适需求等级空间组合的空间布局。热舒适需求高的卧室、起居室设置在“日射得热直接利用区”内，进深尺度控制在 4m 内；热舒适需求较低的餐厅与起居室组合形成南北贯通空间，餐厅设置于“日射得热补偿利用区”，起居室与餐厅组合空间整体进深控制在“太阳辐射得热影响范围”内，进深尺度为 7m；餐厅北侧、超出拉萨住宅“太阳辐射得热影响范围”的区域，设置热舒适需求更低的家政阳台，对餐厅空间起到热缓冲作用，减少其失热，加强太阳辐射热利用效益；热舒适需求最低的楼梯间设于“日射得热利用薄弱区”。户型东北角（西北角），即主卧室北侧的“日射得热利用薄弱区”布置卫生间，为减少卫生间失热，其北侧布置阳台，由南向北与主卧室组合形成三级热舒适需求的空间布局，并将处在“日射得热利用薄弱区”的北侧卧室包围，改善北侧卧室的热环境。北侧卧室与餐厅空间相邻，将其共用墙体结合太阳能供暖设备设计为“供暖墙体”，同时为两个空间供暖。厨房位于“日射得热利用薄弱区”，且与楼梯间相邻，减少室外、楼梯间的低温对套内主要使用空间热环境的影响。

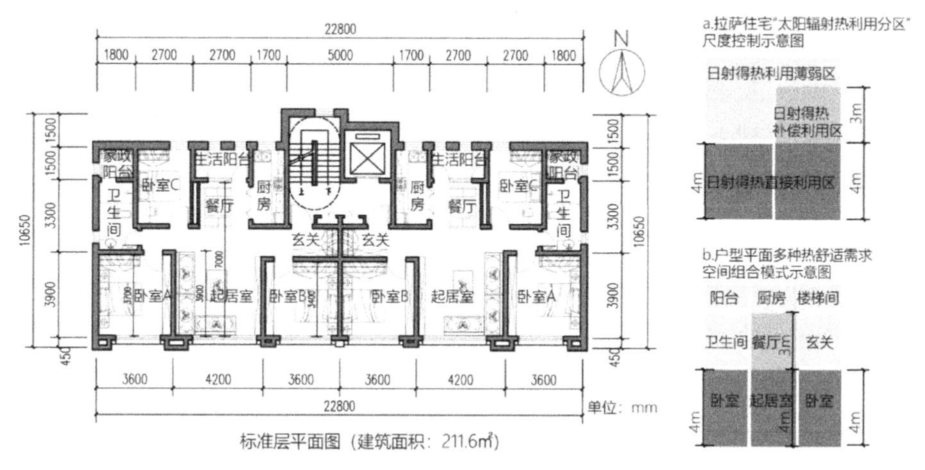

图 7-3-4 设计案例小高层集合住宅户型平面图

（3）形态构造分型适配立面太阳辐射热利用分区

1）立面太阳辐射热利用分区

选取位于居住区中心的日照最不利住宅为单体立面形态构造太阳辐射热利用设计优化对象。根据住宅围护结构太阳辐射热利用分级方法，从太阳辐射热利用潜力的角度，划分立面太阳辐射热利用分区。第一层级，南立面＞东、西立面＞北立面。第二层级，通过 SketchUp-sunhours，模拟南立面冬至日累计日照时数分布情况，划分南立面太阳辐射热利用分区。图 7-3-5 为该设计案例南立面冬至日累计日照时数分布情况模拟结果及其太阳辐射热利用分区示意图，顶部 1～2 层为太阳辐射热利用高敏区，底层为太阳辐射热利用一般区，2～4 层为低敏区，其余为敏感区。

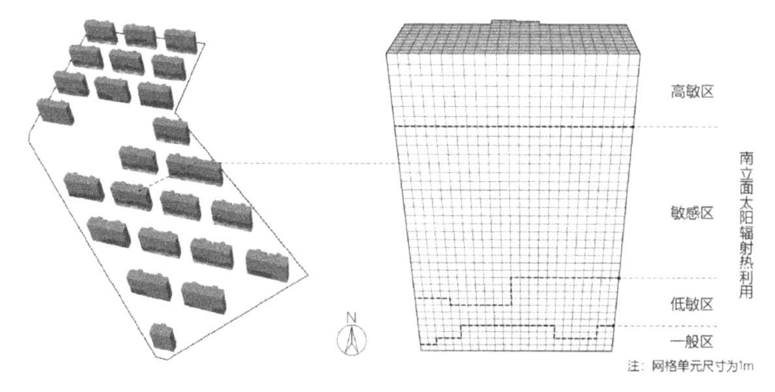

图 7-3-5 日照最不利住宅表面日照时数分布情况和南立面太阳辐射热利用分区示意图
来源：根据 SketchUp-Sunhours 日照时数模拟结果绘制

2）形态构造分型适配立面太阳辐射热利用分区

根据地域城镇住宅围护结构太阳辐射热利用分区构造设计要点，减小北向立面透明围护结构的面积，将东北角、西北角房间常见的北向开窗转换为东、西向开窗，争取辐射得热。为增加室内太阳辐射得热量，南立面采用金属墙与大面积双层窗组合设计，扩大吸热、集热面，通过内层窗的启闭适应太阳辐射的变化。1～2层为太阳辐射热利用一般区、低敏区，采用“基座”形态，墙体采用朱红色双层墙，突出近人尺度建筑形式的厚重感，与藏式建筑地域风格相呼应；透明围护结构窗墙面积比按照当地现行居住建筑节能设计规范进行设计，重点提升其保温性能。

① 双层组合窗形态构造分型设计

南向双层组合窗：设计案例南向立面高敏区、敏感区双层组合窗由金属集热腔与双层透明窗组合形成，其形态单元见图 7-3-6a，外层窗选用太阳辐射总透射比相对较高的双层高透光玻璃，内层窗为中空低辐射 Low-E 玻璃。考虑南立面低敏区、一般区日照时数较短，太阳辐射照度有限，该区段双层组合窗仅由内、外两层窗户组成，均选用传热系数相对较小的低辐射 Low-E 玻璃。

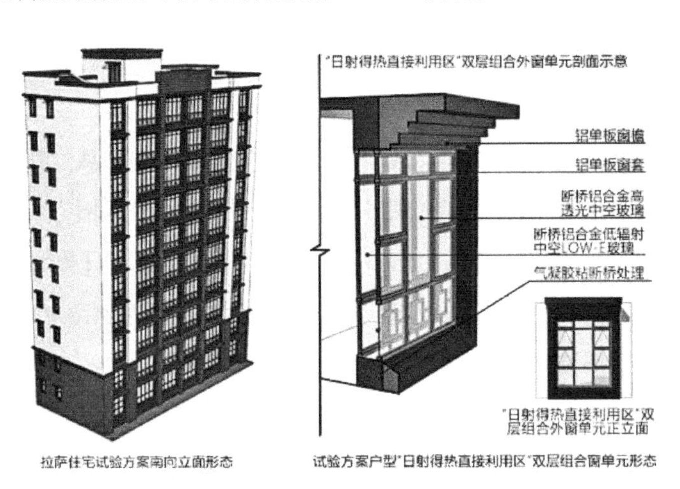

a 南向“集热保温”双层组合窗形态

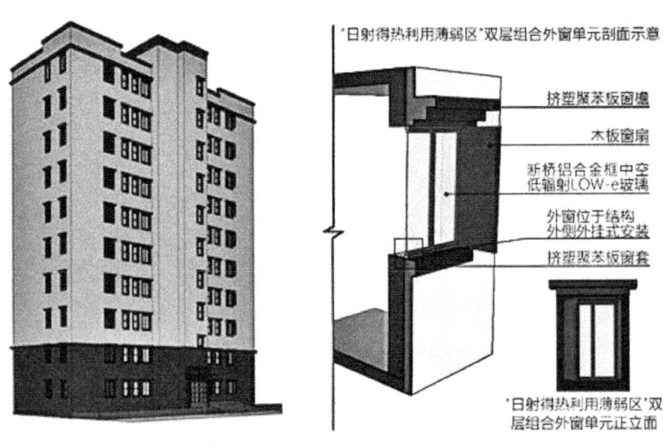

b 北向“高保温”双层组合窗形态

图 7-3-6 设计案例拉萨小高层住宅南、北向“双层组合窗”单元形态

北向双层组合窗：为加强设计案例北向透明围护结构保温性能，除使用市场上成熟的窗户部品进行双层组合设计外，还可与保温性能高、非透明的保温板窗、木窗等组合设计（图 7-3-6b）。

② 墙体分区差异化提升保温性能

拉萨地区由于南向太阳辐射强烈、昼夜温差大，导致当地目前常见保温材料用于建筑南向立面时，安装两三年左右就会出现严重的鼓包、开裂、脱落现象，保温材料的使用寿命大幅降低，未充分发挥减少室内热散失的保温作用。因此南向墙体采用“双层墙”构造，同时提高了南向墙体的蓄热性能，延时利用太阳辐射热。当地目前常用保温材料的耐候性能够适应建筑东、西、北向昼夜温差的变化，设计案例采用当地目前正在大力推广且当地可生产的石墨聚苯板。东、西向墙体保温层厚度与当地常见集合住宅墙体保温一致，设计为 50mm；为减少北向墙体热散失，同时考虑保温层厚度增加与采暖用能、建筑面积和造价的关系，北向墙体保温层厚度设计为 80mm（图 7-3-7）。

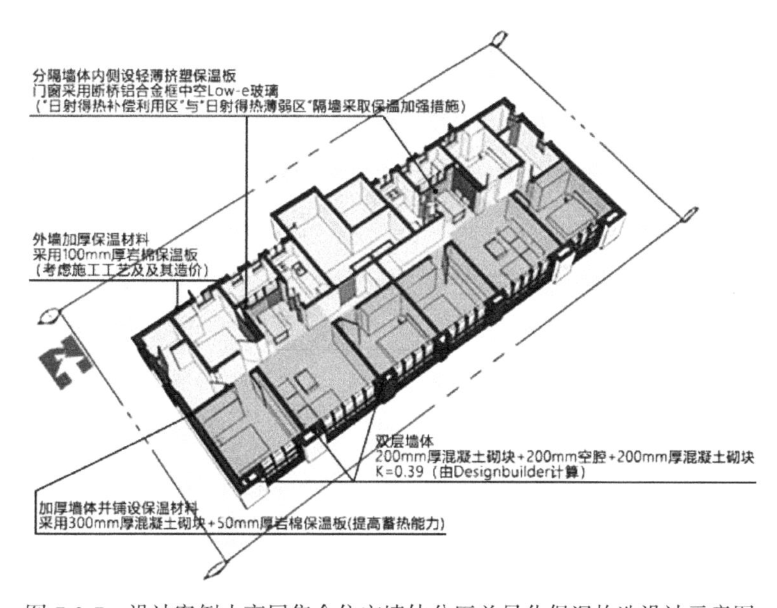

图 7-3-7　设计案例小高层集合住宅墙体分区差异化保温构造设计示意图

③ 间层屋顶提升高敏区保温能力

设计案例结合主动式太阳能集热系统水箱设备间的空间需求，设置间层屋顶，利用“间层”的热缓冲作用，减少高敏区室内热散失。

（4）太阳辐射热利用效果分析

采用 Designbuilder 能耗模拟软件计算该试验住宅建筑全年采暖用能，模拟时除供暖设备外，其他均处于关闭状态；室内功能空间热舒适温度根据“拉萨地区住宅空间冬季热舒适温度”设置；人员在室率、换气次数等参数均符合《严寒与寒冷地区居住建筑节能设计标准》JGJ 26—2018；未计算主动式太阳能集热系统对室内热环境的影响。

图 7-3-8 为试验住宅采暖期日采暖用能模拟结果，采暖用能需求集中在 1 月份前后。12 月日采暖负荷峰值为 152.36kWh，最低值为 11.09kWh；单位面积日采暖负荷峰值为 0.06kWh。2 月到 3 月 5 日，采暖用能需求下降，其日采暖负荷多为 50kWh 左右，单位面积平均日采暖负荷为 0.02kWh，几乎接近零。1 月份日采暖负荷峰值为 190.73kWh，单位面积日采暖负荷峰值为 0.08kWh。在不计算太阳能集热设备供暖所提升的室内温度和 1 月份建筑直接利用太阳辐射得热对室内温度的提高，从供暖时长缩短 3/4 的角度估算，该住宅建筑直接利用太阳辐射得热使采暖用能减少 75%。

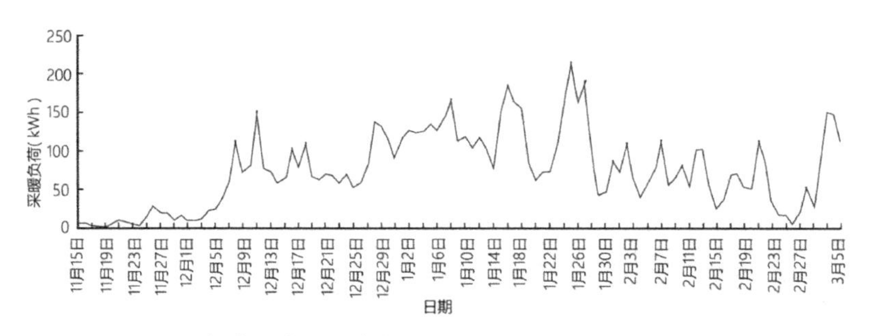

图 7-3-8 拉萨小高层集合住宅全年采暖期日采暖负荷变化曲线

注：模拟结果中未考虑太阳能集热设备的供暖情况。来源：根据 Designbuilder 模拟结果绘制

7. 3. 2 案例二：太阳辐射热利用二级区中高层住宅设计

（1）区位与住宅建筑类型

该设计案例为 18 层集合住宅，位于青海省西宁市。西宁市建筑热工设计区为严寒（C）区，属于西部城镇住宅太阳辐射热利用目标二级区。设计案例为板式集合住宅，一个单元两户，每户建筑面积 150m^2 上下。住区规划布局、户型面积区间在前期产品策划、成本利润核算阶段已确定，设计试验住宅为 17 号楼（图 7-3-9）。

在满足上述规划条件的基础上，优先选择户型空间大部分被该地区住宅建筑太阳辐射得热影响范围覆盖的户型。该案例建筑体形呈小进深、大面宽的基本特征，进深 9.8m、面宽 29.2m。初选户型平面图见图 2-2-8，卧室、起居室布置在“热区”，卫生间、厨房、交通核布置在“冷区”，已对太阳辐射热利用进行初步回应。围护结构构造及其热工性能参数见表 7-3-1，经斯维尔节能计算软件核验，满足《严寒与寒冷地区居住建筑节能设计标准》JGJ 26—2010 西宁居住建筑耗热量指标[①]。经

① 来源于甘肃省建筑设计研究院有限公司提供的该项目施工图和节能计算报告。

Designbuilder 软件建立全景模型并对该设计案例全年采暖用能进行模拟计算，在考虑周边建筑对设计案例日照遮挡的情况下，其采暖负荷为 436182.701kWh/a。以此为参照，对比分析该住宅建筑直接利用太阳辐射得热对其采暖用能的补偿效果。

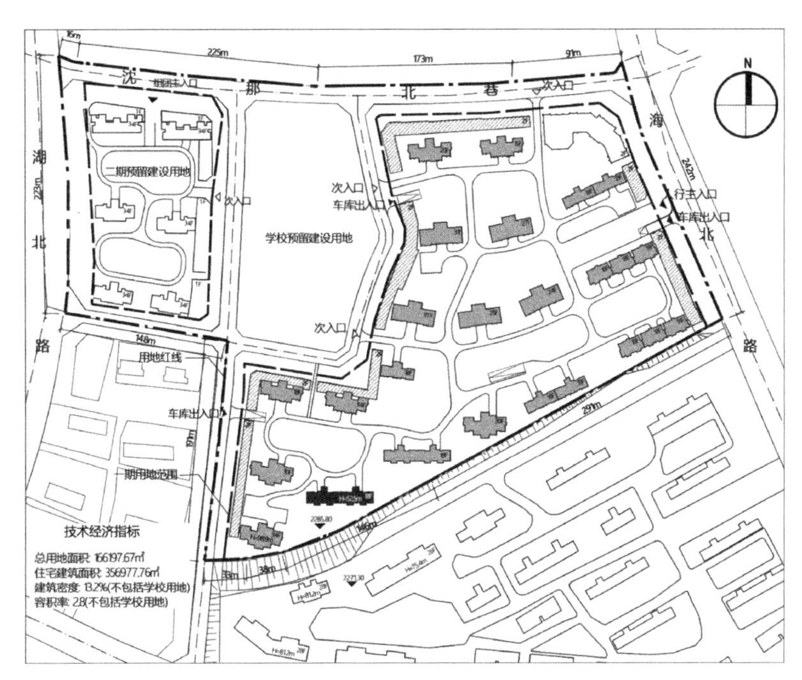

图 7-3-9　设计案例所在居住区规划布局图

来源：根据项目部提供图纸绘制

西宁高层住宅原方案围护结构构造信息列表　　表 7-3-1

窗墙面积比	南向	北向	东向	西向
	0.42	0.22	0.05	0.03
外窗类型	断桥铝合金窗框双层中空玻璃（Low-E 6 + 12 + 6），$K = 2.606W/m^2 \cdot K$			
外墙构造	20mm 厚水泥砂浆＋ 50mm 厚纤维保温材料＋ 200mm 厚加气混凝土砌块＋ 20mm 厚水泥砂浆，$K = 0.676W/m^2 \cdot K$			
屋面构造	20mm 厚水泥砂浆＋ 100mm 厚纤维复合保温材料＋ 50mm 厚混凝土＋ 100mm 厚钢筋混凝土板＋ 20mm 厚水泥砂浆，$K = 0.317W/m^2 \cdot K$			
内墙构造	20mm 厚水泥砂浆＋ 200mm 厚加气混凝土＋ 20mm 厚水泥砂浆，$K = 0.678W/m^2 \cdot K$			

（2）户型空间布局适配与功能空间优化

根据该地区城镇住宅太阳辐射热利用空间分区，将初选户型平面划分为“日射得热直接利用区、日射得热补偿利用区、日射得热利用薄弱区”，结合功能空间热舒适需求等级，调整功能空间尺度、细化功能空间内部布局，提高户型功能空间布局与地域城镇住宅太阳辐射热利用分区的匹配度（图 7-3-10）。

以该设计案例标准层户型为例，户型空间布局对太阳辐射热利用的设计措施有：

1）调整空间组合与各空间尺度

① 利用"南向阳台—起居室—餐厅"三类热舒适需求空间组合形成南北贯通空间适配"太阳辐射热利用空间分区"，空间进深尺度控制为8.5m，完全被西宁住宅"太阳辐射得热影响范围"覆盖，南向阳台与起居室的总进深控制在5m以内，处于"日射得热直接利用区"，餐厅位于"日射得热补偿利用区"。餐厅北侧设家政阳台，减少贯通空间北侧失热。南侧观景阳台为贯通空间的双层透明围护结构，内界面日间开启，使室内直接获取太阳辐射热，夜间关闭，减少热量流失。

图 7-3-10　设计案例西宁高层集合住宅户型平面图

② 南向次卧室南侧设置阳台集热空间，组合空间总进深为5m，控制在"日射得热直接利用区"内。

2）增设南北贯通空间，扩大户型室内太阳辐射得热影响范围

南向主卧室与北向书房组合形成南北贯通空间，将南向太阳辐射得热导入北向房间，书房的储藏需求设独立空间，设置在书房北侧，起到热缓冲作用，南向卧室处在"日射得热直接利用区"内，书房处于"日射得热补偿利用区"，组合空间总进深控制为8.5m，处在西宁住宅"太阳辐射得热影响范围"内。

3）细化功能空间布局，减少热散失，提高太阳辐射热利用效率

① 根据卫生间内部功能使用频率及采暖用能特点，结合干湿分离的空间使用

需求，将沐浴空间和便池空间与盥洗空间分离，形成“两进式缓冲空间”，加强其对主要使用空间热环境的缓冲作用。

② 一、二层南立面日照时数低，太阳辐射得热受限，为提升室内热舒适度，户型空间布局上，增加了与起居室相邻的生活阳台的进深，加强阳台的“热缓冲”作用。

修改后的住宅单元标准层建筑面积为 314.18m^2，相对原方案标准层建筑面积（310.05m^2）增加 1.3%，处于项目建设调整可控范围内。经户型空间布局对室内太阳辐射得热的分配设计，Designbuilder 模拟计算①显示，优化后的住宅建筑全年采暖负荷为 321158.547kWh/a，相对参照建筑全年采暖负荷（436182.701kWh/a）降低了 26.37%。

（3）立面太阳辐射热利用分区与形态构造分型适配

1）立面太阳辐射热利用分区

根据住宅围护结构太阳辐射热利用分级方法，从太阳辐射热利用潜力的角度，划分立面太阳辐射热利用分区。第一层级，南立面＞东、西立面＞北立面。第二层级，通过 SketchUp-sunhours，模拟南立面冬至日累计日照时数分布情况，划分南立面太阳辐射热利用分区（图 7-3-11）。

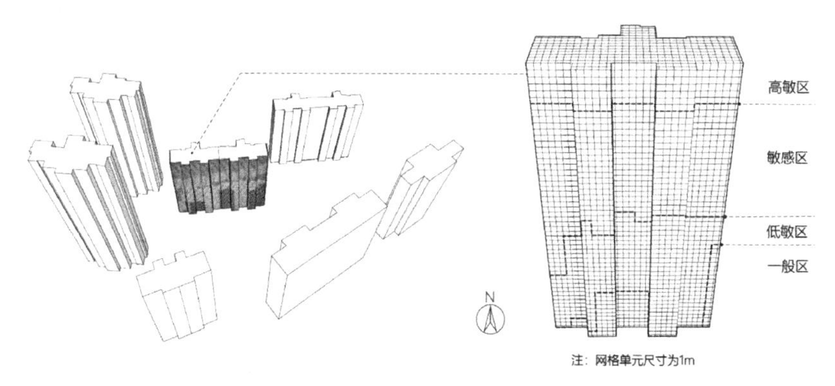

图 7-3-11　西宁高层住宅南立面日照时数分布情况及太阳辐射热利用分区示意图
来源：根据 Sketchup-Sunhours 模拟绘制

2）立面形态构造分型适配围护结构太阳辐射热利用分区

根据设计案例立面太阳辐射热利用分区、对应分区的立面形态构造设计要点以及组件类型，尝试给出了两套立面形态设计方案。方案一共采取 17 项设计措施（图 7-3-12），方案二立面形态如图 7-3-13 所示，共采取 13 项设计措施。

3）立面形态构造分型适配对住宅采暖用能的贡献

经 Designbuilder 软件模拟计算，方案一全年采暖负荷为 100003.617kWh/a，

① 人员在室率、换气次数等参数按照《严寒与寒冷地区居住建筑节能设计标准》JGJ 26—2019 设置。

方案二全年采暖负荷为 120822.808kWh/a，相对上一阶段户型空间布局优化后的住宅建筑全年采暖负荷（321158.547kWh/a）分别降低了 68.8% 和 62.38%（图 7-3-14）。

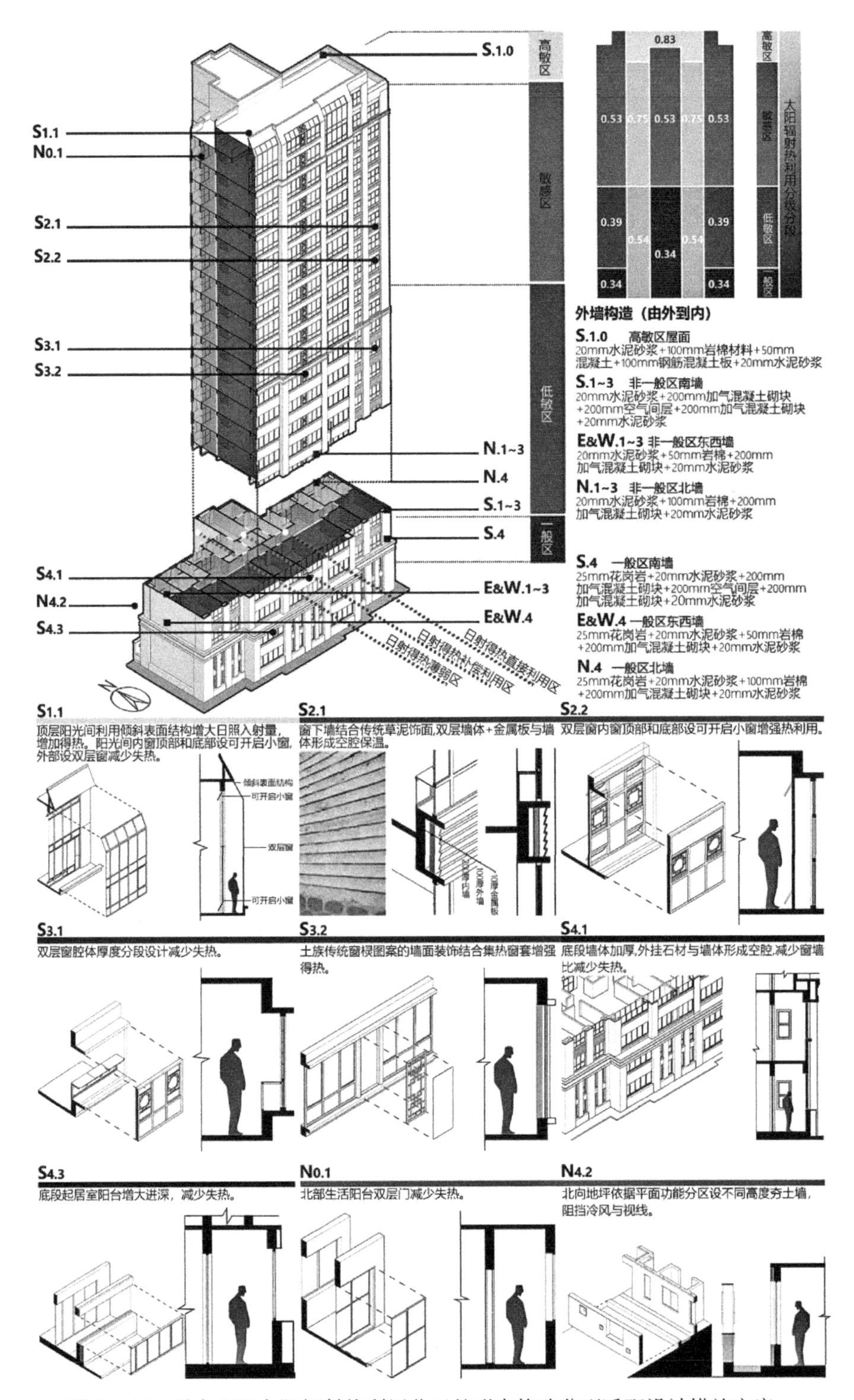

图 7-3-12　对应立面太阳辐射热利用分区的形态构造分型适配设计措施方案一

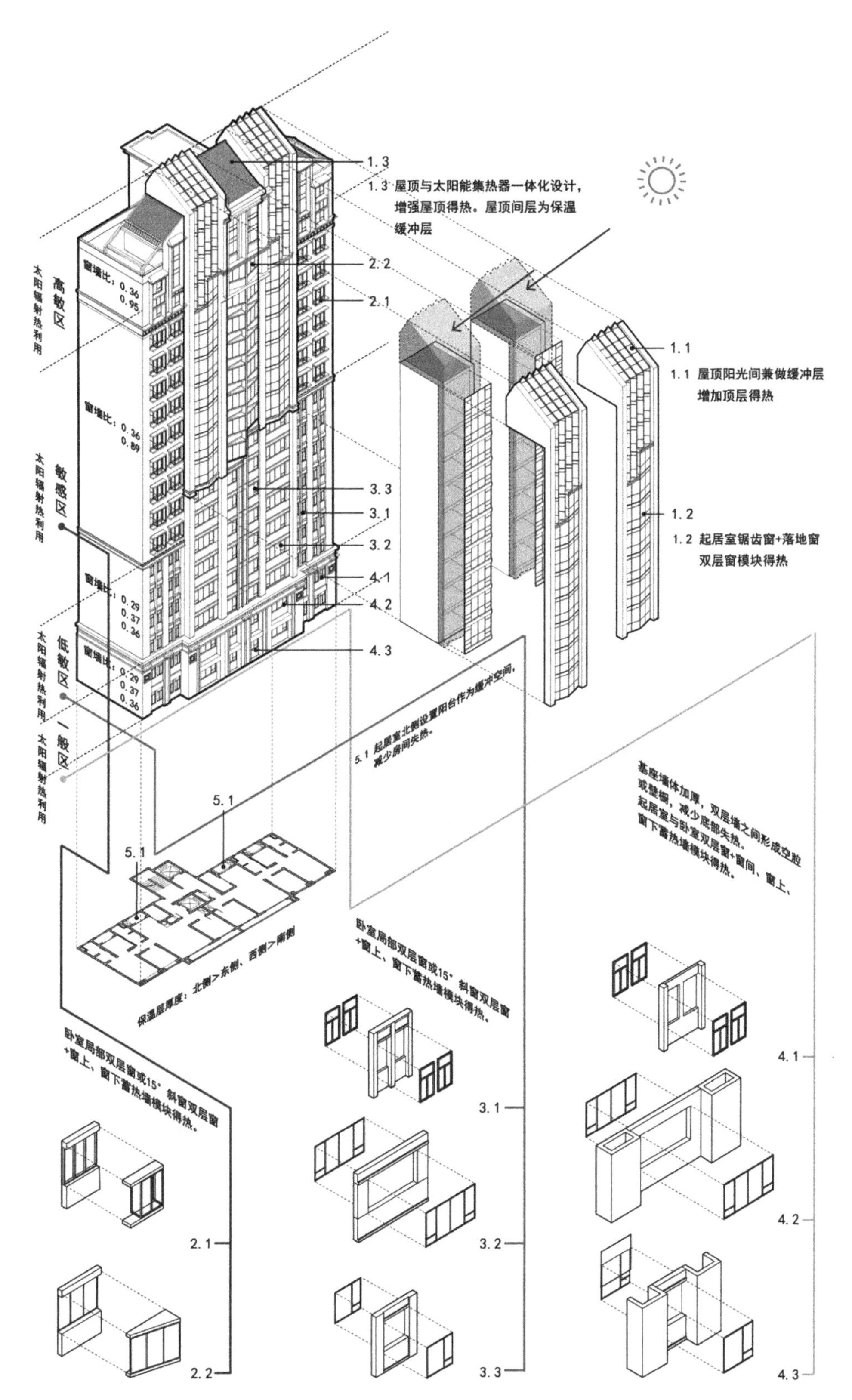

图 7-3-13　对应立面太阳辐射热利用分区的形态构造分型适配设计措施方案二

（4）太阳辐射热利用效果模拟分析

通过户型空间布局匹配太阳辐射热利用分区、立面形态构造分型适配设计对参照建筑优化后，经 Designbuilder 模拟计算，设计案例冬季每日采暖用能变化如图 7-3-14 所示。从全年的采暖负荷总量来看，优化后住宅建筑全年采暖用能是参照建筑（436182.701kWh/a）的 1/4 左右，即相对 65% 节能目标要求的住宅建筑直接利用太阳辐射减少采暖用能 72.3%～77.07%。

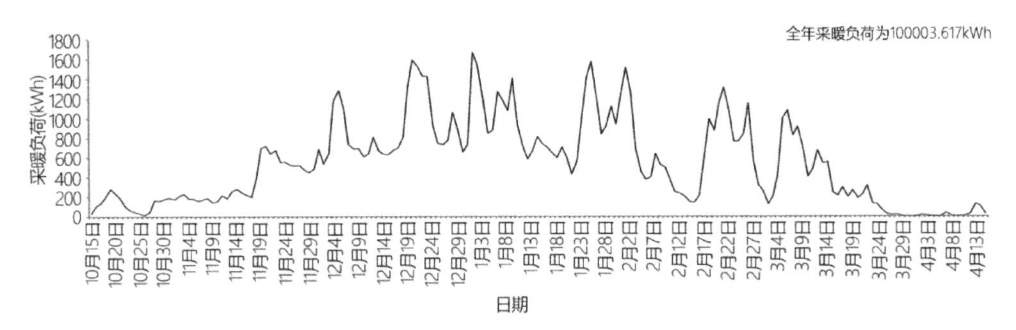

a 立面形态构造设计方案一全年采暖用能及日采暖用能变化曲线图

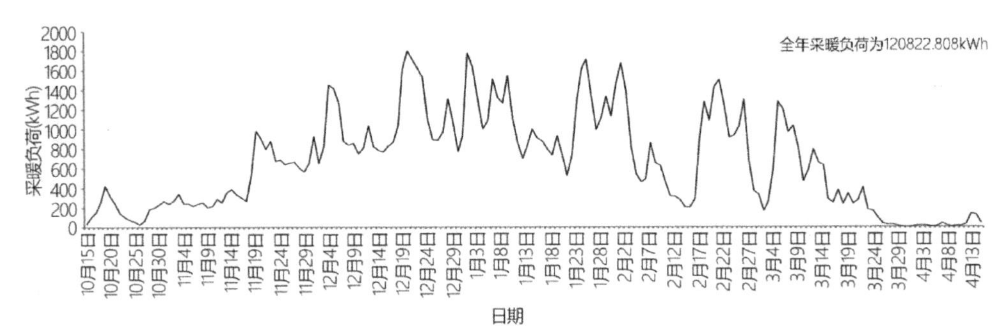

b 立面形态构造设计方案二全年采暖用能及日采暖用能变化曲线图

图 7-3-14　试验方案全年采暖负荷模拟结果图

来源：根据 Designbuilder 模拟结果绘制

我国严寒与寒冷地区目前已开始实施 75% 节能设计标准，按照《严寒与寒冷地区居住建筑节能设计标准》JGJ 26—2018 对西宁高层集合住宅围护结构热工性能的要求，以目前通用的单一提升围护结构保温性能的技术方法推算围护结构构造（表 7-3-2），户型布局等其他条件与参照建筑一致，暂且称之为参照建筑 1。经 Designbuilder 能耗模拟软件计算，参照建筑 1 全年采暖负荷为 294493.544kWh/a。可见，直接利用太阳辐射提高室内热环境的优化方案一和方案二全年采暖用能较 75% 节能目标要求的采暖用能减少 58.97%～66.04%。

（5）增量成本分析

设计案例是在以利润为主要建设推动力的大型商品住宅开发基础上，对住宅单体进行的太阳辐射热利用优化设计。优化后住宅单体建筑面积增加 1.3%，缘于北侧

参照建筑 1 的构造信息列表　　表 7-3-2

外窗类型及其传热系数	断桥铝合金低辐射中空玻璃窗（Low-E6 ＋ 12 ＋ 6），$K=2.606W/m^2 \cdot K$
外墙构造	20mm 厚水泥砂浆＋ 50mm 厚纤维保温材料＋ 200mm 厚加气混凝土砌块＋ 20mm 厚水泥砂浆，$K=0.676W/m^2 \cdot K$
屋面构造	20mm 厚水泥砂浆＋ 100mm 厚纤维复合保温材料＋ 50mm 厚混凝土＋ 100mm 厚钢筋混凝土板＋ 20mm 厚水泥砂浆，$K=0.317W/m^2 \cdot K$
内墙构造	20mm 厚水泥砂浆＋ 200mm 厚加气混凝土＋ 20mm 厚水泥砂浆，$K=0.678W/m^2 \cdot K$

来源：根据斯维尔计算结果整理绘制。计算：西安建筑科技大学设计研究总院，赵龙。

增设了家政阳台，而建筑形体的面宽、进深未改变，不会对其周围住宅的日照情况造成额外影响。围护结构建造采用既有成熟技术，部品选择西宁城镇住宅目前常用部品。增量成本主要来自窗墙面积比的扩大和采用双层窗户。以方案一为例，初步估算其增量成本 17.76 万元，较参照建筑增加 30.33 元 /m^2。

8 城镇住宅太阳辐射利用设计导则初构及应用

8.1 导则初构

8.1.1 城镇住宅太阳辐射热利用目标

（1）辐射利用的逐级导控

城镇住宅太阳辐射利用设计导则（以下简称导则）研究尝试从建筑师习惯的建筑设计原型入手，结合西部太阳能富集地区五城市住宅建造实况及其太阳辐射热利用技术现实，区分出四大类十四种典型住宅辐射热效应设计利用技术思路差异与设计要点，以助力建筑师通过优化设计提升西部城镇居住建筑太阳辐射热利用的效果与质量。在本书中针对西部五城市典型城镇住宅建筑，探究了西部不同等级太阳辐射热利用潜力及住宅建筑设计阶段各设计要素与太阳辐射热利用效果关联规律，分阶段重点展开设计导则的技术要点研究。

大部分西部城镇住宅建设受到我国住宅产业化政策与技术发展强烈影响，表现出较为明显的政策性技术指标、市场经济技术指标共同影响作用的特点。建筑师在住宅方案的初成型阶段往往依赖“成熟的建筑套型”方案展开设计任务沟通与设计构思，即我们称之为住宅设计的“选型”，这些“成熟的建筑套型”通常是经过发达地区实践先行验证过的受市场欢迎的户型。因此目前西部太阳能富集区的住宅地域性设计中建筑师创新性工作贡献仍主要集中在风貌、表皮等相对软性设计环节，而在综合应对环境条件的成熟地域化技术储备、技术创新认识积累却相对较弱，大量技术细节移植自气候条件前提差异很大的不同地区。既往的大量研究均表明，不同太阳辐射等环境条件下不同住宅类型、套型、不同的风貌设定、商业定位、围护结构构造条件都会较明显影响住宅的绿色性能。而建筑师在较为明确的商业、套型、风貌等选型约束下往往难以展开流畅的绿色性能技术优化工作，使得单纯的性能影响因素排序技术优化逻辑对建筑师户型优化指导影响相对有限。

根据太阳能富集区“三阶段五步骤”的绿色建筑设计方法研究，建筑师如能首先在选型阶段对辐射利用目标、设计决策矛盾有较为清晰的概念性认识，对其后续选用的能耗优化的技术逻辑会产生较大的决策影响，也是最终影响住宅建筑绿色性能的关键设计阶段。因此导则首先应帮助建筑师在太阳能富集条件下的城镇住宅类型、户型筛选中对设计方案的地域太阳能热效应能够进行简单的概念性预判和干预。前述绿色建筑设计方法的第一阶段，建筑师应能对太阳辐射利用目标有基本定性理解，为此在导则研究中我们首先耦合具体住宅建筑的一般辐射热利用需求，初步建立了西部城镇住宅太阳辐射热利用“分区分级”，帮助建筑师快速确定西部太阳能富集区地域城镇住宅辐射热利用目标等级与三大类优势技术路线。

在第二阶段，针对不同的三类适用于太阳能富集区城镇居住建筑的优势技术路线中涉及的通用的技术措施，围绕具体设计方案适配阶段，导则研究总结了城镇住宅空间布局、立面形态构造分区适配太阳辐射热利用一般流程、设计方法与设计要点。

在绿色建筑设计第三阶段，基于多方面、多角度的设计规范、设计标准、技术导则的整体要求，地域针对性设计与现行规范、标准相关技术性参数、指标要求密切关联，相互牵涉，很多基本技术概念计算错综交织，因此在建筑设计的技术工作深化中，设计要素的协同循环调整优化能有效发现热利用设计中的相对短板，显著提高建筑整体性能，也是节能效果的有力技术设计保障。

总体上这是一种利用建筑设计来分级逐层降低住宅能耗的绿色设计方法，根据太阳辐射在住宅建筑的热效应作用效果与规律，按照建筑师的工作习惯具体分为五个步骤。上述导则研究结论植入建筑师负责的居住建筑设计流程中，完整探讨了利用太阳辐射资源热效应的技术应用思路。技术研究集中在建筑本体采暖需求控制上，并展开了对应性实践应用的验证与试用反馈。

（2）太阳辐射资源利用的“分区分级”

建筑师对可实现太阳辐射直接利用等级及方式建立起空间层面的响应模式、围护结构设计逻辑上的差异性理解，才能有效帮助建筑师在建筑构型阶段发挥其设计思维优势，自觉推动太阳辐射直接利用，从而推动设计应用合适的能耗优化的技术策略与逻辑，这也是实现绿色设计技术综合创新潜在目标的前提与基础。

对大部分造价受限，保温、门窗等整体性能较差，且可受直接太阳辐射外表皮有限的集合住宅建筑来讲，能够在建筑采暖期直接利用的太阳辐射热总量是很有限的，因此我国建筑节能、建筑热工等原有的执行标准中，对太阳辐射热总体上采用了较为粗略的修正补偿作用权衡的简化逻辑。但事实上我国西部的太阳能资源与东部差异非常大，面积占比极大的青藏高原因高海拔等综合地理因素尤为特殊，在建筑围护结构保温性能提高特别是高性能门窗等透明围护结构日益普及的情况下，在技术经济合理区间内，同属寒冷气候区而太阳能资源丰富地域的建筑可以通过建筑优化设计提升太阳直接辐射热利用效果，从而大幅度降低其采暖用能需求。这是一个在我国目前仍较为特殊，而在西部则较为普遍的建筑设计情况，大部分建筑师对这个技术现实的理解仍较为陌生。

此部分导则研究偏向于辅助建筑师进行设计选型决策，帮助建筑师预判出通过一般设计优化可达到的太阳能利用优化目标，在一定程度上量化了通过设计能达到的采暖能耗降低效果。为下一步引导建筑师了解、使用、探索空间布局、围护结构设计方面有助于提高利用效果的可行设计方式、技巧与措施提供基础。研究耦合了西部五城市太阳辐射资源条件、不同类型具体住宅建筑的一般辐射热利用需求与条件，采用了目标等级的方式呈现不同地域（城市）的太阳能利用潜力，引入了太阳能辐射热利用“分区分级”的概念。在具体研究中，因为将这部分导则应用目标定位于伴随选型思维的前期快速决策阶段，在等级最终确定上没有严格区分精准指标量，而主要采用了“太阳辐射资源潜力”逐级区分的思路。对太阳能资源富集程度的辨别与判断主要引用了建筑气候学、西部绿色建筑实验室在西部绿色建筑实践方面较新的研究进展及成果，包括对于太阳辐射富集条件的理解，及太阳富集条件下建筑“非平衡保温”技术概念、“等热流计算方法”来认识围护结构的太阳辐射热效应建筑应用规律。由于引用数据与建筑采暖热利用一些计算方法研究目标与导则研究目标不同，在研究中有“全年辐照量、采暖期辐照量、最冷月辐照量等基础数据难以直接对位引用”的困难，有鉴于此，导则研究借鉴辐射度日比概念提出初步的综合排序结论，建议未来协同展开更为科学严谨的标准细化研究，为地域设计提供更为准确的前提与依据。

西部太阳能富集条件下开展地域化住宅设计应遵循如下总体设计思路：

1）夏季气温舒适而冬季辐射资源连续保证的寒冷气候区西部太阳能富集区城镇，住宅建筑采用冬季辐射热利用措施、方式时只要能够保障基本通风条件，不会因此而产生特别严重的夏季过热情况。这是太阳辐射热利用潜力最大的一类气候条件区。在合适的住宅类型上可优先考虑完全替代常规采暖能源，应尽可能控制建筑合理进深，利用可接受辐射的建筑围护结构构造设计提高辐射热利用量。

2）夏季气温不高的严寒地区西部太阳能富集区城镇，住宅建筑设计仍应该遵循避免外挑构件冷桥、“整体提高围护结构保温性能”的方式提高住宅建筑性能。可考虑通过屋面、顶层、上部及南向透明围护结构精细设计提升太阳辐射热补偿作用，在南向立面上利用厚墙深洞平衡建筑被动式设计下的冬夏建筑室内环境热舒适度，在南向围护结构复合利用上应注意保证夏季通风。

3）夏季气温高而冬季严寒、寒冷的太阳辐射资源富集区城镇，应综合全年情况判定利用程度及效果，控制体形系数，优先采用重质外围护结构、复合外围护结构，并辅助综合空间组合模式平衡太阳热辐射利用。

（3）住宅类型太阳辐射利用分级预判

住宅是面向家庭使用的建筑类型，具有明确的单元组合的空间模式设计特征。在每个居住单元（套型）内，除起居、餐、厨、卫生间公共部分，严寒、寒冷地区就寝居室相较而言更需要较高标准、较稳定的热物理环境保证其舒适性，因此合理居住空间布局匹配其使用行为上的空间规律与热舒适要求，即可以非常有效兼顾能耗控制与采暖季住户主观居住舒适感受[①]。研究发现冬季拉萨住宅建筑总因南向太阳辐射强烈，存在日间明显的南北空间温度差异，且表现出清晰的平面分布规律，如果采用小进深空间模式组合，可以在理论上实现日间采暖完全替代。但在不同住宅类型的具体应用中，这个空间分布规律在设计上存在显著的多样利用可能性，基于现有的城镇住宅受到经济社会技术因素约束，建筑类型规律明显，导则提出“不同住宅类型太阳辐射利用分级”的思路。

从资源—能耗适配性角度来看不同类型住宅太阳辐射热利用条件，层数越低的住宅，其气候界面面积与体积比越大，虽然其体形系数大，但其单位容积中可接受的太阳辐射热补偿量也自然最高，反而是最具潜力能够实现辐射资源热替代的住宅建筑类型。为了帮助建筑师在选型初期简单迅速理解不同建筑类型在不同气候条件下可行的太阳辐射热利用目标，导则研究参照现行的与住宅类型相关标准规定的概念、术语与技术条文规定，剔除了直接利用太阳辐射不敏感的18层以上高强度开发时才出现的大交通核，集约建设的高层住宅及西部五城市中未采样到的超高层住宅，按照行业习惯提出了简化的院落式低层（1～3层）、多层（4～6层）、小高层（7～11层）、中高层（12～18层）四类住宅建筑类型对应太阳辐射热利用目标分级（表8-1-1）。

1）各相关规范标准中的住宅分类依据

新颁布实施的《民用建筑设计统一标准》GB 50352—2019中，将居住建筑划分为住宅建筑和宿舍建筑两大类，并与现行《建筑设计防火规范》GB 50016—2014（2018年版）等其他规范协调，将住宅建筑按照层数划分类别改为按照高度划分，其中，27m、54m是较为重要的防火安全等级标准关键指标，主要约束了不同的安全疏散出口数量及形式要求，指向不同的集合住宅交通核基本组成，是

---

① 《住宅设计规范》GB 50096—2011，8.3.6室内采暖计算温度：卧室、起居室（厅）和卫生间为18℃，厨房为15℃，设采暖的楼梯间和走廊为14℃。

约束住宅空间模式分化类型的主要技术要求。目前仍在执行的《住宅设计规范》GB 50096—2011 中与一般建筑师控制设计项目经济技术指标习惯对应，参照了老的防火规范划分依据，按照自然层数（术语 2.0.17 自然层数：楼层的层高不大于 3.00m 时，层数应按自然层数）区分规定相应的阳台栏杆防护高度（阳台栏板或栏杆净高，六层及六层以下不应低于 1.05m；七层及七层以上不应低于 1.10m），区分电梯配置等级（七层 16m 需配置电梯）。参照原来的建筑防火规范，防火安全等级中以 9 层（约可理解为 27m）作为重要的防火疏散设计技术要求变换的指标。现行的《城市居住区规划设计标准》GB 50180—2018 也采用了层数区分住宅类型。导则研究兼顾建筑师习惯与规划审批通用经济技术指标，采用按照层数划分的方式。

各类住宅建筑类型对应的太阳辐射热利用条件分析　　表 8-1-1

常见住宅开发分类概念	低层住宅		多层住宅		小高层住宅		高层住宅	超高层住宅
建筑设计防火规范涉及的高度分级及技术约束要点	21m 以下			＞21m	＞27m	＞33m	＞54～80m	＞100m
	可用开敞楼梯间			封闭楼梯间	650m² 以上两个按安全出口	安全出口形式有要求，防烟楼梯间	单元需两个安全出口，较大交通核	避难层，目前国家不允许单独建设
《民用建筑设计统一标准》GB 50352—2019	单层	多层住宅			高层住宅			
《住宅设计规范》GB 50096—2011	6 层及 6 层以下			7 层及 7 层以上		12 层	19 层	
	楼梯宽度 1.0 防护栏杆 1.05，16m 需配置电梯			防护栏杆 1.1 住宅入口加宽		增设担架电梯	两个安全出口	
《城市居住区规划设计标准》GB 50180—2018	低层 1～3 层		多层Ⅰ类 4～6 层	多层Ⅱ类 7～9 层	高层Ⅰ类 10～18 层		高层Ⅱ类 19～26 层	不涉及
太阳辐射热利用条件分析	体形系数较大，建筑单体相对气候边界面积大，对气候资源条件高度敏感，潜在可用的辐射受热面大，空间布局、各界面设计影响大。西部城镇区占比约 25%		体形系数较为适中，建筑单体气候边界面积大，对气候资源条件敏感，潜在可用的辐射受热面大。窗墙比、双层窗等技术影响大，目前存量住宅占比较大，与西部城镇社会经济对应性强，导则鼓励发展		体形系数较优，建筑单体气候边界面积有限，对气候资源条件低敏感，潜在可用的辐射受热面有限。南向窗墙比、上部、顶层、屋面等技术设计影响较大，新建住宅占比大，与西部城镇社会经济对应性较强。导则重点跟踪发展，分两类确定措施		体形系数优，有明确的设备装备，对气候资源条件相对不敏感，潜在可用的辐射受热面受限。省会及较大城镇出现较多	体形系数优，设备装备标准底限高。极少在西部城镇出现，直接辐射热对南向构造措施有限影响，贡献率较低
导则研究中使用的住宅类型	院落式低层住宅		多层集合住宅		小高层住宅	中高层住宅	不涉及	
对应的自然层数	单层	2～3 层	4～6 层	7～8 层	＞9 层	＞11 层	＞18 层	＞33 层

2）我国《住宅设计规范》GB 50096—2011，1999年开始颁布实施，经过2003年、2011年两次版本修订，现行基本规定3.0.6条：住宅设计应推行标准化、模数化及多样化，并应积极采用新技术、新材料、新产品，积极推广工业化设计、建造技术和模数应用技术。2019年北京市修编《住宅设计规范》DB11/1740—2020，新增规定四层以上的住宅应设置电梯，并满足担架使用，要求全装修交付。可以看到我国住宅建筑明显正逐步提高设计标准。强化产业政策引导的逻辑，工业化、标准化、空间模数等建造技术要求下，住宅建筑走向多样化，但其类型化特征仍较为明显，如眠、卧、坐、炊事、如厕等行为空间需求稳定，因此与行为尺度直接相关的居室基本尺度相对固定，住宅类型化空间规律基础应较为稳定。

3）根据统计我国人口增速明显放缓，各省一代户（独居、丁克、老人）占比均超过40%[①]，家庭小型化趋势明显，且老年居住建筑占比逐渐加大，总体上西部太阳能富集区建筑也同样存在类似的趋势，而且西部各省区中小城市人口净流出现象也较为普遍。根据现行标准要求，供老年人生活使用的建筑其日照要求均比住宅高。在人口密度相对较低，老年人口增加的整体趋势下，在西部城镇未来的住宅政策性指标制定中，可以考虑适当提高日照条件，强化西部地域住宅的太阳辐射利用引导，鼓励发展多层住宅建筑。在未来装配式建造、构型中，材料构造技术的气密性保障有限，更适合发挥多样的方式降低建筑能耗，强化建筑空间组合、户型、围护结构分类构造等提升太阳辐射热利用的效益与作用。

（4）技术原型、措施、参数的补偿与修正

顺应《民用建筑热工设计规范》GB 50176—2016中对严寒、寒冷地区设计基本原则均以满足冬季保温为原则导向，现行《严寒和寒冷地区居住建筑节能设计标准》JGJ 26—2018主要约束围护结构的保温性能相关的主要指标——限制体形系数、约束围护结构平均传热系数下限、控制透明围护结构面积占比。这是基于严寒和寒冷条件下，采暖期建筑围护结构是单纯的失热状态的热物理情况假设。虽然新标准已考虑到室内不同的情况、房间不同热舒适需求及太阳辐射热效应，将非平衡保温、等热流计算、辐射热补偿纳入围护结构设计权衡计算框架中。但在太阳辐射资源极为丰富的条件下，采暖季接受太阳辐射的围护结构，尤其是透明围护结构成为对采暖有利的得热构件，这与简单全面降低平均传热系数"穿厚袄，少开口"

---

① 乐居网 2021-12-09 07：47：34。来源：21世纪经济报道："根据最新发布的中国统计年鉴，2020年全国'一代户'的比重较10年前上升15.33个百分点，达到49.5%。所谓的'一代户'，即同一辈人居住或单身居住落户的情况。从省份的情况来看，尽管情况各不一致，但一代户的增长也是非常迅速，且无一省份低于40%。"

的设计目标形成较为明显的局部认识错位。对于建筑师来讲，会造成对这类围护结构原型及技术设计的原则、要点设计操作的逻辑差别。导则研究中为了强化对住宅围护结构不同热物理情况的了解，以伴随设计决策为出发点，总结开展了适合建筑师工作流程的户型选型指导、太阳辐射可视化工具辅助、空间布局方式、南向围护结构、顶层设计等构造设计措施及对参数的局部补偿与修正等应用研究。

例如，总结五城市的直接得热空间分布及适配规律，提出利用 LDK 南北贯通空间扩大太阳辐射得热影响范围的方法，应用课题组开发的 SketchUp-Sunhours 软件对立面提出了分级设计构想与实际实验。

按照一般假设，严寒和寒冷地区不宜设置凸窗。这是因为透明围护结构在一般技术条件下，凸窗是典型的失热薄弱环节、冷桥，但是由于在太阳辐射资源富集条件下，增加透明围护结构，有利于日间集热，因此提出双层窗的组合设计概念，作为外围护结构构造思路，回应昼夜不同的使用要求，丰富立面风格，便于后期增设改建。

太阳得热系数脱胎于针对透明围护结构夏季隔热的技术概念（太阳得热系数，表达门、窗、玻璃幕墙等透明围护结构的得热性能，通常热工设计逻辑中，为了控制夏季室内热，它越小，则认为围护结构隔热性能越好），但在太阳能富集条件下，建筑通过围护结构得热量与失热量判断还不清晰，有可能与既有的热工技术预设原型不同，在一定条件下太阳能得热系数提高，反而还有利于提高建筑本体利用太阳辐射的效果，由此导致节能技术计算模拟时基本参数概念的“错置”。但目前可以在局部修正思路下，遵循三阶段五步骤优化方法，在设计示范案例及示范工程计算中均采用计算循环去实现对太阳辐射热利用的估算与补偿修正。

8.1.2 城镇住宅太阳辐射热利用设计措施要点

根据上述导则的研究思路，在住宅选型阶段，建筑师如能有机会对“空间组织”模式进行干预与调整，即可较为明显地发挥太阳辐射热利用潜力，在冬季太阳辐射富集条件下创造较好的直接利用基础，这比简单的体形系数越小越好的“单一评价”要复杂，但规律性较为明显：以拉萨为代表的冬季辐射资源富集而气温并不特别低的一级分区，最应该重视设计要素对太阳辐射热一级利用类型（院落式住宅）的干预。根据研究在西部具体分为五级太阳辐射利用目标，分别是以拉萨为代表的一级太阳辐射利用区，以西宁为代表的二级太阳辐射利用区，以银川为代表的三级太阳辐射利用区，以乌鲁木齐为代表的四级太阳辐射利用区和以吐鲁番为代表的五级太阳辐射利用区。四类住宅建筑类型分为四级太阳辐射利用目标，分别是一级太阳辐射利用类型——院落式住宅（1～3 层），二级太阳辐射利用类型——多层集合住宅（4～6层），三级太阳辐射利用类型——小高层住宅（7～11层），四级太阳辐射利用类型——中高层住宅（12～18层）。对应五级太阳辐射利用目标代表城市的四类城镇建筑利用太阳辐射节能的潜力见附录A。

从设计要素的操作层面上来讲，主要在户型空间布局模式进行适配选型与功能空间组织优化，在建筑围护结构设计中区分不同的热平衡类型，在太阳辐射资源强烈直接影响的立面区域适当调整设计逻辑，采用丰富的组合措施提高太阳辐射利用效果与效能，同时在其设计中，对参数进行技术协同，确定材料、部品等细节设计参数。

户型空间布局模式与功能空间组织是奠定住宅太阳辐射热利用设计的基础条件，对住宅建筑利用太阳辐射资源改善室内热环境潜在的影响明显。在拉萨院落式住宅上，表现出该阶段设计策略对住宅利用太阳辐射减少采暖用能的贡献，是围护结构形态及材料部品性能提升细节设计4.8倍。但在拉萨集合住宅、西宁集合住宅上，立面形态构造与部品性能提升对住宅利用太阳辐射减少采暖用能需求的影响更明显，该阶段太阳辐射利用设计策略对住宅采暖用能的贡献是户型空间布局模式与功能空间组织优化阶段的1～1.65倍。乌鲁木齐由于冬季气温很低，太阳辐射热补偿总量占住宅采暖用能需求总量小，进深大的户型空间模式，体形系数相对较小，利于减少热散失，该地区集合住宅户型空间模式与功能空间组织对住宅利用太阳辐射降低采暖用能的影响较敏感，同时强化围护结构保温隔热性能，利于进一步减少采暖用能需求；层数越高，加强围护结构保温性能对住宅减少采暖用能的影响越明显。吐鲁番住宅要平衡冬、夏季室内得热，多层集合住宅户型空间布局模式与功能空间组织对住宅利用太阳辐射降低采暖用能和制冷用能潜在的贡献是立面形态构造与部品性能提升措施的3.5倍，尤其对降低制冷用能需求的影响最明显。因此，对于拉萨院落式住宅、吐鲁番多层住宅，应优先考虑户型空间模式与功能空间组织对住宅太阳辐射热利用效率的反馈；对于拉萨、西宁、乌鲁木齐集合住宅而言，也需先重视户型空间布局模式与功能空间组织对住宅利用太阳辐射降低采暖用能的影响，更应重视建筑垂直方向太阳辐射利用条件不同，围护结构形态构造进行分型组合设计。

通过对五城市典型城镇建筑（参照建筑）与对比建筑的模拟分析（两者围护结构热工性能参数相同），五城市四类住宅户型空间布局模式对住宅建筑利用太阳辐射减少采暖用能的潜在贡献排序见表8-1-2。拉萨、乌鲁木齐表现出住宅太阳辐射利用类型级别越高，户型空间模式对住宅利用太阳辐射降低采暖用能潜力的影响越大，即住宅太阳辐射利用类型级别越高（如一级太阳辐射热利用类型院落式住宅），越应该重视户型空间模式对住宅建筑太阳辐射热利用效率的反馈。在西宁多层和中高层住宅上，其户型空间布局模式与功能空间组织对住宅利用太阳辐射减少采暖用能潜力的影响较小高层突出，即在西宁多层和中高层集合住宅设计上，更应重视户型空间布局模式与功能空间组织阶段设计要素对住宅利用太阳辐射降低采暖用能的潜在影响。

五城市四类住宅户型空间布局模式对住宅建筑利用太阳辐射减少采暖、制冷用能潜在的贡献排序 **表 8-1-2**

<table>
<tr><th></th><th colspan="2">院落式住宅</th><th colspan="2">多层集合住宅</th><th colspan="2">小高层集合住宅</th><th colspan="2">中高层集合住宅</th></tr>
<tr><td rowspan="4">拉萨</td><td>一级</td><td>主体建筑大面宽、小进深、一字形（10m×7.5m）、南向无形体自遮挡的院落式住宅</td><td>一级</td><td>南向四开间、进深 8m S/V = 0.366，A/S = 0.485</td><td>一级</td><td>南向四开间、进深 8m S/V = 0.353，A/S = 0.428</td><td rowspan="4" colspan="2">—</td></tr>
<tr><td>二级</td><td>面宽较大的四面围合型院落式住宅（中心庭院6.9m×6.9m）</td><td rowspan="2">二级</td><td rowspan="2">南向三开间、进深 12m S/V = 0.319，A/S = 0.435</td><td rowspan="2">二级</td><td rowspan="2">南向三开间、进深 10m S/V = 0.323，A/S = 0.403</td></tr>
<tr><td>三级</td><td>面宽较大 L 围合型院落式住宅（庭院宽 6.7m，长 7.5m）</td></tr>
<tr><td>四级</td><td>主体建筑小面宽、大进深（5.5m×18m）、中心庭院三面围合型院落式住宅</td><td>三级</td><td>南向三开间、进深 10m S/V = 0.324，A/S = 0.462</td><td>三级</td><td>南向三开间、进深 12m S/V = 0.307，A/S = 0.382</td></tr>
<tr><td rowspan="3">西宁（银川）</td><td rowspan="3" colspan="2">—</td><td>一级</td><td>南向四开间、进深 8m S/V = 0.366，A/S = 0.485</td><td>一级</td><td>南向四开间、进深 8m S/V = 0.353，A/S = 0.428</td><td>一级</td><td>南向三开间、进深 14m S/V = 0.261，A/S = 0.344</td></tr>
<tr><td>二级</td><td>南向三开间、进深 12m S/V = 0.319，A/S = 0.435</td><td>二级</td><td>南向三开间、进深 12m S/V = 0.307，A/S = 0.382</td><td>二级</td><td>南向三开间、进深 12m S/V = 0.275，A/S = 0.37</td></tr>
<tr><td>三级</td><td>南向三开间、进深 10m S/V = 0.324，A/S = 0.462</td><td>三级</td><td>南向三开间、进深 10m S/V = 0.324，A/S = 0.462</td><td>三级</td><td>南向三开间、进深 10m S/V = 0.269，A/S = 0.386</td></tr>
<tr><td rowspan="3">乌鲁木齐</td><td rowspan="3" colspan="2">—</td><td>一级</td><td>南向三开间、进深 12m S/V = 0.319，A/S = 0.435</td><td>一级</td><td>南向三开间、进深 12m S/V = 0.307，A/S = 0.382</td><td>一级</td><td>南向三开间、进深 14m S/V = 0.261，A/S = 0.344</td></tr>
<tr><td>二级</td><td>南向四开间、进深 8m S/V = 0.366，A/S = 0.485</td><td>二级</td><td>南向三开间、进深 10m S/V = 0.324，A/S = 0.462</td><td>二级</td><td>南向三开间、进深 12m S/V = 0.275，A/S = 0.37</td></tr>
<tr><td>三级</td><td>南向三开间、进深 10m S/V = 0.324，A/S = 0.462</td><td>三级</td><td>南向四开间、进深 8m S/V = 0.353，A/S = 0.428</td><td>三级</td><td>南向三开间、进深 10m S/V = 0.269，A/S = 0.386</td></tr>
</table>

续表

	院落式住宅	多层集合住宅		小高层集合住宅	中高层集合住宅
吐鲁番	—	一级	南向三开间、进深 10m S/V = 0.324，A/S = 0.462	—	—
		二级	南向三开间、进深 12m S/V = 0.319，A/S = 0.435		
		三级	南向四开间、进深 8m S/V = 0.366，A/S = 0.485		

注：表中 S/V 为住宅的体形系数，A/S 为住宅屋面面积、南向表面积之和与建筑物表面积的比值。拉萨、西宁、乌鲁木齐三个城市的户型布局模式分级根据住宅全年采暖负荷模拟数值由少到多排序，吐鲁番住宅户型布局模式分级是根据住宅全年采暖、制冷总负荷模拟数值由少到多排序。

这些结论说明：

如果采用大面宽、小进深户型，同时加强南向围护结构的集热保温性能和东、西、北向围护结构保温隔热性能，就能大幅提升太阳辐射热利用效率，有效改善冬季室内环境热舒适度，降低采暖用能需求。

将集合住宅建筑顶部划分为独立的太阳辐射热利用高度敏感的空间单元，采用独立的空间布局与围护结构设计策略；将底部划分为太阳辐射热利用薄弱的空间单元，对其空间布局、功能设置和围护结构进行专门的设计。

将住宅户内空间划分为太阳辐射得热影响区和非影响区，从功能空间热舒适需求角度，细化功能空间，整合功能空间布局与户内太阳辐射得热影响、非影响区适配。

住宅围护结构分朝向划分太阳辐射利用设计分区，对应分区，围护结构构造分型适配，多种构造组合优化提升住宅建筑整体的得热、保温或隔热性能。

拉萨、西宁、银川、乌鲁木齐住宅南向立面采用大面积透明围护结构，采暖用能整体上表现出持续下降的状态。住宅空间布局和围护结构热工性能一定条件下，同一节能目标要求下，南向窗墙面积比与外窗传热系数成正相关，即上述四城市通过扩大南向窗墙面积比得热量补偿因外窗传热系数相对较大引起的失热量，重点需从冬季昼夜间气候条件差异的角度动态权衡透明围护结构得热保温性能与窗墙面积比，可通过双层组合透明围合结构动态适应太阳辐射热利用昼夜间差异化需求，双层窗户热工性能参数参考值见附表 C-1 和 C-2。吐鲁番住宅外窗设计需重点权衡室内的冬季得热、失热与夏季得热，对于南向大面积开窗需格外谨慎，可采用能发挥蓄热性能、内外界面差异化的组合构造以适应季节性气候环境变化。

针对具体类型还包括以下有效的设计措施：

（1）对户型平面室内空间进行太阳辐射热利用分区划分，具体分为日射得热直接利用区和日射得热利用薄弱区。五城市住宅室内日射得热直接利用区覆盖范围见表 8-1-3，与五城市住宅太阳辐射利用目标同一等级的城镇可对应参考。

五城市住宅平面户型室内日射得热直接利用区覆盖范围（进深方向：m）

表 8-1-3

城市	拉萨	西宁	银川	乌鲁木齐	吐鲁番
日射得热直接利用区覆盖范围	3.9	5.1	5.7	6	6

1）优先考虑将卧室、起居室、餐厅、书房等一、二级热舒适需求空间布置在日射得热直接利用区覆盖范围内，强化南向围护结构集热设计逻辑，扩大建筑南向集热面，通过阳台、阳光通廊、一步式休闲阳台、双层集热窗、集热蓄热墙、太阳墙等增加室内太阳辐射得热量；吐鲁番住宅南向空间可结合封闭阳台、开敞阳台等能够发挥热缓冲作用的空间，削减夏季太阳辐射、高温对一级热舒适需求空间的影响。将厨房、储藏室、卫生间、公共交通空间等三、四级热舒适需求空间布置在日射得热直接利用区覆盖范围外，围护结构采用减少热散失的设计应对逻辑，适当减少开窗面积，提高外窗气密性，加强外窗和墙体的保温性能，在乌鲁木齐、银川等住宅工业化发展相对较快的地区，还可结合内装部品进行保温一体化构造设计，室内空间分区强化保温效果。

2）尽可能多地采用南北贯通的空间组合方式，扩大室内太阳辐射直接得热的影响范围，对应五个代表城市，住宅南北贯通空间太阳辐射热利用分区尺度范围见表 8-1-4，与五城市住宅太阳辐射利用目标同一等级的城镇可对应参考。

① 将能够与一级热舒适需求空间卧室、起居室等组合贯通的二级热舒适需求空间，如餐厅、书房等设置于太阳辐射得热补偿利用区，同时加强贯通空间北侧围护结构的保温性能或与三级、四级热舒适空间（厨房、储藏室、阳台、公共交通空间等）组合排布，将三级、四级热舒适需求空间置于太阳辐射得热利用薄弱区，削弱贯通空间与室外环境的热交互作用。

② 在多层集合住宅设计上，尤其应重视南北空间贯通组合设计对室内太阳辐射热利用效率的反馈。拉萨多层住宅南北空间贯通组合对住宅利用太阳辐射降低采暖用能潜在的贡献是小高层的 1.4 倍；西宁多层住宅南北空间贯通组合对住宅利用太

阳辐射降低采暖用能潜在的贡献是小高层的5倍、是中高层的1.15倍。室内南北空间贯通组合对住宅利用太阳辐射降低采暖用能潜在的影响在乌鲁木齐多层住宅中表现尤为突出，其对住宅降低采暖用能潜在的贡献是拉萨、西宁多层住宅的2～3倍，是乌鲁木齐小高层、中高层住宅的30倍之多。

五个代表城市户内太阳辐射热利用空间分区进深尺度（单位：m）

表 8-1-4

太阳辐射热利用空间分区尺度		拉萨	西宁	银川	乌鲁木齐	吐鲁番
南北直接贯通空间	日射得热直接利用区	3.9	5.1	5.7	6	6
	日射得热补偿利用区	3	3.9	4.2	3.9	3.9
	太阳辐射直接得热影响范围	6.9	9	9.9	9.9	9.9
南北转折贯通空间	日射得热直接利用区	5.1	6	5.4	—	—
	日射得热补偿利用区	4.5	3.6	3.9	—	—
	太阳辐射直接得热影响范围	9.6	9.6	9.9	10.2	9.9

注：表中南北转折贯通空间太阳辐射热利用空间分区尺度范围以接口空间宽深比为3：2、宽为2.6m为前提条件；虽然部分城市南北转折贯通空间室内太阳辐射热利用分区尺度范围较直接南北贯通空间太阳辐射影响范围大，但其日射得热补偿区温度相对南北直接贯通空间低。五城市住宅室内太阳辐射热利用空间分区示意图见本书4.3。

（2）院落式住宅室内空间太阳辐射热利用分区还需综合考虑屋顶形态构造设计对室内太阳辐射得热的影响，当屋顶设天窗集热时，室内日射得热直接利用区覆盖范围扩大，日射得热补偿利用区向北侧顺延。吐鲁番由于夏季室内严重过热，不建议采用天窗扩大户内日射得热直接利用区范围。

集合住宅顶部室内空间太阳辐射热利用分区扩大方法与院落式住宅相类似；非顶部室内空间太阳辐射热利用分区覆盖范围的扩大可通过以下途径实现：增加层高或提高南向外窗高度。

（3）根据五城市住宅围护结构太阳辐射热利用分级阈值（表8-1-5），利用建筑表面日照时数软件SketchUp-Sunhours模拟计算辅助划分立面太阳辐射热利用设计分区，对应分区采用不同的热平衡形态构造进行组合适配。

对应住宅立面太阳辐射热利用设计分区，采用外围护结构形态构造分型设计思路，进行多种形态构造组合适配，重点强化高敏区、敏感区围护结构太阳辐射得热性能，扩大集热部件面积；对低敏区围护结构的设计以保温为主、得热为辅，对东、西、北向和一般区应额外加强围护结构保温性能。

1）拉萨、西宁、银川、乌鲁木齐住宅顶部通过设置阳光房、阳台、阳光通廊等空间布局设计措施和扩大透明围护结构得热或采用金属太阳墙、金属屋顶吸热以及同步强化东、西、北等非透明围护结构保温性能的设计措施，提高住宅顶部太阳辐射热利用效率；吐鲁番住宅顶部强化保温隔热的形态构造设计逻辑，采用屋顶间层、双层屋面、双层墙体以及通用复合构造等减少室内空间与室外环境的热交互效应。还可结合太阳能主动式设备进行屋顶的形态构造设计，以主、被动式太阳能组合利用方式实现顶部户内采暖、制冷用能自给自足。

五个代表城市住宅围护结构太阳辐射热利用分级阈值　　表 8-1-5

<table>
<tr><th colspan="3">住宅围护结构立面太阳辐射热利用分级</th><th>拉萨</th><th>西宁</th><th>银川</th><th>乌鲁木齐</th><th>吐鲁番</th></tr>
<tr><td rowspan="4">一级</td><td rowspan="4">南向立面</td><td>高敏区</td><td colspan="5">住宅顶部 1～3 层</td></tr>
<tr><td>敏感区</td><td>日照时数＞ 4h</td><td>日照时数＞ 3h</td><td>日照时数＞ 3h</td><td>日照时数＞ 5h</td><td>日照时数＞ 3h</td></tr>
<tr><td>低敏区</td><td>日照时数 1h～4h</td><td>日照时数 2h～3h</td><td>日照时数 2h～3h</td><td>日照时数 3h～5h</td><td>日照时数 1h～3h</td></tr>
<tr><td>一般区</td><td>日照时数≤ 1h</td><td>日照时数≤ 2h</td><td>日照时数≤ 1h</td><td>日照时数≤ 3h</td><td>日照时数≤ 2h</td></tr>
<tr><td>二级</td><td colspan="7">东、西向立面</td></tr>
<tr><td>三级</td><td colspan="7">北向立面</td></tr>
</table>

2）住宅为南向退台的空间组合方式时，应同时强化退台形成的屋面的保温构造性能，可采用双层屋面、复合屋面、覆土屋面等组合构造；拉萨、西宁、银川、乌鲁木齐可借助退台形成的屋面，扩大太阳辐射得热面积，设置天窗集热，需同时注意加强天窗的保温性能。

（4）拉萨、西宁、乌鲁木齐、银川住宅南向外围护结构采用双层透明围护结构、集热蓄热墙、金属墙等多种集热保温组件组合设计，强化南向外围护结构太阳辐射得热保温性能；尤其是南立面采用小开窗形式时，应重视集热蓄热墙、金属墙集热对室内热环境的影响。

（5）从住宅采暖负荷的角度来看，同一目标要求下，五城市住宅南向窗墙面积比与外窗传热系数呈正相关，即相对参照建筑，可通过扩大窗墙面积比或减小外窗传热系数两种方式实现节能目标。五城市住宅南向窗墙面积比大小与外窗热工性能存在以下关联规律：

1）拉萨住宅外墙传热系数不大于 0.7W/（m^2 • K）、屋面传热系数不大于 0.45W/（m^2 • K）的条件下，且住宅南向无日照遮挡，外窗传热系数在 1.5～2.0W/（m^2 • K）区间时，住宅采暖用能随南向窗墙面积比的扩大呈持续降低的趋势，南向窗墙面积比越大，外窗传热系数对住宅采暖用能的影响越不敏感。住宅南向窗墙面积比大于0.85后，外窗面积的增大、外窗传热系数的降低，几乎对住宅整体采暖负荷无影响。

2）西宁住宅外墙传热系数不大于0.4W/（m^2·K）、屋面传热系数不大于0.2W/（m^2·K）条件下，且住宅南向无日照遮挡，外窗传热系数在1.2～1.8W/（m^2·K）区间时，住宅采暖用能随南向窗墙面积比的扩大持续降低。住宅南向窗墙面积比大于0.8后，外窗面积增大对住宅整体采暖负荷的影响较小，但可通过降低外窗传热系数进一步降低住宅采暖负荷。

3）银川住宅外墙传热系数不大于0.7W/（m^2·K）、屋面传热系数不大于0.45W/（m^2·K）的条件下，住宅南向无日照遮挡，外窗传热系数在1.5～2.1W/（m^2·K）区间时，住宅采暖用能随南向窗墙面积比的扩大持续降低，为避免南向大面积开窗导致室内夏季出现严重的过热现象，建议南向外窗的窗墙面积比控制在0.7以内为宜。为提高夏季室内环境热舒适度，应考虑外窗遮阳，如采用深洞口形式或与遮阳构件组合设计。

4）乌鲁木齐外墙传热系数不大于0.4W/（m^2·K）、屋面传热系数不大于0.2 W/（m^2·K）条件下，住宅南向无日照遮挡，外窗传热系数为1.2～1.8W/（m^2·K）时，住宅建筑采暖用能随南向窗墙面积比的扩大持续降低，为避免因南向大面积开窗使室内夏季出现严重的过热现象，综合考虑南向外窗窗墙面积比变化对住宅采暖用能降幅和制冷负荷增幅的影响，建议窗墙面积比宜控制在0.55以内。为提高夏季室内环境热舒适度，应考虑外窗遮阳，如采用深洞口形式或与遮阳构件组合设计。

5）吐鲁番外墙传热系数不大于0.7W/（m^2·K）、屋面传热系数不大于0.45W/（m^2·K）条件下，住宅南向无日照遮挡，外窗传热系数为1.1～1.8W/（m^2·K）时，综合住宅采暖与制冷总负荷，建议窗墙面积比控制在0.5以内。南向外窗应与遮阳构件、开敞阳台等进行组合设计，水平遮阳构件和开敞阳台出挑尺度不宜小于800mm。

（6）拉萨、西宁、银川住宅北向房间的东、西向围护结构无日照遮挡且有条件开窗时，优先考虑东、西向开窗。拉萨住宅外墙传热系数0.93W/（m^2·K）、屋面传热系数1.94W/（m^2·K）、外窗传热系数为2.0W/（m^2·K）情况下，北向房间东、西向窗墙面积比宜不小于0.3（按北向房间东、西向外墙面积计算）。西宁住宅外墙传热系数不大于0.4W/（m^2·K）、屋面传热系数不大于0.2W/（m^2·K）、外窗传热系数不大于2.5W/（m^2·K）时，北向房间东、西向窗墙面积比宜为0.1～0.5（按北向房间东、西向外墙面积计算）。银川住宅北向房间设东、西向外窗时，还需考虑夏季可能出现过热问题，应结合房间使用需求统筹考量，宜设置遮阳构件。

（7）南向采用双层透明围护结构的房间，室内温度整体上随双层透明围护结构内、外层间距的增大而减小，双层透明围护结构热工性能参数参考值见附表 C-1、C-2。针对住宅常用的三类双层透明围护结构，还存在以下尺度规律：

1）南向封闭阳台、阳光通廊等功能空间，进深尺度在 1～2m 区间内时：

拉萨、银川、吐鲁番地区住宅封闭阳台、阳光通廊进深尺度超过 1.5m 后，西宁地区住宅封闭阳台、阳光通廊进深尺度超过 1.2m 后，对其相邻空间室内温度的影响不敏感。

2）南向一步式休闲阳台等辅助功能空间，进深尺度 0.6～1m 区间：

拉萨、银川住宅南向一步式休闲阳台等辅助功能空间均以进深为 0.6m 时，其相邻房间室内温度最高；

西宁、吐鲁番住宅南向一步式休闲阳台等辅助功能空间进深尺度在 0.6～1m 区间内时，其对相邻空间室内温度的影响基本不变。

3）南向内、外层窗户间距不大于 0.6m 时：

拉萨、银川、西宁双层窗户间距为 0.2m 时、吐鲁番双层窗户间距为 0.1m 时，其相邻空间室内温度最高。

（8）对吐鲁番住宅南向封闭阳台内、外界面洞口尺寸及其材料部品热工性能进行差异化设计，通过内外、界面的启闭，以差异化的窗墙面积比，动态适应季节性和昼夜间的环境变化。

（9）通过外窗与墙体的组合设计，发挥组合构造的集热蓄热效应。对于拉萨和西宁住宅来讲，外窗与墙体间距尺度 2.5m 以内，间距尺度变化对住宅采暖负荷的影响不明显。

（10）外墙分区采用多种构造组合提升外墙的保温、蓄热性能，同时适配形态设计需求。拉萨住宅南向外墙可采用双层墙体，保证外墙保温性能的同时提高住宅保温系统的耐久性，双层墙体热工性能参考值见附录表 C-3。

（11）西宁高层住宅，外墙传热系数不大于 0.56W/（m^2·K）、屋面传热系数不大于 0.35W/（m^2·K）、外窗传热系数为 2.5W/（m^2·K）情况下，天窗面积比与其传热系数一定条件下，天窗可成为净得热构件，补偿室内采暖用能需求。

1）天窗与该房间屋面面积比与天窗传热系数的关联控制要点：天窗传热系数 2.5W/（m^2·K），屋面天窗与该房间屋面面积比宜控制在 0.3 内；天窗传热系数不大于 2.2W/（m^2·K）时，顶层户全年采暖负荷随屋面天窗面积的扩大呈持续降低的趋势；天窗传热系数 2.2W/（m^2·K）时，屋面天窗与该房间屋面面积比宜为 0.4 左右；天窗传热系数 1.8～2.0W/（m^2·K）时，屋面天窗与该房间屋面面积比宜为

0.4～0.5；天窗传热系数不大于 1.6W/（m²·K）时，天窗与该房间屋面面积比宜为 0.5。

2）天窗坡度宜控制在 20° 以内。

3）对坡屋顶非透明屋面进行分区保温构造组合优化设计，优先提升北向坡屋面保温性能。

8.2　工程应用与反思

（1）工程一：西宁中高层集合住宅

工程一位于西宁市城北区，是两栋 18 层板式集合住宅，每栋两个单元，每个单元 36 户，户型为四室户，总建筑面积 2.3 万 m²（图 8-2-1）。西宁市建筑热工设计区为严寒（C）区，属于西部城镇住宅太阳辐射热利用目标二级区。该工程采用既有的成熟技术建造，围护结构热工性能按照 65% 节能目标要求的参数设计实施，建成投入正常使用后，经贵州省建筑科学研究院检测和计算，室内热环境用户满意度为 83.3%，建筑采暖能耗比《民用建筑能耗标准》GB/T 51161—2016 约束值降低了 30.5%。

图 8-2-1　西宁中高层住宅工程实景

该工程应用“三阶五步”绿色设计方法：

1）在户型选型阶段，选用了直接接收太阳辐射面较大的扁户型，综合住宅产品开发要求和西宁住宅建筑太阳辐射得热影响范围控制户型进深为 10m，较当地常见中高层四室户套型进深缩短 2～3m。

2）在户型布局优化与立面形态分区优化设计阶段，① 运用空间布局辐射热利用适配方法，扩大户型直接太阳辐射得热影响范围：太阳辐射得热影响范围覆盖的建筑面积占户型建筑面积 56.4%，户内 82% 一级热舒适需求空间（卧室、起居室）面积被日射得热直接利用区覆盖（图 8-2-2）。② 运用立面形态构造辐射热利用分型适配设计方法，提高太阳辐射热利用效率：使用 Sunhours 日照时数可视化插件辅助立面工程做法分型（图 8-2-3、图 8-2-4）。

户型空间布局与功能空间优化

调试房间进深、采用贯通空间扩大户内日射得热直接影响区

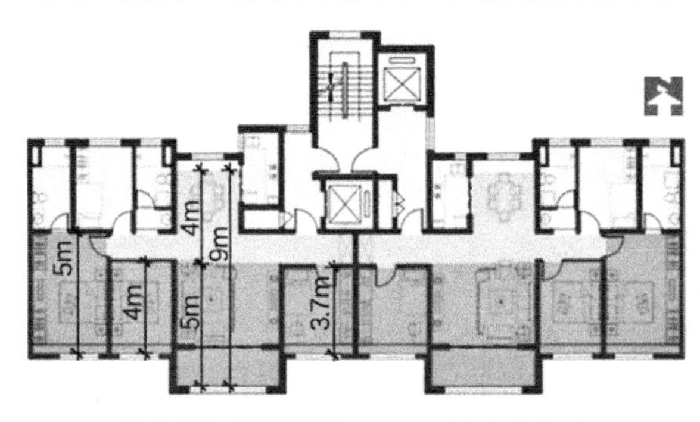

■ 日射得热直接利用区 ■ 日射得热补偿利用区

日射得热利用薄弱区

图 8-2-2　西宁中高层集合住宅工程户型空间布局适配太阳辐射热利用分区图

立面形态分区与构造分型组合优化

立面日照时数可视化软件辅助建筑立面工程做法分型

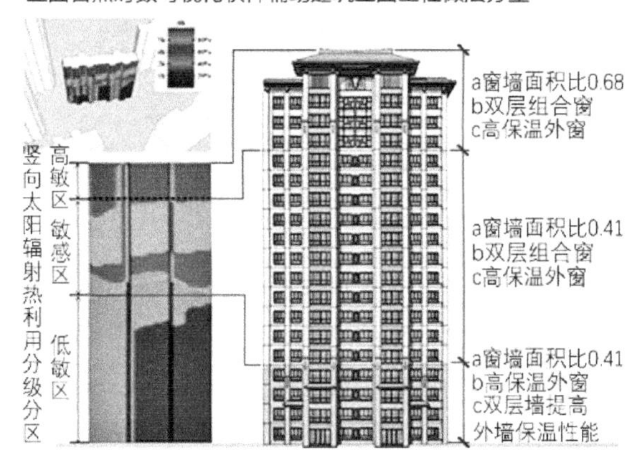

图 8-2-3　西宁中高层集合住宅工程立面形态分区优化示意图

3）在围护结构性能循环提升阶段，通过部品、材料多种构造组合循环优化，提高住宅太阳辐射热利用效率：对外窗部品 SHGC 与 K 值、外墙与屋面保温构造多种组合方案循环验算（图 8-2-4）。

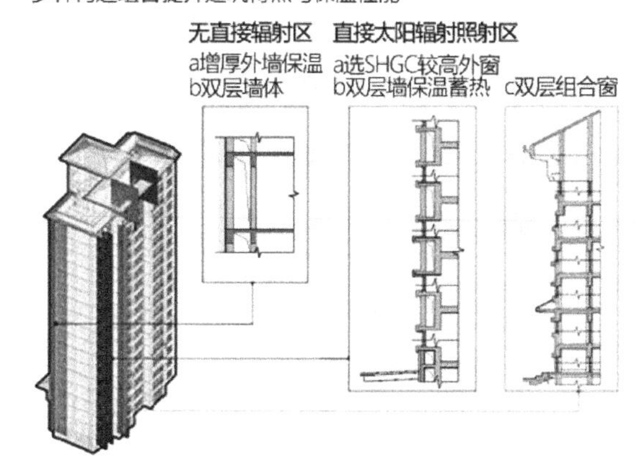

图 8-2-4 西宁中高层集合住宅工程构造、部品组合优化提升建筑整体热工性能

对设计方案的效果进行循环验算，采暖能耗降低 30.6%，与工程实际效果基本一致。

（2）工程二：拉萨堆龙德庆区古荣乡高海拔移民搬迁安置项目

工程二位于拉萨市古荣乡，是院落式住宅，共五种户型，分别为两室户（80m^2）、三室户（100m^2、120m^2、150m^2）、四室户（180m^2）（图 8-2-5）。拉萨属于建筑热工设计区严寒（C）区，属于西部城镇住宅太阳辐射热利用目标一级区。该工程采用既有的成熟技术建造，供暖方式为分户供暖，建成投入正常使用后，经贵州省建筑科学研究院检测和计算，室内热环境用户满意度为 91%，采暖期供暖设备开启时间集中在夜间 19：00～20：00，日间无需供暖。

图 8-2-5 拉萨搬迁安置住宅项目实景

该工程应用“三阶五步”绿色设计方法（图 8-2-6）：

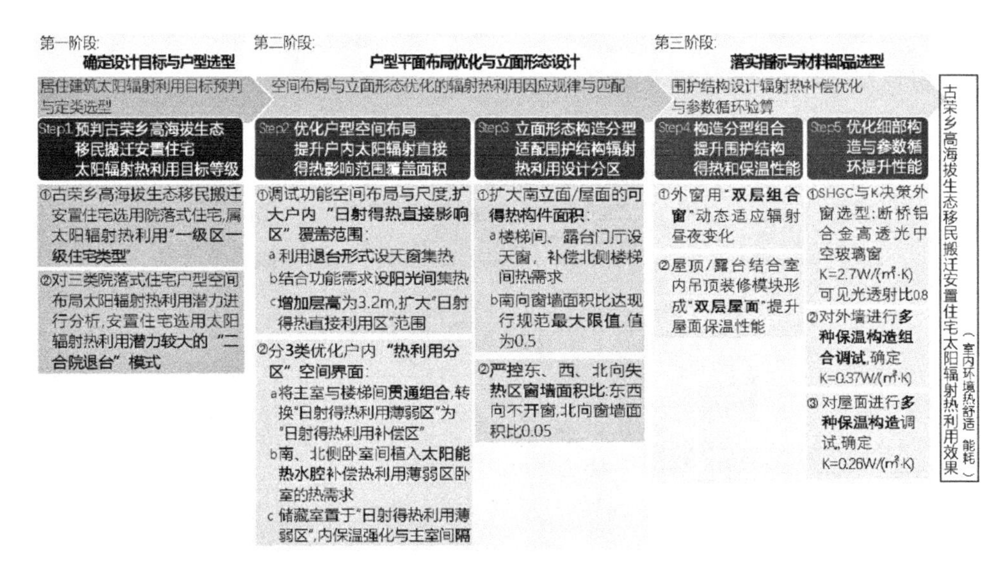

图 8-2-6　拉萨搬迁安置项目太阳辐射热利用设计流程

1）在户型选型阶段，通过太阳辐射得热影响范围预判户型空间太阳辐射热利用潜力，控制体形。对比常见“扁长型”院落式住宅进深尺度 9.6～11.5m，示范工程依据拉萨城镇住宅太阳辐射得热影响范围控制户型进深，进深尺度范围为 7～7.8m。

2）在户型布局优化设计阶段，① 用空间布局辐射热利用适配方法，多种热舒适需求等级功能空间组合适配拉萨住宅太阳辐射热利用空间分区：户内 70%～90% 的面积被日射得热直接利用区覆盖（图 8-2-7）；② 针对院落式住宅具有多个直接接收太阳辐射表面的形体特征，通过设置附加阳光间等设计措施（图 8-2-8），提高太阳辐射热利用效率，改善室内居住品质。

3）在围护结构性能循环提升阶段，采用围护结构细部构造组合优化设计策略，优先提升南向外窗太阳得热性能，细化门窗构造节点做法，提升外窗气密性。

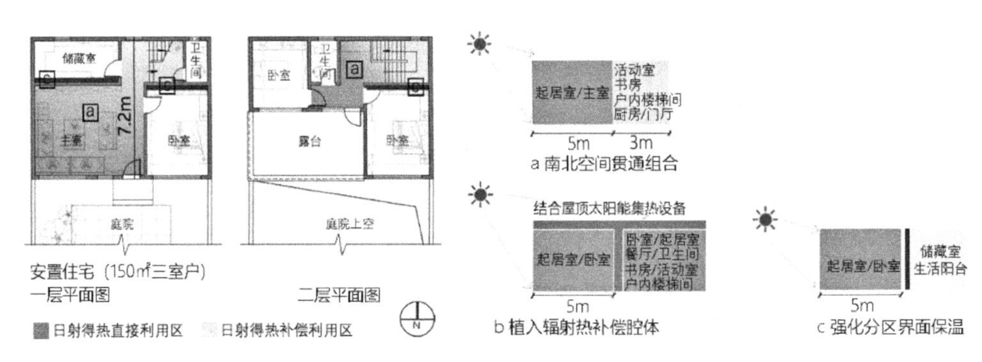

图 8-2-7　户内热利用分区界面优化设计措施

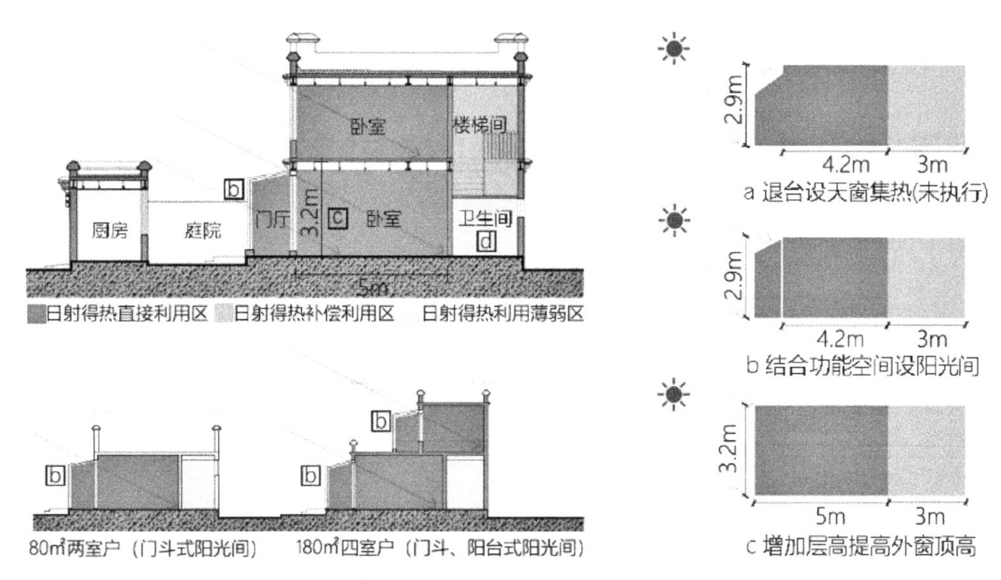

图 8-2-8　扩大户内日射得热直接影响区范围的设计措施

对设计方案的效果进行循环验算，采暖能耗降低 29.31%～62.18%。实际节能效果要高于验算结果，这是由于使用者根据自身的热舒适需求，对采暖设备使用空间、时间等进行了具体调节。

两项应用工程处于太阳辐射热利用潜力最大的一级区、二级区，太阳辐射热利用目标的前置引导，对两项工程开展地域性绿色建筑设计工作起到先决作用，建筑师需要对此有认知。对应太阳辐射热利用目标的设计技术路线与住宅类型太阳辐射热利用优化设计措施及参数引导，还需通过导则伴随设计流程进行导控，需工具、图集等辅助设计应用。

附录A 中国西部主要城镇住宅太阳辐射利用条件分类索引

城镇住宅太阳辐射利用设计技术路线	代表城市	城镇住宅类型	城镇住宅利用太阳辐射热大约承担的采暖用能百分比和制冷用能下降百分比		城镇住宅太阳辐射利用目标等级	与五城市相类似的城镇
有条件实现住宅利用太阳辐射热替代采暖用能，需重点平衡住宅冬季日间得热与夜间失热	拉萨	院落式住宅	采暖用能	71.4%～99.6%	一级	日喀则、隆子、定日、聂拉木、尼木*、拉孜*、林芝*、普兰、波密*、江孜*、昌都*
		多层住宅	采暖用能	68.12%～99.26%		
		小高层住宅	采暖用能	72.0%～99.6%		
利用太阳辐射热辅助住宅采暖，重点平衡住宅冬季日间得热与失热以及减少夜间失热	西宁	院落式住宅	采暖用能	31.44%～71.36%	二级	帕里、格尔木、额济纳旗、吉兰泰、玉门镇、酒泉、改则、狮泉河、错那、申扎、当雄、囊谦、索县、东胜、鄂托克旗、丁青、洛隆*、洛川*、班戈、左贡、平凉*、那曲、嘉黎、冷湖、达尔罕茂明安联合旗、阿巴嘎旗、东乌珠穆沁旗、西乌珠穆沁旗、巴林左旗
		小高层住宅	采暖用能	55.0%～86.8%		
		中高层住宅	采暖用能	54.23%～87.86%		
	银川	小高层住宅	采暖用能	61.21%～72.41%	三级	安多、多伦、盐池*、西峰镇*、都兰、巴林左旗、开鲁、扎鲁特旗、通辽、喀什*
	乌鲁木齐	小高层住宅	采暖用能	23.9%～54.9%	四级	阿巴嘎旗、东乌珠穆沁旗、西乌珠穆沁旗、阿勒泰、和布克赛尔、焉耆*、伊宁*、岷县*
		中高层住宅	采暖用能	23.8%～54.4%		
住宅利用太阳辐射辅助适量补偿采暖用能，重点平衡住宅冬、夏太阳辐射得热量	吐鲁番	多层住宅	采暖用能	46.24%～65.56%	五级	哈密*、若羌*、克拉玛依
			制冷用能	37.09%		

说明：根据西部各主要城市（地区）所属气候区及其冬季太阳总辐射量列序，考虑地区间采暖需求时间不同，设定了两个冬季计算时段，* 标注城镇的冬季计算起止时间是10月～次年3月，未标注城镇的冬季计算起止时间为11月～次年4月。西藏自治区冬季太阳总辐射量数据源于西藏自治区《居住建筑节能设计标准》DB54/0016—2007，其他城镇冬季太阳总辐射量数据源于《中国建筑热环境分析专用气象数据集》。

注：表中"与五城市相类似城镇"仅基于上述代表城镇住宅冬季辐射度日比进行聚类。该表仅为建筑师在方案设计前期对西部城镇住宅太阳辐射利用目标进行预判提供帮助，以便减少建筑师对代表城镇住宅辐射度日比的计算工作。

附录 B　建筑日照时数分布模拟分析软件简介

（1）SketchUp-Sunhours 日照模拟软件准确度校验

“建筑日照时数分布模拟分析软件”基于 SketchUp 软件平台，由课题组研发，支持建筑形体、场地的日照时数表分布情况的模拟和日照时数表面积百分比的计算分析。以拉萨、银川、西宁的居住区实例为代表，采用该软件进行住宅南立面日照时数分布情况的模拟，与众智日照软件模拟结果进行对比，如图 B-1 所示，两者模拟结果相同。

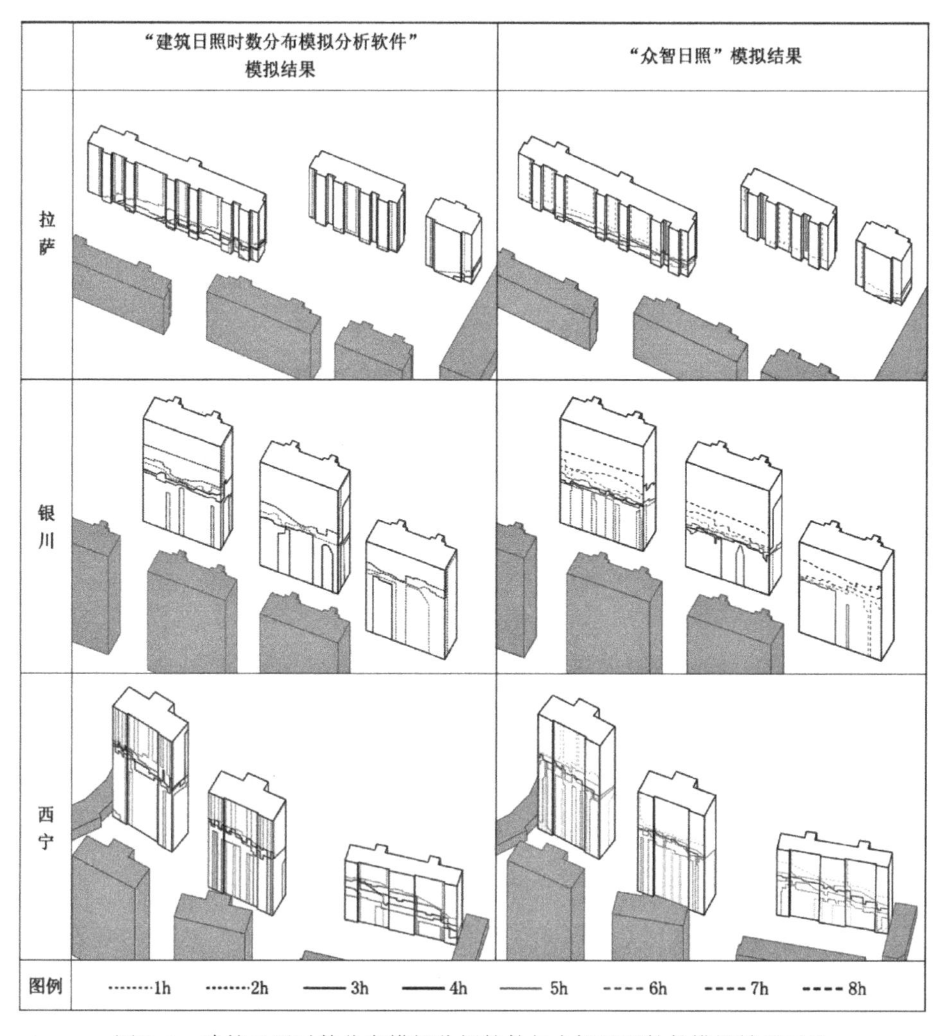

图 B-1　建筑日照时数分布模拟分析软件与众智日照软件模拟结果对比

（2）“建筑日照时数分布模拟分析软件”辅助设计决策使用流程（图 B-2）

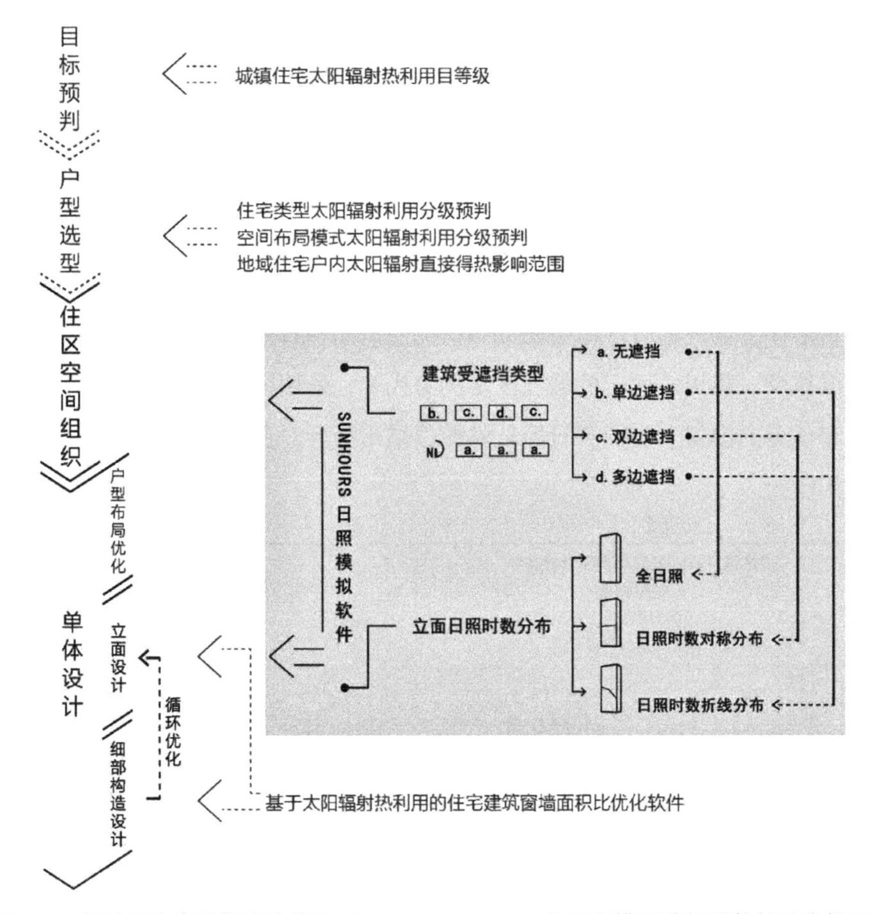

图 B-2 伴随居住建筑设计流程的“SketchUp-Sunhours”日照模拟分析插件辅助决策示意

附录 C　复合型围护结构热工性能参考值

双层组合窗传热系数实测数值与模拟数值对照表　　表 C-1

窗框为断桥铝合金窗框	双层窗户之间的进深间距（mm）	实测值		室内温度模拟值		
玻璃材料（玻璃厚度均为 6mm）		整窗传热系数 W/（m^2·K）	室内温度	FLUENT	Designbuilder	
					按照双层窗户实测值模拟	建立双层窗户物理模型
双层中空透明玻璃＋低辐射 Low-E 层中空玻璃	200	1.05	33.03℃	30.51℃	25.49℃	24.17℃
	1400	1.30	28.62℃	27.18℃	20.31℃	20.56℃

注：双层组合窗外层窗为断桥铝合金双层中空透明玻璃窗，内层窗为低辐射 Low-E 中空玻璃窗。实测地点为西安（寒冷 B 区），测试时间为 2021 年 1 月 6～8 日。Fluent 模拟时室外气温采用实测值；Designbuilder 模拟时室外气温、风速、太阳辐射照度采用实测值。

双层窗户传热系数热工性能参数参考值及造价　　表 C-2

双层组合窗（由外向内）	整窗传热系数 W/（m^2·K）	外层窗玻璃太阳得热系数	外层窗传热系数 W/（m^2·K）	双层窗户造价（元 /m^2）
透明单玻窗＋透明单玻窗	2.63	0.82	6.40	560
透明单玻窗＋透明中空双玻窗	1.97		6.40	730
透明单玻窗＋ Low-E 中空双玻窗	1.65		6.40	800
透明中空双玻窗＋透明中空双玻窗	1.52	0.70	2.68	900
透明中空双玻窗＋ Low-E 中空双玻窗	1.35		2.68	950

注：表中计算样例的窗框均为断桥铝合金、玻璃为 6mm 厚、两层窗户间距按照 200mm 计算。双层窗户整窗传热系数根据《ISO10077-1Y2017 窗传热系数计算规范》计算。双层窗户单平方米造价根据 2020 年 6～9 月对西部五个代表城市调研数据计算。

双层墙体热工参数表　　表 C-3

墙体构造（由内而外）	传热系数 W/（m^2·K）	热容 kJ/（m^2·K）
200mm 厚加气混凝土砌块＋双层墙体间距＋ 200mm 厚加气混凝土砌块	0.389	73.5
200mm 厚加气混凝土砌块＋双层墙体间距＋ 100mm 厚加气混凝土砌块＋ 50mm 厚岩棉保温板	0.309	

注：双层墙体传热系数由能耗模拟软件 Designbuilder 计算，该软件传热系数的计算对双层墙体间距变化无反应，该计算值可辅助外墙形态构造选型和建筑节能潜力估算。

参考文献

1. 专著：

[1][美] B. 吉沃尼. 陈士麟译. 王建瑚校. 人·气候·建筑[M]. 北京：中国建筑工业出版社，1982.

[2][美]诺伯特·莱希纳著. 张利，周玉鹏，汤羽扬，李德英，余知衡译. 建筑师技术设计指南——采暖·降温·照明（原著第三版）[M]. 北京：中国建筑工业出版社，2004.

[3]刘先觉. 现代建筑理论：建筑结合人文科学自然科学与技术科学的新成就[M]. 北京：中国建筑工业出版社，2008.

[4]刘加平等. 建筑创作中的节能设计[M]. 北京：中国建筑工业出版社，2009.

[5]刘加平. 建筑物理[M]. 北京：中国建筑工业出版社，1993.

[6]杨柳. 建筑气候学[M]. 北京：中国建筑工业出版社，2010.

[7][德]贝特霍尔德·考夫曼，[德]沃尔夫冈·费斯特，徐智勇译. 德国被动房设计和施工指南[M]. 北京：中国建筑工业出版社，2015.

[8]彦启森，赵庆珠. 建筑热过程[M]. 北京：中国建筑工业出版社，1986.

[9]庄惟敏，祁斌，林波荣. 环境生态导向的建筑复合表皮设计策略[M]. 北京：中国建筑工业出版社，2014.

[10]刘艳峰，王登甲等. 太阳能利用与建筑节能[M]. 北京：机械工业出版社，2020.

[11]日本建筑学会编，李逸定，胡慧琴译. 设计中的建筑环境学[M]. 北京：中国建筑工业出版社，2015.

[12]夏冰，陈易. 建筑形态创作与低碳设计策略[M]. 北京：中国建筑工业出版社，2016.

[13]崔愷，刘恒. 绿色建筑设计导则 建筑专业[M]. 北京：中国建筑工业出版社，2021.

[14]李侃桢. 拉萨城市演变与城市规划[M]. 拉萨：西藏人民出版社，2010.

[15]李元哲. 被动式太阳房热工设计手册[M]. 北京：清华大学出版社，1993.

[16]刘卫东等. SI住宅与住房建设模式 体系·技术·图解[M]. 北京：中国建筑工业出版社，2015.

[17] 李振宇，邓丰，刘智伟. 柏林住宅——从 IBA 到新世纪 [M]. 北京：中国电力出版社，2007.

[18] 木村建一（著）. 单寄平（译）. 建筑设备基础理论 [M]. 北京：中国建筑工业出版社，1982.

[19] 中国建筑业协会建筑节能专业委员会、北京市建筑节能与墙体材料革新办公室，建筑节能：怎么办？[M]. 北京：中国计划出版社，1997.

[20] G. Z. Brown. Sun, Wind, and Light : Architectural Design Strategies [M]. New York : John Wiley & Sons Inc, 1985.

[21] A. Krishan, N. Baker, S. Yannas, S. V. Szokolay. Climate Responsive Architecture：A Design Handbook for Energy Efficient Buildings [M]. New Delhi：Tata McGraw-Hill pub Co Ltd, 2001.

[22] Lam, W. M. C. Sunlighting as Formgiver for Architecture [M]. New York：Van Nostrand reinhold, 1986.

[23] Christoph Reinhart. Daylighting handbook I [M]. Cambridge : Building Technology Press, 2014.

[24] Christoph Reinhart. Daylighting handbook Ⅱ [M]. Cambridge : Building Technology Press, 2018.

[25] Javier García-Germán. Thermodynamic Interactions An Architectural Exploration into Physiological, Material, Territorial Atmospheres [M]. New York, Barcelona : Actar Publishers, 2017.

2. 技术标准：

[1] GB 50178—93. 建筑气候区划标准 [S]. 北京：中国建筑工业出版社，1993.

[2] GB 50176—2016. 民用建筑热工设计规范 [S]. 北京：中国建筑工业出版社，2016.

[3] GB 50180. 城市居住区规划设计标准 [S]. 北京：中国建筑工业出版社，2018.

[4] GB 50352—2019. 民用建筑设计统一标准 [S]. 北京：中国建筑工业出版社，2019.

[5] GB 50096—2011. 住宅设计规范 [S]. 北京：中国建筑工业出版社，2011.

[6] GB/T 50378—2019. 绿色建筑评价标准 [S]. 北京：中国建筑工业出版社，2019.

[7] DB63/T1110—2015. 青海省绿色建筑评价标准 [S]. 北京：中国建筑工业出版社，2015.

[8] DBJ540002—2018. 西藏自治区绿色建筑评价标准 [S]. 北京：中国建筑工业出版社，2018.

[9] DB64/T954—2018. 宁夏回族自治区地方标准绿色建筑评价标准 [S]. 北京：中国建

筑工业出版社，2018.

[10] XJJ126—2020. 新疆维吾尔自治区工程建设标准绿色建筑评价标准 [S]. 乌鲁木齐：自治区建设标准服务中心，2020.

[11] JGJ 26—2018. 严寒和寒冷地区居住建筑节能设计标准 [S]. 北京：中国建筑工业出版社，2018.

[12] DB63/643—2007. 青海省居住建筑节能设计标准 [S]. 北京：中国建筑工业出版社，2007.

[13] DB63/T1626—2018. 青海省居住建筑节能设计标准—75% 节能（试行）[S]. 北京：中国建筑工业出版社，2018.

[14] DB54/0016—2007. 西藏自治区居住建筑节能设计标准 [S]. 拉萨：西藏人民出版社，2007.

[15] DBJ540001—2016. 西藏自治区民用建筑节能设计标准 [S]. 北京：中国建筑工业出版社，2018.

[16] DB64/521—2013. 宁夏回族自治区居住建筑节能设计标准 [S]. 北京：中国建筑工业出版社，2013.

[17] XJJ/T063—2014. 新疆维吾尔自治区严寒（C）区居住建筑节能设计标准 [S]. 北京：中国建筑工业出版社，2014.

[18] XJJ001—2011. 新疆严寒和寒冷地区居住建筑节能设计标准实施细则 [S]. 北京：中国建筑工业出版社，2011.

[19] JGJ/T 267—2012. 被动式太阳能建筑技术规范 [S]. 北京：中国建筑工业出版社，2012.

[20] GB/T 31155—2014. 太阳能资源等级——总辐射 [S]. 北京：中国标准出版社，2014.

[21] DB64/T1544—2018. 宁夏回族自治区地方标准 绿色建筑设计标准 [S]. 北京：中国建筑工业出版社，2018.

[22] DBJ540001—2018. 西藏自治区绿色建筑设计标准 [S]. 北京：中国建筑工业出版社，2018.

[23] DB63/T1340—2015. 青海省绿色建筑设计标准 [S]. 北京：中国建筑工业出版社，2015.

[24] GB/T 51161—2016. 民用建筑能耗标准 [S]. 北京：中国建筑工业出版社，2016.

3. 论文：

[1] 王晶. 我国居住地产项目规划与建筑设计流程研究 [D]. 天津：天津大学，2008.

[2] 李钢，项秉仁. 建筑腔体的类型学研究 [J]. 建筑学报，2006 (11)：18-21.

[3] 李振宇，邓丰. 欧洲生态节能住宅的表皮设计 [J]. 建筑学报，2010 (01)：56-59.

[4] 托马斯・奥伊尔，孙菁芬. 适应气候及高能效的建筑 [J]. 建筑学报，2016 (11)：113-118.

[5] 托马斯・赫尔佐格德. 从太阳能设计到城市设计 [J]. 建筑学报，2000 (12)：9-11.

[6] 夏珩. 应对气候能量议题的凸窗设计实践 [J]. 建筑学报，2013 (07)：58-64.

[7] 顾雨拯，季鹏程，杨维菊. 被动式太阳能建筑方案设计——2011 年台达杯国际太阳能建筑设计竞赛获奖作品"垂直村落"介绍 [J]. 建筑学报，2011 (08)：103-105.

[8] 姜忆南，杜晓辉，夏海山. 集合住宅与节能一体化建筑设计——2011 年台达杯国际太阳能建筑设计竞赛获奖作品"6 米阳光"介绍 [J]. 建筑学报，2011 (08)：106-109.

[9] 杨向群，高辉. 零能耗太阳能住宅建筑设计理念与技术策略——以太阳能十项全能竞赛为例 [J]. 建筑学报，2011 (08)：97-102.

[10] 韩冬青，顾震弘，吴国栋. 以空间形态为核心的公共建筑气候适应性设计方法研究 [J]. 建筑学报，2019 (04)：78-84.

[11] 傅筱，陆蕾，施琳. 基本的绿色建筑设计——回应气候的形式空间设计策略 [J]. 建筑学报，2019 (01)：100-104.

[12] 于洋. 解析保温层与建构表达的关系——以 9 个瑞士建筑为例 [J]. 建筑学报，2017 (07)：101-105.

[13] 陈剑飞，郝灵均，方金. 寒地居住建筑南阳台形态优化设计研究 [J]. 建筑学报，2017 (S1)：78-82.

[14] 郝石盟，宋晔皓. 不同建筑体系下的建筑气候适应性概念辨析 [J]. 建筑学报，2016 (09)：102-107.

[15] 徐峰，张国强，解明镜. 以建筑节能为目标的集成化设计方法与流程 [J]. 建筑学报，2009 (11)：55-57.

[16] 张路峰. 设计作为研究 [J]. 新建筑，2017：23-25.

[17] 舒欣. 气候适应性建筑表皮——应对气候变化的设计研究 [J]. 新建筑，2018 (06)：92-96.

[18] 张伶伶，赵伟峰，李光皓. 关注过程 学会思考 [J]. 新建筑，2007 (06)：25-27.

[19] 李珺杰. 有机・复合——中介空间的被动式调节作用解析 [J]. 新建筑，2019 (02)：106-109.

[20] 王瀛，赵春芝，戚建强等. 基于寒冷地区建筑节能目标的外窗适宜选用研究 [J]. 建筑科学，2014，30 (8)：117-121.

[21] 王学宛，张时聪，徐伟等. 超低能耗建筑设计方法与典型案例研究［J］. 建筑学，2016，32（4）：44-53.

[22] 任志刚，张强，涂警钟等. 基于气候适应性分析德国被动房概念在中国的实现［J］. 建筑科学，2017，33（04）：150-157.

[23] 孙超法. 住宅坡屋顶空间的气候设计研究［J］. 工业建筑，2008（06）：3-5.

[24] 黄镒，张伶伶，郑迪. 技术层级观念与建筑创作［J］. 城市建筑，2008（09）：90-92.

[25] 姚佳丽，刘煜，郭立伟. 基于《绿色建筑评价标准》的建筑设计决策控制要素研究——以住宅建筑为例［J］. 绿色建筑，2011（1）：33-38.

[26] 王婷婷，刘艳峰，王登甲等. 集热蓄热屋顶式太阳房热过程及优化设计［J］. 太阳能学报，2016，37（9）：2286-2291.

[27] 唐鸣放，王海波等. 节能建筑外窗传热系数现场测量的简易方法［J］. 节能技术. 2007. 25（1）：36-37，55.

[28] 李钢，吴耀华，李保峰. 从"表皮"到"腔体器官"——国外 3 个建筑实例生态策略的解读［J］. 建筑学报，2003：51-53.

[29] 刘艳峰. 高原及西北地区可再生能源采暖空调全链条节能优化技术［R］. 西安：西安建筑科技大学建筑学院 2020 年度团队学术报告会，2021.

[30] 袁永东. 不同建筑布局对室外热环境的影响及节能效果分析［D］. 上海：东华大学，2011.

[31] 桑国臣，韩艳，朱轶韵等. 空间划分对太阳能建筑室内温度差异化影响［J］. 太阳能学报，2016，37（11）：2902-2908.

[32] 桑国臣. 西藏高原低能耗居住建筑构造体系研究［D］. 西安：西安建筑科技大学，2009.

[33] 宋晔皓，王嘉亮，［美］露西亚・卡尔达斯，朱宁，林正豪. 节能与舒适——表皮材料的建筑性能表现及其设计应用［J］. 时代建筑，2014（03）：77-81.

[34] 郎四维. 我国建筑节能设计标准的现况与进展［J］. 制冷空调与电力机械，2002，23（87）：1-6.

[35] 杜玲霞. 西北居住建筑窗墙面积比研究［D］. 西安：西安建筑科技大学，2013.

[36] 张军杰. 寒冷地区住宅建筑动态适应性表皮设计研究［J］. 新建筑，2018（05）：72-75.

[37] 王登甲，刘艳峰，刘加平. 青藏高原被动太阳能建筑供暖性能实验研究［J］. 四川建筑科学研究，2015（02）：269-274.

[38] 刘艳峰等. 拉萨多层被动太阳能住宅热环境测试研究 [J]. 暖通空调，2007（12）：122-124.

[39] 王登甲，刘艳峰，王怡，刘加平. 拉萨市住宅建筑冬季室内热环境测试评价 [J]. 建筑科学，2011（12）：20-24.

[40] 方倩. 太阳能建筑相变储能墙体适宜性分析及优化设计 [D]. 西安：西安理工大学，2019.

[41] 李孝陶. 多元文化背景下的拉萨城市住居现状研究 [D]. 成都：西南交通大学，2009.

[42] 闫海燕. 银川住宅建筑夏季室内热环境与热舒适调查研究 [J]. 建筑科学，2015. 31（12）：20-27＋40.

[43] 张英杰. 干旱荒漠气候下现代居住建筑适应性研究 [D]. 乌鲁木齐：新疆大学，2017.

[44] 王炳忠. 中国太阳能资源利用区划 [J]. 太阳能学报，1983，4（3）：22-228.

[45] 左大康，王懿贤，陈建绥. 中国地区太阳总辐射的空间分布特征 [J]. 气象学报，1963，33（1）：78-96.

[46] 刘大龙，刘加平，杨柳. 以晴空指数为主要依据的太阳辐射分区 [J]. 建筑科学，2007，23（6）：9-11.

[47] 周勇. 逐日太阳辐射估算模型及室外计算辐射研究 [D]. 西安：西安建筑科技大学，2019.

[48] 刘加平，杜高潮. 无辅助热源被动式太阳房热工设计 [J]. 西安建筑科技大学学报：自然科学版，1995，27（4）：370-374.

[49] 杨柳，朱新荣，刘艳峰等. 西藏自治区《居住建筑节能设计标准》编制说明 [J]. 暖通空调. 2010. 40（09）：51-54.

[50] 刘大龙. 青藏高原气候条件下的建筑能耗分析 [J]. 太阳能学报. 2019（08）.

[51] 冯智渊. 基于太阳辐射热效应规律的集合住宅贯通空间设计模式研究——以乌鲁木齐、拉萨为例 [D]. 西安：西安建筑科技大学，2020.

[52] 曹立辉，王立雄. 天津地区居住建筑中合理开窗与冬季节能的关系 [D]. 建筑技术. 2005（10）：762-765.

[53] 杜玲霞. 西北居住建筑窗墙面积比研究 [D]. 西安：西安建筑科技大学，2013.

[54] 房涛，李洁，王崇杰等. 太阳辐射得热影响下的近零能耗住宅体形设计研究 [J]. 西安建筑科技大学学报（自然科学版），2020，52（02）：287-295.

[55] 唐鸣放，王海波等. 节能建筑外窗传热系数现场测量的简易方法 [J]. 节能技术.

2007. 25（1）：36-37，55.

[56] 朱新荣，蓄热体对多层建筑室内热环境的作用分析 [J]. 太阳能学报，2013（08）.

[57] 宋聪，刘艳峰，王登甲，李涛. 西北居住建筑分时分区热环境设计参数研究 [J]. 暖通空调. 2020（2）：29-34.

[58] 王世栋. 西部乡村居民冬季行为模式与室内热环境关系研究 [D]. 西安：西安建筑科技大学. 2014.

[59] 陈洁，杨柳，罗智星. 吐鲁番地区居住建筑室内热环境研究 [J]. 西安建筑科技大学学报（自然科学版），2019，51（04）：578-583.

[60] 周燕珉，李佳婧. 1949年以来的中国集合住宅设计变迁 [J]. 时代建筑，2020（06）：53-57.

[61] 陈洁，杨柳，罗智星. 民居“过渡空间”调节模式及其优化策略——以新疆吐鲁番极端干热气候为例 [J]. 华中建筑，2021，39（05）：48-51.

[62] 许瑾. 住宅太阳墙的原理与使用 [J]. 住宅科技，2006，4（02）：25-29.

[63] 王崇杰，何文晶，薛一冰. 我国寒冷地区高校学生公寓生态设计与实践——以山东建筑大学生态学生公寓为例 [J]. 建筑学报，2006，4（11）：29-31.

后记

古今中外的优秀建筑设计都呈现出对设计条件、技术要求高水准、高质量的创造性回应。在对现代建筑开创的高度工业化建造模式的演绎与发展中，地域性特征的不断强化既是优秀建筑师自觉的设计品质追求，也是建筑师们在当代面临环境危机，探索可持续建筑概念、发展绿色建筑理念的重要技术实践突破方向。不断激发与提高建筑师对地域条件的认识与利用能力，能够深刻、理性、积极地理解与审视建筑的这个人工创造空间环境中蕴含着的创造性可能，在技术环节中巧妙回应与落实为设计成果，已经成为绿色建筑设计的有机内涵，也是未来高质量建筑设计的基础要求。本书正是基于这一信念与共识，对我国西部不同的太阳能富集条件下城镇住宅设计中辐射热利用可能与方式的设计技术过程与导则研究。

研究基于刘加平院士领导的西部绿色建筑国家重点实验室研究团队开创与一直倡导的建筑与环境控制被动优先的技术思路，工作框架建立在西安建筑科技大学杨柳教授团队、刘艳峰教授团队的前序积累上，得到他们技术工作上的鼎力支持，研究结果部分应用于西藏自治区绿色建筑评价标准（DBJ540002-2018）与设计标准（DBJ540001-2018），并在拉萨和西宁两项工程实践中应用。在研究执行中，研究工作细化及完成标准是在与天津大学、同济大学、清华大学研究同行的项目交流工作中推动的，研究工作得到科技部项目、作者所在单位西安建筑科技大学、合作单位的资助与研究团队和许多个人的帮助。西藏自治区建筑勘察设计院、拉萨市设计院、西安建筑科技大学设计研究总院、基准方中西安分公司、中建四局及其西宁碧桂园项目部在案例、数据、测试、调访等环节提供了无可替代的工作条件以及设施、设备、人员、技术的投入与支持。在设计思维、流程、案例整理还原过程中，汇入许多人的研究成果、思考与启发，因此，这本书是集体工作推动的成果。西安建筑科技大学硕士研究生张昊、汪珊珊、徐航杰、陈璐宇、唐夏旭、杨晴、高新萍、张莹、巩博源、朱嘉荣、张学敏等均不同程度地参与了本书图表的绘制工作（排名不分先后）。在此深谢对本研究和本书出版倾力付出的团体和个人。

本书提出的住宅太阳辐射热利用的分区分类思路处于技术应用初期阶段，经过推理及实验验证，但在技术执行细节上，仍需协同建筑技术科学等多个学科、专业，多方力量展开更广泛而严谨的工作。其中多样、多元设计要素的量化工作需不断迭代、扩展、深化，并与现行标准规范体系进一步协同。住宅太阳辐射热利用空间组合模式的落实、优化与推广，辐射热调节利用的围护结构构造、部品等技术体系的完备以及辐射热利用的专有建筑部品、技术的研发，都是实现地域天然资源条件转化的实质性落实环节。设计导则关于设计工作流程研究虽已提出明晰的作用方式，解释了其中的效应与作用，但要达到实质性的效果仍需要整个产业链条的积极回应。书中提出的很多方式与思路，是基于五年的局部技术探索工作，仍存在许多不完善的地方、不足与偏差之处，敬请同行、学者斧正。

作者

2021 年岁末于西安